概率论与数理统计及其MATLAB实现

微课版

高等学校理工科专业
大学数学新形态教材

周永卫 刘林 / 主编
武大勇 刘卫锋 常娟 范贺花 杨喜平 杨永 / 副主编

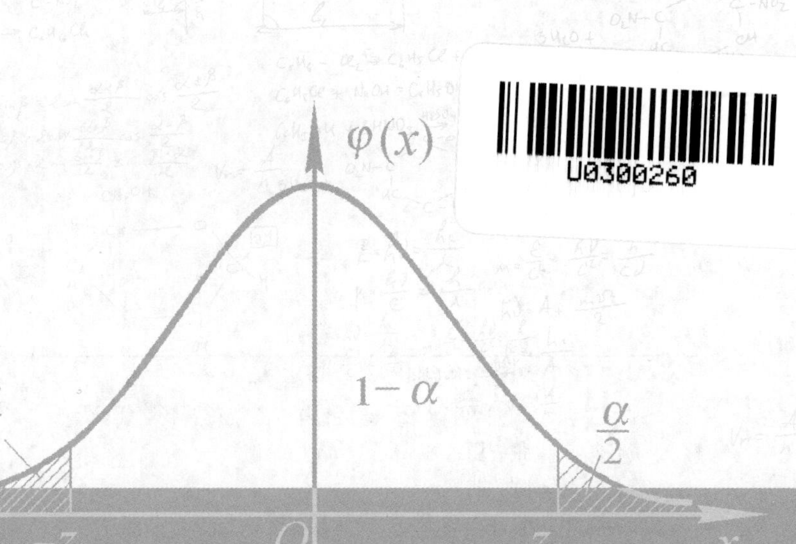

人民邮电出版社
北京

图书在版编目（CIP）数据

概率论与数理统计及其 MATLAB 实现 : 微课版 / 周永卫, 刘林主编. -- 北京 : 人民邮电出版社, 2025. (高等学校理工科专业大学数学新形态教材). -- ISBN 978-7-115-66106-7

Ⅰ. O21-39

中国国家版本馆 CIP 数据核字第 202507ZE11 号

内 容 提 要

本书介绍了概率论与数理统计的基本概念、基本理论、方法与应用．内容包括：概率论的基本概念、随机变量及其分布、多维随机变量及其分布、随机变量的数字特征、大数定律与中心极限定理、数理统计的基本概念、参数估计、假设检验、方差分析和回归分析．每章最后一节为概率论与数理统计相关内容的 MATLAB 实现．本书的主要知识点均配套讲解视频，每章配有思维导图、小结、数学家故事、基础练习题．部分章节收录了硕士研究生招生考试试题．本书既便于教师教学，又利于学生复习．

本书可作为高校理工类、经管类等非数学类专业“概率论与数理统计”课程的教材，也可供高校数学类专业的学生参考使用，还可作为工程技术人员的参考书．

◆ 主　　编　周永卫　刘林
　副 主 编　武大勇　刘卫锋　常娟　范贺花　杨喜平　杨永
　责任编辑　张雪野
　责任印制　陈　犇

◆ 人民邮电出版社出版发行　　北京市丰台区成寿寺路 11 号
　邮编　100164　　电子邮件　315@ptpress.com.cn
　网址　https://www.ptpress.com.cn
　三河市中晟雅豪印务有限公司印刷

◆ 开本：787×1092　1/16
　印张：18.25　　2025 年 1 月第 1 版
　字数：487 千字　　2025 年 1 月河北第 1 次印刷

定价：59.80 元

读者服务热线：(010)81055256　印装质量热线：(010)81055316
反盗版热线：(010)81055315

前　　言

概率论与数理统计作为高校理工类、经管类等专业的重要专业课程，对培养学生的辩证唯物主义观、逻辑思维、分析判断能力及创新应用能力具有重要作用. 学生掌握的概率知识直接影响其专业技术能力的扎实性，学生统计思维的形成可间接提升其专业技术的开拓性，学生对概率统计理论的应用实践全面反映其专业能力水平. 该课程也是学生学习其他课程和对实验数据进行定量分析与研究的基础. 市面上的部分教材过于注重全面的知识体系，并且内容较深、习题陈旧、应用性不强，多数内容已经无法满足实际教学需求；再者，部分教材多偏重理论阐述、公式推导，缺乏计算机操作，不利于培养学生的动手能力和实践能力.

根据学生素质教育要求及教育部建设一流专业和一流课程的需要，编者结合多年教学实践经验，编写了本书. 本书共 10 章，前 5 章为概率论相关内容，后 5 章为数理统计相关内容.

本书的建议授课学时如下表所示，各学校可以根据本校实际情况灵活开展教学.

学时建议表

章序	章名	各章学时分配	
		多学时	少学时
1	概率论的基本概念	12 学时	8 学时
2	随机变量及其分布	10 学时	8 学时
3	多维随机变量及其分布	8 学时	6 学时
4	随机变量的数字特征	8 学时	6 学时
5	大数定律与中心极限定理	4 学时	4 学时
6	数理统计的基本概念	4 学时	4 学时
7	参数估计	4 学时	4 学时
8	假设检验	6 学时	4 学时
9	方差分析	4 学时	2 学时
10	回归分析	4 学时	2 学时
合计		64 学时	48 学时

为了帮助学生更好地学习概率论与数理统计的相关知识，本书以知识、能力、素质为目标，突出“两性一度”，由浅入深地讲解概率论与数理统计的基本概念、相关应用和 MATLAB 实现. 本书的特色具体如下.

1. 知识体系严谨，内容层次分明

本书构建了一套完整的知识体系，语言表达清晰、流畅，以深入浅出的方式阐释概率论与数理统计的精髓. 内容安排循序渐进，引导学生平稳地从简单概念过渡至复杂理论. 每章思维导图（读者可扫码查看）进一步深化学生对章节内容的理解，助力学生迅速构建起系统化的知识体系.

2. 例题、习题丰富，巩固学习效果

为了帮助学生深刻理解并应用书中的知识点，编者精心编排了一系列丰富的例题和习题. 这些例题和习题紧密结合生活实际，旨在提升学生的实践应用能力. 同时，编者还精心挑选了一系列考研真题，以满足有志于考研的学生的需求，确保他们能够全面且深入地掌握知识点.

3. 融入 MATLAB 编程练习，强化实践能力

本书特别强调对实践能力的培养，通过 MATLAB 编程练习，学生可以更好地应用理论知识，加深对工程实践的理解，从而在面对真实工程问题时更加得心应手. 每章的 MATLAB 编程练习可以在学完本章内容后学习，也可以在学完本书内容后统一单独学习.

4. 教学资源丰富，支持混合式教学

在本书的编写过程中，编者精心配备了一系列丰富的教学资源. 这包括针对书中重难点知识录制的微课视频，富有启发性的数学家故事，以及 PPT 课件、教案、教学大纲、课后习题的详细解析、MATLAB 程序的详细解析和常用的概率分布表等. 这些资源不仅为教师日常教学提供便利，也为混合式教学的开展提供强有力的支持. 用书教师可以通过“人邮教育社区”（www.ryjiaoyu.com）下载相关资源.

本书的出版得到了河南省本科高校新工科新形态教材建设项目、郑州航空工业管理学院教务处和周永卫省级数学名师工作室的大力支持. 本书由周永卫、刘林任主编，武大勇、刘卫锋、常娟、范贺花、杨喜平、杨永任副主编；范贺花构思并设计了本书配套的在线课程教学资源的结构，周永卫负责通读全文，刘林负责审核全文.

由于编者学术水平有限，书中难免存在不足之处，因此，编者由衷希望广大读者朋友和专家学者能够拨冗提出宝贵的修改建议，修改建议可直接反馈至编者的电子邮箱：zwwfhh@126.com.

编者

2024 年秋于郑州龙子湖畔

目　录

第1章 概率论的基本概念

自然界中存在着各种现象，这些现象千变万化，令人目不暇接，但是我们总可以把它们归结为两类.

第一类指的是当条件满足时一定会发生的现象. 比如在标准大气压下，水加热到 100 ℃必然会沸腾；太阳东升西落；同种电荷相互排斥，异种电荷相互吸引；不受外力作用下，匀速直线运动的物体必然会保持其运动状态等. 我们把这类现象称为确定性现象.

第二类指的是在条件相同的一系列重复试验中，会出现多种结果的现象. 比如投掷一枚硬币，有可能正面朝上，也有可能反面朝上；从工厂生产的一批灯管中任取一只，灯管的寿命有长有短；一个超市每天的营业额；郑州市每天的最高气温；某个城市某十字路口每天的车流量等. 我们把这类现象称为随机性现象.

对于确定性现象，我们要想它出现，只要满足它的条件就可以了. 对于随机性现象，某种现象的出现看起来似乎没有任何规律，后来人们通过研究发现，在大量重复试验中，现象的出现还是呈现出一定规律性的，这种规律性对于我们的实际生活具有很大的指导意义. 概率论就是研究随机性现象及其数量规律性的一门学科.

第 1 章思维导图

概率论的应用十分广泛，近年来，随着大数据、机器学习、人工智能等数据科学和智能科技的飞速发展，其应用已遍及工程科技、军事技术、生物信息学等各个领域. 并且概率论与其他学科结合，形成了不少交叉学科，如排队论、控制论等.

随机试验

1.1 随机事件和样本空间

1.1.1 随机试验

所谓的试验，是在一定综合条件下实现的. 比如在标准大气压下，水加热到 100 ℃，看水是否沸腾. 而概率论中所关注的是随机性现象的试验. 若一个试验同时满足下面 3 个条件，则称该试验为随机试验（random trial），记为 E.

（1）在相同的条件下，试验可重复进行；

（2）能够明确指出试验将发生的一切结果，并且结果不止一个；

（3）试验之前不能断定必然出现哪一个结果.

下面举一些随机试验的例子.

E_1：投掷一枚骰子一次，观察其出现的点数.

E_2：投掷一枚骰子两次，观察其出现的点数之和.

E_3：从工厂生产的一批灯泡中任取一只，测试它的寿命.

E_4：2024 年每天去郑州东站乘高铁的人数.

1.1.2 样本空间与随机事件

样本空间

在一个试验 E 中，每一个可能发生但又不能再分的结果称为试验 E 的**样本点**（**sample point**），记为 ω.

所有样本点的集合称为试验 E 的**样本空间**（**sample space**），记为 Ω.

以下是前面所列举的随机试验 E_k 的样本空间 Ω_k $(k=1,2,3,4)$：

$\Omega_1=\{1,2,3,4,5,6\}$；

$\Omega_2=\{2,3,4,5,6,7,8,9,10,11,12\}$；

$\Omega_3=\{t\,|\,t\geqslant 0\}$；

$\Omega_4=\{0,1,2,3,\cdots\}$.

单个样本点的集合称为试验 E 的**基本事件**（**elementary event**）.

例如，试验 E_1 有 6 个基本事件$\{1\}$，$\{2\}$，$\{3\}$，$\{4\}$，$\{5\}$，$\{6\}$；试验 E_2 有 11 个基本事件$\{2\}$，$\{3\}$，$\{4\}$，…，$\{12\}$.

具有某种共同性质的样本点的集合称为 E 的**随机事件**（**random event**），简称事件①，常用 $A,B,C,\cdots$表示. 在每次试验中，事件中的任意一个基本事件发生，则称这一事件发生. 例如，在投掷一枚骰子两次，观察其出现的点数之和的试验中，用 A 表示“点数之和为偶数”这一事件，若试验结果是“点数之和为 12”，则事件 A 发生.

若事件在每次试验中必发生，则称该事件为必然事件，必然事件通常用 U 或 Ω 表示；若事件在每次试验中都不可能发生，则称该事件为不可能事件，不可能事件通常用 V 或 $\varnothing$ 表示.

1.1.3 事件之间的关系

事件之间的关系（一）

正如前文所述，事件本身也是一个集合，所以事件之间的关系就相当于集合之间的关系. 我们可以用集合之间的关系表示事件之间的关系.

下面我们讨论事件之间的关系.

（1）如果事件 A 发生必然导致事件 B 发生，则称事件 A 包含于事件 B（或称事件 B 包含事件 A），记作 $A\subset B$.

（2）若 $A\subset B$ 且 $B\subset A$，则称事件 A 与事件 B 相等，记为 $A=B$.

为了方便起见，规定对于任意事件 A，有 $\varnothing\subset A$. 显然，对于任意事件 A，有 $A\subset\Omega$.

（3）“事件 A 与 B 中至少有一个发生”的事件称为 A 与 B 的并（和），记为 $A\cup B$.

由事件并的定义，可以得到：

对于任意事件 A，有

$$A\cup\Omega=\Omega\text{；}\ A\cup\varnothing=A.$$

$\bigcup\limits_{i=1}^{n}A_i$ 表示“$A_1,A_2,\cdots,A_n$ 中至少有一个事件发生”.

---

① 严格地说，事件是指 Ω 中满足某些条件的子集. 当 Ω 由有限个元素或由可列无限个元素组成时，每个子集都可作为一个事件. 当 Ω 由不可列无限个元素组成时，某些子集必须排除在外. 幸而这种不可容许的子集在实际应用中几乎不会遇到. 今后，我们讲的事件都是指它是容许考虑的子集.

事件之间的关系（二）

$\bigcup_{i=1}^{\infty} A_i$ 表示“可列无限个事件 A_i 中至少有一个发生”.

（4）$A \cap B$（AB）称为 A 与 B 的积事件，它表示事件 A 与事件 B 同时发生.

由积事件的定义，可以得到：

对于任意事件 A，有

$$A \cap \Omega = A;\quad A \cap \varnothing = \varnothing.$$

$\bigcap_{i=1}^{n} B_i$ 表示“$B_1, B_2, \cdots, B_n$ 这 n 个事件同时发生”.

$\bigcap_{i=1}^{\infty} B_i$ 表示“可列无限个事件 B_i 同时发生”.

（5）“事件 A 发生而事件 B 不发生”的事件称为 A 与 B 的差，记为 $A-B$.

由事件差的定义，可以得到：

对于任意事件 A，有

$$A - A = \varnothing,\quad A - \varnothing = A,\quad A - \Omega = \varnothing.$$

（6）若 $A \cap B = \varnothing$，则称 A 与 B 为互不相容（互斥）事件．显然它表示事件 A 与事件 B 不可能同时发生.

若 $A_1, A_2, \cdots, A_n$ 满足 $A_iA_j = \varnothing\ (i, j = 1, 2, \cdots, n)$，则称事件 $A_1, A_2, \cdots, A_n$ 两两互不相容.

基本事件是两两互不相容的.

（7）若 $A \cap B = \varnothing$ 且 $A \cup B = \Omega$，则称 A，B 为互逆（对立）事件.

显然它表示事件 A 与事件 B 有且仅有一个发生.

A 的逆事件记为 $\overline{A}$，显然 $\overline{A} = \Omega - A$.

在一次试验中，若 A 发生，则 $\overline{A}$ 必不发生（反之，若 $\overline{A}$ 发生，则 A 必不发生），即在一次试验中，A 与 $\overline{A}$ 二者只有其中之一发生，并且其中之一必然发生．显然有 $\overline{\overline{A}} = A$.

若 $A_1, A_2, \cdots, A_n$ 满足 $A_iA_j = \varnothing (i, j = 1, 2, \cdots, n)$，且 $\bigcup_{i=1}^{n} A_i = \Omega$，则称事件 $A_1, A_2, \cdots, A_n$ 为样本空间 Ω 的完备事件组.

以上事件之间的关系用维恩（Venn）图表示，如图 1-1～图 1-6 所示.

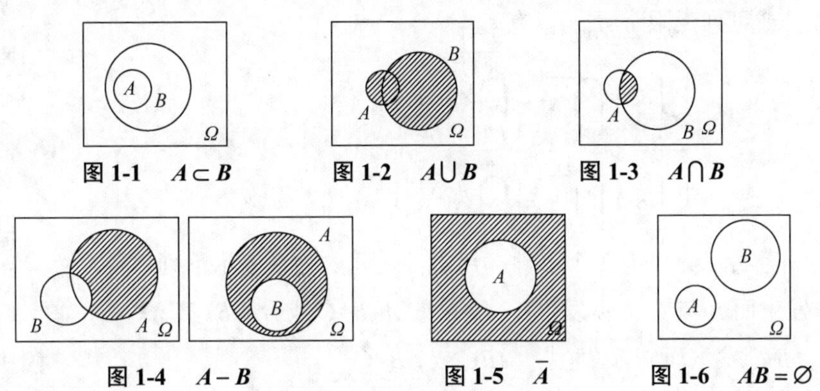

图 1-1　$A \subset B$　**图 1-2　$A \cup B$**　**图 1-3　$A \cap B$**

图 1-4　$A - B$　**图 1-5　$\overline{A}$**　**图 1-6　$AB = \varnothing$**

用概率论的语言来解释集合间的关系如表 1-1 所示.

表 1-1　概率论中事件与集合间的关系

概率论	集合论
事件	子集
事件 A 发生	$\omega \in A$
事件 A 不发生	$\omega \notin A$
必然事件	Ω
不可能事件	$\varnothing$
事件 A 发生导致事件 B 发生	$A \subset B$
事件 A 与事件 B 至少有一个发生	$A \cup B$
事件 A 与事件 B 同时发生	$A \cap B$
事件 A 发生而事件 B 不发生	$A-B$
事件 A 与事件 B 互不相容	$AB=\varnothing$

1.1.4　事件之间的运算性质

事件间的运算性质如下.

（1）**交换律**　$A \cup B = B \cup A$，$A \cap B = B \cap A$.

（2）**结合律**　$A \cup (B \cup C) = (A \cup B) \cup C$，

$A \cap (B \cap C) = (A \cap B) \cap C$.

（3）**分配律**　$A \cup (B \cap C) = (A \cup B) \cap (A \cup C)$，

$A \cap (B \cup C) = (A \cap B) \cup (A \cap C)$.

推广

$$A \cap (\bigcup_{i=1}^{n} A_i) = \bigcup_{i=1}^{n} (A \cap A_i)，\quad A \cup (\bigcap_{i=1}^{n} A_i) = \bigcap_{i=1}^{n} (A \cup A_i)；$$

$$A \cap (\bigcup_{i=1}^{\infty} A_i) = \bigcup_{i=1}^{\infty} (A \cap A_i)，\quad A \cup (\bigcap_{i=1}^{\infty} A_i) = \bigcap_{i=1}^{\infty} (A \cup A_i).$$

（4）$A-B=A\overline{B}=A-AB$.

（5）**定理 1.1**　德 · 摩根（De Morgan）定理：

对有限个或可列无限个 A_i，恒有

$$\overline{\bigcup_{i=1}^{n} A_i} = \bigcap_{i=1}^{n} \overline{A_i}，\quad \overline{\bigcap_{i=1}^{n} A_i} = \bigcup_{i=1}^{n} \overline{A_i}；$$

$$\overline{\bigcup_{i=1}^{\infty} A_i} = \bigcap_{i=1}^{\infty} \overline{A_i}，\quad \overline{\bigcap_{i=1}^{\infty} A_i} = \bigcup_{i=1}^{\infty} \overline{A_i}.$$

事件之间的运算性质

例 1.1　设 A，B，C 为 3 个事件，用事件之间的关系表示下列事件.

（1）A 发生而 B 与 C 都不发生：$A\overline{B}\,\overline{C}$ 或 $A-B-C$ 或 $A-(B \cup C)$.

（2）A，B 都发生而 C 不发生：$AB\overline{C}$ 或 $AB-C$.

（3）A，B，C 中至少有一个发生：$A \cup B \cup C$.

事件间关系及运算应用

（4）A，B，C 中至少有两个发生：$AB\cup AC\cup BC$.

（5）A，B，C 中恰好有两个发生：$AB\overline{C}\cup A\overline{B}C\cup\overline{A}BC$.

（6）A，B，C 中恰好有一个发生：$(A\overline{B}\,\overline{C})\cup(\overline{A}B\overline{C})\cup(\overline{A}\,\overline{B}C)$.

（7）A，B 中至少有一个发生而 C 不发生：$(A\cup B)\overline{C}$.

（8）A，B，C 都不发生：$\overline{A\cup B\cup C}$ 或 $\overline{A}\,\overline{B}\,\overline{C}$.

例 1.2　在数学学院学生中任选一名学生，若事件 A 表示所选学生是女生，事件 B 表示该生是大二学生，事件 C 表示该生会跳舞.

（1）叙述 $AB\overline{C}$ 的意义.

（2）在什么条件下 $ABC=C$ 成立？

（3）在什么条件下 $\overline{A}\subset B$ 成立？

解　（1）该生是大二女生，但不会跳舞.

（2）数学学院会跳舞的都是大二女生.

（3）数学学院男生都在大二年级.

习题 1.1

1. 写出下列试验的样本空间，并把事件用集合形式表示.

（1）投掷一枚骰子，出现奇数点.

（2）投掷两枚骰子，

$A=$“所得点数之和为奇数，且只有一个 1 点”；

$B=$“所得点数之和为偶数，且没有 1 点出现”.

（3）将一枚硬币投掷两次，

$A=$“第一次出现正面”；

$B=$“至少有一次出现正面”；

$C=$“两次出现同一面”.

2. 设随机事件 A，B，C，请用事件间的关系式表示以下随机事件：

（1）A 发生，B，C 都不发生；

（2）A 与 B 发生，C 不发生；

（3）A，B，C 都发生；

（4）A，B，C 至少有一个发生；

（5）A，B，C 都不发生；

（6）A，B，C 不都发生；

（7）A，B，C 至多有两个发生；

（8）A，B，C 至少有两个发生.

3. 判断下面等式是否正确，并说明原因.

（1）$A\cup B=(AB)\cup B$ ；

（2）$\overline{A}B=A\cup B$ ；

（3）$\overline{A \cup B} \cap C = \overline{A}\overline{B}C$；

（4）$(AB)(\overline{AB})=\varnothing$；

（5）若 $A \subset B$，则 $A=AB$；

（6）若 $AB=\varnothing$，且 $C \subset A$，则 $BC=\varnothing$；

（7）若 $A \subset B$，则 $\overline{B} \supset \overline{A}$；

（8）若 $B \subset A$，则 $A \cup B = A$.

1.2　概率、古典概型、几何概型

有了前面的预备知识，本节讨论事件发生的可能性大小——概率.

概率的统计定义

1.2.1　概率的统计定义

首先来看相对频率的概念.

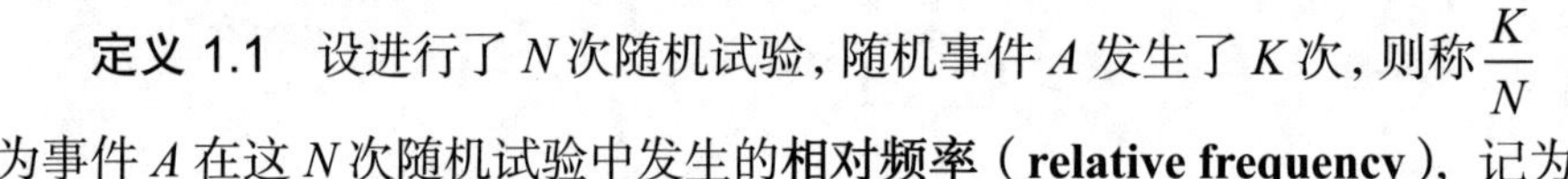

定义 1.1　设进行了 N 次随机试验，随机事件 A 发生了 K 次，则称 $\frac{K}{N}$ 为事件 A 在这 N 次随机试验中发生的**相对频率**（**relative frequency**），记为

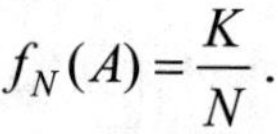

$$f_N(A)=\frac{K}{N}.$$

相对频率简称频率，显然满足：

（1）对于任意事件 A，有 $0 \leqslant f_N(A) \leqslant 1$；

（2）$f_N(\Omega)=1$；

（3）$f_N(\varnothing)=0$；

（4）若事件 $A_1, A_2, \cdots, A_n$ 两两互不相容，则

$$f_N\left(\bigcup_{i=1}^{n} A_i\right)=\sum_{i=1}^{n} f_N(A_i).$$

此外，频率还具有可变性，根据定义可知，A 发生的频率与试验次数 N 和 A 发生的次数 K 有关，N 不同，$f_N(A)$ 一般不同，即使 N 相同，$f_N(A)$ 也会改变. 同时，频率还具有稳定性，大量的试验表明，随着试验次数 N 的增加，A 发生的频率总是在某个常数附近上下波动，只是偶尔会产生较大的偏差.

历史上德・摩根（De Morgan）、布丰（Buffon）、皮尔逊（Pearson）曾进行过投掷硬币试验，结果如表 1-2 所示.

表 1-2　投掷硬币试验结果

试验者	投掷硬币次数	出现正面次数	出现正面的频率
德・摩根	2048	1061	0.5181
布丰	4040	2048	0.5069
皮尔逊	12000	6019	0.5016
皮尔逊	24000	12012	0.5005

可以看出，随着投掷硬币次数的增加，出现正面的频率逐渐稳定在 0.5.

人们还发现，在英文书籍中，某些字母出现的频率也是很稳定的，表 1-3 所示是英文书籍中字符出现的频率. 该研究对于计算机键盘的设计、信息编码、密码破译等有着重要作用.

表 1-3　英文书籍中字符出现的频率

字符	空格	E	T	O	A	N	I	R	S
频率	0.2	0.105	0.072	0.0654	0.063	0.059	0.055	0.054	0.05
字符	H	D	L	C	F	U	M	P	Y
频率	0.047	0.034	0.029	0.023	0.022	0.022	0.021	0.0171	0.012
字符	W	G	B	V	K	X	J	Q	Z
频率	0.012	0.011	0.0105	0.008	0.003	0.002	0.001	0.001	0.001

下面是概率的统计定义.

定义 1.2　设事件 A 在 N 次试验中发生的次数为 K，当 N 充分大时，频率 $\dfrac{K}{N}$ 在某一数值 p 的附近摆动，而随着试验次数 N 的增加，发生较大摆动的可能性越来越小，则称数 p 为事件 A 发生的**概率**，记为 $P(A)=p$.

这就给出了一种在实际中计算概率的方法，当试验次数 N 充分大时，可以用频率近似代替事件 A 发生的概率. 频率稳定于概率的性质我们将在第 5 章给出理论证明.

1.2.2　古典概型

古典概型

古典概型是古典型随机试验的概率模型.

定义 1.3　若随机试验满足：

（1）样本空间中有有限个样本点，即

$$\Omega=\{\omega_1, \omega_2,\cdots, \omega_n\}\ ;$$

（2）试验中每个基本事件发生的可能性大小相同，即

$$P(\{\omega_1\})=P(\{\omega_2\})=\cdots=P(\{\omega_n\})\ ,$$

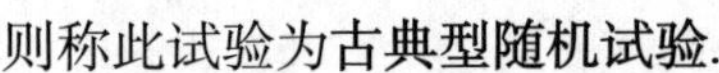
则称此试验为**古典型随机试验**.

显然，$\{\omega_1\},\{\omega_2\},\cdots,\{\omega_n\}$ 两两互不相容，且

$$P(\{\omega_1\}\cup\cdots\cup\{\omega_n\})=P(\{\omega_1\})+\cdots+P(\{\omega_n\})=P(\Omega)=1.$$

又因为每个基本事件发生的可能性相同，即

$$P(\{\omega_1\})=P(\{\omega_2\})=\cdots=P(\{\omega_n\}),$$

所以

$$P(\{\omega_i\})=\frac{1}{n}, i=1,2,\cdots,n\ .$$

设事件 A 包含 k 个基本事件，即

$$A=\{\omega_{i_1}\}\cup\{\omega_{i_2}\}\cup\cdots\cup\{\omega_{i_k}\},$$

则有

$$P(A)=P(\{\omega_{i_1}\}\cup\{\omega_{i_2}\}\cup\cdots\cup\{\omega_{i_k}\})=P(\{\omega_{i_1}\})+P(\{\omega_{i_2}\})+\cdots+P(\{\omega_{i_k}\})$$
$$=\underbrace{\frac{1}{n}+\frac{1}{n}+\cdots+\frac{1}{n}}_{k\text{个}}=\frac{k}{n}.$$

由此可得古典型随机试验中事件 A 的概率公式：

$$P(A)=\frac{k}{n}=\frac{A\text{ 中所包含的样本点数}}{\Omega\text{ 中包含的样本点总数}}.$$

在计算古典型随机试验概率时，经常会用到排列、组合的知识，下面是常用的排列、组合计算公式.

常用排列、组合公式

（1）从 $a_1,a_2,\cdots,a_n$ 共 n 个不同元素中选出 r 个不同元素的排列数为

$$\mathrm{A}_n^r=n(n-1)\cdots(n-r+1).$$

（2）n 个不同元素的全排列，其排列数为

$$\mathrm{A}_n^n=n(n-1)\cdots3\cdot2\cdot1=n!.$$

（3）从 $a_1,a_2,\cdots,a_n$ 共 n 个不同元素中有放回地选出 r 个元素，其排列数为 n^r.

（4）从 $a_1,a_2,\cdots,a_n$ 共 n 个不同元素中选出 r 个元素组合，其组合数为

$$\mathrm{C}_n^r=\binom{n}{r}=\frac{\mathrm{A}_n^r}{r!}=\frac{n(n-1)\cdots(n-r+1)}{r!}=\frac{n!}{r!(n-r)!}.$$

其中 $\binom{n}{r}$ 是二项展开式 $(a+b)^n=\sum_{r=0}^{n}\binom{n}{r}a^rb^{n-r}$ 的系数.

（5）把 $a_1,a_2,\cdots,a_n$ 这 n 个不同元素分成 k 份,第 k 部分有 r_k 个元素，且 $r_1+r_2+\cdots+r_k=n$，则分法种数为

$$\frac{n!}{r_1!r_2!\cdots r_k!}.$$

一些常用等式

对上述公式进行推广：r 为正整数，n 为任意实数 x，记

$$\mathrm{A}_x^r=x(x-1)(x-2)\cdots(x-r+1).$$

类似地，

$$\binom{x}{r}=\frac{\mathrm{A}_x^r}{r!}=\frac{x(x-1)(x-2)\cdots(x-r+1)}{r!}.$$

规定：0!=1，且 $\binom{x}{0}=1$.

另外，对于正整数 n，若 $r>n$，则 $\binom{n}{r}=0$.

易得，二项式系数具有下列性质：

$$\binom{n}{k}=\binom{n}{n-k}.$$

由于
$$(1+x)^n = \sum_{r=0}^{n} \binom{n}{r} x^r,$$

故
$$\binom{n}{0} + \binom{n}{1} + \binom{n}{2} + \cdots + \binom{n}{n} = 2^n.$$

利用幂级数乘法又可以证明 $\binom{a}{0}\binom{b}{n} + \binom{a}{1}\binom{b}{n-1} + \cdots + \binom{a}{n}\binom{b}{0} = \binom{a+b}{n}$.

特别地，
$$\binom{n}{0}\binom{n}{n} + \binom{n}{1}\binom{n}{n-1} + \cdots + \binom{n}{n}\binom{n}{0} = \binom{2n}{n}.$$

即
$$\binom{n}{0}^2 + \binom{n}{1}^2 + \cdots + \binom{n}{n}^2 = \binom{2n}{n}.$$

例 1.3 将一枚硬币投掷 3 次，求：

（1）恰有 1 次出现正面的概率；

（2）至少有 1 次出现正面的概率.

解 用 H 表示“出现正面”，T 表示“出现反面”，则随机试验样本空间为
$$\Omega=\{HHH,HHT,HTH,THH,HTT,THT,TTH,TTT\},$$
Ω中样本点个数有限，且每个基本事件发生的可能性大小相同.

（1）设 A 表示“恰有 1 次出现正面”，则 $A=\{HTT,THT,TTH\}$，

故有
$$P(A)=\frac{3}{8}.$$

（2）设 B 表示“至少有 1 次出现正面”，由 $\overline{B}=\{TTT\}$，得
$$P(B)=1-P(\overline{B})=1-\frac{1}{8}=\frac{7}{8}.$$

古典概型之长椅问题

例 1.4 一个袋子中装有 4 个白球、2 个红球. 每次从袋子中取一球，共取 2 次，请分别在有放回和无放回两种情形下求下列事件的概率：

（1）取到的都是白球；

（2）所取两个球颜色相同；

（3）至少有一个是白球.

解 设 A=“取到的都是白球”，B=“所取两个球颜色相同”，C=“至少有一个是白球”.

第一种情形：有放回.

Ω 中样本点个数为 $6\times6=36$.

事件 A 中样本点个数为 $4\times4=16$，所以
$$P(A)=\frac{16}{36}=\frac{4}{9}.$$

事件 B 中样本点个数为 $4\times4+2\times2=20$，所以
$$P(B)=\frac{20}{36}=\frac{5}{9}.$$

事件 C 中样本点个数为 $36-2\times2=32$，所以

$$P(C)=\frac{32}{36}=\frac{8}{9}.$$

第二种情形：无放回.

Ω 中样本点个数为 $C_6^1C_5^1=30$.

事件 A 中样本点个数为 $C_4^1C_3^1=12$，所以

$$P(A)=\frac{12}{30}=\frac{2}{5}.$$

事件 B 中样本点个数为 $C_4^1C_3^1+C_2^1C_1^1=14$，所以

$$P(B)=\frac{14}{30}=\frac{7}{15}.$$

事件 C 中样本点个数为 $30-2\times1=28$，所以

$$P(C)=\frac{28}{30}=\frac{14}{15}.$$

例 1.5 袋中有 a 只白球、b 只黑球，每次从袋中任取一球，取后不放回，求下列事件的概率：

（1）共取 $m+n$ 次，求所取球中恰有 m 只白球，n 只黑球的概率（$m\leqslant a$，$n\leqslant b$）;

（2）第 k 次才取到白球的概率（$k\leqslant b+1$）;

（3）第 k 次取到白球的概率.

解 （1）设 A= "所取 $m+n$ 个球中恰有 m 只白球，n 只黑球"，

Ω 中样本点个数为 C_{a+b}^{m+n}. 事件 A 中样本点个数为 $C_a^mC_b^n$，

故

$$P(A)=\frac{C_a^mC_b^n}{C_{a+b}^{m+n}}.$$

（2）设 B= "第 k 次才取到白球"，显然 Ω 中样本点个数为 P_{a+b}^k. 第 k 次才取到白球说明前面 $k-1$ 次全是黑球，所以事件 B 中样本点个数为 $P_b^{k-1}C_a^1$，故

$$P(B)=\frac{P_b^{k-1}P_a^1}{P_{a+b}^k}.$$

（3）设 C= "第 k 次取到白球"，显然 Ω 中样本点个数为 P_{a+b}^k. 我们只要保证第 k 次取到白球即可，前面 $k-1$ 次可以任意取球. 所以事件 C 中样本点个数为 $C_a^1P_{a+b-1}^{k-1}$，故

$$P(C)=\frac{P_a^1P_{a+b-1}^{k-1}}{P_{a+b}^k}=\frac{a}{a+b}.$$

可以看出事件 C 的概率与 k 无关，每次取到白球的概率都是一样的，这反映在实际中就是抽签，尽管抽签时有先后次序之分，但每个人抽得上上签的概率相同.

例 1.6 将 n 个不同的球放入 N 个不同的盒子中（$n<N$，每个盒子装球个数不限），求恰好有 n 个球放入 n 个盒子中的概率.

解 设 A= "恰好有 n 个球放入 n 个盒子中"，每个球都有 N 种放法，这是可重复排列，n 个球共有 N^n 种不同放法. 显然 Ω 中样本点个数为 N^n 个.

首先选出 n 个盒子，共有 C_N^n 种选法，然后每个盒子放一个球，共有 $n!$种方法，故

$$P(A)=\frac{\mathrm{C}_N^n n!}{N^n}.$$

还有很多实际问题可以用上面模型表示，例如 n ($n<365$) 个人聚会，考虑他们的生日情况，假定每个人的生日有可能在一年 365 天中的任意一天，那么这 n 个人的生日都不在同一天的概率为

生日问题

$$p_1=\frac{\mathrm{C}_{365}^n n!}{365^n},$$

n 个人中至少有两个人生日在同一天的概率为

$$p_2=1-\frac{\mathrm{C}_{365}^n n!}{365^n}.$$

当 n=50 时，$p_2\approx 0.97$，这说明在 50 人中至少有两个人生日在同一天的概率与 1 已经很接近了；当 n=100 时，$p_2\approx 0.99976$，说明 100 人中至少有两个人生日在同一天几乎必然发生，这与我们直观上的认知并不一样，这也说明研究随机性现象的统计规律性十分重要.

例 1.7　12 名大一新生中有 3 名中国共产党预备党员，将他们随机分到 3 个班中，每班 4 名学生，求：

（1）每班分到 1 名中国共产党预备党员的概率；

（2）3 名中国共产党预备党员分到同一个班的概率.

解　（1）设 A= “每班分到 1 名中国共产党预备党员”.

显然 Ω 中样本点个数为

$$\mathrm{C}_{12}^4\mathrm{C}_8^4\mathrm{C}_4^4=\frac{12!}{(4!)^3}.$$

3 名中国共产党预备党员每班分配一名共有 3!种分法，其余 9 名学生平均分到 3 个班共有 $\frac{9!}{(3!)^3}$ 种分法，所以事件 A 中样本点个数为

$$3!\cdot\frac{9!}{(3!)^3}=\frac{9!}{(3!)^2},$$

所以

$$P(A)=\frac{\frac{9!}{(3!)^2}}{\frac{12!}{(4!)^3}}=\frac{16}{55}.$$

（2）设 B= “3 名中国共产党预备党员分到同一个班”. 3 名中国共产党预备党员分到同一个班共 3 种分法，其余 9 名学生的分法共有 $\mathrm{C}_9^1\mathrm{C}_8^4\mathrm{C}_4^4=\frac{9!}{1!4!4!}$ 种，根据乘法定理，事件 B 中样本点个数为 $3\times\frac{9!}{1!4!4!}$，所以

$$P(B)=\frac{\frac{3\times 9!}{(4!)^2}}{\frac{12!}{(4!)^3}}=\frac{3}{55}.$$

1.2.3 几何概型

几何概型

几何概型是关于几何型随机试验的概率模型，如图 1-7 所示．若随机试验具有以下特点，则称该试验为几何型随机试验．

（1）样本空间 Ω 中有无穷个样本点，且样本空间 Ω 是几何空间中的一个有限区域．

有限区域是指样本空间 Ω 是可以度量的，也就是可以测出它的长度、面积或体积等．

（2）样本点落在样本空间 Ω 的某个子区域内的概率只与其度量的大小成正比，与其形状无关．

对于几何型随机试验的概率，计算公式为

$$P(A)=\frac{m(A)}{m(\Omega)}.$$

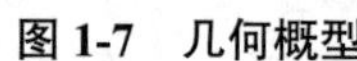

图 1-7 几何概型

其中 $m(A)$，$m(\Omega)$ 为事件 A、样本空间 Ω 的度量．

例 1.8 在 (0, 1) 内任取两个数，求两数之积小于 $\frac{1}{4}$ 的概率．

解 设在 (0, 1) 内任取两个数 x，y，则 $\Omega=\{(x,y)\mid 0<x<1,\ 0<y<1\}$．

令 A=“两数之积小于 $\frac{1}{4}$”，则

$$A=\left\{(x,y)\mid xy<\frac{1}{4},0<x<1,\ 0<y<1\right\}.$$

事件 A 的区域如图 1-8 阴影部分所示．

图 1-8 事件 A 的区域（例 1.8）

则

$$P(A)=\frac{1-\int_{1/4}^{1}\mathrm{d}x\int_{1/4x}^{1}\mathrm{d}y}{1}=\frac{1-\int_{1/4}^{1}\left(1-\frac{1}{4x}\right)\mathrm{d}x}{1}=1-\frac{3}{4}+\int_{1/4}^{1}\frac{1}{4x}\mathrm{d}x=\frac{1}{4}+\frac{1}{2}\ln 2.$$

例 1.9 2023 年 6 月起，某市开始进行某种疫苗加强针接种工作，根据接种要求，接种者接种疫苗后需在留观室观察，半小时无异常方可离开．甲、乙二人约定某日上午前往第一附属医院接种，该医院上午接种时间为 8:00—11:30，假定二人上午到达医院的时间是等可能的，求二人在留观室能够相遇的概率（接种时间忽略）．

解 设 A=“甲、乙二人在留观室相遇”，设 x、y 分别表示甲、乙二人的接种时间，则

$$\Omega=\{(x,y)\mid 0\leqslant x,y\leqslant 3.5$$

若甲先到，则 $y-x\leqslant\frac{1}{2}$；若乙先到，则 $x-y\leqslant\frac{1}{2}$；

所以

$$A=\left\{(x,y)\middle| y-x\leqslant\frac{1}{2}\ \text{或}\ x-y\leqslant\frac{1}{2}\right\}.$$

事件 A 的区域如图 1-9 所示．

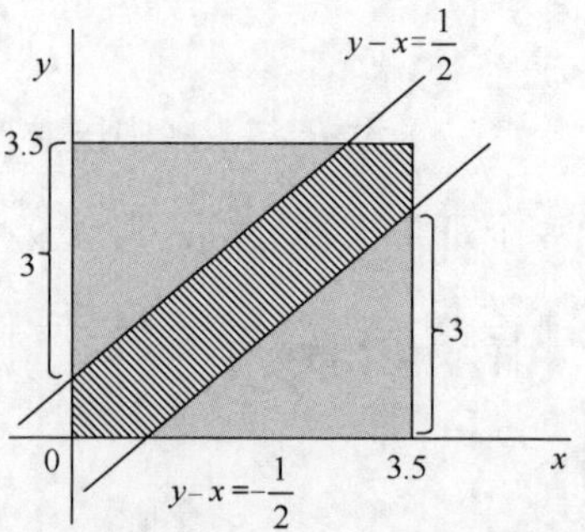

图 1-9 事件 A 的区域（例 1.9）

则 $P(A)=\dfrac{S_A}{S_\Omega}=\dfrac{\dfrac{49}{4}-2\times\dfrac{9}{2}}{\dfrac{49}{4}}=\dfrac{\dfrac{13}{4}}{\dfrac{49}{4}}\dfrac{13}{49}$.

布丰投针问题

例 1.10　布丰（Buffon）投针问题.

在平面上画有间距为 d 的平行线，向平面内随机投掷长为 $l\ (l<d)$ 的针，求针与平行线相交的概率.

解　设 A=“针与平行线相交”，用 x 表示针的中点与最近的一条平行线之间的距离，φ 表示针与该直线的夹角，如图 1-10 所示，则

$$\Omega=\left\{(\varphi,x)\mid 0\leqslant\varphi\leqslant\pi,\ 0\leqslant x\leqslant\frac{d}{2}\right\}.$$

要使针与平行线相交，则

$$A=\left\{(\varphi,x)\mid 0\leqslant x\leqslant\frac{l}{2}\sin\varphi\right\},$$

所以

$$P(A)=\frac{S_A}{S_\Omega}=\frac{\int_0^\pi\frac{l}{2}\sin\varphi\mathrm{d}\varphi}{\pi\cdot\frac{d}{2}}=\frac{2l}{\pi d}.$$

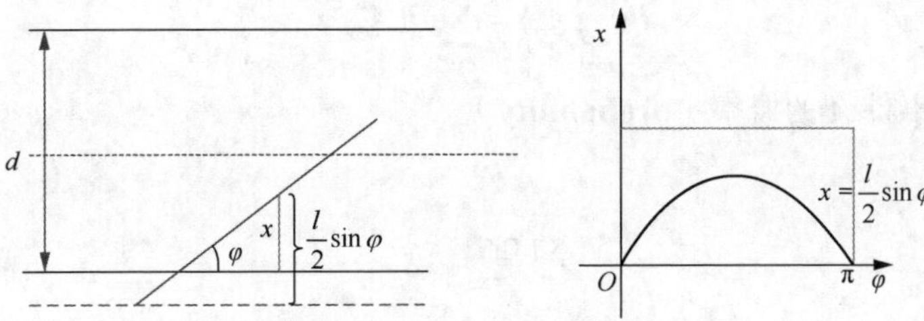

图 1-10　针与平行线相交的区域

若令 $l=\dfrac{d}{2}$，则 $P(A)=\dfrac{1}{\pi}$. 由概率的统计定义，可以用 A 发生的相对频率近似代替概率，假设共投针 m 次，与平行线相交 n 次，从而有 $P(A)=\dfrac{1}{\pi}\approx\dfrac{n}{m}$，则 $\pi\approx\dfrac{m}{n}$.

历史上许多学者做过投针试验，试验结果如表 1-4 所示.

表 1-4　历史上不同学者投针试验的结果

试验者	年份	投掷次数	相交次数	得到 π 的近似值	针长
沃尔夫	1850	5000	2532	3.1596	0.1
史密斯	1855	3204	1218.5	3.1554	0.6
摩根	1860	600	382.5	3.137	1.0
福克斯	1884	1030	489	3.1595	0.75
拉兹瑞尼	1901	3408	1808	3.1415929	0.83
雷纳	1925	2520	859	3.1795	0.5419

随着计算机的飞速发展，人们也可以用计算机来模拟投针试验，目前这种方法已经在很多方面得到应用. 该方法称为随机模拟法，也称蒙特卡罗（Monte Carlo）模拟法.

1.2.4 概率空间

通过前文可以看出，用数学模型描述随机试验应包括 3 个方面：

（1）样本空间 Ω；

（2）事件域(σ-代数)$\mathscr{F}$；

（3）概率($\mathscr{F}$上的规范测度)P.

通常把$(\Omega,\mathscr{F},P)$称为概率空间，对于随机试验，我们可以通过概率空间来描述.

1.2.5 概率的公理化定义

定义 1.4 设 Ω 为样本空间，A 为事件，对于每一个事件 A 赋予一个实数，记作 $P(A)$，如果 $P(A)$ 满足以下条件：

（1）非负性—— $P(A)\geqslant 0$；

（2）规范性—— $P(\Omega)=1$；

（3）可列可加性——对于两两互不相容的可列无穷个事件 $A_1,A_2,\cdots,A_n$，有

$$P(\bigcup_{n=1}^{\infty}A_n)=\sum_{n=1}^{\infty}P(A_n),$$

则称实数 $P(A)$ 为事件 A 的概率（**probability**）.

习题 1.2

1. 从 52 张牌中任取 13 张牌，求恰好有 5 张黑桃、3 张红心、2 张梅花、3 张方块的概率.

2. 数学学院 2023 级 5 名学生组成一个创新训练小组，考虑这 5 名学生的生日，求下列事件的概率.

（1）5 名学生的生日都在星期一.

（2）5 名学生的生日都不在星期一.

（3）5 名学生的生日不都在星期一.

3. 一批产品有 50 件，其中有 5 件次品，从该批产品中任取 3 件，求有一件次品的概率.

4. 从一批由 M 件正品、$N-M$ 件次品组成的产品中任取 $n\,(n<N)$ 件产品，求在下列抽样方法下，所抽取的 n 件产品中有 $m\ (m\leqslant M)$ 件正品的概率.

（1）一次抽取 n 件产品.

（2）无放回抽样.

（3）有放回抽样.

5. 某地区的电话号码由 8 开头的 8 位数组成，后面 7 位数从 $0,1,2,\cdots,9$ 中等可能地取

值. 任取一个电话号码，求该号码的后面 4 位数各不相同的概率.

取鞋子问题

6. 50 个乒乓球中有 3 个旧球，现有 10 支队伍比赛，每支队伍随机抽取 3 个乒乓球，求有一支队伍抽到 3 个旧球的概率.

7. 从 5 双不同的鞋子中任取 4 只，求至少有 2 只配成一双的概率.

8. 甲乙两名学生约定下午 4:00—5:00 在图书馆见面，求一人要等待另一人 0.5 小时以上的概率.

构成三角形问题

9. 从(0,1)中随机地取两个数，求：

（1）两个数之和小于 6/5 的概率；

（2）两个数之积小于 1/4 的概率.

10. 袋中有 5 个红球、3 个黄球、2 个黑球，现任取 1 个球，观察其颜色后放回，如此重复，求在取得黄球之前取得红球的概率.

11. 一电梯有 6 名乘客，乘客在 2～11 层下电梯是等可能的，求：

（1）指定一层有 2 名乘客下电梯的概率；

（2）恰有 2 名乘客在同一层下电梯的概率；

（3）至少有 2 名乘客在同一层下电梯的概率.

12. n 个朋友随机地围绕圆桌而坐，求：

（1）甲、乙 2 人坐在一起的概率；

（2）甲、乙、丙 3 人坐在一起的概率.

13. 在长为 a 的线段内任取两点将线段分为 3 段，求分出的线段能构成三角形的概率.

14. 一正方体表面全部涂上红色，先将其等分成 1000 个小立方体，并从中随机抽取 1 个小立方体，求其有两个面是红色的概率.

15. 3 个乒乓球随机放入 4 个袋子中，求袋子中乒乓球的最大个数分别为 1、2、3 的概率.

16. 某景区有 n 辆观光车，k $(k\geqslant n)$ 名游客随机乘坐观光车，求每一辆观光车上都有游客的概率.

1.3　概率的性质

概率的性质

1.3.1　概率的加法定理

性质 1　$P(\varnothing)=0$.

证　令 $A_n=\varnothing(n=1,2,\cdots)$，则

$$\bigcup_{n=1}^{\infty}A_n=\varnothing \text{，且 } A_iA_j=\varnothing(i\neq j,\ i,j=1,2,\cdots) .$$

由概率的可列可加性，得

$$P(\varnothing)=P(\bigcup_{n=1}^{\infty}A_n)=\sum_{n=1}^{\infty}P(A_n)=\sum_{n=1}^{\infty}P(\varnothing) .$$

又由 $P(\varnothing)\geqslant 0$ 及上式知 $P(\varnothing)=0$.

性质 2（有限可加性） 若 $A_iA_j=\varnothing(i\neq j,\ i,j=1,2,\cdots,n)$，则

$$P(\bigcup_{k=1}^{n}A_k)=\sum_{k=1}^{n}P(A_k).$$

证 令 $A_{n+1}=A_{n+2}=\cdots=\varnothing$，则 $A_iA_j=\varnothing(i\neq j,\ i,j=1,2,\cdots)$，由可列可加性可知

$$P(\bigcup_{k=1}^{n}A_k)=P(\bigcup_{k=1}^{\infty}A_k)=\sum_{k=1}^{\infty}P(A_k)=\sum_{k=1}^{n}P(A_k).$$

性质 3 设 A，B 是两个事件，若 $A\subset B$，则有

$$P(B-A)=P(B)-P(A)\text{或}P(A)\leqslant P(B).$$

证 由 $A\subset B$，知 $B=A\cup(B-A)$ 且 $A\cap(B-A)=\varnothing$.
再由概率的有限可加性有

$$P(B)=P(A\cup(B-A))=P(A)+P(B-A),$$

即

$$P(B-A)=P(B)-P(A),$$

又由 $P(B-A)\geqslant 0$，得 $P(A)\leqslant P(B)$.

性质 4 对任意事件 A，$P(A)\leqslant 1$.

证 因为 $A\subset\Omega$，所以由性质 3 得 $P(A)\leqslant P(\Omega)=1$.

性质 5 对于任意事件 A，有

$$P(\overline{A})=1-P(A).$$

证 因为 $\overline{A}\cup A=\Omega$，$\overline{A}\cap A=\varnothing$，

所以由有限可加性，得

$$1=P(\Omega)=P(\overline{A}\cup A)=P(\overline{A})+P(A),$$

即

$$P(\overline{A})=1-P(A).$$

例 1.11 一批产品有 50 件，其中有 5 件次品，现从这 50 件产品中任取 3 件，求有次品的概率.

解法一：

假设 $A_i=$ “所取 3 件产品中有 i 件次品” $(i=0,1,2,3)$，$B=$ “有次品”，
则 $B=A_1\cup A_2\cup A_3$，

所以 $P(B)=P(A_1)+P(A_2)+P(A_3)=\dfrac{\mathrm{C}_5^1\mathrm{C}_{45}^2}{\mathrm{C}_{50}^3}+\dfrac{\mathrm{C}_5^2\mathrm{C}_{45}^1}{\mathrm{C}_{50}^3}+\dfrac{\mathrm{C}_5^3}{\mathrm{C}_{50}^3}\approx 0.276$.

解法二：

$$P(B)=1-P(A_0)=1-\frac{\mathrm{C}_{45}^3}{\mathrm{C}_{50}^3}\approx 0.276.$$

广义加法定理

定理 1.2（广义加法定理） 对于任意两个事件 A，B，有

$$P(A\cup B)=P(A)+P(B)-P(AB).$$

证 因为 $A\cup B=A\cup(B-AB)$ 且 $A\cap(B-AB)=\varnothing$.
所以由性质 2、性质 3，得

$$P(A\cup B)=P(A\cup(B-AB))=P(A)+P(B-AB)=P(A)+P(B)-P(AB).$$

例 1.12　在 1～2000 的整数中随机取一个，求此数既不被 6 整除也不被 8 整除的概率.

解　假设 $A=$ “此数能被 6 整除”，$B=$ “此数能被 8 整除”，则

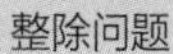

整除问题

$$P(\overline{A}\cap\overline{B})=1-P(A\cup B)=1-P(A)-P(B)+P(AB).$$

因为
$$333<\frac{2000}{6}\approx 333.33<334,\quad \frac{2000}{8}=250,\quad 83<\frac{2000}{24}<84,$$

所以

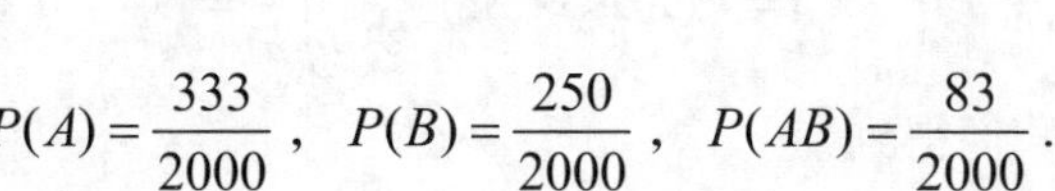

$$P(A)=\frac{333}{2000},\quad P(B)=\frac{250}{2000},\quad P(AB)=\frac{83}{2000}.$$

所以

$$\begin{aligned}P(\overline{A}\cap\overline{B})&=1-P(A\cup B)=1-P(A)-P(B)+P(AB)\\&=1-\frac{333}{2000}-\frac{250}{2000}+\frac{83}{2000}=\frac{3}{4}.\end{aligned}$$

定理 1.2 还可推广到 3 个事件的情形. 例如，设 A_1，A_2，A_3 为任意 3 个事件，则有

$$P(A_1\cup A_2\cup A_3)=P(A_1)+P(A_2)+P(A_3)-P(A_1A_2)-P(A_1A_3)-P(A_2A_3)+P(A_1A_2A_3).$$

一般地，任意 n 个事件 $A_1,A_2,\cdots,A_n$，可由归纳法证得

$$P(A_1\cup A_2\cup\cdots\cup A_n)=\sum_{i=1}^{n}P(A_i)-\sum_{1\leqslant i<j\leqslant n}P(A_iA_j)+\sum_{1\leqslant i<j<k\leqslant n}P(A_iA_jA_k)-\cdots+(-1)^{n-1}P(A_1A_2\cdots A_n).$$

例 1.13　设 A，B 为两个事件，$P(A)=0.5$，$P(B)=0.3$，$P(AB)=0.1$，求：

（1）A 发生但 B 不发生的概率；

（2）A 不发生但 B 发生的概率；

（3）至少有一个事件发生的概率；

（4）A 和 B 都不发生的概率；

（5）至少有一个事件不发生的概率.

容斥原理

解　（1）$P(A-B)=P(A)-P(AB)=0.4$；

（2）$P(\overline{A}B)=P(B-AB)=P(B)-P(AB)=0.2$；

（3）$P(A\cup B)=P(A)+P(B)-P(AB)=0.5+0.3-0.1=0.7$；

（4）$P(\overline{A}\overline{B})=P(\overline{A\cup B})=1-P(A\cup B)=1-0.7=0.3$；

（5）$P(\overline{A}\cup\overline{B})=P(\overline{AB})=1-P(AB)=1-0.1=0.9$.

例 1.14　在一次有 n 个人参加的晚会上，每个人带了一件礼物，且假定每个人所带礼物都不相同. 晚会期间每人从放在一起的 n 件礼物中随机取一件，求至少有一个人取到自己礼物的概率.

解　令 $A_i=$ “第 i 个人取到自己所带的礼物” $(i=1,2,\cdots,n)$，

则　$P(A_i)=\dfrac{1}{n}$，$\displaystyle\sum_{i=1}^{n}P(A_i)=1$，

$$P(A_iA_j)=\frac{1}{n(n-1)}\ (i\neq j),$$

$$\sum_{1\leqslant i<j\leqslant n}P(A_iA_j)=\binom{n}{2}\frac{1}{n(n-1)}=\frac{1}{2!},$$

同理可得

$$\sum_{1\leqslant i<j<k\leqslant n} P(A_i A_j A_k)=\binom{n}{3}\frac{1}{n(n-1)(n-2)}=\frac{1}{3!},$$

$$\cdots\cdots$$

$$P(\bigcap_{i=1}^{n} A_i)=P(A_1 A_2\cdots A_n)=\binom{n}{n}\frac{1}{n!}=\frac{1}{n!}.$$

由概率的一般加法公式我们得到

$$P(\bigcup_{i=1}^{n} A_i)=1-\frac{1}{2!}+\frac{1}{3!}-\cdots+(-1)^{n-1}\frac{1}{n!},$$

显然，当 n 充分大时，它近似于 $1-\frac{1}{\mathrm{e}}$.

该问题称为匹配问题.

1.3.2 条件概率

条件概率

定义 1.5 若 $(\Omega,\mathscr{F},P)$ 是一个概率空间，$B\in\mathscr{F}$，且 $P(B)>0$，则对任意的 $A\in\mathscr{F}$，称

$$P(A\,|\,B)=\frac{P(AB)}{P(B)}$$

为在事件 B 发生的条件下,事件 A 发生的条件概率.

条件概率的性质如下.

（1）非负性：对任意的 $A\in\mathscr{F}$，$P(A\,|\,B)\geqslant 0$；

（2）规范性：$P(\Omega\,|\,B)=1$；

（3）可列可加性：设事件 $A_i\in\mathscr{F}\ (i=1,2,\cdots)$，且 $A_iA_j=\varnothing(i\neq j,i,j=1,2,\cdots)$，有

$$P(\bigcup_{i=1}^{\infty} A_i\,|\,B)=\sum_{i=1}^{\infty} P(A_i\,|\,B).$$

显然，条件概率满足概率公理化定义中的 3 个条件，所以条件概率仍是概率，概率具有的性质对条件概率仍适用. 如 $P(\bar{A}\,|\,B)=1-P(A\,|\,B)$.

例 1.15 在 100 件产品中，有 5 件不合格，而在不合格的 5 件中，又有 3 件次品、2 件废品，现任取 1 件产品，求：

（1）取到的是废品的概率；

（2）已知取到的是不合格品，求它是废品的概率.

解 设 $A=$“取到的是废品”，$B=$“取到的是不合格品”，则

（1）$P(A)=\frac{2}{100}=\frac{1}{50}$；

（2）$P(A\,|\,B)=\frac{P(AB)}{P(B)}=\frac{\frac{2}{100}}{\frac{5}{100}}=\frac{2}{5}$.

例 1.16　5 件产品中有 3 件正品、2 件次品，每次任取 1 件产品，取后不放回，已知第一次取到的是正品，求第二次取到的也是正品的概率.

解　设 A="第一次取到正品"，B="第二次取到正品".
由条件得

$$P(A)=\frac{3}{5},$$

$$P(AB)=\frac{3}{5}\times\frac{2}{4}=\frac{3}{10},$$

故有

$$P(B\mid A)=\frac{P(AB)}{P(A)}=\frac{\frac{3}{10}}{\frac{3}{5}}=\frac{1}{2}.$$

此题也可按产品编号来做，设 1、2、3 号为正品，4、5 号为次品，则样本空间为 $\Omega=\{1,2,3,4,5\}$，若 A 已发生，即在 1、2、3 中抽走一个，于是第二次抽取所有可能结果的集合中共有 4 件产品，其中有 2 件正品，故得

$$P(B\mid A)=\frac{2}{4}=\frac{1}{2}.$$

1.3.3　乘法定理

乘法定理

由条件概率定义 $P(B\mid A)=\dfrac{P(AB)}{P(A)}$，$P(A)>0$，两边同乘 $P(A)$，可得 $P(AB)=P(A)P(B\mid A)$，由此可得如下定理.

定理 1.3（乘法定理）　设 $P(A)>0$，则有

$$P(AB)=P(A)P(B\mid A).$$

易知，若 $P(B)>0$，则有

$$P(AB)=P(B)P(A\mid B).$$

乘法定理也可推广到 3 个事件的情况，例如，设 A，B，C 为 3 个事件，且 $P(AB)>0$，则有

$$P(ABC)=P(C\mid AB)P(AB)=P(C\mid AB)P(B\mid A)P(A).$$

一般地，设 n 个事件为 $A_1,A_2,\cdots,A_n$，若 $P(A_1A_2\cdots A_{n-1})>0$，则有

$$P(A_1A_2\cdots A_n)=P(A_1)P(A_2\mid A_1)P(A_3\mid A_1A_2)\cdots P(A_n\mid A_1A_2\cdots A_{n-1}).$$

事实上，由 $A_1\supset A_1A_2\supset\cdots\supset A_1A_2\cdots A_{n-1}$，有

$$P(A_1)\geqslant P(A_1A_2)\geqslant\cdots\geqslant P(A_1A_2\cdots A_{n-1})>0.$$

故上述公式右边的条件概率每一个都有意义，由条件概率定义可知

$$P(A_1)P(A_2\mid A_1)P(A_3\mid A_1A_2)\cdots P(A_n\mid A_1A_2\cdots A_{n-1})$$
$$=P(A_1)\frac{P(A_1A_2)}{P(A_1)}\frac{P(A_1A_2A_3)}{P(A_1A_2)}\cdots\frac{P(A_1A_2\cdots A_n)}{P(A_1A_2\cdots A_{n-1})}=P(A_1A_2\cdots A_n).$$

例 1.17　一批口罩共 100 箱，其中有 10 箱为 N95 口罩，每次任取 1 箱，取后不放回，求第 3 次才取到 N95 口罩的概率.

解 设 $A_i =$ “第 i 次取到 N95 口罩” $(i=1,2,3)$，则有

$$P(\overline{A_1}\,\overline{A_2}A_3)=P(\overline{A_1})P(\overline{A_2}\,|\,\overline{A_1})P(A_3\,|\,\overline{A_1}\,\overline{A_2})=\frac{90}{100}\times\frac{89}{99}\times\frac{10}{98}\approx 0.083\,.$$

例 1.18 波利亚（Polya）模型　袋中有 a 个红球、b 个白球，从中随机抽取 1 个球，取后放回，并加入与取出的球同色的球 c 个，然后再取，这样共取 3 次，求取出的球为“红、白、红”的概率.

波利亚摸球模型

解 设 $A =$ “第 1 次取出红球”，$B =$ “第 2 次取出白球”，$C =$ “第 3 次取出红球”，则有

$$P(ABC)=P(A)P(B\,|\,A)P(C\,|\,AB)=\frac{a}{a+b}\cdot\frac{b}{a+b+c}\cdot\frac{a+c}{a+b+2c}\,.$$

总之，某种颜色的球一旦出现，下次再出现的概率就要增大，通常可以作为传染病预测、地震预测的随机模型.

例 1.19 袋中共有 n 个乒乓球,其中有 1 个白色乒乓球. n 个人依次从袋中各取 1 个球，取后不放回，求第 i $(i=1,2,\cdots,n)$ 个人取到白色乒乓球的概率.

解 设 $A_i =$ “第 i 个人取到白球” $(i=1,2,\cdots,n)$，显然 $P(A_1)=\frac{1}{n}$.

由 $\overline{A_1}\supset A_2$，故 $A_2=\overline{A}_1A_2$，于是

$$P(A_2)=P(\overline{A}_1A_2)=P(\overline{A}_1)P(A_2\,|\,\overline{A}_1)=\frac{n-1}{n}\cdot\frac{1}{n-1}=\frac{1}{n}\,.$$

类似有

$$P(A_3)=P(\overline{A}_1\,\overline{A}_2A_3)=P(\overline{A}_1)P(\overline{A}_2\,|\,\overline{A}_1)P(A_3\,|\,\overline{A}_1\,\overline{A}_2)$$

$$=\frac{n-1}{n}\cdot\frac{n-2}{n-1}\cdot\frac{1}{n-2}=\frac{1}{n}\,.$$

$$P(A_n)=P(\overline{A}_1\,\overline{A}_2\cdots\overline{A}_{n-1}A_n)=\frac{n-1}{n}\cdot\frac{n-2}{n-1}\cdot\cdots\cdot\frac{1}{2}\cdot 1=\frac{1}{n}\,.$$

可以看出，第 i $(i=1,2,\cdots,n)$ 个人取到白球的概率与 i 无关.

习题 1.3

1. 设 A，B 为随机事件，且 $P(A)=0.7$，$P(A-B)=0.3$，求 $P(\overline{AB})$.

2. 设 A，B 为随机事件，且 $P(A)=0.6$，$P(B)=0.7$，求：

（1）在什么条件下 $P(AB)$取到最大值；

（2）在什么条件下 $P(AB)$取到最小值.

3. A，B，C 为 3 个随机事件，$P(A)=P(B)=\frac{1}{4}$，$P(C)=\frac{1}{3}$，$P(AB)=P(BC)=0$，$P(AC)=\frac{1}{12}$，求 A，B，C 这 3 个事件中至少发生 1 个的概率.

4. 袋中有 4 个红球、3 个白球，从中任取 3 个球，求至少有 2 个红球的概率.

5. 郑州市某天刮风的概率为 0.3，下雨的概率为 0.5，既刮风又下雨的概率为 0.1，求：

（1）在下雨条件下刮风的概率；

（2）这天下雨或刮风的概率.

6. 某家庭有 3 个孩子，已知有 1 个女孩，求这个家庭至多有 2 个女孩的概率.

7. 设 $P(\overline{A})=0.3$，$P(B)=0.4$，$P(A\overline{B})=0.5$，求 $P(B\mid A\cup\overline{B})$.

8. 证明：若 $P(A\mid C)\geqslant P(B\mid C)$，$P(A\mid\overline{C})\geqslant P(B\mid\overline{C})$，

则 $P(A)\geqslant P(B)$.

9. 对任意的随机事件 A、B、C，试证

$$P(AB)+P(AC)-P(BC)\leqslant P(A).$$

全概率公式

1.4　全概率公式与贝叶斯公式

1.4.1　全概率公式

定理 1.4（全概率公式） 设 $A\in\mathscr{F}$，$B_1,B_2,\cdots,B_n$ 为 Ω 的完备事件组，且 $P(B_i)>0$ $(i=1,2,\cdots,n)$，则

$$P(A)=\sum_{i=1}^{n}P(B_i)P(A\mid B_i).$$

称上述公式为全概率公式.

证　如图 1-11 所示，因为 $B_iB_j=\varnothing$（$i\neq j$），且 $AB_i\subset B_i$，$AB_j\subset B_j$，

所以 $AB_i\cap AB_j=\varnothing$（$i\neq j$），

由 $A=A\Omega=A\sum_{i=1}^{n}B_i=\sum_{i=1}^{n}AB_i$，

故 $P(A)=P(\sum_{i=1}^{n}AB_i)=\sum_{i=1}^{n}P(AB_i)=\sum_{i=1}^{n}P(B_i)P(A\mid B_i)$.

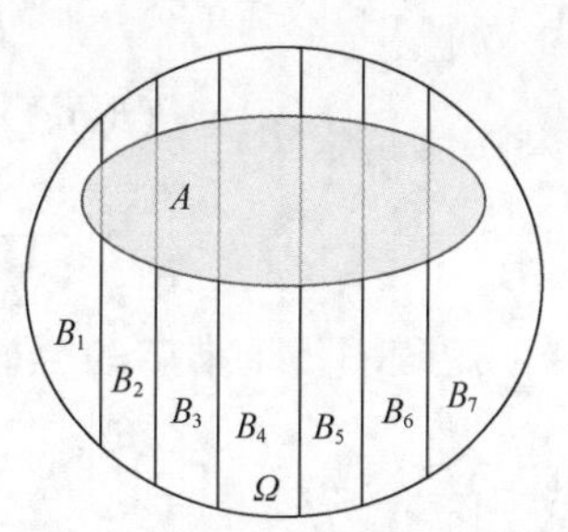

图 1-11　全概率公式的维恩图表示

注意：（1）$B_i(i=1,2,\cdots,n)$ 是原因事件，B_i 中的任意一个发生，才有可能导致 A 的发生；

（2）A 必须与 B_i 同时发生；

（3）随机试验一般要分为两步，第一步结果不确定，才能用全概率公式.

例 1.20　袋中有 50 个乒乓球，其中黄球 20 个、白球 30 个，今有 2 人从袋中各取 1 个球，取后不放回，求第 2 个人取得黄球的概率.

解　设 $A=$ “第 2 个人取得黄球”，

$B_1=$ “第 1 个人取得黄球”，$B_2=$ “第 1 个人取得白球”.

显然 $B_1B_2=\varnothing$，$\Omega=B_1+B_2$

（$\Omega=\{$(黄,白),(黄,黄),(白,黄),(白,白)$\}$）.

所以 $P(A)=\sum_{i=1}^{2}P(B_i)P(A|B_i)=P(B_1)P(A|B_1)+P(B_2)P(A|B_2)$

$$=\frac{20}{50}\cdot\frac{19}{49}+\frac{30}{50}\cdot\frac{20}{49}=\frac{2}{5}$$

例 1.21 口罩整包出售，每包 20 只，假设每包含有 0、1、2 只次品口罩的概率分别为 0.8、0.1、0.1. 一位顾客欲买一包口罩，售货员任取一包，顾客打开随机查看 4 只口罩，若未发现次品口罩，则买下，否则退回，求顾客买下该包口罩的概率.

解 设 $A=$ “顾客买下该包口罩”，

$B_i=$ “该包口罩中有 i 只次品口罩”（$i=0,1,2$），

则 $P(A)=P(B_0)P(A|B_0)+P(B_1)P(A|B_1)+P(B_2)P(A|B_2)$

$$=0.8\cdot\frac{C_{20}^4}{C_{20}^4}+0.1\cdot\frac{C_{19}^4}{C_{20}^4}+0.1\cdot\frac{C_{18}^4}{C_{20}^4}\approx 0.943.$$

例 1.22 袋中 12 个乒乓球全是新球，每次使用时从袋中任取 3 个乒乓球，使用完毕再放回袋中，求第三次使用时从袋中所取的 3 个乒乓球全为新球的概率.

解 设 $A=$ “第三次使用时从袋中所取的 3 个乒乓球全为新球”，

$B_i=$ “第二次使用时从袋中取到 i 个新球”（$i=0,1,2,3$），

则

$$P(A)=P(B_0)P(A|B_0)+P(B_1)P(A|B_1)+P(B_2)P(A|B_2)+P(B_3)P(A|B_3),$$

其中 $P(B_0)=\frac{C_3^3}{C_{12}^3}$，$P(B_1)=\frac{C_9^1C_3^2}{C_{12}^3}$，$P(B_2)=\frac{C_9^2C_3^1}{C_{12}^3}$，$P(B_3)=\frac{C_9^3}{C_{12}^3}$，

代入得

$$P(A)=P(B_0)P(A|B_0)+P(B_1)P(A|B_1)+P(B_2)P(A|B_2)+P(B_3)P(A|B_3)$$
$$=\frac{C_3^3}{C_{12}^3}\cdot\frac{C_9^3}{C_{12}^3}+\frac{C_9^1C_3^2}{C_{12}^3}\cdot\frac{C_8^3}{C_{12}^3}+\frac{C_9^2C_3^1}{C_{12}^3}\cdot\frac{C_7^3}{C_{12}^3}+\frac{C_9^3}{C_{12}^3}\cdot\frac{C_6^3}{C_{12}^3}\approx 0.146.$$

定理 1.5（推广的全概率公式） 设 $A\in\mathscr{F}$，$B_1,B_2,\cdots,B_n$ 两两互不相容，且 $P(B_i)>0$ $(i=1,2,\cdots,n)$，$A\subset\bigcup_{i=1}^{n}B_i$，则

$$P(A)=\sum_{i=1}^{n}P(B_i)P(A|B_i).$$

例 1.23 2022 年 6 月 17 日，经中央军委批准，我国第三艘航空母舰下水，该舰命名为“中国人民解放军海军福建舰”，舷号为“18”. 标志着我国进入“三航母时代”. 据统计，我国某艘航空母舰舰载机着舰数据如表 1-5 所示.

表 1-5 我国某艘航空母舰舰载机着舰数据

拦阻索	拦阻率	勾住概率
第 1 根	0.97	0.16
第 2 根	0.99	0.23
第 3 根	0.99	0.22
第 4 根	0.98	0.15

求舰载机首次成功着舰的概率.

舰载机首次成功着舰概率

解　设 A= “舰载机首次成功着舰”,

B_i= “尾钩勾住第 i 根拦阻索”　$(i=1,2,3,4)$.

$$\begin{aligned}P(A)&=\sum_{i=1}^{4}P(B_i)P(A\mid B_i)\\&=0.16\times0.97+0.23\times0.99+0.22\times0.99+0.15\times0.98\\&=0.7477.\end{aligned}$$

例 1.24　某市为了遏制某种病毒的侵袭，保障人民群众的生命安全. 开展了免费疫苗自愿接种工作. 现有 3 种疫苗可供选择. 第 1 种疫苗只需接种 1 次，中和抗体阳转率高达 96%. 第 2 种疫苗需要接种 2 次，中和抗体阳转率约为 99%. 第 3 种疫苗需要接种 3 次，中和抗体阳转率约为 97%. 现根据疫苗接种数据可知，有 5%的群众接种了第 1 种疫苗，有 65%的群众接种了第 2 种疫苗（接种了 2 次），有 15%的群众接种了第 3 种疫苗（接种了 3 次），有 15%的群众（主要是老人和儿童）没有接种任何疫苗（注意，不接种疫苗，中和抗体阳转率为 0）. 求该市任意一个市民的中和抗体阳转率是多少.

解　设 A= “该市民产生了中和抗体”,

B_i= “该市民接种了第 i 种疫苗”　$(i=1,2,3)$，则

$$\begin{aligned}P(A)&=\sum_{i=1}^{3}P(B_i)P(A\mid B_i)\\&=0.05\times0.96+0.65\times0.99+0.15\times0.97\\&=0.837.\end{aligned}$$

流行病愈率

我们通常把事件 B_i 的概率 $P(B_i)$ 称为先验概率（试验前假设概率）.

全概率公式解决的问题是，由先验概率及条件概率 $P(A\mid B_i)$ 来求事件 A 发生的概率 $P(A)$.

但在现实生活中，当事件 A 确实发生时，往往还要回过头来计算一下先验概率发生的条件概率 $P(B_i\mid A)$，从而确定在引起事件 A 发生的这些事件 B_i 中，哪一个出现的可能性最大.

1.4.2　贝叶斯公式

贝叶斯公式

定理 1.6　设事件 $B_i(i=1,2,\cdots,n)$ 是样本空间 Ω 的完备事件组，且 $P(A)>0$，则

$$P(B_i\mid A)=\frac{P(AB_i)}{P(A)}=\frac{P(B_i)P(A\mid B_i)}{\sum_{j=1}^{n}P(B_j)P(A\mid B_j)}\ (i=1,2,\cdots,n).$$

例 1.25　某一地区 COVID-19 发病率为 0.0004，现用新型病毒快速检测试剂盒对该地区的人员进行普查，临床统计结果表明：COVID-19 患者化验结果 99%呈阳性，非 COVID-19 患者化验结果 99.9%呈阴性. 现抽查 1 人，化验结果为阳性，求此人是 COVID-19 患者的概率.

患者统计推断

解 设 $A=$ “化验结果为阳性”，$B=$ “此人是 COVID-19 患者”，则

$$P(B|A)=\frac{P(AB)}{P(A)}=\frac{P(B)P(A|B)}{P(A)}=\frac{P(B)P(A|B)}{P(B)P(A|B)+P(\bar{B})P(A|\bar{B})}$$

$$=\frac{0.0004\times 0.99}{0.0004\times 0.99+0.9996\times 0.001}$$

$$\approx 0.284\,.$$

根据统计结果，COVID-19 患者化验为阳性的概率为 99%，非 COVID-19 患者化验为阳性的概率为 0.1%，二者都叫作先验概率. 而使用新型病毒快速检测试剂盒化验结果为阳性后，我们把该名被化验者是 COVID-19 患者的概率修正为 0.284，这就是后验概率. 结果表明，使用该新型病毒快速检测试剂盒进行普查，准确率只有 28.4%，也就是说在 100 名化验结果为阳性的人员中大约有 28 人是真正的 COVID-19 患者. 这个结果还不能以一个比较大的概率说明被化验者就是 COVID-19 患者，实际中我们通常把这部分人称为疑似 COVID-19 患者，需要对其做进一步检查，假如我们仍采用新型病毒快速检测试剂盒检查，化验结果仍为阳性，这时

$$P(B|A)=\frac{P(B)P(A|B)}{P(B)P(A|B)+P(\bar{B})P(A|\bar{B})}=\frac{0.284\times 0.99}{0.284\times 0.99+0.716\times 0.001}\approx 0.997\,.$$

这说明，经过第二次的检查，此人是 COVID-19 患者的概率又从 0.284 修正为 0.97，基本确定就是 COVID-19 患者.

例 1.26 1 个单项选择题有 m 个答案可供选择，考生知道该题答案的概率为 p，乱猜的概率为 $1-p$，乱猜时，m 个答案被选择的机会均等. 若已经知道考生答对，求该考生确实知道该单项选择题正确答案的概率.

解 设 $A=$ “考生答对”，$B=$ “考生知道正确答案”，则

$$P(A)=P(B)P(A|B)+P(\bar{B})P(A|\bar{B})=p\cdot 1+(1-p)\cdot\frac{1}{m}\,,$$

$$P(B|A)=\frac{P(AB)}{P(A)}=\frac{P(B)P(A|B)}{P(A)}=\frac{p}{p+\dfrac{1-p}{m}}=\frac{mp}{1+(m-1)p}\,.$$

“烽火戏诸侯”
贝叶斯解读

烽火戏诸侯是发生在西周末年的历史事件. 周幽王为了博得美人褒姒一笑，竟不惜多次点燃烽火欺骗诸侯，慢慢地诸侯们不再相信他，以致真正的外敌入侵时，无人来救. 现在我们用贝叶斯公式来分析一下随着周幽王一次又一次地说谎，诸侯们对周幽王的信任度是如何一步步下降的.

设 A=“周幽王说谎”，B=“周幽王可信”，这里要用到几个概率，我们不妨假设 $P(B)$=0.95，$P(A|B)=0.04$，$P(A|\bar{B})=0.5$. 第一次诸侯来救，没有敌兵，可得：

$$P(B|A)=\frac{P(B)P(A|B)}{P(B)P(A|B)+P(\bar{B})P(A|\bar{B})}=\frac{0.95\times 0.04}{0.95\times 0.04+0.05\times 0.5}\approx 0.603\,.$$

也就是说，经过周幽王的第一次说谎，诸侯们对周幽王的信任度已经从 0.95 修正为 0.603.

周幽王接着说谎，第二次诸侯来救，发现没有敌兵，可得：

$$P(B\mid A)=\frac{P(B)P(A\mid B)}{P(B)P(A\mid B)+P(\overline{B})P(A\mid \overline{B})}=\frac{0.603\times 0.04}{0.603\times 0.04+0.397\times 0.5}\approx 0.108.$$

经过周幽王的第二次说谎，诸侯们对周幽王的信任度又从 0.603 修正为 0.108.

这就是诚信的重要性. 诚信之所以重要，就是因为人们会根据与你交往中发生的事件 A 去修正对你的印象，从而对你以后的行为作出判断. 诚信不仅是中华民族的传统美德，也是我们做人的基本准则和行为规范，它也是社会主义核心价值观的重要内容. 作为新时代的大学生，我们更应该从现在做起，从自身做起，使社会主义核心价值观成为我们遵循的基本准则.

习题 1.4

1. 统计结果表明，男性中约 5%是色盲患者，女性中约 0.25%是色盲患者. 现从男、女人数相等的人群中随机抽取 1 人，此人恰好是色盲患者，求此人是女性的概率.

2. 袋中有 15 个乒乓球，其中有 9 个新球，使用时任取 3 个球，用后放回. 求第 2 次使用时所取 3 个球均为新球的概率.

3. 统计结果表明，学习认真的学生有 90%的可能通过四级考试，学习不认真的学生有 90%的可能通不过四级考试，已知 80%的学生学习是认真的，求：

（1）通过四级考试的学生是不认真学习的学生的概率；

（2）未通过四级考试的学生是认真学习的学生的概率.

4. 某人有 n 把外形完全一样的钥匙，但只有 1 把能把门打开，他逐一试开，求他第 $k\ (k=1,2,\cdots,n)$ 次才能成功的概率.

1.5　独立性

两事件独立

1.5.1　事件的独立性

我们知道，一般 $P(A)\neq P(A\mid B)$.

例 1.27　数学学院 2023 级数学与应用数学专业共有 50 名学生，其中女生 20 名. 第 1 组有 10 名学生，其中女生 4 名. 从全班任选 1 名学生，令 $A=$“所选学生是女生”，$B=$“所选学生是第 1 组的”，易得 $P(A)=\dfrac{2}{5}$，$P(A\mid B)=\dfrac{2}{5}$，从而有 $P(A)=P(A\mid B)=\dfrac{P(AB)}{P(B)}$.

这说明事件 B 的发生并不影响事件 A 发生的概率. 由此可得 2 个事件独立的定义.

定义 1.6　若事件 A，B 满足

$$P(AB)=P(A)P(B),$$

则称事件 A，B 是相互独立的.

例 1.28　若一批产品有 100 个零件，其中有 90 个合格，随机抽取 1 个检验，取后放回，然后再取 1 个检验，$A=$“第 1 次检验合格”，$B=$“第 2 次检验合格”，求 $P(AB)$.

解　由题意可知事件 A 与 B 相互独立，所以 $P(AB)=P(A)P(B)=\dfrac{90}{100}\times\dfrac{90}{100}=0.81$.

定理 1.7 若 $P(B)=1$ 或 0，则 B 与任意事件 A 独立.

证 若 $P(B)=1$，则 $P(\overline{B})=0$，因为 $A=A(B+\overline{B})=AB+A\overline{B}$，

所以 $P(A)=P(AB)+P(A\overline{B})=P(AB)\Rightarrow P(AB)=P(A)\cdot 1=P(A)P(B)$，

所以事件 A 与 B 相互独立.

若 $P(B)=0$，则 $P(AB)=0=P(A)\cdot 0=P(A)P(B)$，则事件 A 与 B 相互独立.

定理 1.8 若 A 与 B 相互独立，则 A 与 $\overline{B}$，$\overline{A}$ 与 B，$\overline{A}$ 与 $\overline{B}$ 也相互独立.

证 因为 $A=A(B+\overline{B})=AB+A\overline{B}$，

所以 $P(A)-P(AB)=P(A\overline{B})$，

所以 $P(A)-P(A)P(B)=P(A)P(\overline{B})=P(A\overline{B})$.

即 A 与 $\overline{B}$ 相互独立.

独立与互不相容

同理可证，$\overline{A}$ 与 B，$\overline{A}$ 与 $\overline{B}$ 也相互独立.

定理 1.9 若事件 A 与 B 相互独立，且 $P(A),\ P(B)>0$，则 $P(A)=P(A\mid B)$，$P(B)=P(B\mid A)$.

定义 1.7 若事件 A，B，C 满足

$$P(AB)=P(A)P(B),$$
$$P(AC)=P(A)P(C),$$
$$P(BC)=P(B)P(C),$$
$$P(ABC)=P(A)P(B)P(C),$$

三事件独立

则称事件 A，B，C 相互独立.

若仅有定义中前 3 个式子成立，则称 A，B，C 两两独立. 由此可知，若事件 A，B，C 相互独立，则两两独立. 反之，若 A，B，C 三个事件两两独立，则其相互独立不一定成立.

例 1.29 将一枚硬币投掷两次，记事件 $A_1=\{$第一次出现正面$\}$，$A_2=\{$第二次出现正面$\}$，$A_3=\{$正反面各出现一次$\}$，$A_4=\{$正面出现两次$\}$，则事件（　　）

A. A_1，A_2，A_3 相互独立　　B. A_2，A_3，A_4 相互独立

C. A_1，A_2，A_3 两两独立　　D. A_2，A_3，A_4 两两独立

解 $\Omega=\{$正正,正反,反反,反正$\}$，易得 $P(A_1)=\dfrac{1}{2}$，$P(A_2)=\dfrac{1}{2}$，$P(A_3)=\dfrac{1}{2}$，$P(A_4)=\dfrac{1}{4}$，$P(A_1A_2)=\dfrac{1}{4}$，$P(A_1A_3)=\dfrac{1}{4}$，$P(A_2A_3)=\dfrac{1}{4}$.

故

$$P(A_1A_2)=P(A_1)P(A_2),\quad P(A_1A_3)=P(A_1)P(A_3),\quad P(A_2A_3)=P(A_2)P(A_3),$$

但 $P(A_1A_2A_3)=0\neq P(A_1)P(A_2)P(A_3)$，所以 A_1，A_2，A_3 两两独立，选 C.

A_2，A_3，A_4 的关系同理验证.

例 1.30 甲、乙、丙 3 人独立向目标进行一次射击，3 人命中目标的概率分别为 0.8，0.7，0.6，求有人命中目标的概率.

解 设 $A=$“甲命中目标”，$B=$“乙命中目标”，$C=$“丙命中目标”，则

$P(A\cup B\cup C)=1-P(\overline{A\cup B\cup C})$

$=1-P(\overline{A}\overline{B}\overline{C})=1-P(\overline{A})P(\overline{B})P(\overline{C})$

$=1-0.2\times 0.3\times 0.4=0.976$.

例 1.31　甲、乙、丙 3 人同时对飞机射击，3 人击中飞机的概率分别为 0.4、0.5、0.7，若飞机被一人击中，被击落的概率为 0.2；若飞机被两人击中，被击落的概率为 0.6；若飞机被 3 人击中，被击落的概率为 1，求：

（1）飞机被击落的概率；

（2）飞机被击落时，被几人击中的可能性最大？

解　（1）设 $A=$ “飞机被击落”，

$B_i=$ “飞机被 i 人击中”（$i=0,1,2,3$），

$C_j=$ “第 j 人击中飞机”（$j=1,2,3$）.

其中 B_0、B_1、B_2、B_3 是 Ω 的一个完备事件组，

且

$$P(B_0)=P(\overline{C}_1\overline{C}_2\overline{C}_3)=0.6\times0.5\times0.3=0.09.$$

$$P(B_1)=P(C_1\overline{C}_2\overline{C}_3+\overline{C}_1C_2\overline{C}_3+\overline{C}_1\overline{C}_2C_3)=P(C_1\overline{C}_2\overline{C}_3)+P(\overline{C}_1C_2\overline{C}_3)+P(\overline{C}_1\overline{C}_2C_3)$$
$$=0.4\times0.5\times0.3+0.6\times0.5\times0.3+0.6\times0.5\times0.7=0.36.$$

$$P(B_2)=P(\overline{C}_1C_2\overline{C}_3+C_1\overline{C}_2C_3+C_1C_2\overline{C}_3)=0.41.$$

$$P(B_3)=0.14.$$

因为　$P(A\mid B_0)=0$，$P(A\mid B_1)=0.2$，$P(A\mid B_2)=0.6$，$P(A\mid B_3)=1$，

所以　$P(A)=P(B_1)P(A\mid B_1)+P(B_2)P(A\mid B_2)+P(B_3)P(A\mid B_3)=0.458$.

（2）因为 $P(B_i\mid A)=\dfrac{P(AB_i)}{P(A)}\approx\begin{cases}0.157, & i=1\\ 0.537, & i=2\\ 0.306, & i=3\end{cases}$，

所以飞机被 2 人击中的可能性最大.

定义 1.8　n 个事件 $A_1,A_2,\cdots,A_n$，若以下 2^n-n-1 个式子同时成立

$$P(A_iA_j)=P(A_i)P(A_j),$$
$$P(A_iA_jA_k)=P(A_i)P(A_j)P(A_k),$$
$$P(A_iA_jA_kA_l)=P(A_i)P(A_j)P(A_k)P(A_l),$$
$$\vdots$$

n事件独立

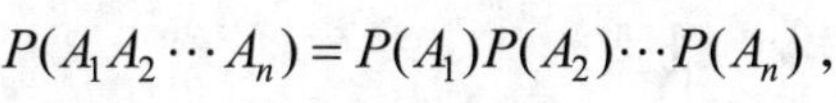
$$P(A_1A_2\cdots A_n)=P(A_1)P(A_2)\cdots P(A_n),$$

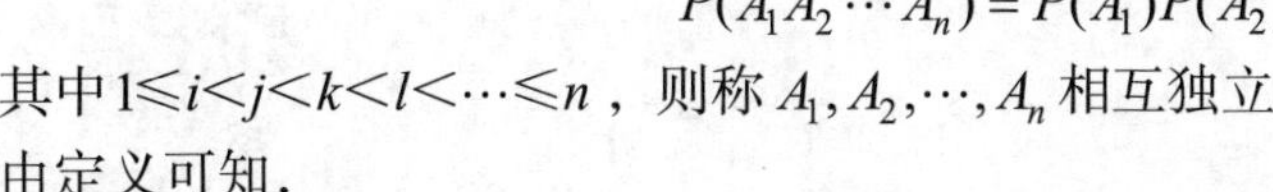
其中$1\leqslant i<j<k<l<\cdots\leqslant n$，则称 $A_1,A_2,\cdots,A_n$ 相互独立.

由定义可知，

（1）若 $A_1,A_2,\cdots,A_n$ $(n\geqslant2)$ 相互独立，则其中任意 k $(2\leqslant k\leqslant n)$ 个事件也相互独立.

（2）若 $A_1,A_2,\cdots,A_n$ $(n\geqslant2)$ 相互独立，则可以在 $A_1,A_2,\cdots,A_n$ 这 n 个事件中任意取逆事件，得到的新事件组仍相互独立.

需要说明的是，在实际中，根据定义很难判定事件的独立性，往往是根据事件的实际意义来确定的.

例 1.32　“近防炮”是一种在舰艇上使用的防空、反导系统. 它可以在短时间内发射大量的子弹对目标进行撞击，假设每发子弹命中率均为 0.004，是否命中目标互不影响，且

（1）若发射 100 发子弹，求至少 1 发子弹命中目标的概率.

（2）为确保以不低于 0.99 的概率击中目标，至少要发射多少发子弹?

解 （1）设 $A=$ "命中目标"，

$$A_i= \text{"第 } i \text{ 发子弹命中目标"} \ (i=1,2,\cdots,100).$$

n 事件独立应用

则
$$\begin{aligned}P(A)&=P(A_1\cup A_2\cup\cdots\cup A_{100})=1-P(\overline{A_1\cup A_2\cup\cdots\cup A_{100}})\\&=1-P(\overline{A}_1)P(\overline{A}_2)\cdots P(\overline{A}_{100})\\&=1-(1-0.004)^{100}\\&\approx 0.33.\end{aligned}$$

（2）设至少需要发射 n 发子弹，$A_i=$ "第 i 发子弹命中目标" $(i=1,2,\cdots,n)$.

则
$$\begin{aligned}P(A)&=P(A_1\cup A_2\cup\cdots\cup A_n)=1-P(\overline{A_1\cup A_2\cup\cdots\cup A_n})\\&=1-P(\overline{A}_1)P(\overline{A}_2)\cdots P(\overline{A}_n)\\&=1-(1-0.004)^n.\end{aligned}$$

令 $1-(1-0.004)^n\geqslant 0.99$，

即得 $n\geqslant\dfrac{\ln 0.01}{\ln 0.996}\approx 1149$.

所以至少需要发射 1149 发子弹才能以不低于 0.99 的概率击中目标.

例 1.33 如图 1-12 所示电路，1～5 为继电器的触点，设各继电器触点闭合与否相互独立，且每一个继电器触点闭合的概率为 p，求 L 至 R 为通路的概率.

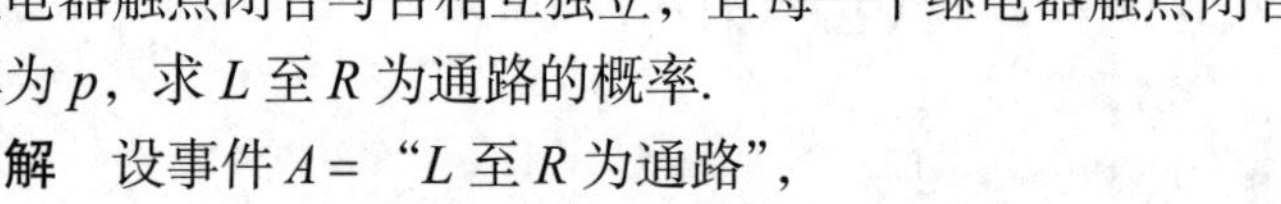

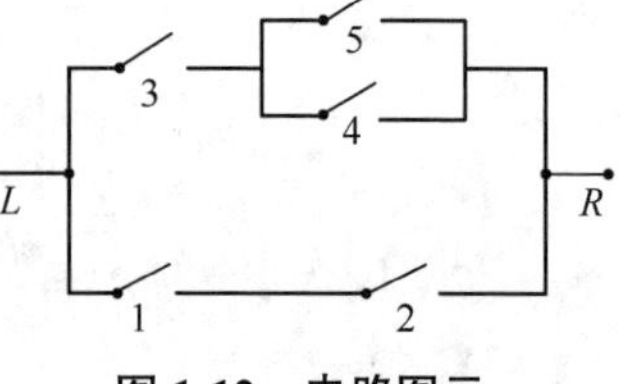

图 1-12　电路图示

解 设事件 $A=$ "L 至 R 为通路"，

$$A_i= \text{"第 } i \text{ 个继电器触点闭合"} \ (i=1,2,3,4,5),$$

于是

$$A=A_1A_2\cup A_3A_4\cup A_3A_5.$$

可靠性问题

则
$$\begin{aligned}P(A)&=P(A_1A_2\cup A_3A_4\cup A_3A_5)\\&=P(A_1A_2)+P(A_3A_4)+P(A_3A_5)-[P(A_1A_2A_3A_4)+P(A_1A_2A_3A_5)\\&\quad+P(A_3A_4A_5)]+P(A_1A_2A_3A_4A_5).\end{aligned}$$

由 $A_1,A_2,\cdots,A_5$ 相互独立，可得 $P(A)=3p^2-2p^4-p^3+p^5$.

1.5.2　伯努利（Bernoulli）概型

伯努利概型

这部分我们研究伯努利试验的概率.

设事件 A 发生的概率为 $P(A)=p\ (0<p<1)$，每次试验只有两种可能结果，即 A 发生或 $\overline{A}$ 发生，显然 $P(\overline{A})=q=1-p$，以下考虑在 n 次独立重复试验中事件 A 恰好发生 $k\ (k=0,1,2,\cdots,n)$ 次的概率.

这里的重复试验指的是试验条件相同，A 发生的概率为 p 保持不变，重复进行 n 次. 独立是指每次试验的结果互不影响，也就是说无论这次试验中事件 A 是否发生，对于其他 $(n-1)$ 次试验中事件 A 的发生是没有影响的，这样的 n 次独立重复试验也称为 n 重伯努利试验.

令 C_i 表示第 $i\ (i=1,2,\cdots,n)$ 次试验的结果，则 C_i 只有两种情形：A 和 $\overline{A}$. 根据独立性有

$$P(C_1C_2\cdots C_n)=P(C_1)P(C_2)\cdots P(C_n).$$

令 $P_n(k)$ 表示 n 次独立重复试验中事件 A 恰好发生 k 次的概率．因为 $P(A)=p$，所以 $P(\overline{A})=q=1-p$，又因为 n 次试验中事件 A 发生 k 次可以表示为 C_n^k 个互不相容事件的和

$$\underbrace{AA\cdots A}_{k个}\underbrace{\overline{A}\,\overline{A}\cdots\overline{A}}_{(n-k)个}\cup\underbrace{AA\cdots A\overline{A}A}_{(k-1)个}\underbrace{\overline{A}\overline{A}\cdots\overline{A}}_{(n-k+1)个}\cup\cdots\cup\underbrace{\overline{A}\overline{A}\cdots\overline{A}}_{(n-k)个}\underbrace{AA\cdots A}_{k个}.$$

且根据事件独立可知，每一个事件的概率为 $p^k(1-p)^{n-k}$．故

$$P_n(k)=\mathrm{C}_n^k p^k(1-p)^{n-k}\quad(k=0,1,2,\cdots,n).$$

显然，在 n 次独立重复试验中，根据 $P_n(k)$ 计算公式，可得到以下常用结果.

事件 A 恰好发生 1 次的概率为 $P_n(1)=np(1-p)^{n-1}$.

事件 A 发生 n 次的概率为 $P_n(n)=p^n$.

事件 A 发生 0 次的概率为 $P_n(0)=(1-p)^n$.

事件 A 至少发生 2 次的概率为 $\sum\limits_{k=2}^{n}P_n(k)=1-P_n(0)-P_n(1)=1-(1-p)^n-np(1-p)^{n-1}$.

且

$$\sum_{k=0}^{n}\mathrm{C}_n^k p^k(1-p)^{n-k}=(p+1-p)^n=1,$$

也就是说，n 次独立重复试验中事件 A 所有可能发生的次数的概率之和为 1.

例 1.34　N 件产品中有 M 件次品，每次从 N 件产品中抽取 1 件产品，观察其是正品还是次品后放回，然后再进行下一次抽取，这样共取 n 次，求所抽取的 n 件产品中有 k 件次品的概率.

解　显然，因为是有放回地抽取 n 次，相当于是 n 次独立重复试验.

令 $A=$“第 i 次抽到的是次品” $(i=1,2,\cdots,n)$，且 $P(A)=p=\dfrac{M}{N}$，则

$$P_n(k)=\mathrm{C}_n^k\left(\frac{M}{N}\right)^k\left(1-\frac{M}{N}\right)^{n-k}\quad(k=0,1,2,\cdots,n).$$

例 1.35　有 8 门大炮，独立地向目标各发射 1 发炮弹，若有不少于 2 发击中目标时，目标算作被摧毁，若每发炮弹的命中率为 0.6，求摧毁目标的概率.

巴拿哈火柴盒问题

解　设 $A=$“摧毁目标”，则有

$$P(A)=\sum_{i=2}^{8}\mathrm{C}_8^i p^i(1-p)^{8-i}=1-\sum_{i=0}^{1}\mathrm{C}_8^i 0.6^i(0.4)^{8-i}\approx 0.991.$$

例 1.36（巴拿哈火柴盒问题）某人有两盒火柴，每盒 n 根，使用时任取一盒火柴，再从中任取一根，求他发现一盒火柴已经用完，另一盒还有 r 根火柴的概率.

解　首先对两盒火柴进行定义：左边一盒火柴，右边一盒火柴．发现一盒火柴已经用完，另一盒还有 r 根火柴时，有可能是左边一盒火柴已经用完，右边一盒还有 r 根，也可能是右边一盒火柴已经用完，左边一盒还有 r 根．显然所求概率是以上两个事件概率的和，且以上两个事件概率相等.

设 $A=$“左边火柴盒空，右边火柴盒还有 r 根火柴”，$B=$“取左边火柴盒火柴”.

则

$$P(B)=\frac{1}{2}.$$

当他发现左边一盒火柴已经用完，右边一盒还有 r 根火柴时，共取了火柴 $(n+1)+(n-r)=2n-r+1$ 次，其中事件 B 出现 $n+1$ 次，且最后一次 B 必须发生.

故

$$P(A)=\mathrm{C}_{2n-r}^{n}\left(\frac{1}{2}\right)^{n}\left(\frac{1}{2}\right)^{n-r}\frac{1}{2}=\mathrm{C}_{2n-r}^{n}\left(\frac{1}{2}\right)^{2n-r+1}.$$

所以

$$P=2P(A)=2\mathrm{C}_{2n-r}^{n}\left(\frac{1}{2}\right)^{n}\left(\frac{1}{2}\right)^{n-r}\frac{1}{2}=\mathrm{C}_{2n-r}^{n}\left(\frac{1}{2}\right)^{2n-r}.$$

习题 1.5

1. 甲、乙两名射手命中率分别为 0.8 和 0.7，两人各射击一次，求：

（1）都射中的概率；

（2）至少有一人射中的概率；

（3）恰有一人射中的概率.

2. 投掷一枚硬币，第 3 次出现正面试验停止. 求：

（1）正好在第 6 次停止的概率；

（2）已知试验第 6 次停止，求第 5 次出现的也是正面的概率.

3. 甲、乙两名射手命中率分别为 0.7 和 0.6，两人各射击 3 次，求两人命中目标次数相等的概率.

4. 某零件需要 4 道独立加工工序，4 道工序的合格品率分别为 0.98，0.97，0.95，0.97，求零件的合格品率.

5. 试验成功的概率为 0.2，至少需多少次独立试验才能使至少成功一次的概率不小于 0.9?

6. 证明：若 $P(A|B)=P(A|\overline{B})$，则 A 与 B 相互独立.

7. 3 名科研人员独立攻克一道技术难题，他们能成功的概率分别为 $\frac{1}{3}$、$\frac{1}{4}$、$\frac{1}{5}$，求此难题被攻克的概率.

8. 投掷一枚骰子两次，考虑事件 $A=$ “第一次的点数为 2 或 5”，$B=$ “两次点数之和至少为 7”，求 $P(A)$、$P(B)$. A 与 B 是否相互独立?

9. 某种疾病的治愈率为 25%，现有一种新药物，为测试其治疗效果，现把该药物分给 10 名患者服用，若 10 名患者中至少有 4 人被治愈，则认为该药物有效，求：

（1）该药物实际上有效，若治愈率为 35%，试验认为其无效的概率；

（2）该药物实际上无效，但试验认为其有效的概率.

10. 投掷一枚硬币 $2n$ 次，求正面朝上次数大于反面朝上次数的概率.

11. 甲、乙两名射手命中率均为 0.5，甲射击 n+1 次，乙射击 n 次，求甲命中次数多于乙命中次数的概率.

12. 试验中事件 A 发生概率为 $\varepsilon > 0$，试证：无论 ε 如何小，只要试验次数足够多，A 最终必会发生.

13. 求在 n 次独立重复试验中事件 A 出现奇数次的概率.

1.6　用 MATLAB 计算随机事件的概率

本节旨在帮助读者了解如何用 MATLAB 计算随机事件的概率，读者可以扫码查看本章 MATLAB 程序解析.

第 1 章 MATLAB 程序解析

1.6.1　计算组合数、排列数

本小节用到的 MATLAB 函数如下.

（1）计算阶乘 $n!$：factorial(n).

（2）计算组合数 C_n^k：nchoosek(n,k).

（3）计算排列数 A_n^k：factorial(n)/factorial(n-k).

例 1.37　计算 10!，C_{10}^3，A_{10}^3.

1.6.2　计算古典概型

在古典概型中，若样本空间中包含基本事件的个数为 n，随机事件 A 中包含的基本事件的个数为 m，则事件 A 的概率为 $P(A)=\dfrac{m}{n}$.

例 1.38　袋子中有 20 个球，其中 8 个白球、5 个黑球和 7 个红球，从袋子中任取 6 个球，求取出的球为 2 个白球、2 个黑球和 2 个红球的概率.

例 1.39　我国自主研发了某种高射炮，经试验，每门炮发射一发炮弹击中飞机的概率为 0.6，若干门该种高射炮先各发射一发炮弹，求：

（1）欲以 99%的概率击中一架来犯敌机，至少需要配置多少门该种高射炮？

（2）现有 3 门该种高射炮，欲以 99%的概率击中一架来犯敌机，每门高射炮的命中率应该提高到多少？

1.6.3　计算几何概型

在几何概型中，若样本空间的度量为 $m(\Omega)$，随机事件 A 的度量为 $m(A)$，则随机事件 A 的概率为 $P(A)=\dfrac{m(A)}{m(\Omega)}$.

例 1.40（会面问题）　甲、乙两人约定八点到九点在某地会面，先到者等 20 分钟离去，试求两人能会面的概率.

习题 1.6

1. 设有 50 个人去看电影，只有 30 张电影票，于是抽签决定谁去，利用 MATLAB 求第 21 个抽签者抽到电影票的概率.

2. 一个盒子中有 100 件电子元件，其中 70 件正品，30 件次品，从中不放回地抽取 4 次，每次 1 件，利用 MATLAB 求第 1、第 2 次取得次品且第 3、第 4 次取得正品的概率.

3. 一质点从平面直角坐标系的原点开始，等可能地向上、下、左、右 4 个方向随机游走，每次游走的距离为 1. 利用 MATLAB 计算：

（1）经过 $2n$ 次游走后，质点回到出发点的概率；

（2）经过 $2n$ 次游走后，质点的坐标为$(X,Y)=(i,j)(i\geqslant 0, j\geqslant 0)$的概率.

小　结

在概率论中我们关注的是随机试验的结果，随机试验的所有样本点的集合称为样本空间，具有某种共同性质的样本点的集合称为随机事件，事件间的关系相当于集合之间的关系，我们需要掌握他们的概率学意义.

事件的概率刻画了事件发生的可能性大小. 事件的概率是事件本身的属性，是一个常数，实际生活中我们经常用稳定性的频率计算概率.

概率的公理化定义是数学家柯尔莫哥洛夫（Kolmogorov）的重要贡献，标志着概率论成为具有严密逻辑基础的数学分支. 在概率论中我们把能够计算概率的那些样本空间的子集放在一起，构成一个集合类，称为事件域. 概率具有上连续性和下连续性.

古典型随机试验的特点是样本空间中样本点个数有限，每个基本事件在试验中发生的可能性大小相同. 计算古典型随机试验的概率，关键是计算事件及样本空间中包含的样本点的个数. 这部分内容是本章的重点.

对于几何型随机试验的概率的计算就是要计算事件与样本空间的度量之比.

条件概率的定义为

$$P(A\mid B)=\frac{P(AB)}{P(B)},\ P(B)>0.$$

条件概率还是概率，凡是概率具有的性质，条件概率都具有，条件概率与无条件概率的区别在于所考虑问题的样本空间不同. 对条件概率公式进行变形可得乘法定理：

$$P(AB)=P(B)P(A\mid B)=P(A)P(B\mid A).$$

全概率公式 $P(A)=\sum_{i=1}^{n}P(B_i)P(A\mid B_i)$ 是概率论中一个非常重要的公式，适用条件是随机试验可分成两步完成，并且第一步结果不确定. 全概率公式体现了“化整为零”“执因求果”的思想.

贝叶斯公式 $P(B_i \mid A)=\dfrac{P(B_i)P(A \mid B_i)}{\sum\limits_{j=1}^{n} P(B_j)P(A \mid B_j)}$ 又称为逆全概率公式、后验概率公式，它适用于“执果溯因”的概率问题. 在大数据、人工智能等方面应用十分广泛.

若一个事件的发生并不影响另一个事件发生的概率，则称两个事件是相互独立的. 若 n 个事件相互独立，则需要 2^n-n-1 个等式同时成立. n 个相互独立事件的积事件的概率

$$P(A_1A_2\cdots A_n)=P(A_1)P(A_2)\cdots P(A_n).$$

n 个相互独立事件的和事件的概率

$$P(A_1\cup A_2\cup\cdots\cup A_n)=1-P(\overline{A_1})P(\overline{A_2})\cdots P(\overline{A_n}).$$

伯努利概型考虑的是 n 次独立重复试验中事件恰好发生 k 次的概率. 它是一类很重要的概率模型.

重要术语及学习主题

随机试验	样本空间	随机事件
基本事件	相对频率	概率
古典概型	几何概型	事件域
概率的加法定理	条件概率	概率的连续性
概率的乘法公式	全概率公式	
贝叶斯公式	独立性	伯努利概型

第 1 章　考研真题

1. 设随机事件 A 与 B 相互独立，且 $P(B)=0.5$，$P(A-B)=0.3$，则 $P(B-A)=$（　　）

A. 0.1　　B. 0.2　　C. 0.3　　D. 0.4

（2014 研考）

2. 若 A，B 为任意两个随机事件，则（　　）

A. $P(AB)\leqslant P(A)P(B)$　　B. $P(AB)\geqslant P(A)P(B)$

C. $P(AB)\leqslant\dfrac{P(A)+P(B)}{2}$　　D. $P(AB)\geqslant\dfrac{P(A)+P(B)}{2}$

（2015 研考）

3. 设 A，B 为随机概率，若 $0<P(A)<1$，$0<P(B)<1$，则 $P(A \mid B)>P(A \mid \overline{B})$ 的充分必要条件是（　　）

A. $P(B \mid A)>P(B \mid \overline{A})$　　B. $P(B \mid A)<P(B \mid \overline{A})$

C. $P(\overline{B} \mid A)>P(B \mid \overline{A})$　　D. $P(\overline{B} \mid A)<P(B \mid \overline{A})$

（2017 研考）

4. 设随机事件 A 与 B 独立、A 与 C 相互独立，$BC=\varnothing$，若 $P(A)=P(B)=\dfrac{1}{2}$，

$P(AC \mid AB \cup C)=\frac{1}{4}$，则 $P(C)=$ ________.

（2018 研考）

5. 若 A、B 为任意两个随机事件，则 $P(A)=P(B)$ 的充分必要条件是（　　）

A. $P(A \cup B)=P(A)+P(B)$　　B. $P(AB)=P(A)P(B)$

C. $P(A\overline{B})=P(B\overline{A})$　　D. $P(AB)=P(\overline{A})P(\overline{B})$

（2019 研考）

6. 设随机事件 A、B、C，若 $P(A)=P(B)=P(C)=\frac{1}{4}$，$P(AB)=0$，$P(AC)=P(BC)=\frac{1}{12}$，则 A、B、C 中恰有一个事件发生的概率为（　　）

A. $\frac{3}{4}$　　B. $\frac{2}{3}$　　C. $\frac{1}{2}$　　D. $\frac{5}{12}$

（2020 研考）

7. 若 A、B 为任意两个随机事件，且 $0<P(B)<1$，则下列命题中不成立的是（　　）

A. 若 $P(A|B)=P(A)$，则 $P(A|\overline{B})=P(A)$

B. 若 $P(A|B)>P(A)$，则 $P(\overline{A}|\overline{B})>P(\overline{A})$

C. 若 $P(A|B)>P(A|\overline{B})$，则 $P(A|B)>P(A)$

D. 若 $P(A|\cup B)>P(\overline{A}|A \cup B)$，则 $P(A)>P(B)$

（2021 研考）

8. 设随机事件 A、B、C 满足 A 与 B 互不相容，A 与 C 互不相容，B 与 C 相互独立，若 $P(A)=P(B)=P(C)=\frac{1}{3}$，则 $P(B \cup C \mid A \cup B \cup C)=$ ____________.

（2022 研考）

9. 设随机试验每次成功的概率为 P，现进行 3 次独立重复试验，在至少成功 1 次的条件下，3 次试验全部成功的概率为 $\frac{4}{13}$，则 $P=$ ____________.

（2024 研考）

数学家故事 1

第 2 章　随机变量及其分布

第 1 章介绍了概率、条件概率、事件独立性等一些基本概念和古典概型、几何概型、伯努利概型等特殊的概率模型. 在一般情况下，为了描述随机性现象的规律，需要将随机性现象的结果数量化，这就是引进随机变量的原因. 随机变量的引入可以更为便捷地处理随机性现象，本章我们主要讨论随机变量及其分布.

第 2 章思维导图

2.1　随机变量

随机变量的定义

2.1.1　随机变量的定义

前面我们讨论的随机事件中有些带有明显的数量特征，例如抽检产品时抽到的次品数，在银行办理业务时等待服务的时间等. 而有些随机事件则不带有任何数量特征，例如投掷硬币试验中的投掷结果，天气状况等. 此时，我们可以将试验的所有可能结果数量化，例如，用 0 表示“晴天”，用 1 表示“阴天”，用 2 表示“有雨”等. 这样就可以将试验的每个可能结果 ω 对应于一个实数 $X(\omega)$，从数学上看，就是将样本空间的样本点与实数对应起来. 显然，此处的实数值 $X(\omega)$随 ω 的变化而变化，因 ω 的随机性，$X(\omega)$的值也具有随机性，这种取值具有随机性的变量称为随机变量.

定义 2.1　设随机试验的样本空间为 Ω，如果对 Ω 中每一个元素 ω，有一个实数 $X(\omega)$与之对应，这样就得到一个定义在 Ω 上的实值单值函数 $X=X(\omega)$，称为随机变量（random variable）.

相比普通函数，随机变量的取值具有随机性，而试验的各个结果的出现有一定的概率，故随机变量取各个值有一定的概率. 因此随机变量与普通函数有着本质的区别. 再者，普通函数的定义域为数集，而随机变量的定义域为样本空间（样本空间的元素不一定是实数）.

本书中，通常以大写字母 $X,Y,Z,\cdots$ 表示随机变量，而以小写字母 $x,y,z,\cdots$ 表示实数.

例 2.1　向目标射击一次，其样本空间为 $\Omega=\{\omega_1,\omega_2\}$，其中 ω_1 表示未击中目标，ω_2 表示击中目标. 我们建立如下随机变量：

$$X=\begin{cases}0, & \omega=\omega_1,\\ 1, & \omega=\omega_2.\end{cases}$$

例 2.2　袋中有 2 个白球（标号分别为 1、2）、3 个黑球（标号分别为 3、4、5），从中任取 3 个球，则取得的白球数 Y 是随机变量.

设 $\omega_{ijk}=$ “取得的 3 个球标号分别为 $i,j,k(i<j<k)$”，其样本空间为

$$\Omega=\{\omega_{123},\omega_{124},\omega_{125},\omega_{134},\omega_{135},\omega_{145},\omega_{234},\omega_{235},\omega_{245},\omega_{345}\}.$$

于是

$$Y=\begin{cases}0, & \omega=\omega_{345},\\ 1, & \omega=\omega_{134},\omega_{135},\omega_{145},\omega_{234},\omega_{235},\omega_{245},\\ 2, & \omega=\omega_{123},\omega_{124},\omega_{125}.\end{cases}$$

同理，取得的黑球数也是随机变量.

可见，在同一个样本空间 Ω 上可建立不同的随机变量.

例 2.3 投掷两枚骰子，所得点数之和 Z 为随机变量.

设 $\omega_{ij}=$ “两枚骰子的点数分别为 i 和 $j\,(i,j=1,2,\cdots,6)$”，样本空间为

$$\Omega=\{\omega_{ij}\mid i,j=1,2,\cdots,6\}.$$

于是有

$$Z=i+j,\ \omega=\omega_{ij}\ (i,j=1,2,\cdots,6).$$

在试验的结果中，随机变量 X 取得某一数值 x，记作 $X=x$；随机变量 X 取得不大于 x 的值，记作 $X\leqslant x$；随机变量 X 在 $(x_1,x_2]$ 取值，记作 $x_1<X\leqslant x_2$；以上这些均表示事件.

这样，对事件的研究本质上就是对随机变量的研究，这就可以借助高等数学的知识，使我们的研究更为便捷.

2.1.2 随机变量的分类

随机变量的分类

根据随机变量的可能取值，可以把随机变量分为两种类型，即离散型随机变量和非离散型随机变量.

当随机变量的取值为有限个或可列无穷个时，称为离散型随机变量. 例如一批产品的次品数、某路口的车流量等.

除离散型随机变量外的随机变量，称为非离散型随机变量. 其中，一类非常特殊的非离散型随机变量就是连续型随机变量，其可以取某一区间内任何数值. 例如射击时击中点与目标中心的偏差、某种电子器件的使用寿命等.

习题 2.1

1\. 用随机变量描述下列试验.

（1）某城市 110 报警中心每天收到的呼叫次数.

（2）某公交汽车站，每隔 10 分钟有一辆 114 路公交车通过，观察乘坐这路公交车的乘客的等车时间.

2\. 盒中装有大小相同的 10 个球，编号分别为 0,1,…,9，从中任取 1 个球，观察其编号. 用随机变量表示事件“号码小于 5”“号码等于 5”“号码大于 5”，并求其概率.

2.2 离散型随机变量及其分布

离散型随机变量的概率分布

2.2.1 离散型随机变量的概率分布

为了完全描述一个离散型随机变量 X 的统计规律，需要了解：

（1）X的所有可能的取值；

（2）X取每一个可能值的概率.

设离散型随机变量X所有可能的取值为$x_1,x_2,\cdots,x_k,\cdots$，则$X$取$x_k$的概率为

$$P\{X=x_k\}=p_k\,(k=1,2,\cdots). \tag{2.1}$$

我们称式（2.1）为离散型随机变量X的概率分布律或分布律. 通常可以列出如下表格

表 2-1　X 的概率分布

X	x_1	x_2	x_3	…	x_k	…
p_k	p_1	p_2	p_3	…	p_k	…

称表 2-1 为离散型随机变量X的概率分布表，简称分布表.

离散型随机变量的概率分布律$\{p_k\}$，具有下列性质：

（1）非负性：$p_k \geqslant 0(k=1, 2,\cdots)$；（2.2）

（2）归一性：$\sum_{k=1}^{\infty} p_k = 1$.（2.3）

为了直观地体现X的概率分布，我们还可以作出X的概率分布图，如图 2-1 所示.

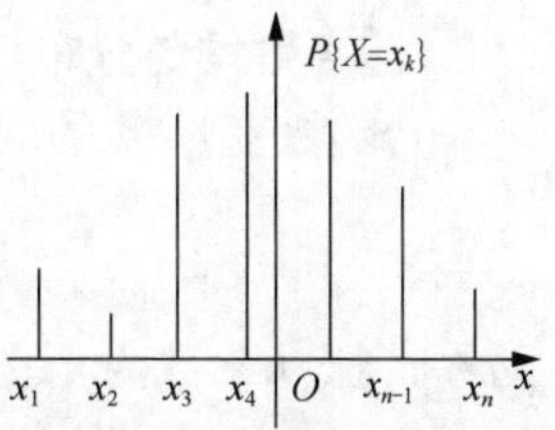

图 2-1　X 的概率分布图

图 2-1 所示横轴上的点表示X的可能取值x_k；x_k处垂直于x轴的线段高度为p_k，它表示X取x_k的概率值.

例 2.4　设乘汽车从学校到车站的路上需经过 4 个十字路口，每个路口遇到红灯的概率为 0.6，设 4 个路口信号灯的工作相互独立. X表示从学校到车站的路程中所遇到的红灯次数，求X的概率分布.

解　显然X的可能取值为 0，1，2，3，4，且

$P\{X=0\}=0.4^4=0.0256$，　　$P\{X=1\}=\mathrm{C}_4^1 0.6\cdot 0.4^3=0.1536$，

$P\{X=2\}=\mathrm{C}_4^2 0.6^2\cdot 0.4^2=0.3456$，$P\{X=3\}=\mathrm{C}_4^3 0.6^3\cdot 0.4=0.3456$，

$P\{X=4\}=0.6^4=0.1296$.

因此，X的概率分布如表 2-2 所示.

表 2-2　X 的概率分布（例 2.4）

X	0	1	2	3	4
p_k	0.0256	0.1536	0.3456	0.3456	0.1296

2.2.2　常用的离散型随机变量

两点分布

下面介绍几种常用的离散型随机变量.

1. 两点分布

若随机变量X只可能取x_1与x_2两个值，其概率分别为

$$P\{X=x_1\}=1-p(0<p<1),$$
$$P\{X=x_2\}=p,$$

则称 X 服从参数为 p 的两点分布（two-point distribution）.

特别地，当 $x_1=0$，$x_2=1$ 时，两点分布又称 0-1 分布，其分布如表 2-3 所示.

表 2-3　X 的概率分布（两点分布）

X	0	1
p_k	$1-p$	p

若随机试验的样本空间只含两个样本点，即 $\Omega=\{\omega_1,\omega_2\}$，则总能在 Ω 上定义如下服从 0-1 分布的随机变量，用于描述这一试验的结果.

$$X=X(\omega)=\begin{cases}0, & \omega=\omega_1,\\ 1, & \omega=\omega_2.\end{cases}$$

因此，0-1 分布可以作为描述只包含两个样本点试验的数学模型. 例如，在投掷一枚硬币的试验中，投掷结果的概率分布；新生儿性别的概率分布；一次试验中，某事件 A 出现与否；这些均可以用 0-1 分布的随机变量描述.

2. 离散均匀分布

若随机变量 X 的取值为 $1,2,\cdots,r$（r 为正整数），且 X 的概率分布为

$$P\{X=k\}=\frac{1}{r}\,(k=1,2,\cdots,r),\tag{2.4}$$

则称 X 服从参数为 r 的离散均匀分布（discrete uniform distribution）.

例如，投掷一枚骰子，掷出的点数服从参数为 6 的离散均匀分布.

二项分布

3. 二项分布

若随机变量 X 的概率分布律为

$$P\{X=k\}=\mathrm{C}_n^k p^k(1-p)^{n-k},\quad k=0,1,\cdots,n,\tag{2.5}$$

则称 X 服从参数为 n，p 的二项分布（binomial distribution），记作 $X\sim b(n,p)$.

易知式（2.5）满足式（2.2）、式（2.3）. 事实上，显然 $P\{X=k\}\geqslant 0$，再利用二项展开式，可得

$$\sum_{k=0}^{n}P\{X=k\}=\sum_{k=0}^{n}\mathrm{C}_n^k p^k(1-p)^{n-k}=(p+1-p)^k=1.$$

特别地，当参数 $n=1$ 时，二项分布就是 0-1 分布. 即 0-1 分布是二项分布的特殊情形.

n 重伯努利试验中，事件 A 恰好发生 k 次的概率为

$$P_n(k)=\mathrm{C}_n^k p^k(1-p)^{n-k}\ (k=0,1,\cdots,n).$$

设 n 重伯努利试验中事件 A 发生的次数为 X，则 $X\sim b(n,p)$. 因此，二项分布可以作为 n 重伯努利试验中某一事件发生次数的数学模型. 例如：某人独立投篮 n 次，投中次数的概率分布；n 台独立工作的同型号的机器，任意时刻正常工作的机器数的概率分布；从一大批产品中随机抽取 n 件，其中次品件数的概率分布；等等.

例 2.5　某学校有 A，B 两支乒乓球队举行对抗赛. A 队的实力较 B 队强，当一名 A 队的球员与一名 B 队球员比赛时，A 队球员获胜的概率为 0.6. 现就对抗赛的举行方式，提出

3 种方案：

（1）双方各出 3 人；

（2）双方各出 5 人；

（3）双方各出 7 人.

3 种方案中均以比赛中得胜人数多的一方为胜．试问采用哪一种方案对 B 队有利.

解　设 B 队得胜人数为 X，则在上述 3 种方案中，B 队胜利的概率分别如下：

（1）当双方各出 3 人时，随机变量 $X \sim b(3, 0.4)$．此时 B 队获胜可表示为 $X \geqslant 2$，则

$$P\{X \geqslant 2\} = \sum_{k=2}^{3} \mathrm{C}_3^k 0.4^k \cdot 0.6^{3-k} = 0.352;$$

（2）当双方各出 5 人时，随机变量 $X \sim b(5, 0.4)$．此时 B 队获胜可表示为 $X \geqslant 3$，则

$$P\{X \geqslant 3\} = \sum_{k=3}^{5} \mathrm{C}_5^k 0.4^k \cdot 0.6^{5-k} \approx 0.317;$$

（3）当双方各出 7 人时，随机变量 $X \sim b(7, 0.4)$．此时 B 队获胜可表示为 $X \geqslant 4$，则

$$P\{X \geqslant 4\} = \sum_{k=4}^{7} \mathrm{C}_7^k 0.4^k \cdot 0.6^{7-k} \approx 0.290.$$

因此采取第 1 种方案对 B 队最为有利．这与人的直觉相符，因为参赛人数越少，B 队侥幸获胜的可能性也就越大.

4. 超几何分布

若随机变量 X 的概率分布为

$$P\{X = k\} = \frac{\mathrm{C}_M^k \mathrm{C}_{N-M}^{n-k}}{\mathrm{C}_N^n} \; (k = 0, 1, \cdots, l), \tag{2.6}$$

其中，$l = \min\{n, M\}$，$n, N \in \mathbf{Z}_+$，则称随机变量 X 服从超几何分布（hypergeometric distribution），记作 $X \sim H\{n, M, N\}$.

例如，一批产品共有 N 个，其中有 M 个次品，从中任取 n 个产品，则取出的 n 个产品中的次品数 $X \sim H\{n, M, N\}$.

定理 2.1　设随机变量 $X \sim H(n, M, N)$，$l = \min\{n, M\}$，则当 $N \to \infty$ 时，X 近似服从二项分布 $b(n, p)$，即

$$\frac{\mathrm{C}_M^k \mathrm{C}_{N-M}^{n-k}}{\mathrm{C}_N^n} \approx \mathrm{C}_n^k p^k q^{n-k} \; (k = 0, 1, \cdots, l), \tag{2.7}$$

其中 $p = \dfrac{M}{N}$，$q = \dfrac{N-M}{N}$.

证　由

$$\frac{\mathrm{C}_M^k \mathrm{C}_{N-M}^{n-k}}{\mathrm{C}_N^n} = \frac{\dfrac{M(M-1)\cdots(M-k+1)}{k!} \cdot \dfrac{(N-M)\cdots[N-M-(n-k)+1]}{(n-k)!}}{\dfrac{N(N-1)\cdots(N-n+1)}{n!}}$$

$$= \mathrm{C}_n^k \frac{M(M-1)\cdots(M-k+1) \cdot (N-M)\cdots[N-M-(n-k)+1]}{N(N-1)\cdots(N-n+1)}$$

$$=\mathrm{C}_n^k\frac{\frac{M}{N}\left(\frac{M}{N}-\frac{1}{N}\right)\cdots\left(\frac{M}{N}-\frac{k-1}{N}\right)\cdot\left(\frac{N-M}{N}\right)\cdots\left(\frac{N-M}{N}-\frac{n-k-1}{N}\right)}{\left(1-\frac{1}{N}\right)\left(1-\frac{n-1}{N}\right)}$$

$$=\mathrm{C}_n^k\frac{p\left(p-\frac{1}{N}\right)\cdots\left(p-\frac{k-1}{N}\right)\cdot q\cdots\left(q-\frac{n-k-1}{N}\right)}{\left(1-\frac{1}{N}\right)\left(1-\frac{n-1}{N}\right)},$$

当 $N\to\infty$ 时，得

$$\lim_{N\to\infty}\frac{\mathrm{C}_M^k\mathrm{C}_{N-M}^{n-k}}{\mathrm{C}_N^n}=\mathrm{C}_n^k p^k q^{n-k}.$$

所以，当 N 充分大时，式（2.7）成立.

例 2.6 设某工厂生产的一大批零件的合格率为 98%，现随机从这批零件中抽检 20 次，每次抽取 1 个零件（不放回），问抽得的 20 个零件中恰好有 $k(k=0,1,\cdots,20)$ 个合格品的概率是多少.

解 设 X 为随机抽得 20 个零件中合格品的个数. 本质上，X 的分布为超几何分布，但由于这一批零件的数量很大，而抽出的产品的数量相对零件总量来说又很小，取出少许几个并不影响其余部分的合格品率，因而抽样的过程可以看成有放回抽样，这样做虽然会有一些误差，但误差不大.

我们将抽检 1 个零件看成 1 次试验，那么抽检 20 个零件就相当于独立重复做 20 次试验，则 20 个零件的合格品数 $X\sim b(20,0.98)$，从而恰好有 k 个合格品的概率为

$$P\{X=k\}=\mathrm{C}_{20}^k 0.98^k\cdot 0.02^{20-k}\ (k=0,1,\cdots,20).$$

5. 泊松分布

泊松分布

1837 年，法国数学家泊松（Poisson，1781—1840）首次提出泊松分布. 具体定义如下：

若随机变量 X 的概率分布律为

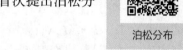

$$P\{X=k\}=\frac{\lambda^k\mathrm{e}^{-\lambda}}{k!}\ (k=0,1,2,\cdots),\tag{2.8}$$

其中 $\lambda>0$ 是常数，则称 X 服从参数为 λ 的泊松分布（poisson distribution），记为 $X\sim P(\lambda)$.

可以验证式（2.8）满足式（2.3）、式（2.4）. 事实上，$P\{X=k\}\geqslant 0$ 显然成立；再由

$$\sum_{k=0}^{\infty}\frac{\lambda^k\mathrm{e}^{-\lambda}}{k!}=\mathrm{e}^{\lambda}\cdot\mathrm{e}^{-\lambda}=1,$$

可知

$$\sum_{k=0}^{\infty}P\{X=k\}=1.$$

泊松分布常与单位时间（或单位面积、单位产品等）上的计数过程相联系. 例如：一天内，来到某商场的顾客数；一定时期内，某种放射性物质放射出来的 α-粒子数；等等. 通常，泊松分布也可作为描述大量试验中稀有事件出现次数的概率分布情况的一个数学模型. 例如，一个铸件上的砂眼数，玻璃单位面积的气泡数，某本书任意一页的印刷错误数，

数字通信传输中发生误码的个数等都近似服从泊松分布.

例 2.7　某网店出售一款手机，历史销售记录分析表明，月销售量（单位：100 台）服从参数为 5 的泊松分布. 试问每月备货量为多少，才能有 90% 的把握可以满足顾客需求.

解　设 X 表示这种电子产品的月销售量，则 $X \sim P(5)$. 设月备货量为 n（单位：100 台），那么 n 应满足

$$P\{X \leqslant n\} \geqslant 0.9,$$

即

$$P\{X \geqslant n+1\} \leqslant 0.1.$$

为了确定 n 的值，可利用泊松分布表（本书配套电子资源中的附表 1），当 $\lambda=5$ 时，从表中查得

$$P\{X \geqslant 8\}=0.133372, \quad P\{X \geqslant 9\}=0.068094, \quad P\{X \geqslant 10\}=0.031828.$$

因此，$n+1 \geqslant 9$，得 $n \geqslant 8$，即月备货量至少为 800 台，才能有 90% 的把握可以满足顾客的需求.

考虑在例 2.6 中，若将参数 20 改为 200 或更大的数，此时直接计算概率较为麻烦. 下面给出一个当 n 很大而 p（或 $1-p$）很小时，二项分布的近似计算公式.

定理 2.2（泊松定理）　设 $np_n=\lambda$（$\lambda>0$ 是一个常数，n 是任意正整数），则对任意固定的非负整数 k，有

$$\lim_{n \to \infty} \mathrm{C}_n^k p_n^k (1-p_n)^{n-k} = \frac{\lambda^k \mathrm{e}^{-\lambda}}{k!}. \tag{2.9}$$

泊松定理

证　$p_n = \dfrac{\lambda}{n}$，有

$$\begin{aligned} \mathrm{C}_n^k p_n^k (1-p_n)^{n-k} &= \frac{n(n-1)\cdots(n-k+1)}{k!}\left(\frac{\lambda}{n}\right)^k \left(1-\frac{\lambda}{n}\right)^{n-k} \\ &= \frac{\lambda^k}{k!}\left[1 \cdot \left(1-\frac{1}{n}\right)\left(1-\frac{2}{n}\right)\cdots\left(1-\frac{k-1}{n}\right)\right] \cdot \left(1-\frac{\lambda}{n}\right)^n \left(1-\frac{\lambda}{n}\right)^{-k}. \end{aligned}$$

对任意固定的 k，当 $n \to \infty$ 时，

$$\left[1 \cdot \left(1-\frac{1}{n}\right)\left(1-\frac{2}{n}\right)\cdots\left(1-\frac{k-1}{n}\right)\right] \to 1,$$

$$\left(1-\frac{\lambda}{n}\right)^n \to \mathrm{e}^{-\lambda}, \quad \left(1-\frac{\lambda}{n}\right)^{-k} \to 1,$$

故

$$\lim_{n \to \infty} \mathrm{C}_n^k p_n^k (1-p_n)^{n-k} = \frac{\lambda^k \mathrm{e}^{-\lambda}}{k!}.$$

上述定理表明：当 n 很大且 p 很小时，有以下近似计算公式

$$\mathrm{C}_n^k p^k (1-p)^{n-k} \approx \frac{\lambda^k \mathrm{e}^{-\lambda}}{k!}, \tag{2.10}$$

其中 $\lambda=np$.

表 2-4 可以直观地反映出式（2.10）两端的近似程度.

表 2-4　二项分布与泊松分布近似的比较

k	按二项分布公式计算				按泊松近似公式（2.10）计算
	n=10 p=0.1	n=20 p=0.05	n=40 p=0.025	n=100 p=0.01	λ=1(=np)
0	0.349	0.358	0.363	0.366	0.368
1	0.387	0.377	0.372	0.370	0.368
2	0.194	0.189	0.186	0.185	0.184
3	0.057	0.060	0.060	0.061	0.061
4	0.011	0.013	0.014	0.015	0.015
…	…	…	…	…	…

可以看出，n 越大，两者结果的接近程度越高．一般地，当 $n\geqslant 20$，$p\leqslant 0.05$ 时近似程度较高，当 $n\geqslant 100$，$np\leqslant 10$ 时二项分布与泊松分布接近效果更好．

例 2.8　某交通路口每日车流量较大，假设每辆汽车在这里发生交通事故的概率为 0. 001，如果每天有 5000 辆汽车通过这个路口，求这一天发生交通事故的汽车数不少于 1 的概率．

解　设 X 表示发生交通事故的汽车数，则 $X\sim b(5000, 0.001)$，令 $\lambda=np=5$，由泊松定理知 X 近似服从参数为 5 的泊松分布，查表可得 $P\{X\geqslant 1\}\approx 0.95972$．

此例中，事件 $X\geqslant 1$ 发生的概率很接近 1，下面从两个方面来分析这一结果的实际意义．首先，虽然每辆汽车在这个路口发生事故的概率（0.001）很低，是小概率事件，但如果有 5000 辆车经过该路口，几乎可以肯定的是，至少会有 1 辆汽车发生事故．这一结果表明，即使在一次试验中一个事件发生的概率很小，在 n 次独立重复试验中，只要试验次数 n 足够大，那么这一事件的发生几乎是肯定的．因此，不能轻视小概率事件．其次，5000 辆汽车中没有汽车发生事故的概率 $P\{X=0\}\approx 0.007$，由于 0.007 很小，如果 5000 辆汽车都没有发生事故，那么根据小概率事件实际推断原理，我们有理由怀疑“每辆汽车发生交通事故概率为 0.001”这一假设的可靠性．

例 2.9　医护人员为保障人民的健康安全，承担着巨大的工作量和压力．某市面临医疗人力资源紧张的问题，该市医院为保障病人在输液治疗过程中的安全，需要合理配备流动护士及时处理突发情况．假设每位病人在输液过程中发生意外是相互独立的，且每位病人发生意外的概率是 0.01．若该医院有 500 名病人，医院要求病人发生意外未能及时处理的概率应小于 0.02．现有 3 种方案，试问采取哪种方案最合理．

方案一：每 1 名护士负责 20 名病人．

方案二：每 5 名护士负责 200 名病人．

方案三：由 10 名护士负责全部 500 名病人．

解　若选方案一，则需配备 25 名护士，设 X_1 表示 20 名病人中同时发生意外的人数，则 $X_1\sim b(20,0.01)$．由泊松定理可知 X_1 近似服从 $P(0.2)$．则当 $X_1\geqslant 2$ 时，病人发生意外不能得到及时处理．

查表可得

$$P\{X_1\geqslant 2\}\approx 0.0175.$$

若选方案二，则需配备 13 名护士，设 X_2 表示 200 名病人中同时发生意外的人数，则 $X_2\sim b(200,0.01)$．由泊松定理可知 X_2 近似服从 $P(2)$，则当 $X_2\geqslant 6$ 时，病人发生意外不能得到及时处理.

查表可得

$$P\{X_2 \geqslant 6\} \approx 0.0170.$$

若选方案三，则需配备 10 名护士，设 X_3 表示 500 名病人中同时发生意外的人数，则 $X_3 \sim b(500, 0.01)$. 由泊松定理可知 X_3 近似服从 $P(5)$，则当 $X_3 \geqslant 11$ 时，病人发生意外不能得到及时处理.

查表可得

$$P\{X_3 \geqslant 11\} \approx 0.0137.$$

以上计算表明，在护士人员紧张的情况下，方案三所需护士人数最少且病人发生意外不能得到及时处理的概率最低，故应选方案三.

思考启发　离散型随机变量的概率分布，主要体现在离散型随机变量能够取什么样的值以及相应值的概率. 已知离散型随机变量的概率分布，就可以计算由该随机变量表示的事件的概率. 除了概率分布表和分布图之外，还有什么方法可以体现离散型随机变量的概率分布呢?

习题 2.2

1. 袋中有 5 个同样大小的球，编号分别为 1，2，3，4，5. 在袋中任取 3 个球，设 X 表示 3 个球中的最大号码，试求 X 的概率分布律.

2. 每次同时投掷 2 枚骰子，直到有 1 枚骰子出现 6 点为止，设投掷次数为 X，试求 X 的概率分布律.

3.（1）设随机变量 X 的概率分布律为

$$P\{X=k\} = a\frac{\lambda^k}{k!},$$

其中 $k = 0,1,2,\cdots, \lambda>0$ 为常数，试确定常数 a.

（2）设随机变量 X 的概率分布律为

$$P\{X=k\} = \frac{a}{N}(k = 1,2,\cdots,N),$$

试确定常数 a.

4. 设某停车场每天有 200 辆车在此停车，为方便车主充电，该停车场计划配备充电桩. 设每天某一时刻每辆车在此充电的概率为 0.02，且各辆车是否充电相互独立. 试问该停车场需配备多少个充电桩，才能保证某一时刻每辆车需充电而没有空余充电桩的概率小于 0.01.

5. 设每天有大量汽车通过一个十字路口，每辆车在一天的某时段出事故的概率为 0.0001. 在某天的该时段内有 1000 辆汽车通过这个路口，试利用泊松定理计算出事故的次数不小于 2 的概率.

6. 设独立重复进行 5 次试验，事件 A 发生的次数为 X. 若 $P\{X=1\} = P\{X=2\}$，试求概率 $P\{X=4\}$.

7. 设抽检产品时，每次抽取 1 件产品进行检验. 设每次抽检取到不合格品的概率为 0.3，当取到不合格品不少于 3 次时，机器暂停运行.

（1）抽检 5 次产品，试求机器暂停运行的概率；

（2）抽检 7 次产品，试求机器暂停运行的概率.

8. 设某市 110 报警中心在 t 小时的时间间隔内，收到的报警次数 X 服从 $P\left(\dfrac{t}{2}\right)$，而与时间间隔起点无关.

（1）求某日 12:00—15:00 没收到报警的概率；

（2）求某日 12:00—17:00 至少收到 1 次报警的概率.

9. 设随机变量 X、Y 的概率分布分别为

$$P\{X=k\}=\mathrm{C}_2^k p^k(1-p)^{2-k}\ (k=0,1,2),$$

$$P\{Y=m\}=\mathrm{C}_4^m p^m(1-p)^{4-m}\ (m=0,1,2,3,4).$$

如果已知 $P\{X\geqslant 1\}=\dfrac{5}{9}$，试求 $P\{Y\geqslant 1\}$.

10. 某杂志出版发行 2000 册，每册出现装订错误的概率为 0.001. 试求这 2000 册杂志中恰有 5 册出现装订错误的概率.

11. 某运动员练习投篮，每次投中的概率为 $\dfrac{3}{4}$，以 X 表示他首次投中时的投篮次数，试求 X 的概率分布律，并计算 X 取偶数的概率.

12. 某中学有 2500 名学生购买了某保险公司学生平安保险，每名学生每年的保费为 120 元，在一年中每名学生在校发生意外的概率为 0.002，而发生意外时学生家属可从保险公司领取 2 万元赔偿金. 试求针对该校学生平安保险这项业务：

（1）保险公司亏本的概率；

（2）保险公司获利分别不少于 10 万元、20 万元的概率.

2.3 随机变量的分布函数

分布函数的定义

2.3.1 分布函数的定义

对于非离散型随机变量 X，由于 X 的可能取值不能逐个列出，因此离散型随机变量的概率分布律对于非离散型随机变量不适用. 现实生活中诸如测量误差、某种产品的使用寿命、排队等待服务的时间等，这类随机变量的可能取值可以充满某个区间，而且取某个特定值的概率通常是 0，因此，人们往往关注的是这些随机变量在某个区间（如 $(x_1,x_2]$）内取值的概率，即求 $P\{x_1<X\leqslant x_2\}$. 但由于

$$P\{x_1<X\leqslant x_2\}=P\{X\leqslant x_2\}-P\{X\leqslant x_1\}, \tag{2.11}$$

因此研究 $P\{x_1<X\leqslant x_2\}$ 就可以归结为研究形如 $P\{X\leqslant x\}$ 的概率问题. 由于 $P\{X\leqslant x\}$ 的值通常随 x 的变化而变化，是关于 x 的函数，因此我们将这一函数称为分布函数.

定义 2.2 设 X 是一个随机变量，x 为任意实数，函数

$$F(x)=P\{X\leqslant x\}$$

称为 X 的分布函数（distribution function）.

分布函数是定义在整个实数轴上的函数值取 0 到 1 之间值的函数. 如果将 X 看成数轴上的随机点的坐标，分布函数在 x 处的函数值 $F(x)$ 就是 X 在 $(-\infty,x]$ 内取值的概率.

2.3.2　分布函数的性质

分布函数的性质

分布函数具有如下基本性质:

（1）对于任意的 $x\in\mathbf{R}$，都有 $0\leqslant F(x)\leqslant 1$. 且

$$F(+\infty)=\lim_{x\to+\infty}F(x)=1,\quad F(-\infty)=\lim_{x\to-\infty}F(x)=0.$$

事实上，从几何意义上讲，当 x 沿坐标轴无限向右移动（$x\to+\infty$）时，事件“X 落在 $(-\infty,x]$ 内”趋于必然事件，其概率 $P\{X\leqslant x\}=F(x)\to 1$. 反之，当 x 无限向左移动（$x\to-\infty$）时，事件“X 落在 $(-\infty,x]$ 内”趋于不可能事件，其概率 $P\{X\leqslant x\}=F(x)\to 0$.

（2）$F(x)$ 为单调非减的函数.

事实上，由式（2.11）知，对于任意实数 x_1，$x_2\,(x_1<x_2)$，有

$$F(x_2)-F(x_1)=P\{x_1<X\leqslant x_2\}\geqslant 0,$$

故有

$$F(x_2)\geqslant F(x_1).$$

（3）$F(x+0)=F(x)$，即 $F(x)$ 右连续.

证　略.

以上 3 条是分布函数必备的基本性质，也是验证一个函数可否作为分布函数的依据.

（4）对于任意实数 a，$b\,(a<b)$，有

$$\begin{aligned}P\{a<X\leqslant b\}&=P\{X\leqslant b\}-P\{X\leqslant a\}\\&=F(b)-F(a).\end{aligned}\tag{2.12}$$

即随机变量 X 落在 $(a,b]$ 内的概率等于其分布函数在该区间上的增量.

由式（2.12）可知，当 $a\to b-0$ 时，可得

$$P\{X=b\}=F(b)-F(b-0).\tag{2.13}$$

由式（2.12）、式（2.13）可知，已知随机变量 X 的分布函数，那么有关 X 的各种事件的概率都能利用分布函数表示. 例如,

$P\{X\geqslant b\}=1-F(b-0)$,

$P\{X>b\}=1-F(b)$,

$P\{a<X<b\}=F(b-0)-F(a)$,

$P\{a\leqslant X\leqslant b\}=F(b)-F(a-0)$,

$P\{a\leqslant X<b\}=F(b-0)-F(a-0)$.

因此，分布函数可以完整地刻画随机变量的概率分布.

例 2.10　判断下列函数可否作为分布函数.

（1）$F(x)=\dfrac{1}{1+x^2},-\infty<x<+\infty$.　　（2）$F(x)=\begin{cases}\dfrac{1}{1+x^2}, & x\leqslant 0,\\ 1, & x>0.\end{cases}$

（3）$F(x)=\begin{cases}0, & x<1,\\ \arcsin\left(1-\dfrac{1}{x}\right), & x\geqslant 1.\end{cases}$

解 （1）不可以，当 $x>0$ 时，$F(x)$ 是单调递减函数.

（2）可以，①当 $x\leqslant 0$ 时，$0\leqslant\dfrac{1}{1+x^2}\leqslant 1$，故 $0\leqslant F(x)\leqslant 1$，且 $F(-\infty)=\lim\limits_{x\to-\infty}\dfrac{1}{1+x^2}=0$，$F(+\infty)=\lim\limits_{x\to+\infty}F(x)=1$；② $F(x)$ 是单调非减函数；③ $F(x)$ 是连续函数.

（3）不可以，$F(+\infty)=\lim\limits_{x\to+\infty}F(x)=\arcsin 1=\dfrac{\pi}{2}\neq 1$.

例 2.11 一个半径为 2m 的圆盘靶，设命中靶上任意同心盘上点的概率与其面积成正比. 假设每次射击都能中靶，设弹着点与靶心的距离为随机变量 X，试求 X 的分布函数.

解 当 $x<0$ 时，事件"$X\leqslant x$"是不可能事件，故

$$F(x)=P\{X\leqslant x\}=0.$$

当 $0\leqslant x\leqslant 2$ 时，由题意和 $P\{0\leqslant X\leqslant x\}=k\pi x^2$，其中 k 为常数，下面确定 k 的值.

取 $x=2$，由于事件"$0\leqslant X\leqslant 2$"是必然事件，则有 $1=P\{0\leqslant X\leqslant 2\}=4k\pi$，故 $k=\dfrac{1}{4\pi}$，即

$$P\{0\leqslant X\leqslant x\}=\frac{x^2}{4}.$$

于是

$$F(x)=P\{X\leqslant x\}=P\{0\leqslant X\leqslant x\}=\frac{x^2}{4}.$$

当 $x\geqslant 2$ 时，由于"$X\leqslant x$"是必然事件，于是

$$F(x)=P\{X\leqslant x\}=1.$$

综上所述，得

$$F(x)=\begin{cases}0, & x<0\\ \dfrac{1}{4}x^2, & 0\leqslant x<2\\ 1, & x\geqslant 2\end{cases}$$

$F(x)$ 的图像是一条连续曲线，如图 2-2 所示.

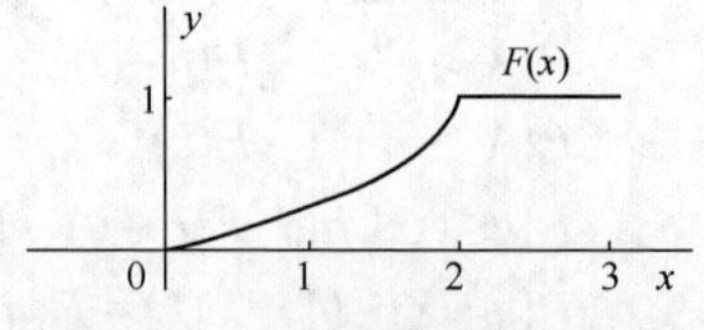

图 2-2　$F(x)$ 的图像（例 2.11）

2.3.3 离散型随机变量的分布函数

下面我们讨论离散型随机变量的分布函数.

设离散型随机变量 X 的概率分布如表 2-1 所示.

由分布函数的定义可知

$$F(x)=P\{X\leqslant x\}=\sum_{x_k\leqslant x}P\{X=x_k\}=\sum_{x_k\leqslant x}p_k,$$

此处的 $\sum\limits_{x_k\leqslant x}p_k$ 表示对 X 的所有满足"$x_k\leqslant x$"的可能取值 x_k 的概率 p_k 进行累加.

离散型随机变量的分布函数

例 2.12　离散型随机变量 X 的概率分布如表 2-5 所示，求 X 的分布函数.

表 2-5　X 的概率分布

X	−1	1	2
p_k	0.2	0.5	0.3

解　当 $x<-1$ 时，

$$F(x)=P\{X\leqslant x\}=0;$$

当 $-1\leqslant x<1$ 时，

$$F(x)=P\{X\leqslant x\}=P\{X=-1\}=0.2;$$

当 $1\leqslant x<2$ 时，

$$F(x)=P\{X\leqslant x\}=P\{X=-1\cup X=1\}=P\{X=-1\}+P\{X=1\}=0.2+0.5=0.7;$$

当 $x\geqslant 2$ 时

$$F(x)=P\{X\leqslant x\}=P\{X=-1\cup X=1\cup X=2\}=1.$$

综上所述，

$$F(x)=P\{X\leqslant x\}=\begin{cases}0, & x<-1,\\ 0.2, & -1\leqslant x<1,\\ 0.7, & 1\leqslant x<2,\\ 1, & x\geqslant 2.\end{cases}$$

$F(x)$的图像如图 2-3 所示，可见离散型随机变量的分布函数 $F(x)$ 是一条右连续的阶梯线，$F(x)$在 $x=-1,1,2$ 处有跳跃，其跳跃高度分别为 X 取−1，1，2 时的概率 0.2，0.5，0.3.

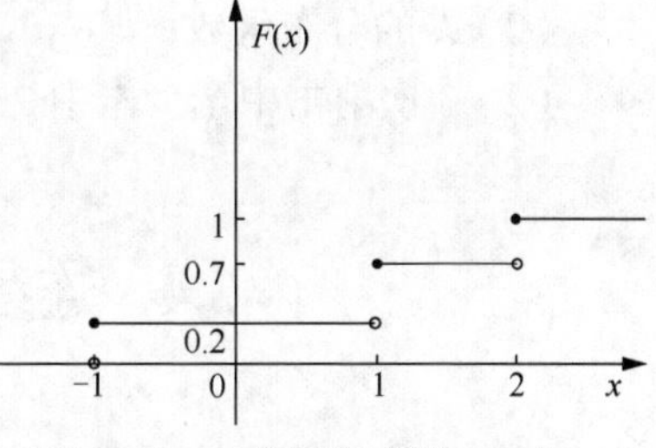

图 2-3　$F(x)$的图像（例 2.12）

反之，已知离散型随机变量 X 的分布函数 $F(x)$，则 X 的概率分布律也可由分布函数确定：

$$p_k=P\{X=x_k\}=F(x_k)-F(x_k-0).$$

思考启发　分布函数没有针对性，所有的随机变量都可以通过分布函数体现概率分布. 但是针对离散型随机变量，概率分布表是特有的概率分布体现方式. 相比分布函数，使用概率分布表更为便捷. 那么连续型随机变量作为一类特殊的随机变量，是否有特定概率分布的体现方式呢?

习题 2.3

1. 设随机变量 X 的分布函数如下：

$$F(x)=\begin{cases}\dfrac{1}{1+x^2}, & x<\underline{\qquad},\\ \underline{\qquad}, & x\geqslant\underline{\qquad}.\end{cases}$$

试在横线处填上合适的数.

2. 已知

$$F(x)=\begin{cases}0, & x<0,\\ x+\dfrac{1}{2}, & 0\leqslant x<\dfrac{1}{2},\\ 1, & x\geqslant\dfrac{1}{2},\end{cases}$$

则 $F(x)$是________随机变量的分布函数.

A. 离散型　　B. 连续型　　C. 非连续亦非离散型

3. 在$[0, a]$内随机选择一个质点，该质点落在$[0, a]$中任意子区间内的概率与该子区间的长度成正比. 设质点的坐标为 X，试求 X 的分布函数.

4. 设一批同型号的零件共有 15 个，其中有 2 个零件为次品，每次在这批零件中任取 1 个，共取 3 次，取后不放回. 设 X 表示取出的次品个数，试求：

（1）X 的概率分布律；

（2）X 的分布函数并作图；

（3）$P\{X\leqslant 1/2\}$，$P\{1<X\leqslant 3/2\}$，$P\{1\leqslant X\leqslant 3/2\}$，$P\{1<X<2\}$.

5. 某射手练习射击时，向同一目标独立射击 3 次，设每次击中目标的概率为 0.8. 试求 3 次射击中，

（1）击中目标的次数 X 的概率分布律；

（2）X 的分布函数；

（2）3 次射击中至少击中 2 次的概率.

2.4　连续型随机变量的概率密度函数

概率密度函数的定义

2.4.1　概率密度函数的定义

研究连续型随机变量的分布时，除分布函数外，还经常用到概率密度函数的概念.

考虑随机变量 X 在 $(x, x+\Delta x]$ 内的概率 $P\{x<X\leqslant x+\Delta x\}$，其中，$x$ 是任意实数，$\Delta x>0$ 是区间的长度. 比值

$$\frac{P\{x<X\leqslant x+\Delta x\}}{\Delta x} \tag{2.14}$$

称为 X 在该区间上的平均概率分布密度. 当 $\Delta x\to 0$ 时，如果式（2.14）的极限存在，记为 $f(x)$. 因为其定义类似于物理学中线密度的定义，所以称 $f(x)$为概率密度函数.

设 X 的分布函数为 $F(x)$，有

$$f(x)=\lim_{\Delta x\to 0}\frac{P\{x<X\leqslant x+\Delta x\}}{\Delta x}=\lim_{\Delta x\to 0}\frac{F(x+\Delta x)-F(x)}{\Delta x}=F'(x).$$

即 $F(x)$为 $f(x)$的一个原函数. 由分布函数的定义，并根据牛顿-莱布尼茨公式可得

$$F(x)=P\{X\leqslant x\}=\int_{-\infty}^{x}f(t)\mathrm{d}t.$$

一般地，有如下定义.

定义 2.3　若对随机变量 X 的分布函数 $F(x)$，存在非负可积函数 $f(x)$，使得对于任意实数 x，有

$$F(x)=\int_{-\infty}^{x} f(t)\mathrm{d}t\ , \tag{2.15}$$

则称 X 为连续型随机变量，称 $f(x)$ 为 X 的概率密度函数，简称为密度函数（density function）.

连续型随机变量 X 的分布函数 $F(x)$ 是连续函数，其图像是一条位于直线 y=0 与 y=1 之间的单调非减的连续（但不一定光滑）的曲线.

2.4.2　概率密度函数的性质

概率密度函数的性质

概率密度函数 $f(x)$ 具有以下性质.

（1）$f(x)\geqslant 0$.

（2）$\int_{-\infty}^{+\infty} f(x)\mathrm{d}x=1$.

性质（1）、（2）是验证一个函数可否作为概率密度函数的依据. 此外，从几何方面解释，性质（2）表明概率密度函数曲线 $y=f(x)$ 与 x 轴之间的面积为 1.

（3）$P\{x_1<X\leqslant x_2\}=\int_{x_1}^{x_2} f(x)\mathrm{d}x\ (x_1\leqslant x_2)$.

根据定积分的几何意义，概率 $P\{x_1<X\leqslant x_2\}$ 就是 $(x_1,x_2]$ 上密度函数曲线 $y=f(x)$ 之下曲边梯形的面积.

（4）若 $f(x)$ 在 x 处连续，则有 $F'(x)=f(x)$.

值得注意的是，连续型随机变量 X 取任意单点值 a 的概率为零，即 $P\{X=a\}=0$.

事实上，设 X 的分布函数为 $F(x)$，令 $\Delta x>0$，则由

$$\{X=a\}\subset\{a-\Delta x<X\leqslant a\},$$

得

$$0\leqslant P\{X=a\}\leqslant P\{a-\Delta x<X\leqslant a\}=F(a)-F(a-\Delta x).$$

由于 $F(x)$ 连续，因此 $\lim\limits_{\Delta x\to 0} F(a-\Delta x)=F(a)$.

当 $\Delta x\to 0$ 时，由两边夹定理，得

$$P\{X=a\}=0.$$

由此，容易推导出

$$P\{a\leqslant X<b\}=P\{a<X\leqslant b\}=P\{a\leqslant X\leqslant b\}=P\{a<X<b\}.$$

即连续型随机变量落在某区间上的概率，不受区间端点的影响. 此外还要说明的是，虽然事件 $X=a$ 的概率为 0，但并非该事件一定不会发生，它是零概率事件而不是不可能事件.

例 2.13　设连续型随机变量 X 的分布函数为

$$F(x)=\begin{cases}0, & x<0,\\ Ax^2, & 0\leqslant x<1,\\ 1, & x\geqslant 1.\end{cases}.$$

试求：

（1）系数 A；

（2）X落在(0.3,0.7)内的概率；

（3）X的概率密度函数.

解 （1）由于X为连续型随机变量，故$F(x)$是连续函数，因此有

$$1=F(1)=\lim_{x\to1-0}F(x)=\lim_{x\to1-0}Ax^2=A,$$

即A=1，于是有

$$F(x)=\begin{cases}0, & x<0,\\ x^2, & 0\leqslant x<1,\\ 1, & x\geqslant1.\end{cases}.$$

（2）$P\{0.3<X<0.7\}=F(0.7)-F(0.3)=(0.7)^2-(0.3)^2=0.4$.

（3）X的概率密度函数为

$$f(x)=F'(x)=\begin{cases}2x, & 0\leqslant x<1,\\ 0, & 其他.\end{cases}$$

需要注意的是，根据定义 2.3，改变概率密度函数$f(x)$在个别点处的函数值，并不影响分布函数$F(x)$，从这个意义上讲，X的概率密度函数并不唯一．例如

$$f(x)=\begin{cases}2x, & 0<x\leqslant1,\\ 0, & 其他,\end{cases}$$

仍是X的概率密度函数.

例 2.14 设连续型随机变量X的概率密度函数为$f(x)=\begin{cases}A\cos x, & 0\leqslant x\leqslant\dfrac{\pi}{2}\\ 0, & 其他\end{cases}$.

试求（1）常数A;（2）X的分布函数$F(x)$；（3）$P\{|X|<\dfrac{\pi}{6}\}$.

解 （1）由$\int_{-\infty}^{+\infty}f(x)\mathrm{d}x=1$，得

$$\int_0^{\frac{\pi}{2}}A\cos x\mathrm{d}x=1,$$

解得A=1，故X的概率密度函数为

$$f(x)=\begin{cases}\cos x, & 0\leqslant x\leqslant\dfrac{\pi}{2}\\ 0, & 其他\end{cases}.$$

（2）当$x<0$时，$F(x)=\int_{-\infty}^{x}f(t)\mathrm{d}t=0$；

当$0\leqslant x<\dfrac{\pi}{2}$时，$F(x)=\int_{-\infty}^{x}f(t)\mathrm{d}t=\int_0^x\cos t\mathrm{d}t=\sin x$；

当$x\geqslant\dfrac{\pi}{2}$时，$F(x)=\int_{-\infty}^{x}f(t)\mathrm{d}t=\int_0^{\frac{\pi}{2}}\cos t\mathrm{d}t=1$.

故

$$F(x)=\begin{cases}0, & x<0\\ \sin x, & 0\leqslant x<\dfrac{\pi}{2}\\ 1, & x\geqslant\dfrac{\pi}{2}\end{cases}.$$

（3）$P\left\{|X|<\dfrac{\pi}{6}\right\}=P\left\{-\dfrac{\pi}{6}<X<\dfrac{\pi}{6}\right\}=F\left(\dfrac{\pi}{6}\right)-F\left(-\dfrac{\pi}{6}\right)=\dfrac{1}{2}$.

例 2.15　设随机变量 X,Y 的概率密度函数为 $f(x)=\begin{cases}ax+b, & 0<x<2\\ 0, & 其他\end{cases}$，且 $P\{1<X\leqslant 3\}=0.25$，试确定常数 a、b，并求 $P\{X>1.5\}$.

解　由 $\int_{-\infty}^{+\infty}f(x)\mathrm{d}x=1$，从而得 $\int_0^2(ax+b)\mathrm{d}x=2a+2b=1$，

再由 $P\{1<X\leqslant 3\}=0.25$，从而得 $\int_1^3 f(x)\mathrm{d}x=\int_1^2(ax+b)\mathrm{d}x=1.5a+b=0.25$，

即

$$\begin{cases}2a+2b=1\\ 1.5a+b=0.25\end{cases},$$

解得 $a=-0.5$，$b=1$.

$$P\{X>1.5\}=\int_{1.5}^{+\infty}f(x)\mathrm{d}x=\int_{1.5}^{2}(-0.5x+1)\mathrm{d}x=0.0625\cdot$$

2.4.3　常见的连续型随机变量

下面介绍 3 种常见的连续型随机变量.

1. 均匀分布

若连续型随机变量 X 具有概率密度函数

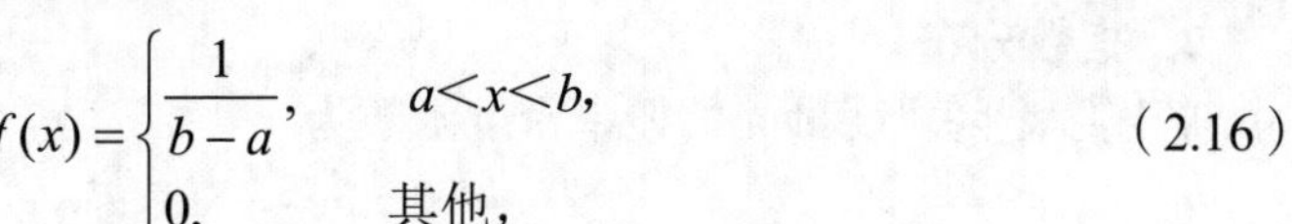

$$f(x)=\begin{cases}\dfrac{1}{b-a}, & a<x<b,\\ 0, & 其他,\end{cases}\tag{2.16}$$

则称 X 在(a,b)上服从均匀分布（uniform distribution），记为 $X\sim U(a, b)$.

易知 $f(x)\geqslant 0$ 且 $\int_{-\infty}^{+\infty}f(x)\mathrm{d}x=\int_a^b\dfrac{1}{b-a}\mathrm{d}x=1$.

由式（2.16）知，若 $a\leqslant c<d\leqslant b$，则

$$P\{c<X<d\}=\int_c^d\frac{1}{b-a}\mathrm{d}x=\frac{d-c}{b-a}.$$

因此，若随机变量 X 在(a,b)上服从均匀分布，则 X 的取值落入(a,b)的任意子区间(c,d)的概率与子区间的长度成正比，而与子区间的位置无关. 这与概率的几何意义相吻合.

易得 X 的分布函数为

$$F(x)=\begin{cases}0, & x<a,\\ \dfrac{x-a}{b-a}, & a\leqslant x<b,\\ 1, & x\geqslant b.\end{cases} \tag{2.17}$$

均匀分布的概率密度函数 $f(x)$ 和分布函数 $F(x)$ 的图像分别如图 2-4 和图 2-5 所示.

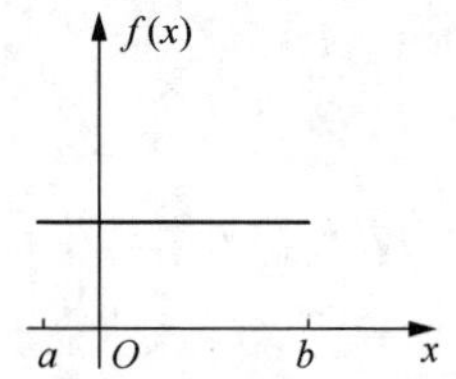

图 2-4　$f(x)$的图像（均匀分布）

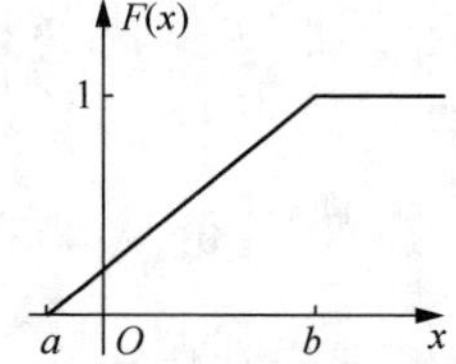

图 2-5　$F(x)$的图像（均匀分布）

均匀分布常见于以下情形：在(a,b)中随机选择一个质点，该质点的坐标服从(a,b)上的均匀分布；由于四舍五入，在数值计算中小数点后第一位小数所产生的误差，一般可以看作服从$[-0.5,0.5]$上的均匀分布.

例 2.16　某公交站牌的 1 路汽车从早上 7:00 开始运营，班次间隔为 15 分钟. 某乘客要乘坐 1 路汽车，他在早上 7:00 到 7:30 之间的任意时刻到达该站，试求他等车时间少于 5 分钟的概率.

解　设乘客到达该车站的时间为 7:X 分，则 X 在$[0, 30]$上服从均匀分布，即有

$$f(x)=\begin{cases}\dfrac{1}{30}, & 0\leqslant x\leqslant 30,\\ 0, & \text{其他}.\end{cases}$$

显然，等车的时间少于 5 分钟意味着乘客要在 7:10 到 7:15 之间或 7:25 到 7:30 之间到达车站，即$10<X\leqslant 15$或$25<X\leqslant 30$. 因此，所求概率为

$$P\{10<X\leqslant 15\}+P\{25<X\leqslant 30\}=\int_{10}^{15}\frac{1}{30}\mathrm{d}x+\int_{25}^{30}\frac{1}{30}\mathrm{d}x=\frac{1}{3}.$$

2. 指数分布

指数分布

若连续型随机变量 X 的概率密度函数为

$$f(x)=\begin{cases}\lambda \mathrm{e}^{-\lambda x}, & x>0,\\ 0, & x\leqslant 0,\end{cases} \tag{2.18}$$

其中 $\lambda>0$ 为常数，则称 X 服从参数为 λ 的指数分布（exponential distribution），记作 $X\sim E(\lambda)$.

显然 $f(x)\geqslant 0$，且 $\int_{-\infty}^{+\infty} f(x)\mathrm{d}x=\int_{0}^{+\infty}\lambda \mathrm{e}^{-\lambda x}\mathrm{d}x=1$.

容易得到 X 的分布函数为

$$F(x)=\begin{cases}1-\mathrm{e}^{-\lambda x}, & x>0,\\ 0, & x\leqslant 0.\end{cases}$$

指数分布可用于描述顾客要求某种服务（例如到银行办理业务、到医院看病）需要等待的时间. 此外，指数分布也常被用于描述某物的寿命，例如某些电子器件的使用寿命，自然界中某些动物的寿命，这类寿命可近似看作指数分布.

指数分布具有“无记忆性”，即对于任意 $s, t>0$，有

$$P\{X>s+t|X>s\}=P\{X>t\}. \tag{2.19}$$

可以验证式（2.19）成立，事实上，

$$P\{X>s+t \mid X>s\}=\frac{P\{X>s, X>s+t\}}{P\{X>s\}}=\frac{P\{X>s+t\}}{P\{X>s\}}$$

$$=\frac{1-F(s+t)}{1-F(s)}=\frac{\mathrm{e}^{-\lambda(s+t)}}{\mathrm{e}^{-\lambda s}}=\mathrm{e}^{-\lambda t}=P\{X>t\}.$$

设 X 表示某一电子元件的使用寿命，“无记忆性”表明，该电子元件至少能使用 t 小时的概率，等同于已经使用了 s 小时的条件下，还能再使用至少 t 小时的概率. 这意味着元件对其使用过 s 小时是没有记忆的.

例 2.17　经统计，某品牌冰箱的使用寿命 X（单位：年）服从参数为 0.1 的指数分布，试求该品牌冰箱使用 10 年内需要进行一次大维修的概率. 试分析冰箱三包规定保修期为两年（自购买之日起计算）的原因.

解　由 $X \sim E(0.1)$，则 X 的概率密度函数为

$$f(x)=\begin{cases}0.1\mathrm{e}^{-0.1x}, & x>0,\\ 0, & x \leqslant 0,\end{cases}$$

则该品牌冰箱使用 10 年内需要进行一次大维修的概率为

$$P\{X<10\}=\int_0^{10} 0.1\mathrm{e}^{-0.1x}\mathrm{d}x=1-\mathrm{e}^{-1}\approx 0.632.$$

类似地，可计算该品牌冰箱使用 $x=1,2,\cdots,5$ 年内出现大故障的概率 $P\{X<x\}$，如表 2-6 所示.

表 2-6　X 的概率分布

x	1	2	3	4	5
p_k	0.095	0.181	0.259	0.330	0.393

因此，两年内冰箱需要一次大维修的概率为 0.181，即该品牌约 18.1%的冰箱 2 年内需要一次大的维修. 考虑到维修成本，冰箱三包规定保修期为两年.

3. 正态分布

正态分布

若连续型随机变量 X 的概率密度函数为

$$f(x)=\frac{1}{\sqrt{2\pi}\sigma}\mathrm{e}^{-\frac{(x-\mu)^2}{2\sigma^2}}\ (-\infty<x<+\infty), \tag{2.20}$$

其中 μ，$\sigma(\sigma>0)$ 为常数，则称 X 服从参数为 μ，σ 的正态分布（normal distribution），记为 $X \sim N(\mu,\sigma^2)$.

显然 $f(x)\geqslant 0$，下面证明 $\int_{-\infty}^{+\infty} f(x)\mathrm{d}x=1$.

令 $\frac{x-\mu}{\sigma}=t$，得到

$$\int_{-\infty}^{+\infty}\frac{1}{\sqrt{2\pi}\sigma}\mathrm{e}^{-\frac{(x-\mu)^2}{2\sigma^2}}\mathrm{d}x=\frac{1}{\sqrt{2\pi}}\int_{-\infty}^{+\infty}\mathrm{e}^{-\frac{t^2}{2}}\mathrm{d}t,$$

记 $I=\int_{-\infty}^{+\infty}\mathrm{e}^{-\frac{t^2}{2}}\mathrm{d}t$，则有 $I^2=\int_{-\infty}^{+\infty}\int_{-\infty}^{+\infty}\mathrm{e}^{-\frac{t^2+s^2}{2}}\mathrm{d}t\mathrm{d}s$.

作极坐标变换，令 $s=r\cos\theta$，$t=r\sin\theta$，得到

$$I^2=\int_0^{2\pi}\int_0^{+\infty}r\mathrm{e}^{-\frac{r^2}{2}}\mathrm{d}r\mathrm{d}\theta=2\pi ,$$

而 $I>0$，故有 $I=\sqrt{2\pi}$ ，即有

$$\int_{-\infty}^{+\infty}\mathrm{e}^{-\frac{t^2}{2}}\mathrm{d}t=\sqrt{2\pi} .$$

于是

$$\int_{-\infty}^{+\infty}\frac{1}{\sqrt{2\pi}\sigma}\mathrm{e}^{-\frac{(x-\mu)^2}{2\sigma^2}}\mathrm{d}x=\frac{1}{\sqrt{2\pi}}\cdot\sqrt{2\pi}=1.$$

正态分布又称高斯分布，是概率统计中最重要的分布之一. 在实际问题中，大量的随机变量服从或近似服从正态分布. 通常，若某个随机变量受到许多独立随机因素的影响，而每个因素对该随机变量的影响是细微的，那么该随机变量就服从或近似服从正态分布. 例如，测量误差会受到测量仪器精密度、观测者视觉角度、环境条件（温度、大气折光）等因素的影响，但每个因素又不能对测量结果起决定性影响，故测量误差服从或近似服从正态分布. 类似地，人的身高、体重，农作物的产量等均服从或近似服从正态分布.

正态分布概率密度函数 $f(x)$的图像如图 2-6 和图 2-7所示，它具有如下性质：

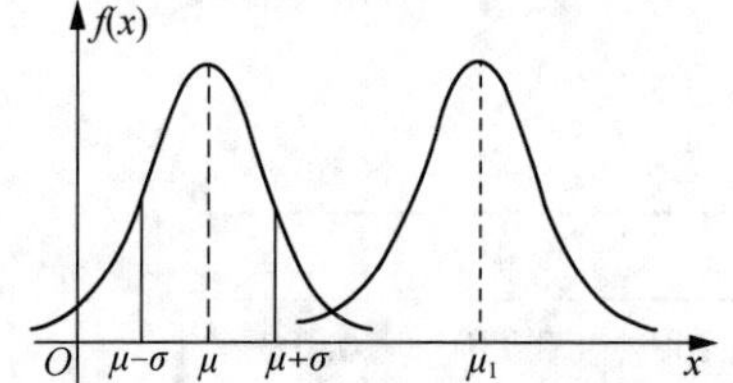

图 2-6　正态分布概率密度函数的图像 1

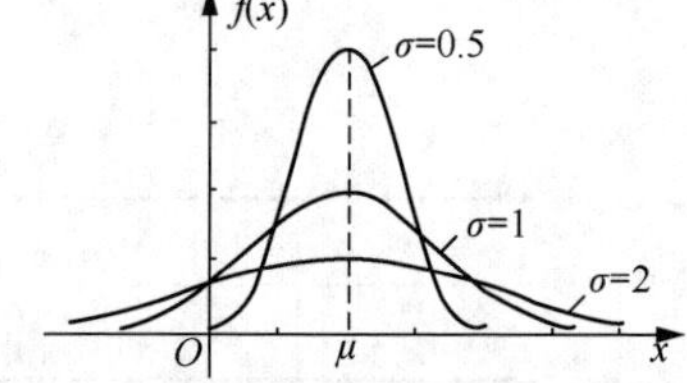

图 2-7　正态分布概率密度函数的图像 2

（1）曲线关于 $x=\mu$ 对称；

（2）曲线在 $x=\mu$ 处取到最大值，且 x 离 μ 越远，$f(x)$的值越小；

（3）曲线在 $\mu\pm\sigma$ 处有拐点；

（4）曲线以 x 轴为渐近线；

（5）若固定 μ，当 σ 越大时，$f(x)$的图像越平坦；若固定 σ，随着 μ 值的增大，$f(x)$的图像沿 x 轴向右平移. 故称 μ 为位置参数，σ 为精度参数.

由式（2.20）得 X 的分布函数

$$F(x)=\frac{1}{\sqrt{2\pi}\sigma}\int_{-\infty}^{x}\mathrm{e}^{-\frac{(t-\mu)^2}{2\sigma^2}}\mathrm{d}t\ (-\infty<x<+\infty). \tag{2.21}$$

标准正态分布

特别地，当$\mu=0$，$\sigma=1$ 时，称 X 服从标准正态分布，记为 $X\sim N(0,1)$. 其概率密度函数和分布函数分别用$\varphi(x)$，$\Phi(x)$表示，即

$$\varphi(x)=\frac{1}{\sqrt{2\pi}}\mathrm{e}^{-\frac{x^2}{2}}\ (-\infty<x<+\infty), \tag{2.22}$$

$$\Phi(x)=\frac{1}{\sqrt{2\pi}}\int_{-\infty}^{x}\mathrm{e}^{-\frac{t^2}{2}}\mathrm{d}t\ (-\infty<x<+\infty).\tag{2.23}$$

易知，$\Phi(-x)=1-\Phi(x)$.

为便于使用，人们事先编制了 $\Phi(x)$ 的函数值表（见本书配套电子资源——附表 2）.

一般地，若 $X\sim N(\mu,\sigma^2)$，则有 $\dfrac{X-\mu}{\sigma}\sim N(0,1)$.

正态分布的标准化

事实上，$Z=\dfrac{X-\mu}{\sigma}$ 的分布函数为

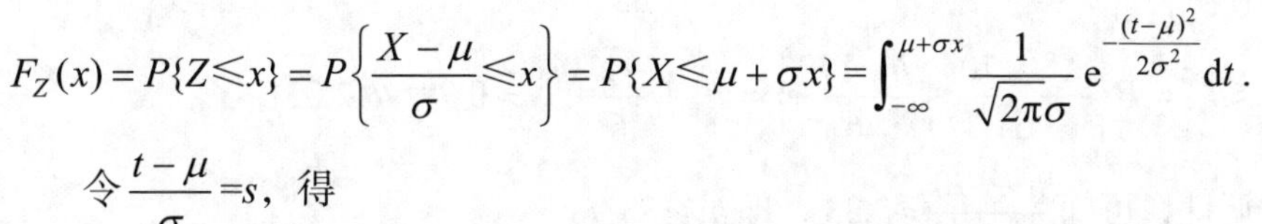

$$F_Z(x)=P\{Z\leqslant x\}=P\left\{\frac{X-\mu}{\sigma}\leqslant x\right\}=P\{X\leqslant\mu+\sigma x\}=\int_{-\infty}^{\mu+\sigma x}\frac{1}{\sqrt{2\pi}\sigma}\mathrm{e}^{-\frac{(t-\mu)^2}{2\sigma^2}}\mathrm{d}t.$$

令 $\dfrac{t-\mu}{\sigma}=s$，得

$$P\{Z\leqslant x\}=\frac{1}{\sqrt{2\pi}}\int_{-\infty}^{x}\mathrm{e}^{-\frac{s^2}{2}}\mathrm{d}s=\Phi(x),$$

由此知 $Z=\dfrac{X-\mu}{\sigma}\sim N(0,1)$.

根据以上结论，若 $X\sim N(\mu,\sigma^2)$，X 落在任意区间 (x_1,x_2) 内的概率可通过查表确定，即

$$P\{x_1<X\leqslant x_2\}=P\left\{\frac{x_1-\mu}{\sigma}<\frac{X-\mu}{\sigma}\leqslant\frac{x_2-\mu}{\sigma}\right\}=\Phi\left(\frac{x_2-\mu}{\sigma}\right)-\Phi\left(\frac{x_1-\mu}{\sigma}\right).$$

例如，设 $X\sim N(1.5,4)$，可得

$$\begin{aligned}P\{-1\leqslant X\leqslant 2\}&=P\left\{\frac{-1-1.5}{2}\leqslant\frac{X-1.5}{2}\leqslant\frac{2-1.5}{2}\right\}\\&=\Phi(0.25)-\Phi(-1.25)\\&=\Phi(0.25)-[1-\Phi(1.25)]\\&\approx 0.5987-1+0.8944\\&=0.4931.\end{aligned}$$

设 $X\sim N(\mu,\sigma^2)$，查表可得

$$P\{\mu-\sigma<X<\mu+\sigma\}=2\Phi(1)-1\approx 0.6826,$$
$$P\{\mu-2\sigma<X<\mu+2\sigma\}=2\Phi(2)-1\approx 0.9544,$$
$$P\{\mu-3\sigma<X<\mu+3\sigma\}=2\Phi(3)-1\approx 0.9974.$$

我们看到，尽管正态随机变量 X 的取值范围是 $(-\infty,+\infty)$，但 X 的值落在 $(\mu-3\sigma,\mu+3\sigma)$ 以外的概率小于 0.3%. 因此根据小概率事件的实际不可能原理，可以认为 X 的取值几乎全部集中在 $(\mu-3\sigma,\mu+3\sigma)$ 以内，这就是人们所说的“3σ 法则”.

例 2.18　据《光明网》报道，2023 年 10 月 14 日，在四川省凉山州德昌县百亩高产攻关示范田进行了杂交水稻品种“粒两优 8022”的现场测产验收，平均亩产已达 1251.5 kg，这一数字刷新了我国杂交水稻单季亩产最高纪录，也是杂交水稻单季亩产的世界新纪录. 这一成果代表着我国水稻科研团队完成了袁隆平先生 2018 年提出的水稻亩产 1200 kg 的高产目标. 经统计，某品种水稻亩产量 X（单位：kg）服从正态分布 $N(1200,50^2)$. 某地区推广种植该品种水稻，任选一亩水稻田，试求其亩产量超过 1100 kg 的概率.

解 由$X\sim N(1200,50^2)$，则

$$P\{X>1100\}=P\left\{\frac{X-1200}{50}>\frac{1100-1200}{50}\right\}=1-\Phi\left(\frac{1100-1200}{50}\right)$$
$$=1-\Phi(-2)=\Phi(2)\approx 0.9772.$$

例 2.19 某城市成年男子的身高 X 服从μ=170cm、σ=6cm 的正态分布．若要使乘公交车时，成年男子经过车门时碰到头的概率不超过 1%，试问公交车车门高度应如何确定.

解 设车门高度为 $h$cm，按设计要求应有$P\{X>h\}\leqslant 0.01$，即$P\{X\leqslant h\}\geqslant 0.99$.

因为$X\sim N(170,6^2)$，故

$$P\{X\leqslant h\}=P\left\{\frac{X-170}{6}<\frac{h-170}{6}\right\}=\Phi\left(\frac{h-170}{6}\right)\geqslant 0.99\approx\Phi(2.33),$$

根据$\Phi(x)$的单调性，可知$\frac{h-170}{6}\geqslant 2.33$，即$h\geqslant 183.98$.

所以公交车车门高度应不低于 183.98cm，才能使成年男子经过车门时碰到头的概率不超过 1%.

为了便于应用，对于标准正态随机变量，引入上α分位数的定义.

设 $X\sim N(0,1)$，若数 z_α满足条件

$$P\{X>z_\alpha\}=\alpha\ (0<\alpha<1), \tag{2.24}$$

则称数 z_α为标准正态分布的上α分位数.

例如，α=0.01时，由$P\{X>z_{0.01}\}=0.01$，有

$$P\{X\leqslant z_{0.01}\}=\Phi(z_{0.01})=0.99\approx\Phi(2.33),$$

得 $z_{0.01}$=2.33．同理，可得 $z_{0.05}$=1.645．即 2.33 与 1.645 分别是标准正态分布的上 0.01 分位数与上 0.05 分位数.

思考启发 本节介绍了连续型随机变量的概率密度函数，概率密度函数与分布函数的关系，以及均匀分布、指数分布、正态分布等一些特殊的连续型随机变量．尽管这些分布无法覆盖所有的随机性现象，但描述了最常见、最有用的情形，这有助于我们对一般随机性现象的理解.

习题 2.4

1. 设随机变量 X 的概率密度函数为

$$f(x)=\begin{cases}\sin x, & x\in[a,b],\\ 0, & x\notin[a,b],\end{cases}$$

则$[a,b]$为________.

A. $\left[0,\frac{\pi}{2}\right]$ B. $[0,\pi]$ C. $\left[-\frac{\pi}{2},0\right]$ D. $\left[0,\frac{3\pi}{2}\right]$

2. 已知随机变量 X 的概率密度函数为

$$f(x)=Ae^{-|x|}\ (-\infty<x<+\infty),$$

求：（1）A 的值；（2）$P\{0<X<1\}$；（3）$F(x)$.

3. 设随机变量 X 的分布函数为

$$F(x)=\begin{cases} A+B\mathrm{e}^{-\lambda x}, & x\geqslant 0, \\ 0, & x<0, \end{cases} \text{其中，} \lambda>0,$$

求：

（1）常数 A，B；

（2）$P\{X\leqslant 2\}$，$P\{X>3\}$；

（3）求 X 的概率密度函数 $f(x)$.

4. 设随机变量 X 的概率密度函数为

$$f(x)=\begin{cases} x, & 0\leqslant x<1, \\ 2-x, & 1\leqslant x<2, \\ 0, & \text{其他}, \end{cases}$$

求 X 的分布函数 $F(x)$，并画出 $f(x)$ 及 $F(x)$ 的图像.

5. 设随机变量 X 的概率密度函数为

（1）$f(x)=a\mathrm{e}^{-\lambda|x|}(\lambda>0)$，（2）$f(x)=\begin{cases} bx, & 0<x<1 \\ \dfrac{1}{x^2}, & 1\leqslant x<2 \\ 0, & \text{其他} \end{cases}$.

试确定常数 a、b，并求其分布函数 $F(x)$.

6. 设某种通信仪器内安装有 3 只同型号的电子管，该型号电子管的使用寿命 X（单位：h）的概率密度函数为

$$f(x)=\begin{cases} \dfrac{100}{x^2}, & x\geqslant 100 \\ 0, & x<100 \end{cases}.$$

试求：

（1）在仪器开始使用的 150h 内无电子管损坏的概率；

（2）在仪器开始使用的 150h 内只有 1 只电子管损坏的概率；

（3）X 的分布函数 $F(x)$.

7. 设随机变量 $X\sim U[2,5]$. 对 X 进行 3 次独立观测，求至少有 2 次 X 的观测值大于 3 的概率.

8. 设某时间段内，车主在某加油站等待加油的时间 X（单位：min）服从参数为 $\dfrac{1}{5}$ 的指数分布. 某人在该加油站等待加油，若等待时间超过 10min 就离开. 已知他一个月要加油 5 次，以 Y 表示一个月内未加油就离开加油站的次数，试求 Y 的概率分布律，并求 $P\{Y\geqslant 1\}$.

9. 某人从家出发打车去火车站，有两条路可走. 第一条路交通拥挤但路程较短，所需时间（单位：min）服从正态分布 $N(40,100)$；第二条路阻塞少但路程较长，所需时间服从正态分布 $N(50,16)$.

（1）若在火车发车前 1h 出发，走哪条路赶上火车的把握大些？

（2）若在火车发车前 45min 出发，走哪条路赶上火车把握大些？

10. 设随机变量 $X \sim N(3,4)$，

（1）求 $P\{2 < X \leqslant 5\}$，$P\{-4 < X \leqslant 10\}$，$P\{|X| > 2\}$，$P\{X > 3\}$；

（2）确定 c 使 $P\{X > c\} = P\{X \leqslant c\}$.

11. 某工厂生产的零件长度 X（单位：cm）服从正态分布 $N(10.05, 0.06^2)$，设零件长度在（10.05±0.12）cm 内为合格品，求该厂生产零件的不合格率.

12. 设随机变量 X 服从正态分布 $N(160, \sigma^2)$，若 $P\{120 < X \leqslant 200\} \geqslant 0.8$，则 σ 最大为多少？

13. 设随机变量 $X \sim N(0, \sigma^2)$，则当 σ 取何值时，概率 $P\{1 < X < 3\}$ 最大？

14. 求标准正态分布的上 α 分位数.

（1）α=0.01，求 z_α.

（2）α=0.003，求 z_α、$z_{\alpha/2}$.

2.5 随机变量函数的分布

设随机变量 X，Y，函数 $g(x)$定义在 X 的一切可能取值上. 若每当随机变量 X 取值为 x 时，随机变量 Y 取值为 $y=g(x)$，则记 $Y=g(X)$，称 Y 为随机变量 X 的函数.

例如，设工厂生产的轴承滚珠的直径为随机变量 X，滚珠的体积为随机变量 Y，则 $Y = \dfrac{1}{6}\pi X^3$，Y 是随机变量 X 的函数.

在实际问题中，我们通常需要讨论如何根据随机变量 X 的分布，寻求随机变量函数 $Y=g(X)$的分布.

随机变量函数

2.5.1 离散型随机变量函数的分布

设离散型随机变量 X 的概率分布为

$$P\{X = x_i\} = p_i \ (i = 1, 2, \cdots),$$

易得 X 的函数 $Y=g(X)$还是离散型随机变量.

离散型随机变量函数的分布

由 X 的概率分布导出 Y 的概率分布的一般方法如下：

（1）根据 X 的可能取值确定随机变量函数 $Y=g(X)$的一切可能取值：$y_1, y_2, \cdots, y_n, \cdots$；

（2）对于 Y 的每一个可能取值 $y_i \ (i = 1, 2, \cdots)$ 确定相应的集合

$$C_i = \{x_j \mid g(x_j) = y_i\},$$

计算 Y 在每一个可能取值 $y_i \ (i = 1, 2, \cdots)$ 上的概率

$$P\{Y = y_i\} = P\{g(X) = y_i\} = P\{X \in C_i\} = \sum_{x_j \in C_i} P\{X = x_j\}.$$

从而得到 Y 的概率分布.

例 2.20　设随机变量 X 的分布如表 2-7 所示，试求 $Y=X^2$ 的概率分布律.

表 2-7　X 的概率分布

X	-1	0	1	1.5	3
p_k	0.2	0.1	0.3	0.3	0.1

解　首先根据 X 的取值情况得 $Y=X^2$ 的可能取值为 0，1，2.25，9.

分别计算 Y 在每一个可能取值时的概率：

$$P\{Y=0\}=P\{X^2=0\}=P\{X=0\}=0.1\ ;$$

$$P\{Y=1\}=P\{X^2=1\}=P\{X=-1\bigcup X=1\}=P\{X=-1\}+P\{X=1\}=0.2+0.3=0.5;$$

$$P\{Y=2.25\}=P\{X^2=2.25\}=P\{X=1.5\}=0.3\ ;$$

$$P\{X^2=9\}=P\{X=3\}=0.1.$$

于是，得 $Y=X^2$ 的分布如表 2-8 所示

表 2-8　$Y=X^2$ 的概率分布

$Y=X^2$	0	1	2.25	9
p_k	0.1	0.5	0.3	0.1

例 2.21　设随机变量 X 的概率分布为

$$P\{X=k\}=\frac{1}{2^k}(k=1,2,\cdots,n,\cdots)\ ,$$

试求 $Y=\sin\left(\frac{\pi}{2}X\right)$ 的概率分布.

解　由

$$Y=\sin\left(\frac{\pi}{2}X\right)=\begin{cases}-1, & X=4k-1\\ 0, & X=2k\\ 1, & X=4k-3\end{cases}\qquad(k=1,2,\cdots,n,\cdots)\ ,$$

得 $Y=\sin\left(\frac{\pi}{2}X\right)$ 的可能取值为 -1、0、1. 分别计算 Y 在每一可能取值上的概率：

$$P\{Y=-1\}=\sum_{k=1}^{+\infty}P\{X=4k-1\}=\sum_{k=1}^{+\infty}\frac{1}{2^{4k-1}}=\frac{1}{2^3}+\frac{1}{2^7}+\frac{1}{2^{11}}+\cdots=\frac{2}{15}\ ;$$

$$P\{Y=0\}=\sum_{k=1}^{+\infty}P\{X=2k\}=\sum_{k=1}^{+\infty}\frac{1}{2^{2k}}=\frac{1}{2^2}+\frac{1}{2^4}+\frac{1}{2^6}+\cdots=\frac{1}{3}\ ;$$

$$P\{Y=1\}=\sum_{k=1}^{+\infty}P\{X=4k-3\}=\sum_{k=1}^{+\infty}\frac{1}{2^{4k-3}}=\frac{1}{2}+\frac{1}{2^5}+\frac{1}{2^9}+\cdots=\frac{8}{15}.$$

于是，Y 的概率分布如表 2-9 所示

表 2-9　Y 的概率分布

Y	-1	0	1
p_k	$\frac{2}{15}$	$\frac{1}{3}$	$\frac{8}{15}$

2.5.2 连续型随机变量函数的分布

连续型随机变量函数的分布

一般地，连续型随机变量的函数未必是连续型随机变量. 例如，随机变量 X 在 $(-1,2)$ 上服从均匀分布，令

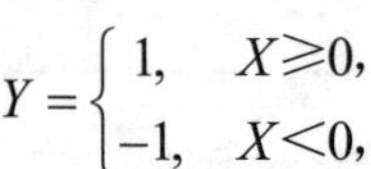

$$Y=\begin{cases}1, & X\geqslant 0,\\ -1, & X<0,\end{cases}$$

则 Y 为离散型随机变量.

此时，可导出 Y 的概率分布律为：$P\{Y=1\}=P\{X\geqslant 0\}=\dfrac{2}{3}$，$P\{Y=-1\}=P\{X<0\}=\dfrac{1}{3}$.

下面我们重点讨论连续型随机变量 X 的函数 $Y=g(X)$还是连续型随机变量的情形.

设 X 的概率密度函数为 $f_X(x)$，随机变量函数 $Y=g(X)$的分布函数为

$$F_Y(y)=P\{Y\leqslant y\}=P\{g(X)\leqslant y\}=P\{X\in C_y\}=\int_{C_y} f_X(x)\mathrm{d}x,$$

其中 $C_y=\{x\,|\,g(x)\leqslant y\}$.

进而，通过 Y 的分布函数 $F_Y(y)$ 求出 Y 的概率密度函数.

例 2.22 设连续型随机变量 X 具有概率密度函数 $f_X(x)$ $(-\infty<x<+\infty)$，求 $Y=X^2$ 的概率密度函数.

解 首先计算 Y 的分布函数 $F_Y(y)=P\{Y\leqslant y\}$，由于 $Y=X^2\geqslant 0$，故

当 $y\leqslant 0$ 时，事件"$Y\leqslant y$"为不可能事件，则 $F_Y(y)=P\{Y\leqslant y\}=0$；

当 $y>0$ 时，有

$$F_Y(y)=P\{Y\leqslant y\}=P\{X^2\leqslant y\}=P(-\sqrt{y}\leqslant X\leqslant\sqrt{y})=\int_{-\sqrt{y}}^{\sqrt{y}} f_X(x)\mathrm{d}x.$$

对 $F_Y(y)$求导，得 Y 的概率密度函数为

$$f_Y(y)=\begin{cases}\dfrac{1}{2\sqrt{y}}\left[f_X\left(\sqrt{y}\right)+f_X\left(-\sqrt{y}\right)\right], & y>0,\\ 0, & y\leqslant 0.\end{cases}$$

例如，设 $X\sim N(0,1)$，则 $Y=X^2$ 的概率密度函数为

$$f_Y(y)=\begin{cases}\dfrac{1}{\sqrt{2\pi}}y^{-\frac{1}{2}}\mathrm{e}^{-\frac{y}{2}}, & y>0,\\ 0, & y\leqslant 0.\end{cases}$$

此时称 Y 服从自由度为 1 的 χ^2 分布.

对于单调函数 $g(x)$，下面提供一种计算 $Y=g(X)$的概率密度函数的便捷方法.

定理 2.3 设随机变量 X 具有概率密度函数 $f_X(x)(-\infty<x<+\infty)$，又设函数 $g(x)$处处可导且 $g'(x)>0$（或 $g'(x)<0$），则 $Y=g(X)$是连续型随机变量，其概率密度函数为

连续型随机变量单调函数的分布

$$f_Y(y)=\begin{cases}f_X[h(y)]\left|h'(y)\right|, & \alpha<y<\beta,\\ 0, & \text{其他},\end{cases}\tag{2.25}$$

其中 $\alpha=\min\{g(-\infty),g(+\infty)\}$，$\beta=\max\{g(-\infty),g(+\infty)\}$，$h(y)$是 $g(x)$的反函数.

证　若 $g'(x)>0$，则 $g(x)$在$(-\infty,+\infty)$上严格单调递增，其反函数 $h(y)$存在，且 $h(y)$在(α,β)严格单调递增且可导.

首先求 Y 的分布函数 $F_Y(y)$，

由于 $Y=g(X)$在(α,β)上取值，故

当 $y\leqslant\alpha$ 时，$F_Y(y)=P\{Y\leqslant y\}=0$；

当 $y\geqslant\beta$ 时，$F_Y(y)=P\{Y\leqslant y\}=1$；

当$\alpha<y<\beta$时，

$$F_Y(y)=P\{Y\leqslant y\}=P\{g(X)\leqslant y\}=P\{X\leqslant h(y)\}=\int_{-\infty}^{h(y)} f_X(x)\mathrm{d}x.$$

于是，得概率密度函数

$$f_Y(y)=\begin{cases} f_X[h(y)]h'(y), & \alpha<x<\beta, \\ 0, & 其他. \end{cases}$$

对于 $g'(x)<0$ 的情况可以同样证明，得

$$f_Y(y)=\begin{cases} f_X[h(y)][-h'(y)], & \alpha<x<\beta, \\ 0, & 其他. \end{cases}$$

将上面两种情况合并，得

$$f_Y(y)=\begin{cases} f_X[h(y)]\left|h'(y)\right|, & \alpha<x<\beta, \\ 0, & 其他. \end{cases}$$

注意：若 $f(x)$在$[a,b]$之外为零，则函数 $g(x)$只需在(a,b)上恒有 $g'(x)>0$（或恒有 $g'(x)<0$），此时

$$\alpha=\min\{g(a),g(b)\},\quad \beta=\max\{g(a),g(b)\}.$$

例 2.23　设随机变量 $X\sim N(\mu,\sigma^2)$，证明 $Y=aX+b$（$a\neq 0$）也服从正态分布.

证　由 $X\sim N(\mu,\sigma^2)$，则 X 的概率密度函数为

$$f_X(x)=\frac{1}{\sigma\sqrt{2\pi}}\mathrm{e}^{-\frac{(x-\mu)^2}{2\sigma^2}}\quad(-\infty<x<+\infty).$$

再令 $y=g(x)=ax+b$，得 $g(x)$的反函数

$$x=h(y)=\frac{y-b}{a}.$$

则 $h'(y)=\dfrac{1}{a}$.

由式（2. 25）知，$Y=g(X)=aX+b$ 的概率密度函数为

$$f_Y(y)=\frac{1}{|a|}f_X\left(\frac{y-b}{a}\right)(-\infty<y<+\infty),$$

即

$$f_Y(y)=\frac{1}{|a|\sigma\sqrt{2\pi}}\mathrm{e}^{-\frac{[y-(b+a\mu)]^2}{2(a\sigma)^2}}\quad(-\infty<y<+\infty),$$

从而得

$$Y=aX+b\sim N(a\mu+b,(a\sigma)^2).$$

例 2.24 分子运动速度的绝对值 X 服从麦克斯韦（Maxwell）分布，其概率密度函数为

$$f(x)=\begin{cases}\dfrac{4x^2}{a^3\sqrt{\pi}}\mathrm{e}^{-\frac{x^2}{a^2}}, & x>0\\ 0, & x\leqslant 0\end{cases},$$

其中 $a>0$ 为常数，求分子动能 $Y=\dfrac{1}{2}mX^2$（m 为分子质量）的概率密度函数.

解 已知 $y=g(x)=\dfrac{1}{2}mx^2$ 在 $(0, +\infty)$ 上单调递增，其反函数为 $x=h(y)=\sqrt{\dfrac{2y}{m}}$，则 $|h'(y)|=\dfrac{1}{\sqrt{2my}}$. $\alpha=\min\{g(0), g(+\infty)\}=0$，$\beta=\max\{g(0), g(+\infty)\}=+\infty$.

由式（2. 25），得 Y 的概率密度函数为

$$f_Y(y)=\begin{cases}f_X[h(y)]|h'(y)|, & y>0\\ 0, & y\leqslant 0\end{cases}，即 f_Y(y)=\begin{cases}\dfrac{4\sqrt{2y}}{m^{\frac{2}{3}}a^3\sqrt{\pi}}\mathrm{e}^{-\frac{2y}{ma^2}}, & y>0\\ 0, & y\leqslant 0\end{cases}.$$

习题 2.5

1. 设随机变量 X 的概率分布如表 2-10 所示

表 2-10 X 的概率分布

X	−2	−1	0	1	3
p_k	$\frac{1}{5}$	$\frac{1}{6}$	$\frac{1}{5}$	$\frac{1}{15}$	$\frac{11}{30}$

求 $Y=X^2$ 的概率分布律.

2. 设 $P\{X=k\}=\left(\dfrac{1}{2}\right)^k (k=1,2,\cdots)$，令

$$Y=\begin{cases}1, & 当X取偶数时,\\ -1, & 当X取奇数时,\end{cases}$$

求随机变量 X 的函数 Y 的概率分布律.

3. 设 $X\sim N(0,1)$，试求：

（1）$Y=\mathrm{e}^X$ 的概率密度函数；

（2）$Y=2X^2+1$ 的概率密度函数；

（3）$Y=|X|$ 的概率密度函数.

4. 设随机变量 $X\sim U(0,1)$，试求：

（1）$Y=\mathrm{e}^X$ 的分布函数及概率密度函数；

（2）$Z=-2\ln X$ 的分布函数及概率密度函数.

5. 设随机变量 X 的概率密度函数为

$$f(x)=\begin{cases}\dfrac{2x}{\pi^2}, & 0<x<\pi \\ 0, & \text{其他}\end{cases},$$

试求 $Y=\sin X$ 的概率密度函数.

6. 设在一段时间内某品牌手机店的顾客人数 X 服从泊松分布 $P(\lambda)$，每位顾客购买手机的概率为 p，且每位顾客是否购买手机是相互独立的，求该段时间购买手机的顾客数 Y 的概率分布律.

2.6　随机变量分布的 MATLAB 实现

第 2 章 MATLAB 程序解析

利用 MATLAB 统计工具箱中的函数，可以比较方便地计算随机变量的分布表、概率密度函数和分布函数，读者可扫码查看本章 MATLAB 程序解析.

2.6.1　常见分布随机数的产生

本小节可能用到的 MATLAB 函数如表 2-11 所示.

表 2-11　常见随机数产生函数

函数名	调用形式	注释
unifrnd	unifrnd (A,B,m,n)	产生[A,B]上均匀分布（连续）随机数
unidrnd	unidrnd(N,m,n)	产生均匀分布（离散）随机数
exprnd	exprnd(Lambda,m,n)	产生参数为 Lambda 的指数分布随机数
normrnd	normrnd(MU,SIGMA,m,n)	产生参数为 MU、SIGMA 的正态分布随机数
chi2rnd	chi2rnd(N,m,n)	产生自由度为 N 的卡方分布随机数
trnd	trnd(N,m,n)	产生自由度为 N 的 t 分布随机数
frnd	frnd(N1, N2,m,n)	产生第一自由度为 N1、第二自由度为 N2 的 F 分布随机数
gamrnd	gamrnd(A, B,m,n)	产生参数为 A、B 的 γ 分布随机数
betarnd	betarnd(A, B,m,n)	产生参数为 A、B 的 β 分布随机数
lognrnd	lognrnd(MU, SIGMA,m,n)	产生参数为 MU、SIGMA 的对数正态分布随机数
nbinrnd	nbinrnd(R, P,m,n)	产生参数为 R、P 的负二项分布随机数
ncfrnd	ncfrnd(N1, N2,delta,m,n)	产生参数为 N1、N2、delta 的非中心 F 分布随机数
nctrnd	nctrnd(N, delta,m,n)	产生参数为 N、delta 的非中心 t 分布随机数
ncx2rnd	ncx2rnd(N, delta,m,n)	产生参数为 N、delta 的非中心卡方分布随机数
raylrnd	raylrnd(B,m,n)	产生参数为 B 的瑞利分布随机数
weibrnd	weibrnd(A, B,m,n)	产生参数为 A、B 的韦伯分布随机数
binornd	binornd(N,P,m,n)	产生参数为 N、P 的二项分布随机数
geornd	geornd(P,m,n)	产生参数为 P 的几何分布随机数
hygernd	hygernd(M,K,N,m,n)	产生参数为 M、K、N 的超几何分布随机数
poissrnd	poissrnd(Lambda,m,n)	产生参数为 Lambda 的泊松分布随机数

例 2.25 产生服从二项分布的随机数.

例 2.26 产生服从正态分布的随机数.

2.6.2 计算常见分布的概率密度函数值

本小节可能用到的 MATLAB 函数如表 2-12 所示.

表 2-12 常见计算分布概率密度函数值的函数

函数名	调用形式	注释
unifpdf	unifpdf (x, a, b)	计算[a,b]上均匀分布（连续）概率密度函数在 X=x 处的值
unidpdf	Unidpdf(x,n)	计算均匀分布（离散）概率密度函数值
exppdf	exppdf(x, Lambda)	计算参数为 Lambda 的指数分布概率密度函数值
normpdf	normpdf(x, mu, sigma)	计算参数为 mu、sigma 的正态分布概率密度函数值
chi2pdf	chi2pdf(x, n)	计算自由度为 n 的卡方分布概率密度函数值
tpdf	tpdf(x, n)	计算自由度为 n 的 t 分布概率密度函数值
fpdf	fpdf(x, n_1, n_2)	计算第一自由度为 n_1、第二自由度为 n_2 的 F 分布概率密度函数值
gampdf	gampdf(x, a, b)	计算参数为 a、b 的 γ 分布概率密度函数值
betapdf	betapdf(x, a, b)	计算参数为 a、b 的 β 分布概率密度函数值
lognpdf	lognpdf(x, mu, sigma)	计算参数为 mu、sigma 的对数正态分布概率密度函数值
nbinpdf	nbinpdf(x, R, P)	计算参数为 R、P 的负二项分布概率密度函数值
ncfpdf	ncfpdf(x, n_1, n_2,delta)	计算参数为 n_1、n_2、delta 的非中心 F 分布概率密度函数值
nctpdf	nctpdf(x, n, delta)	计算参数为 n、delta 的非中心 t 分布概率密度函数值
ncx2pdf	ncx2pdf(x, n, delta)	计算参数为 n、delta 的非中心卡方分布概率密度函数值
raylpdf	raylpdf(x, b)	计算参数为 b 的瑞利分布概率密度函数值
weibpdf	weibpdf(x, a, b)	计算参数为 a、b 的韦伯分布概率密度函数值
binopdf	binopdf(x,n,p)	计算参数为 n、p 的二项分布的概率密度函数值
geopdf	geopdf(x,p)	计算参数为 p 的几何分布的概率密度函数值
hygepdf	hygepdf(x,M,K,N)	计算参数为 M、K、N 的超几何分布的概率密度函数值
poisspdf	poisspdf(x,Lambda)	计算参数为 Lambda 的泊松分布的概率密度函数值

例 2.27 计算正态分布 $N(0,1)$的随机变量 X 在 0.6578 处的概率密度函数值.

例 2.28 计算自由度为 8 的卡方分布，在 2.18 处的概率密度函数值.

例 2.29 计算参数为 5 的指数分布，在 3 处的概率密度函数值.

2.6.3 常见分布的概率密度函数图像绘制

例 2.30 请作出二项分布的概率密度函数图像.

例 2.31 请作出卡方分布的概率密度函数图像.

例 2.32 请作出非中心卡方分布的概率密度函数图像.

例 2.33 请作出指数分布的概率密度函数图像.

例 2.34　请作出 F 分布的概率密度函数图像.

例 2.35　请作出非中心 F 分布的概率密度函数图像.

例 2.36　请作出 Γ 分布的概率密度函数图像.

例 2.37　请作出对数正态分布的概率密度函数图像.

例 2.38　请作出负二项分布的概率密度函数图像.

例 2.39　请作出正态分布的概率密度函数图像.

例 2.40　请作出泊松分布的概率密度函数图像.

例 2.41　请作出瑞利分布的概率密度函数图像.

例 2.42　请作出 t 分布的概率密度函数图像.

例 2.43　请作出韦伯分布的概率密度函数图像.

2.6.4　计算常见分布的累积分布函数值

本小节可能用到的 MATLAB 函数如表 2-13 所示.

表 2-13　常见计算分布的累积分布函数值的函数

函数名	调用形式	注释
unifcdf	unifcdf (x, a, b)	计算[a,b]上均匀分布（连续）的累积分布函数值 $F(x)=P\{X\leqslant x\}$
unidcdf	unidcdf(x,n)	计算均匀分布（离散）的累积分布函数值 $F(x)=P\{X\leqslant x\}$
expcdf	expcdf(x, Lambda)	计算参数为 Lambda 的指数分布的累积分布函数值 $F(x)=P\{X\leqslant x\}$
normcdf	normcdf(x, mu, sigma)	计算参数为 mu、sigma 的正态分布的累积分布函数值 $F(x)=P\{X\leqslant x\}$
chi2cdf	chi2cdf(x, n)	计算自由度为 n 的卡方分布的累积分布函数值 $F(x)=P\{X\leqslant x\}$
tcdf	tcdf(x, n)	计算自由度为 n 的 t 分布的累积分布函数值 $F(x)=P\{X\leqslant x\}$
fcdf	fcdf(x, n_1, n_2)	计算第一自由度为 n_1、第二自由度为 n_2 的 F 分布的累积分布函数值
gamcdf	gamcdf(x, a, b)	计算参数为 a、b 的 γ 分布的累积分布函数值 $F(x)=P\{X\leqslant x\}$
betacdf	betacdf(x, a, b)	计算参数为 a、b 的 β 分布的累积分布函数值 $F(x)=P\{X\leqslant x\}$
logncdf	logncdf(x, mu, sigma)	计算参数为 mu、sigma 的对数正态分布的累积分布函数值
nbincdf	nbincdf(x, R, P)	计算参数为 R、P 的负二项分布的累积分布函数值 $F(x)=P\{X\leqslant x\}$
ncfcdf	ncfcdf(x, n_1, n_2, delta)	计算参数为 n_1、n_2、delta 的非中心 F 分布的累积分布函数值
nctcdf	nctcdf(x, n, delta)	计算参数为 n、delta 的非中心 t 分布的累积分布函数值 $F(x)=P\{X\leqslant x\}$
ncx2cdf	ncx2cdf(x, n, delta)	计算参数为 n、delta 的非中心卡方分布的累积分布函数值
raylcdf	raylcdf(x, b)	计算参数为 b 的瑞利分布的累积分布函数值 $F(x)=P\{X\leqslant x\}$
weibcdf	weibcdf(x, a, b)	计算参数为 a、b 的韦伯分布的累积分布函数值 $F(x)=P\{X\leqslant x\}$
binocdf	binocdf(x,n,p)	计算参数为 n、p 的二项分布的累积分布函数值 $F(x)=P\{X\leqslant x\}$
geocdf	geocdf(x,p)	计算参数为 p 的几何分布的累积分布函数值 $F(x)=P\{X\leqslant x\}$
hygecdf	hygecdf(x,M,K,N)	计算参数为 M、K、N 的超几何分布的累积分布函数值
poisscdf	poisscdf(x,Lambda)	计算参数为 Lambda 的泊松分布的累积分布函数值 $F(x)=P\{X\leqslant x\}$

注意：累积分布函数值就是分布函数 $F(\mathrm{x})=P\{X\leqslant x\}$ 在 x 处的值.

例 2.44 求标准正态分布随机变量 X 落在 $(-\infty, 0.4)$ 内的概率（该值可通过本书配套电子资源查阅）.

例 2.45 求服从自由度为 16 的卡方分布的随机变量落在[0,6.91]内的概率.

例 2.46 设随机变量 $X \sim N(3,2^2)$.

（1）求 $P\{2<X<5\}$，$P\{-4<X<10\}$，$P\{|X|>2\}$，$P\{X>3\}$.

（2）确定 c，使得 $P\{X>c\}=P\{X<c\}$.

2.6.5 计算常见分布的逆累积分布函数值

本小节可能用到的 MATLAB 函数如表 2-14 所示.

表 2-14 常见计算逆累积分布函数值的函数

函数名	调用形式	注释
unifinv	unifinv (p, a, b)	计算均匀分布（连续）的逆累积分布函数值（已知 $P=P\{X\leqslant x\}$，求 x）
unidinv	unidinv (p,n)	计算均匀分布（离散）的逆累积分布函数值，x 为临界值
expinv	expinv (p, Lambda)	计算指数分布的逆累积分布函数值
norminv	norminv(p,mu,sigma)	计算正态分布的逆累积分布函数值
chi2inv	chi2inv (p, n)	计算 χ^2 分布的逆累积分布函数值
tinv	tinv (p, n)	计算 t 分布的累积分布函数值
finv	finv (p, n_1, n_2)	计算 F 分布的逆累积分布函数值
gaminv	gaminv (p, a, b)	计算 γ 分布的逆累积分布函数值
betainv	betainv (p, a, b)	计算 β 分布的逆累积分布函数值
logninv	logninv (p, mu, sigma)	计算对数正态分布的逆累积分布函数值
nbininv	nbininv (p, R, P)	计算负二项分布的逆累积分布函数值
ncfinv	ncfinv (p, n_1, n_2, delta)	计算非中心 F 分布的逆累积分布函数值
nctinv	nctinv (p, n, delta)	计算非中心 t 分布的逆累积分布函数值
ncx2inv	ncx2inv (p, n, delta)	计算非中心 χ^2 分布的逆累积分布函数值
raylinv	raylinv (p, b)	计算瑞利分布的逆累积分布函数值
weibinv	weibinv (p, a, b)	计算韦伯分布的逆累积分布函数值
binoinv	binoinv (y,n,p)	计算二项分布的逆累积分布函数值
geoinv	geoinv (y,p)	计算几何分布的逆累积分布函数值
hygeinv	hygeinv (p,M,K,N)	计算超几何分布的逆累积分布函数值
poissinv	poissinv (p,Lambda)	计算泊松分布的逆累积分布函数值

例 2.47 公共汽车车门的高度是按成年男子通过车门时碰到头的概率不超过 1% 设计的. 设男子身高 X（单位：cm）服从正态分布 $N(175,36)$，求车门的最低高度.

例 2.48 在标准正态分布表中，若已知 $\Phi(x)=0.975$，求 x.

例 2.49　在 χ^2 分布表中，若自由度为 10，$\alpha=0.975$，求临界值 λ.

例 2.50　在假设检验中，已知 $\alpha=0.05$，求自由度为 10 的双侧检验 t 分布临界值.

习题 2.6

1. 一工厂生产的电子元件的寿命 X（单位：h）服从参数为 $\mu=160$，σ 的正态分布，若要求 $P(120<X\leqslant 200)\geqslant 0.8$，利用 MATLAB 求 σ 最大为多少？

2. 设随机变量 X 服从[1,5]上的均匀分布，对 X 进行 30 次独立观测，利用 MATLAB 求：

（1）至少有 10 次观测值大于 4 的概率；

（2）观测值大于 4 的次数在 5 至 15 次的概率.

小　结

随机变量 $X=X(\omega)$ 是定义在样本空间 $\Omega=\{\omega\}$ 上的实值单值函数，与普通函数不同的是，随机变量的取值具有随机性，有一定的概率. 通过随机变量，人们可以将随机性现象数量化，从而可以借助微积分的理论和方法对随机试验结果的规律性进行深入的研究.

分布函数

$$F(x)=P\{X\leqslant x\}\ (-\infty<x<+\infty),$$

反映了随机变量 X 的取值不超过实数 x 的概率. 进而，利用分布函数可以表示 X 在 $(x_1, x_2]$ 内取值的概率和 X 取单点值的概率，即

$$P\{x_1<X\leqslant x_2\}=F(x_2)-F(x_1),$$

$$P\{X=x\}=F(x)-F(x-0).$$

通过这两个等式，由 X 表示的任何事件的概率均可利用分布函数计算. 这就意味着分布函数可以完整描述随机变量的统计规律. 由于所有随机变量都有分布函数，因此，分布函数是所有随机变量的概率分布的通用表示方式.

本节重点讨论了离散型和连续型这两类特殊的随机变量. 除了分布函数之外，离散型随机变量和连续型随机变量均有特定概率分布表示方式.

对于离散型随机变量，相比分布函数，其分布表或概率分布律使用起来更为直观、便捷. 离散型随机变量 X 的分布表，直观地展示了 X 的所有取值和相应取值的概率，这便于计算由 X 表示的事件的概率，以及后续其他的概率问题. 当然，离散型随机变量的分布表和分布函数是一一对应的. 已知分布函数可以求分布表，反之，已知分布表也可以计算分布函数.

对于连续型随机变量，概率密度函数是其特有的. 虽然连续型随机变量取单点值的概率为 0，但概率密度函数反映了单位长度内“X 在有些地方取值的可能性大，在有些地方取值的可能性小”的一种统计规律性. 同样，连续型随机变量 X 的分布函数 $F(x)$ 和概率密度函数 $f(x)$ 是可以相互转化的，要掌握已知 $f(x)$ 求 $F(x)$ 的方法，以及已知 $F(x)$ 求 $f(x)$ 的方法.

本章介绍了几种重要的分布：两点分布、二项分布、泊松分布、均匀分布、指数分布、正态分布等. 读者可结合每种分布的概率意义，掌握这些分布的分布律或概率密度函数. 特别地，正态分布还需掌握查表计算概率的方法.

随机变量 X 的函数 $Y=g(X)$就是由 X 表示的一个新的随机变量. 当 X 是离散型随机变量时，Y 也是离散型随机变量. 当 X 是连续型随机变量时，Y 有可能是离散的. 需要注意的是，当 Y 也是连续型随机变量时，可通过计算 Y 的分布函数 $F_Y(y)$，得到 Y 的概率密度函数 $f_Y(y)$. 但当 $y=g(x)$单调或局部单调（在 X 的取值区间内单调）时，可通过定理直接得到 Y 的概率密度函数 $f_Y(y)$.

重要术语及学习主题

随机变量	分布函数	离散型随机变量及其概率分布律
连续型随机变量及其概率密度函数		0-1 分布
二项分布	泊松分布	均匀分布
指数分布	正态分布	随机变量函数的分布

第 2 章考研真题

1. 设随机变量 X 服从正态分布 $N(\mu_1,\ \sigma_1^2)$，Y 服从正态分布 $N(\mu_2,\ \sigma_2^2)$，且 $P\{|X-\mu_1|<1\}>P\{|Y-\mu_2|<1\}$，试比较 σ_1 与 σ_2 的大小. （2006 研考）

2. 设随机变量 X 的分布函数 $F(x)=\begin{cases}0, & x<0,\\ \dfrac{1}{2}, & 0\leqslant x<1\\ 1-\mathrm{e}^{-x}, & x\geqslant 1,\end{cases}$，则 $P\{X=1\}=$______.

A. 0　　B. $\dfrac{1}{2}$　　C. $\dfrac{1}{2}-\mathrm{e}^{-1}$　　D. $1-\mathrm{e}^{-1}$

（2010 研考）

3. 设 $f_1(x)$ 为标准正态分布的概率密度函数，$f_2(x)$ 为$[-1,3]$上均匀分布的概率密度函数，若

$$f(x)=\begin{cases}af_1(x), & x\leqslant 0,\\ bf_2(x), & x>0\end{cases}\ (a>0,b>0),$$

为概率密度函数，则 a，b 应满足______.

A. $2a+3b=4$　　B. $3a+2b=4$　　C. $a+b=1$　　D. $a+b=2$

（2010 研考）

4. 设 $F_1(x)$，$F_2(x)$ 为两个分布函数，且连续函数 $f_1(x)$，$f_2(x)$ 为相应的概率密度函数，则必为概率密度函数的是______.

A. $f_1(x)f_2(x)$　　B. $2f_2(x)F_1(x)$

C. $f_1(x)F_2(x)$　　D. $f_1(x)F_2(x)+f_2(x)F_1(x)$

（2011 研考）

5. 设随机变量 $X_1 \sim N(0,1)$，$X_2 \sim N(0,2^2)$，$X_3 \sim N(5,3^2)$，$P_i = P\{-2 \leqslant X_i \leqslant 2\}(i=1,2,3)$，则______.

A. $P_1 > P_2 > P_3$　　B. $P_2 > P_1 > P_3$　　C. $P_3 > P_1 > P_2$　　D. $P_1 > P_3 > P_2$

（2013 研考）

6. 设随机变量 Y 服从参数为 1 的指数分布，a 为常数且大于零，则 $P\{Y \leqslant a+1 | Y > a\}=$ ______.

（2013 研考）

7. 设随机变量 X 的概率密度函数 $f(x)$满足 $f(1+x) = f(1-x)$，且 $\int_0^2 f(x)\mathrm{d}x = 0.6$，则 $P\{X < 0\}=$ ______

A. 0.2　　B. 0.3　　C. 0.4　　D. 0.5

（2018 研考）

8. 设某元件的使用寿命 T 的分布函数为

$$F(t) = \begin{cases} 1 - \mathrm{e}^{-\left(\frac{t}{\theta}\right)^m}, & t \geqslant 0 \\ 0, & \text{其他} \end{cases}.$$

其中 θ 、m 为参数且大于零，求概率 $P\{T > t\}$ 与 $P\{T > s+t \mid T > s\}$．其中 $s>0, t>0$.

（2020 研考）

9. 设随机试验每次成功的概率为 p，现进行 3 次独立重复试验，在至少成功 1 次的条件下，3 次试验全部成功的概率为 $\frac{4}{13}$，则 $p=$______.　（2024 研考）

数学家故事 2

第 3 章　多维随机变量及其分布

本章将在一维随机变量的基础上，讨论多维随机变量及其分布，但重点主要集中在二维随机变量及其分布. 本章的主要内容包括二维随机变量的联合分布函数（律）和边缘分布函数（律）、随机变量的独立性与条件分布，以及二维随机变量函数的分布.

第 3 章思维导图

3.1　二维随机变量及其分布

二维随机变量

3.1.1　二维随机变量的概念

一维随机变量为我们研究随机性现象、解决随机问题提供了一个有力的武器. 但是，在许多实际问题中，一维随机变量往往并不能够满足我们研究的需要，很多随机试验的结果需要两个或二个以上的随机变量，即多维随机变量加以描述和刻画.

下面我们举几个例子加以说明.

例 3.1　研究射手打靶时弹着点的位置.

我们在观看一些射击比赛时，常常听到解说员喊道，某某选手的成绩为 8 环，某某选手的成绩为 9 环等. 显然，在这里我们使用了环数这样一个随机变量来确定弹着点的位置，但是我们知道，环数只能反映弹着点偏离靶心的距离，并不能全面反映弹着点的位置（如图 3-1 所示）.

图 3-1　弹着点位置

如果我们建立一个合适的平面直角坐标系 Oxy，则根据弹着点的横坐标 X 和纵坐标 Y 这两个随机变量来确定弹着点的位置，就比较准确. 而显然又可知，X 和 Y 是共处于同一个随机试验中的，也即定义在同一个样本空间 Ω 上的随机变量.

例 3.2　飞机的重心在空中的位置是由 3 个随机变量（空间直角坐标系有 3 条坐标轴）来确定的. 显然，这 3 个随机变量也共处于同一个随机试验中，它们也是定义在同一个样本空间上的（如图 3-2 所示）.

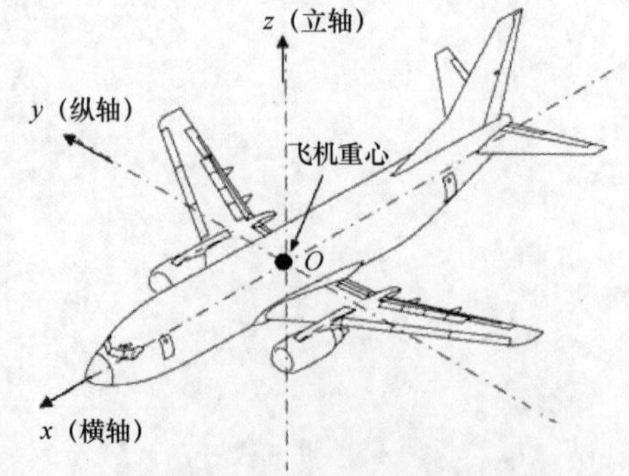

图 3-2　飞机重心在空中的位置

思考　为了锁定正在飞行的敌机，除了确定敌机的空间位置，还需要确定敌机的飞行方向和速度，此时需要几个随机变量呢？针对该问题，大家可以查阅相关资料以及请教航空专业人士.

当然我们身边还有许多的例子说明随机试验的结果需要多个随机变量加以描述和刻

画，并且这些随机变量共处于同一个随机试验中，即定义在同一个样本空间上.

根据上面的例子与分析，我们给出以下多维随机变量的定义.

定义 3.1　设 $X_1(\omega), X_2(\omega), \cdots, X_n(\omega)$ 是定义在同一个样本空间 $\Omega = \{\omega\}$ 上的 n 个随机变量，则称

$$\boldsymbol{X}(\omega) = (X_1(\omega), X_2(\omega), \cdots, X_n(\omega))$$

是一个 n **维随机变量**或**随机向量**（**random vector**），简记为 $\boldsymbol{X} = (X_1, X_2, \cdots, X_n)$.

当 $n=1$ 时，$\boldsymbol{X} = X_1$ 为一维随机变量.

当 $n=2$ 时，$\boldsymbol{X} = (X_1, X_2)$ 为二维随机变量. 我们也经常使用 (X,Y) 或者 (ξ,η) 表示二维随机变量.

由于二维随机变量的相关研究易推广至三维以及 n 维，因此本章主要以二维随机变量作为代表来研究，从而达到研究多维随机变量基本内容的目的.

提醒　我们不仅要研究二维随机变量的统计规律，还要研究二维随机变量中两个随机变量之间的关系. 研究过程中使用的工具主要为微积分的内容，包括多元函数的极限、多重积分、偏导数等.

联合分布函数

3.1.2　二维随机变量的联合分布函数

学习二维随机变量时，我们直接面对的问题就是如何研究二维随机变量. 有人说，二维随机变量由两个一维随机变量组成，所以我们只需要分别对这两个一维随机变量进行研究就可以了. 这种说法忽略了一个事实，即二维随机变量 (X,Y) 的两个分量 X 与 Y 常常是有联系的. 例如：一个人的体重 X 常与身高 Y 有关系，而血压 Z 又常与体重 X 有关. 因此，对于任意一个二维随机变量，我们不仅要研究它的每个分量，还要将其作为一个整体来研究，这样才能显示出这两个分量之间的关系. 为此，我们给出二维随机变量的联合分布函数的定义.

定义 3.2　设 x，y 为任意实数，称二元函数

$$F(x,y) = P(X \leqslant x, Y \leqslant y)$$

为二维随机变量 (X,Y) 的**联合分布函数**（**joint distribution function**），简称分布函数.

注意　定义 3.2 中 $\{X \leqslant x, Y \leqslant y\}$ 表示随机事件 $\{X \leqslant x\}$ 与 $\{Y \leqslant y\}$ 的交事件. 当然，随机事件 $\{x_1 < X \leqslant x_2\}$ 与 $\{y_1 < Y \leqslant y_2\}$ 的交事件，可以使用 $\{x_1 < X \leqslant x_2, y_1 < Y \leqslant y_2\}$ 表示. 其他事件的交事件也可以类似地加以表示.

联合分布函数的几何意义

显然，联合分布函数 $F(x,y)$ 表示随机变量 X 的取值不大于 x，同时随机变量 Y 的取值不大于 y 的概率. 如果我们把二维随机变量 (X,Y) 解释为在平面上的任意一点（随机点）的坐标，则 $F(x,y)$ 就是随机点 (X,Y) 落在以 (x,y) 为右上端点的无穷矩形区域内的概率（如图 3-3 所示）.

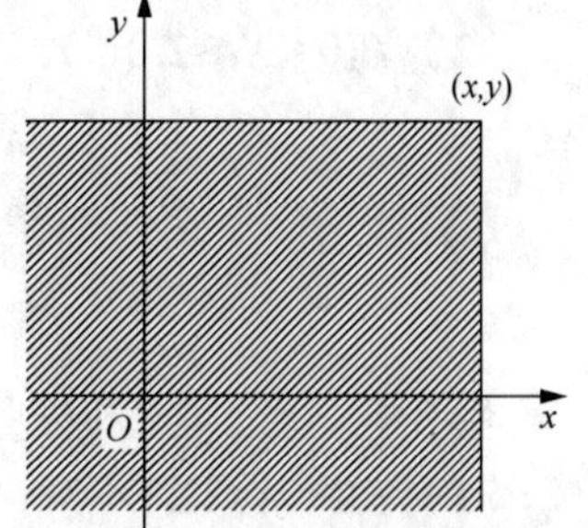

图 3-3　联合分布函数的几何意义

应用　如图 3-4 所示，随机点 (X,Y) 落入矩形区域 $\{(x,y) \mid x_1 < X \leqslant x_2, y_1 < Y \leqslant y_2\}$ 的概率为

$$P(x_1 < X \leqslant x_2, y_1 < Y \leqslant y_2) = F(x_2, y_2) - F(x_1, y_2) - F(x_2, y_1) + F(x_1, y_1).$$

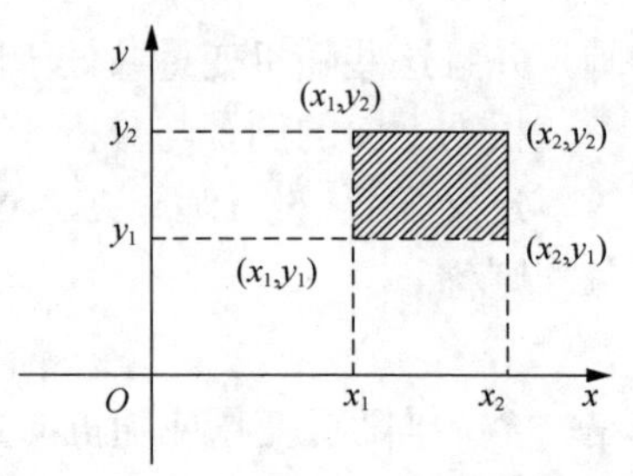

图 3-4　随机点落入矩形区域的概率

定理 3.1　联合分布函数的性质

（1）**单调性**　$F(x,y)$ 是变量 x 和 y 的不减函数.

任意 $x_1,x_2\in\mathbf{R}$ 且 $x_1<x_2$，则有 $F(x_1,y)\leqslant F(x_2,y)$；

任意 $y_1,y_2\in\mathbf{R}$ 且 $y_1<y_2$，则有 $F(x,y_1)\leqslant F(x,y_2)$.

（2）**有界性**　任意 $x,y\in\mathbf{R}$，有 $0\leqslant F(x,y)\leqslant 1$，并且：

$F(-\infty,y)=\lim\limits_{x\to-\infty}F(x,y)=0$；

$F(x,-\infty)=\lim\limits_{y\to-\infty}F(x,y)=0$；

$F(+\infty,+\infty)=\lim\limits_{\substack{x\to+\infty\\ y\to+\infty}}F(x,y)=1$.

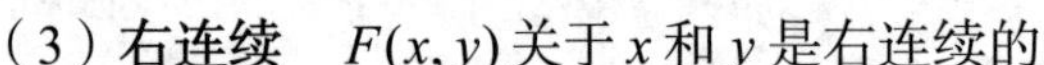
（3）**右连续**　$F(x,y)$ 关于 x 和 y 是右连续的.

任意 $x,y\in\mathbf{R}$，$F(x+0,y)=F(x,y)$，$F(x,y+0)=F(x,y)$.

（4）**非负性**　任意 $(x_1,y_1),(x_2,y_2)\in\mathbf{R}^2$，其中 $x_1<x_2,y_1<y_2$，有

$P(x_1<X\leqslant x_2,y_1<Y\leqslant y_2)=F(x_2,y_2)-F(x_1,y_2)-F(x_2,y_1)+F(x_1,y_1)\geqslant 0$.

证　略.

说明　任意联合分布函数 $F(x,y)$ 必具有上面 4 条性质；反过来，具有上面 4 条性质的二元函数必是某二维随机变量的联合分布函数.

例 3.3　已知二维随机变量 (X,Y) 的联合分布函数为

$$F(x,y)=A\left(B+\arctan\frac{x}{2}\right)\left(C+\arctan\frac{y}{3}\right).$$

联合分布函数例子

（1）求常数 A，B，C.（2）求 $P(0<X\leqslant 2,0<Y\leqslant 3)$.

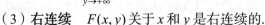

解　（1）利用联合分布函数的性质，可得

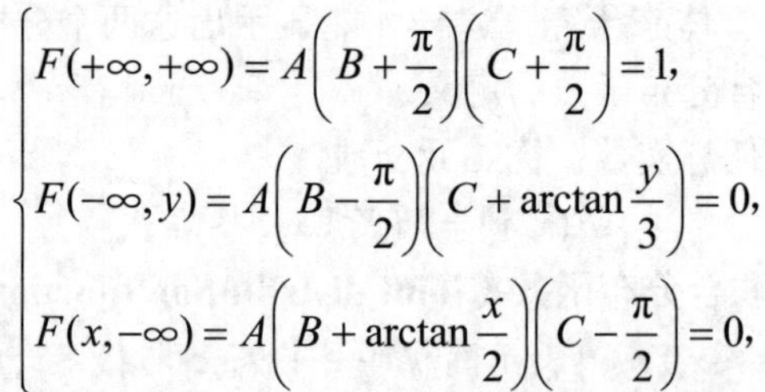
$$\begin{cases}F(+\infty,+\infty)=A\left(B+\dfrac{\pi}{2}\right)\left(C+\dfrac{\pi}{2}\right)=1,\\ F(-\infty,y)=A\left(B-\dfrac{\pi}{2}\right)\left(C+\arctan\dfrac{y}{3}\right)=0,\\ F(x,-\infty)=A\left(B+\arctan\dfrac{x}{2}\right)\left(C-\dfrac{\pi}{2}\right)=0,\end{cases}$$

解得 $B=C=\dfrac{\pi}{2}$，$A=\dfrac{1}{\pi^2}$.

（2）
$$\begin{aligned}P(0<X\leqslant 2,0<Y\leqslant 3)&=F(2,3)-F(0,3)-F(2,0)+F(0,0)\\&=\frac{1}{\pi^2}\left(\frac{\pi}{2}+\frac{\pi}{4}\right)^2-\frac{1}{\pi^2}\left(\frac{\pi}{2}+0\right)\left(\frac{\pi}{2}+\frac{\pi}{4}\right)-\frac{1}{\pi^2}\left(\frac{\pi}{2}+\frac{\pi}{4}\right)\left(\frac{\pi}{2}+0\right)+\frac{1}{\pi^2}\left(\frac{\pi}{2}+0\right)^2\\&=\frac{1}{16}.\end{aligned}$$

例 3.4　用二维随机变量 (X,Y) 的联合分布函数 $F(x,y)$ 表示下述概率：

（1）$P(1<X\leqslant 2,Y\leqslant 3)$；

（2）$P(1<X<2,Y\leqslant 3)$；

（3）$P(\max\{X,Y\}\leqslant 1)$.

解　（1）$P(1<X\leqslant 2,Y\leqslant 3)=P(X\leqslant 2,Y\leqslant 3)-P(X\leqslant 1,Y\leqslant 3)=F(2,3)-F(1,3)$；

（2）$P(1<X<2,Y\leqslant 3)=P(X<2,Y\leqslant 3)-P(X\leqslant 1,Y\leqslant 3)=F(2-0,3)-F(1,3)$；

（3）$P(\max\{X,Y\}\leqslant 1)=P(X\leqslant 1,Y\leqslant 1)=F(1,1)$.

类似于二维随机变量联合分布函数的定义，下面给出 n 维随机变量联合分布函数的定义.

定义 3.3　设任意 $x_1,x_2,\cdots,x_n\in\mathbf{R}$，称 n 元函数 $F(x_1,x_2,\cdots,x_n)=P(X_1\leqslant x_1,X_2\leqslant x_2,\cdots,X_n\leqslant x_n)$ 为 n 维随机变量 $(X_1,X_2,\cdots,X_n)$ 的联合分布函数，简称分布函数.

注意　其中 $\{X_1\leqslant x_1,X_2\leqslant x_2,\cdots,X_n\leqslant x_n\}$ 表示 n 个事件 $\{X_1\leqslant x_1\},\{X_2\leqslant x_2\},\cdots,\{X_n\leqslant x_n\}$ 的交事件，即表示 n 个事件同时发生.

显然，当 $n=1$ 时，$F(x_1)=P\{X_1\leqslant x_1\}$ 就是前文一维随机变量的分布函数；

当 $n=2$ 时，$F(x_1,x_2)=P\{X_1\leqslant x_1,X_2\leqslant x_2\}$ 是前文二维随机变量的联合分布函数.

3.1.3　二维离散型随机变量

二维离散型随机变量

二维随机变量也包括离散型随机变量和连续型随机变量. 我们首先研究二维离散型随机变量.

考虑到使用概率分布律可以较好地研究一维离散型随机变量，因此我们仍然借助概率分布律这个有用的工具来研究二维离散型随机变量. 为此，我们仍需要把握以下两点：一是离散型随机变量的所有可能取值；二是离散型随机变量所有可能取值所对应的概率.

下面给出二维离散型随机变量的定义.

定义 3.4　设 (X,Y) 为二维随机变量，如果 (X,Y) 的取值为有限对或可列无限对，则称 (X,Y) 为二维离散型随机变量.

定义 3.5　设 (X,Y) 是二维离散型随机变量，X 的可能取值为 $x_i(i=1,2,\cdots)$，而 Y 的可能取值为 $y_j(j=1,2,\cdots)$，则 (X,Y) 的可能取值为 $(x_i,y_j)(i,j=1,2,\cdots)$. 记

$$p_{ij}=p(x_i,y_j)=P(X=x_i,Y=y_j)(i,j=1,2,\cdots),$$

称 p_{ij} 为 (X,Y) 的**联合概率分布律或联合概率分布函数**（**joint probability distribution function**）.

联合概率分布律具有以下性质：

（1）$p_{ij}\geqslant 0(i,j=1,2,\cdots)$；（2）$\sum\limits_i\sum\limits_j p_{ij}=1$.

说明　任意二维离散型随机变量 (X,Y) 的联合概率分布律必具有上述两个性质；反过来，具有这两个性质的分布表 p_{ij} 必是某二维离散型随机变量的联合概率分布律.

显然，离散型随机变量 (X,Y) 的联合概率分布律如表 3-1 所示.

表 3-1　二维随机变量 (X,Y) 的联合概率分布律

X	Y				
	y_1	y_2	…	y_j	…
x_1	p_{11}	p_{21}	…	p_{i1}	…
x_2	p_{12}	p_{22}	…	p_{i2}	…
⋮	⋮	⋮	⋮	⋮	⋮
x_i	p_{1j}	p_{2j}	…	p_{ij}	…
⋮	⋮	⋮	⋮	⋮	⋮

二维离散型随机变量的例子

例 3.5 设袋中有 6 个白球、3 个黑球．从袋中任取 4 个球，X，Y 分别表示抽出的白球数和黑球数，求 (X,Y) 的联合概率分布律．

解 显然，X 和 Y 均为离散型随机变量，且 X 的所有可能取值为 1，2，3，4，Y 的所有可能取值为 0，1，2，3．于是

$$p_{ij}=p(i,j)=P(X=i,Y=j)=\frac{C_6^iC_3^j}{C_9^4},i=1,2,3,4,\ j=0,1,2,3,\ 且 i+j=4.$$

可以计算出

$$p_{10}=P(X=1,Y=0)=0,\quad p_{11}=P(X=1,Y=1)=0,$$

$$p_{12}=P(X=1,Y=2)=0,\quad p_{13}=P(X=1,Y=3)=\frac{2}{42}=\frac{1}{21}\cdots\cdots$$

依次计算出其他概率，如表 3-2 所示．

表 3-2　(X,Y) 的联合概率分布律（例 3.5）

X	Y			
	0	1	2	3
1	0	0	0	$\frac{1}{21}$
2	0	0	$\frac{5}{14}$	0
3	0	$\frac{10}{21}$	0	0
4	$\frac{5}{42}$	0	0	0

例 3.6 设随机变量 X 在 1、2、3、4 这 4 个整数中等可能地取值，而另一个随机变量 Y 在 1～X 中等可能地取 1 个整数值，求 (X,Y) 的联合概率分布律．

解 易知 $\{X=i,Y=j\}$ 的取值情况是：$i=1,2,3,4$，j 取不大于 i 的正整数．

$$P(X=i,Y=j)=P(Y=j\mid X=i)P(X=i)=\frac{1}{i}\times\frac{1}{4},\quad i=1,2,3,4,\quad j\leqslant i.$$

由乘法公式容易求得 (X,Y) 的联合概率分布表，如表 3-3 所示．

表 3-3　(X,Y) 的联合概率分布律（例 3.6）

Y	X			
	1	2	3	4
1	$\frac{1}{4}$	$\frac{1}{8}$	$\frac{1}{12}$	$\frac{1}{16}$
2	0	$\frac{1}{8}$	$\frac{1}{12}$	$\frac{1}{16}$
3	0	0	$\frac{1}{12}$	$\frac{1}{16}$
4	0	0	0	$\frac{1}{16}$

例 3.7　设二维离散型随机变量 (X,Y) 的联合概率分布律如表 3-4 所示：

表 3-4　(X,Y) 的联合概率分布律（例 3.7）

Y	X		
	1	**2**	**3**
1	0.1	0.3	0
2	0	0	0.2
3	0.1	0.1	0
4	0	0.2	0

求 $P(X>1,Y\geqslant 3)$ 及 $P(X=1)$．

解　$P(X>1,Y\geqslant 3)=P(X=2,Y=3)+P(X=2,Y=4)$

$$+P(X=3,Y=3)+P(X=3,Y=4)=0.3.$$

$$P(X=1)=P(X=1,Y=1)+P(X=1,Y=2)+P(X=1,Y=3)+P(X=1,Y=4)=0.2.$$

二维离散型随机变量的联合概率分布律和联合分布函数的关系为：

$$F(x,y)=P(X\leqslant x,Y\leqslant y)=\sum_{x_i\leqslant x}\sum_{y_j\leqslant y}p(x_i,y_i)$$

其中和式是对一切满足 $x_i\leqslant x, y_j\leqslant y$ 的 x_i 和 y_i 求和.

例 3.8　设 (X,Y) 的联合概率分布如表 3-5 所示，求 (X,Y) 的联合分布函数 $F(x,y)$．

表 3-5　(X,Y) 的联合概率分布律（例 3.8）

X	Y	
	0	**1**
0	0.2	0.3
1	0.1	0.4

解　当 $0\leqslant x<1,\ 0\leqslant y<1$ 时，$F(x,y)=P(X\leqslant x,Y\leqslant y)=p(0,0)=0.2$，

当 $0\leqslant x<1,\ 1\leqslant y$ 时，$F(x,y)=P(X\leqslant x,Y\leqslant y)=p(0,0)+p(0,1)=0.5$，

当 $1\leqslant x, 0\leqslant y<1$ 时，$F(x,y)=P(X\leqslant x,Y\leqslant y)=p(0,0)+p(1,0)=0.3$，

当 $1\leqslant x,\ 1\leqslant y$ 时，$F(x,y)=P(X\leqslant x,Y\leqslant y)=p(0,0)+p(1,0)+p(0,1)+p(1,1)=1$，

当 x、y 取其他值时，$F(x,y)=0$．

于是，(X,Y) 的联合分布函数 $F(x,y)=\begin{cases}0.2, & 0\leqslant x<1,0\leqslant y<1\\ 0.5, & 0\leqslant x<1,1\leqslant y\\ 0.3, & 1\leqslant x,0\leqslant y<1\\ 1, & 1\leqslant x,1\leqslant y\\ 0, & \text{其他}\end{cases}$．

二维连续型随机变量

3.1.4　二维连续型随机变量

前面已经学习了二维离散型随机变量，下面我们来学习二维连续型随机变量．类似于一维连续型随机变量函数，我们借助概率密度函数来研究二维连续型随机变量.

为此，我们给出如下定义：

定义 3.6 设(X,Y)为二维随机变量，$F(x,y)$为其联合分布函数，若存在一个非负可积的函数$f(x,y)$，使得

$$F(x,y)=\int_{-\infty}^{x}\int_{-\infty}^{y}f(x,y)\mathrm{d}x\mathrm{d}y(\forall x,y\in\mathbf{R}),$$

则称(X,Y)为二维连续型随机变量，称$f(x,y)$为(X,Y)的**联合概率密度函数**（**joint probability density function**），简称为联合概率密度函数或联合密度函数.

由联合概率密度函数求概率的几何意义

$P((X,Y)\in D)$的值等于以D为底，以曲面$z=f(x,y)$为顶的柱体体积，如图 3-5 所示.

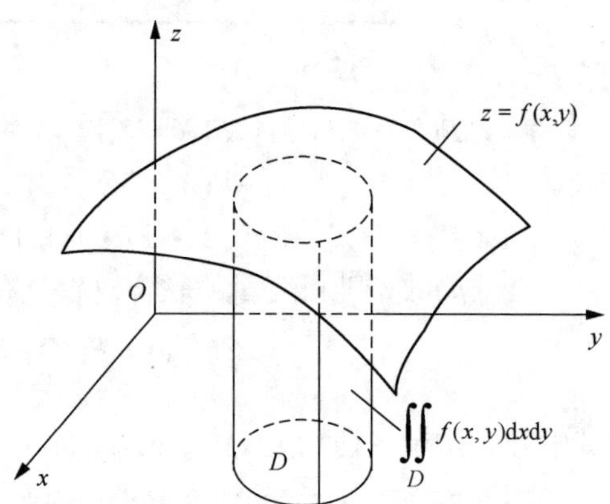

图 3-5 由联合概率密度函数求概率的几何意义

联合概率密度函数的性质

联合概率密度函数具有以下性质：

（1）$f(x,y)\geqslant 0$；

（2）$\int_{-\infty}^{+\infty}\int_{-\infty}^{+\infty}f(x,y)\mathrm{d}x\mathrm{d}y=1$；

说明 任意二维连续型随机变量(X,Y)的联合概率密度函数必具有上述性质；反过来，具有上述性质的二元函数$f(x,y)$必是某二维连续型随机变量的联合概率密度函数.

（3）若$f(x,y)$在点(x,y)处连续，则

$$\frac{\partial^2 F(x,y)}{\partial x\partial y}=f(x,y);$$

（4）$P((X,Y)\in D)=\iint\limits_{D}f(x,y)\mathrm{d}x\mathrm{d}y$.

注意 利用性质（4）求概率时，需要关注的是，二重积分的积分范围理论上是区域 D，但是在很多情况下，考虑到$f(x,y)$是一个分段函数，因此真正的积分区域是使$f(x,y)$不等于零的区域与 D 的交集. 然后，在该交集上，将二重积分化成累次积分，计算出结果.

二维连续型随机变量的例子 1

例 3.9 设随机变量(X,Y)的联合概率密度函数为

$$f(x,y)=\begin{cases}c\mathrm{e}^{-(x+y)}, & x\geqslant 0, y\geqslant 0\\ 0, & \text{其他}\end{cases}.$$

（1）求常数c.

（2）求$F(x,y)$.

（3）求$P(0<X<1,0<Y<1)$.

解（1）$1=\int_{-\infty}^{+\infty}\int_{-\infty}^{+\infty}f(x,y)\mathrm{d}x\mathrm{d}y=\int_{0}^{+\infty}\int_{0}^{+\infty}c\mathrm{e}^{-(x+y)}\mathrm{d}x\mathrm{d}y+0$

$$=c\int_{0}^{+\infty}\mathrm{e}^{-x}\mathrm{d}x\int_{0}^{+\infty}\mathrm{e}^{-y}\mathrm{d}y=c(-\mathrm{e}^{-x}\big|_0^{+\infty})(-\mathrm{e}^{-y}\big|_0^{+\infty})=c.$$

（2）$F(x, y)=\int_{-\infty}^{x}\int_{-\infty}^{y} f(x,y)\mathrm{d}x\mathrm{d}y$

$$=\begin{cases}\int_{-\infty}^{x}\int_{-\infty}^{y} f(x,y)\mathrm{d}x\mathrm{d}y, x\geqslant 0, y\geqslant 0\\ 0, \qquad\qquad 其他\end{cases}=\begin{cases}\int_{0}^{x}\int_{0}^{y} \mathrm{e}^{-(x+y)}\mathrm{d}x\mathrm{d}y+0, x\geqslant 0, y\geqslant 0\\ 0, \qquad\qquad 其他\end{cases}.$$

$$=\begin{cases}\int_{0}^{x}\int_{0}^{y} \mathrm{e}^{-(x+y)}\mathrm{d}x\mathrm{d}y, x\geqslant 0, y\geqslant 0\\ 0 \qquad\qquad ,其他\end{cases}=\begin{cases}(1-\mathrm{e}^{-x})(1-\mathrm{e}^{-y}), x\geqslant 0, y\geqslant 0\\ 0 \qquad\qquad ,其他\end{cases}.$$

注意　总共分了 4 种情况讨论 $F(x, y)$.

第 1 种情况：若 (x,y) 在第 2 象限，$f(x, y)=0$，此时 $F(x, y)=0$.

第 2 种情况：若 (x,y) 在第 3 象限，$f(x, y)=0$，此时 $F(x, y)=0$.

第 3 种情况：若 (x,y) 在第 4 象限，$f(x, y)=0$，此时 $F(x, y)=0$.

第 4 种情况：若 (x,y) 在第 1 象限，$f(x, y)\neq 0$，此时 $F(x, y)\neq 0$.

前 3 种情况都归于其他，而第 4 种情况的积分拆成了联合概率密度函数不为零和为零的两部分之和.

二维连续型随机变量的例子 2

（3）$P(0<X<1,0<Y<1)=\int_0^1\int_0^1 f(x,y)\mathrm{d}x\mathrm{d}y=\int_0^1\int_0^1 \mathrm{e}^{-(x+y)}\mathrm{d}x\mathrm{d}y$，

$$P(X<1,Y>1)=\int_0^1 \mathrm{e}^{-x}\mathrm{d}x\int_0^1 \mathrm{e}^{-y}\mathrm{d}y=(1-\mathrm{e}^{-1})^2$$

例 3.10　已知 (X,Y) 的联合概率密度函数为

$$f(x,y)=\begin{cases}6\mathrm{e}^{-(2x+3y)}, x\geqslant 0,\ y\geqslant 0,\\ 0, \qquad 其他.\end{cases}$$

求（1）$P(X<1,Y>1)$；

（2）$P(X>Y)$；

（3）$P(2X+3Y<6)$.

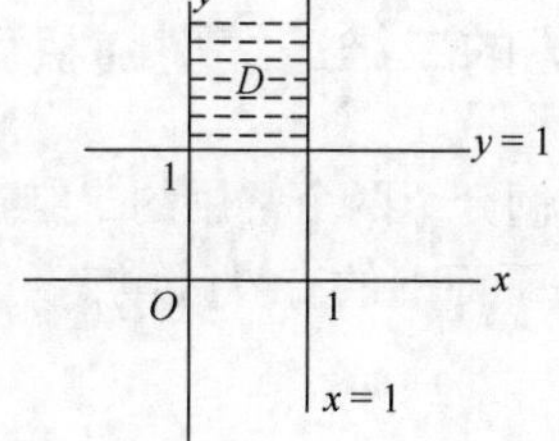

图 3-6　区域 $D=\{(x,y)|\{x<1,y>1\}\cap\{x\geqslant 0,y\geqslant 0\}\neq\Phi\}$

解　（1）如图 3-6 所示，$P(X<1,Y>1)$

$$=\iint\limits_{\{x<1,\ y>1\}} f(x,y)\mathrm{d}x\mathrm{d}y=\int_0^1\mathrm{d}x\int_1^{+\infty}6\mathrm{e}^{-2x-3y}\mathrm{d}y$$

$$=6\int_0^1\mathrm{e}^{-2x}\mathrm{d}x\int_1^{+\infty}\mathrm{e}^{-3y}\mathrm{d}y=6\left(-\frac{1}{2}\mathrm{e}^{-2x}\right)\Big|_0^1\times\left(-\frac{1}{3}\mathrm{e}^{-3y}\right)\Big|_1^{+\infty}$$

$$=\left(1-\mathrm{e}^{-2}\right)\mathrm{e}^{-3}.$$

（2）如图 3-7 所示，$P(X>Y)=\iint\limits_{x>y} f(x,y)\mathrm{d}x\mathrm{d}y$

$$=\int_0^{+\infty}\mathrm{d}x\int_0^x 6\mathrm{e}^{-2x-3y}\mathrm{d}y=\int_0^{+\infty}6\mathrm{e}^{-2x}\left[\int_0^x\mathrm{e}^{-3y}\mathrm{d}y\right]\mathrm{d}x$$

$$=2\int_0^{+\infty}\mathrm{e}^{-2x}(1-\mathrm{e}^{-3x})\,\mathrm{d}x=\frac{3}{5}.$$

（3）如图 3-8 所示，$P(2X+3Y\leqslant 6)=\iint\limits_{2x+3y\leqslant 6} f(x,y)\mathrm{d}x\mathrm{d}y$

$$
\begin{aligned}
&= \int_0^3 \mathrm{d}x \int_0^{\frac{1}{3}(6-2x)} 6\mathrm{e}^{-(2x+3y)} \mathrm{d}y \\
&= 6\int_0^3 \mathrm{e}^{-2x} \left[\int_0^{\frac{1}{3}(6-2x)} \mathrm{e}^{-3y} \mathrm{d}y \right] \mathrm{d}x \\
&= 2\int_0^3 (\mathrm{e}^{-2x} - \mathrm{e}^{-6})\, \mathrm{d}x = 1 - 7\mathrm{e}^{-6}.
\end{aligned}
$$

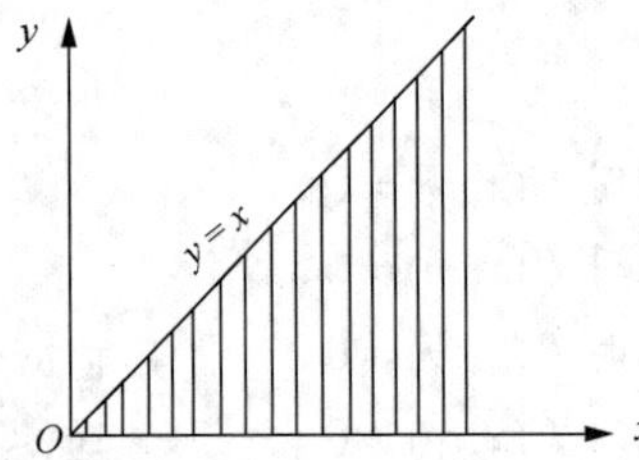

图 3-7　区域 $D=\{(x,y)|\{x>y\}\cap\{x\geqslant 0, y\geqslant 0\}\neq \Phi\}$

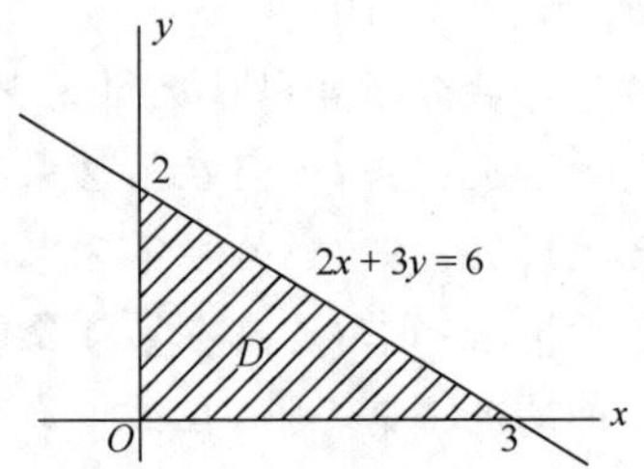

图 3-8　区域 $D=\{(x,y)|\{2x+3y\leqslant 6\}\cap\{x\geqslant 0, y\geqslant 0\}\}$

说明　分布函数 $F(x, y)$ 在理论研究中十分重要，但是在实际应用中使用较少．对于二维离散型随机变量，实际上使用概率分布律较多；而对于二维连续型随机变量，实际上使用概率密度函数较多．

3.1.5　常见的二维连续型随机变量

下面我们介绍两个常用的二维连续型随机变量：二维均匀分布和二维正态分布．

设 G 是平面上的有界区域，令其面积为 A，如果二维随机变量 (X,Y) 的联合概率密度函数为

$$
f(x,y)=\begin{cases} \dfrac{1}{A}, & (x,y)\in G, \\ 0, & 其他, \end{cases}
$$

则称 (X,Y) 在 G 上服从均匀分布．

设二维随机变量 (X,Y) 具有概率密度函数

$$
f(x,y)=\frac{1}{2\pi\sigma_1\sigma_2\sqrt{1-\rho^2}}\mathrm{e}^{-\frac{1}{2(1-\rho^2)}\left[\frac{(x-\mu_1)^2}{\sigma_1^2}-2\rho\frac{(x-\mu_1)(y-\mu_2)}{\sigma_1\sigma_2}+\frac{(y-\mu_2)^2}{\sigma_2^2}\right]}(x,y\in\mathbf{R}),
$$

其中 $\mu_1, \mu_2, \sigma_1, \sigma_2, \rho$ 均为常数，且 $\sigma_1>0, \sigma_2>0, -1<\rho<1$，则称 (X,Y) 为具有参数 $\mu_1, \mu_2, \sigma_1^2, \sigma_2^2, \rho$ 的二维正态随机变量（two-dimensional normal distribution），也称 (X,Y) 服从二维正态分布，记作 $(X,Y)\sim N(\mu_1,\mu_2,\sigma_1^2,\sigma_2^2,\rho)$．

例 3.11　设 (X,Y) 在圆形区域 $x^2+y^2\leqslant 4$ 上服从均匀分布，求

（1）(X,Y) 的联合概率密度函数；

（2）$P(0<X<1, 0<Y<1)$．

解　（1）圆形区域 $x^2+y^2\leqslant 4$ 的面积 $A=4\pi$，故 (X,Y) 的联合概率密度函数为

$$f(x,y)=\begin{cases}\dfrac{1}{4\pi}, & x^2+y^2\leqslant 4,\\ 0, & \text{其他}.\end{cases}$$

（2）令 G 为不等式 $0<x<1$ 和 $0<y<1$ 所确定的区域，所以

$$P(0<X<1,0<Y<1)=\iint\limits_G f(x,y)\,\mathrm{d}x\mathrm{d}y=\int_0^1\mathrm{d}x\int_0^1\frac{1}{4\pi}\mathrm{d}y=\frac{1}{4\pi}.$$

例 3.12　设二维正态随机变量 $(X,Y)\sim N(0,0,\sigma,\sigma,0)$，求 $P(X<Y)$.

解　易知 $f(x,y)=\dfrac{1}{2\pi\sigma^2}\mathrm{e}^{-\frac{x^2+y^2}{2\sigma^2}}\ (x,y\in\mathbf{R})$，所以

$$P(X<Y)=\iint\limits_{x<y}\frac{1}{2\pi\sigma^2}\mathrm{e}^{-\frac{x^2+y^2}{2\sigma^2}}\mathrm{d}x\mathrm{d}y.$$

由极坐标 $x=r\cos\theta, y=r\sin\theta$，得

$$P(X<Y)=\iint\limits_{x<y}\frac{1}{2\pi\sigma^2}\mathrm{e}^{-\frac{x^2+y^2}{2\sigma^2}}\mathrm{d}x\mathrm{d}y=\int_{\frac{\pi}{4}}^{\frac{5}{4}\pi}\int_0^{+\infty}\frac{1}{2\pi\sigma^2}r\mathrm{e}^{-\frac{r^2}{2\sigma^2}}\mathrm{d}r\mathrm{d}\theta=\frac{1}{2}.$$

思考启发　通过对 n 维随机变量（二维随机变量）的学习，我们知道 n 维随机变量的性质不仅与每个分量的性质有关，而且与 n 个分量的相互关系有关，因此，为了掌握 n 维随机变量,我们不仅要研究 n 维随机变量每个分量的性质,还要将其作为一个整体来研究. 这启发我们，在日常生活、工作中，遇到问题时，我们不仅要学会从局部看待问题，还要能够从全局认识问题、分析问题以及解决问题.

习题 3.1

1. 设二维随机变量 (X,Y) 的联合分布函数为 $F(x,y)$，请用 $F(x,y)$ 表示下面事件的概率.

（1）$P(a\leqslant X<b,Y\leqslant y)$；　　（2）$P(X=a,Y<y)$；

（3）$P(X<x,Y<+\infty)$；　　（4）$P(X<+\infty,Y<+\infty)$.

2. 已知二维随机变量 (X,Y) 的联合分布函数为

$$F(x,y)=\begin{cases}A(1-\mathrm{e}^{-3x})(1-\mathrm{e}^{-4y}), & x>0,y>0,\\ 0, & \text{其他}.\end{cases}$$

（1）求 A 的值；

（2）求概率 $P(X\leqslant 2,Y\leqslant 3)$，$P(X\leqslant 2)$，$P(X<2,Y<3)$.

3. 一个盒子中放有同样的 5 个球，其中 3 个白球、2 个黑球，从中任意取 2 次，每次取 1 个球. 令 $X_i=\begin{cases}1, & \text{第}i\text{次取到的球是白球},\\ 0, & \text{第}i\text{次取到的球是黑球}.\end{cases}$

在有放回和无放回两种情况下，求 (X_1,X_2) 的联合概率分布律.

4. 设二维随机变量 (X,Y) 的联合概率分布律如表 3-6 所示.

表 3-6　(X,Y) 的联合概率分布律

X	Y	
	1	2
0	0.5	0
1	0	0.5

（1）求 (X,Y) 的联合分布函数；

（2）求 $F(1,2)$，$F(1.5,1.5)$.

5. 设二维随机变量 (X,Y) 的联合概率密度函数为

$$f(x,y)=\begin{cases} A\mathrm{e}^{-(2x+y)}, x>0, y>0 \\ 0, \qquad 其他 \end{cases},$$

求：

（1）A 的值；

（2）$P((X,Y)\in D)$，其中区域 D 由 $x\geqslant 0$ 、$y\geqslant 0$ 、$x+y\leqslant 1$ 围成；

（3）$F(x,y)$.

6. 设二维随机变量 (X,Y) 的联合概率密度函数为

$$f(x,y)=\begin{cases} 8xy, 0<y<x<1 \\ 0, \quad 其他 \end{cases},$$

求：

（1）$P(X+Y\leqslant 1)$；

（2）$P(X\geqslant \frac{1}{2})$.

3.2　边缘分布

我们已经从整体上对二维随机变量进行了研究，得到了二维随机变量 (X,Y) 的联合分布函数、二维离散型随机变量的联合分布律以及二维连续型随机变量的联合概率密度函数. 这些联合分布含有丰富的信息，下面我们就从这些联合分布中，挖掘出每个分量的概率分布信息.

具体做法包括 3 个方面的内容:

（1）已知 (X,Y) 的联合分布函数，求 X，Y 各自的分布函数；

（2）已知 (X,Y) 的联合概率分布律，求 X，Y 的概率分布律；

（3）已知 (X,Y) 的联合概率密度函数，求 X，Y 的概率密度函数.

首先讨论第一个问题，即已知 (X,Y) 的联合分布函数，如何求得 X，Y 各自的分布函数.

边缘分布函数

3.2.1　边缘分布函数

定义 3.7　设二维随机变量 (X,Y) 的联合分布函数为 $F(x,y)$，X，Y 的

分布函数分别记作 $F_X(x)$，$F_Y(y)$，相对于 $F(x,y)$ 而言，称 $F_X(x)$，$F_Y(y)$ 为二维随机变量 (X,Y) 的**边缘分布函数**（**marginal distribution function**）.

由 (X,Y) 的联合分布函数 $F(x,y)$ 可完全确定 $F_X(x)$，$F_Y(y)$. 事实上，

$$F_X(x)=P(X\leqslant x)=P(X\leqslant x,Y<+\infty)=\lim_{y\to+\infty}F(x,y)=F(x,+\infty),$$

$$F_Y(y)=P(Y\leqslant y)=P(X<+\infty,Y\leqslant y)=\lim_{x\to+\infty}F(x,y)=F(+\infty,y).$$

例 3.13　设二维随机变量 (X,Y) 的联合分布函数为

$$f(x,y)=\begin{cases}(1-\mathrm{e}^{-2x})(1-\mathrm{e}^{-2y}), x\geqslant 0, y\geqslant 0,\\ 0, \qquad\qquad 其他,\end{cases}$$

求 $F_X(x),F_Y(y)$.

解　$F_X(x)=F(x,+\infty)=\lim\limits_{y\to+\infty}F(x,y)=\begin{cases}1-\mathrm{e}^{-2x}, x\geqslant 0,\\ 0, \qquad 其他,\end{cases}$

$F_Y(y)=F(+\infty,y)=\lim\limits_{x\to+\infty}F(x,y)=\begin{cases}1-\mathrm{e}^{-2y}, y\geqslant 0,\\ 0, \qquad 其他.\end{cases}$

3.2.2　二维离散型随机变量的边缘概率分布律

边缘概率分布律

设二维离散型随机变量 (X,Y) 的联合分布律为 $p(x_i,y_j)(i,j=1,2,\cdots)$，$X$，$Y$ 的分布律分别记作 $p_X(x_i)$，$p_Y(y_j)(i,j=1,2,\cdots)$，相对于 $p(x_i,y_j)$ 而言，我们称 $p_X(x_i)$，$p_Y(y_j)$ 依次为二维离散型随机变量 (X,Y) 关于 X 和关于 Y 的边缘概率分布律，也可称为**边缘概率分布函数**（**marginal probability distribution function**）.

由二维离散型随机变量 (X,Y) 的联合概率分布律 $p(x_i,y_j)$ 可以得到如下 X，Y 的边缘概率分布律 $p_X(x_i)$，$p_Y(y_j)$：

$$p_X(x_i)=P(X=x_i)=\sum_{j=1}^{+\infty}p_{ij}\ (i=1,2,\cdots);$$

$$p_Y(y_j)=P(Y=y_j)=\sum_{i=1}^{+\infty}p_{ij}\ (j=1,2,\cdots).$$

事实上，有

$$p_X(x_i)=P(X=x_i)=P(X=x_i,\bigcup_{j=1}^{+\infty}\{Y=y_j\})=P(\bigcup_{j=1}^{+\infty}\{X=x_i,Y=y_j\})=\sum_{j=1}^{+\infty}P(X=x_i,Y=y_j)=$$

$$\sum_{j=1}^{+\infty}p_{ij}\overset{记为}{=\!=}p_{i\cdot}\ (i=1,2,\cdots).$$

同理，$p_Y(y_j)=\sum\limits_{i=1}^{+\infty}p_{ij}\overset{记为}{=\!=}p_{\cdot j}\ (j=1,2,\cdots)$.

结合二维离散型随机变量 (X,Y) 的联合概率分布律的表格，更容易理解 X，Y 的边缘概率分布律. X，Y 的边缘概率分布律如表 3-7 所示.

表 3-7　X，Y 的边缘概率分布律

X	Y					
	y_1	y_2	…	y_j	…	$p_{i\cdot}$
x_1	p_{11}	p_{12}	…	p_{1j}	…	$p_{1\cdot}$
x_2	p_{21}	p_{22}	…	p_{2j}	…	$p_{2\cdot}$
⋮	⋮	⋮	⋮	⋮	⋮	⋮
x_i	p_{i1}	p_{i2}	…	p_{ij}	…	$p_{i\cdot}$
⋮	⋮	⋮	⋮	⋮	⋮	⋮
$p_{\cdot j}$	$p_{\cdot 1}$	$p_{\cdot 2}$	…	$p_{\cdot j}$	…	1

从表 3-7 中可以看出，把每行相加可得到 X 的边缘概率分布律 $p_X(x_i)$，把每列相加可得到 Y 的边缘概率分布律 $p_Y(y_j)$.

由于 X，Y 的分布表分别位于二维随机变量 (X,Y) 的联合概率分布律的边缘部分，因此形象地称 X，Y 的分布表为边缘概率分布律.

例 3.14　设 (X,Y) 是一个二维离散型随机变量，其联合概率分布律如表 3-8 所示，求 X，Y 的边缘概率分布律.

表 3-8　(X,Y) 的联合概率分布律

X	Y		
	1	2	3
0	0.09	0.21	0.24
1	0.07	0.12	0.27

解　$p_X(0)=P(X=0)=0.09+0.21+0.24=0.54$，

$p_X(1)=P(X=1)=0.07+0.12+0.27=0.46$.

于是 X 的边缘概率分布律如表 3-9 所示.

表 3-9　X 的边缘概率分布律

X	0	1
$p_{i\cdot}$	0.54	0.46

同理，Y 的边缘概率分布律如表 3-10 所示.

表 3-10　Y 的边缘概率分布律

Y	1	2	3
$p_{\cdot j}$	0.16	0.33	0.51

3.2.3 二维连续型随机变量的边缘概率密度函数

边缘概率密度函数

设二维连续型随机变量 (X,Y) 的联合概率密度函数为 $f(x,y)$，X，Y 的概率密度函数分别记作 $f_X(x)$，$f_Y(y)$. 相对于 $f(x,y)$ 而言，称 $f_X(x)$，$f_Y(y)$ 为二维连续型随机变量 (X,Y) 的**边缘概率密度函数**（**marginal probability density function**）.

已知 $F_X(x)=F(x,+\infty)$，$F_Y(y)=F(+\infty,y)$，则

$$F_X(x)=F(x,+\infty)=\int_{-\infty}^{x}\int_{-\infty}^{+\infty}f(x,y)\mathrm{d}x\mathrm{d}y=\int_{-\infty}^{x}\left(\int_{-\infty}^{+\infty}f(x,y)\mathrm{d}y\right)\mathrm{d}x,$$

$$F_Y(y)=F(+\infty,y)=\int_{-\infty}^{+\infty}\int_{-\infty}^{y}f(x,y)\mathrm{d}x\mathrm{d}y=\int_{-\infty}^{y}\left(\int_{-\infty}^{+\infty}f(x,y)\mathrm{d}x\right)\mathrm{d}y.$$

于是 X，Y 的边缘概率密度函数为

$$f_X(x)=F_X'(x)=\int_{-\infty}^{+\infty}f(x,y)\mathrm{d}y,$$

$$f_Y(y)=F_Y'(y)=\int_{-\infty}^{+\infty}f(x,y)\mathrm{d}x.$$

例 3.15 设 (X,Y) 是二维连续型随机变量，其联合概率密度函数为

$$f(x,y)=\begin{cases}1, & 0<x<1,|y|<x,\\ 0, & \text{其他}.\end{cases}$$

求 X，Y 的边缘概率密度函数 $f_X(x)$，$f_Y(y)$.

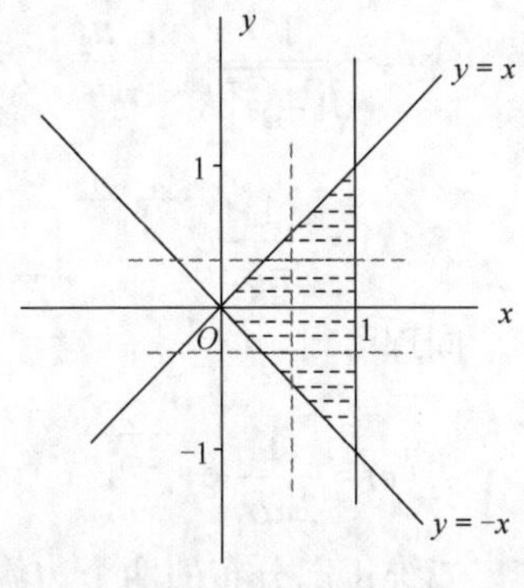

图 3-9 区域 $\{(x,y)\in\mathbf{R}^2 \mid f(x,y)\neq 0\}$

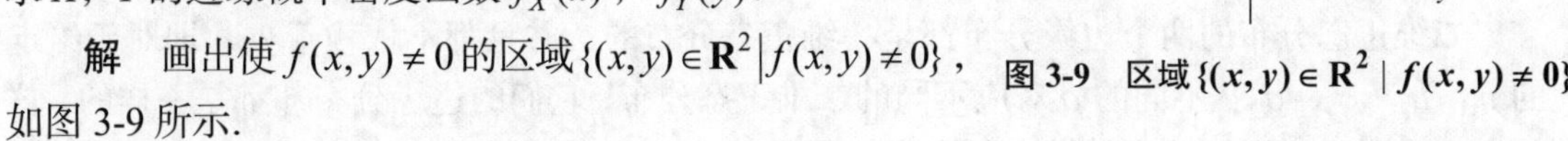

解 画出使 $f(x,y)\neq 0$ 的区域 $\{(x,y)\in\mathbf{R}^2 \mid f(x,y)\neq 0\}$，如图 3-9 所示.

边缘概率密度函数的例子

先求 $f_X(x)=\int_{-\infty}^{+\infty}f(x,y)\mathrm{d}y$.

当 $x\leqslant 0$ 或者 $x\geqslant 1$ 时，$f_X(x)=\int_{-\infty}^{+\infty}f(x,y)\mathrm{d}y=\int_{-\infty}^{+\infty}0\mathrm{d}y=0$.

当 $0<x<1$ 时，

$$f_X(x)=\int_{-\infty}^{+\infty}f(x,y)\mathrm{d}y=\int_{-\infty}^{-x}0\mathrm{d}y+\int_{-x}^{x}1\mathrm{d}y+\int_{x}^{+\infty}0\mathrm{d}y=2x.$$

所以 X 的边缘概率密度函数为 $f_X(x)=\begin{cases}2x, 0<x<1,\\ 0, \text{其他}.\end{cases}$

再求 $f_Y(y)=\int_{-\infty}^{+\infty}f(x,y)\mathrm{d}x$.

当 $y<-1$ 或者 $y\geqslant 1$ 时，$f_Y(y)=\int_{-\infty}^{+\infty}f(x,y)\mathrm{d}x=\int_{-\infty}^{+\infty}0\mathrm{d}x=0$.

当 $-1<y<0$ 时，$f_Y(y)=\int_{-\infty}^{+\infty}f(x,y)\mathrm{d}x=\int_{-y}^{1}\mathrm{d}x=1+y$.

当 $0\leqslant y<1$ 时，$f_Y(y)=\int_{-\infty}^{+\infty}f(x,y)\mathrm{d}x=\int_{y}^{1}\mathrm{d}x=1-y$.

故而Y的边缘概率密度函数为 $f_Y(y)=\begin{cases}1+y,-1<y<0,\\1-y,0\leqslant y<1,\\0,\quad 其他.\end{cases}$

例 3.16 设(X,Y)是二维正态随机变量，求(X,Y)分别关于X和Y的边缘概率密度函数.

解 $f_X(x)=\int_{-\infty}^{+\infty}f(x,y)\mathrm{d}y$，由于

$$\frac{(y-\mu_2)^2}{{\sigma_2}^2}-2\rho\frac{(x-\mu_1)(y-\mu_2)}{\sigma_1\sigma_2}=\left(\frac{y-\mu_2}{\sigma_2}-\rho\frac{x-\mu_1}{\sigma_1}\right)^2-\rho^2\frac{(x-\mu_1)^2}{{\sigma_1}^2},$$

于是 $f_X(x)=\int_{-\infty}^{+\infty}f(x,y)\mathrm{d}y=\frac{1}{2\pi\sigma_1\sigma_2\sqrt{1-\rho^2}}\mathrm{e}^{-\frac{(x-\mu_1)^2}{2{\sigma_1}^2}}\int_{-\infty}^{+\infty}\mathrm{e}^{-\frac{1}{2(1-\rho^2)}\left(\frac{y-\mu_2}{\sigma_2}-\rho\frac{x-\mu_1}{\sigma_1}\right)^2}\mathrm{d}y$.

令 $t=\frac{1}{\sqrt{1-\rho^2}}\left(\frac{y-\mu_2}{\sigma_2}-\rho\frac{x-\mu_1}{\sigma_1}\right)$，则有

$$f_X(x)=\frac{1}{2\pi\sigma_1}\mathrm{e}^{-\frac{(x-\mu_1)^2}{2{\sigma_1}^2}}\int_{-\infty}^{+\infty}\mathrm{e}^{-\frac{t^2}{2}}\mathrm{d}t=\frac{1}{\sqrt{2\pi}\sigma_1}\mathrm{e}^{-\frac{(x-\mu_1)^2}{2{\sigma_1}^2}}\ (x\in\mathbf{R}).$$

同理可得

$$f_Y(y)=\frac{1}{2\pi\sigma_1}\mathrm{e}^{-\frac{(x-\mu_1)^2}{2{\sigma_1}^2}}\ (y\in\mathbf{R}).$$

二维正态分布的两个边缘分布都是一维正态分布的，并且都不依赖于ρ，即对于给定的μ_1，μ_2，σ_1，σ_2，不同的ρ对应不同的二维正态分布，它们的边缘分布却都是一样的. 这一事实表明，对于连续型随机变量来说，仅由关于X和关于Y的边缘分布，一般来说是不能确定X和Y的联合分布的.

思考启发 由二维连续型随机变量的联合概率密度函数可以唯一确定边缘概率密度函数，反之是否可以？由二维随机变量的联合分布函数可以唯一确定边缘分布函数，反之是否可以？由二维离散型随机变量的联合概率分布律可以唯一确定边缘概率分布律，反之是否可以？

习题 3.2

1. 设二维离散型随机变量(X,Y)的联合概率分布律如表 3-11 所示.

表 3-11 (X,Y)的联合概率分布律（习题 3.2.1）

X	Y		
	1	2	3
−1	0.05	0.25	0.10
1	0	0.20	0.40

求 X，Y 的边缘概率分布律.

2. 设二维离散型随机变量 (X,Y) 的联合概率分布律如表 3-12 所示.

表 3-12　(X,Y) 的联合概率分布律（习题 3.2.2）

X	**Y**		
	−1	$\frac{1}{2}$	**1**
−1	0	$\frac{1}{12}$	$\frac{1}{3}$
0	$\frac{1}{6}$	0	0
3	$\frac{5}{12}$	0	0

求 X，Y 的边缘概率分布律.

3. 设二维随机变量 (X,Y) 的联合分布函数为

$$F(x,y)=\begin{cases}\dfrac{[1-(x+1)\mathrm{e}^{-x}]y}{1+y}, & x>0,y>0,\\ 0, & \text{其他}.\end{cases}$$

求 X，Y 的边缘分布函数 $F_X(x)$，$F_Y(y)$.

4. 设二维随机变量 (X,Y) 的联合概率密度函数为

$$f(x,y)=\begin{cases}3x, & 0<x<1,0<y<x\\ 0, & \text{其他}.\end{cases},$$

求 X、Y 的边缘概率密度函数 $f_X(x)$、$f_Y(y)$.

5. 设二维随机变量 (X,Y) 的联合概率密度函数为

$$f(x,y)=\begin{cases}\dfrac{1}{2x^2y}, & 1<x,\dfrac{1}{x}<y<x\\ 0, & \text{其他}\end{cases},$$

求 X、Y 的边缘概率密度函数 $f_X(x)$、$f_Y(y)$.

6. 设 (X,Y) 为二维正态随机变量，即 $(X,Y)\sim N(\mu_1,\mu_2,\sigma_1^2,\sigma_2^2,\rho)$，求 X、Y 的边缘概率密度函数 $f_X(x)$、$f_Y(y)$.

3.3　条件分布

接下来我们学习二维随机变量的条件分布. 首先，讨论二维离散型随机变量的条件分布；然后，讨论二维连续型随机变量的条件分布.

二维离散型随机变量的条件分布

3.3.1　二维离散型随机变量的条件分布

问题　已知二维离散型随机变量 (X,Y) 的联合概率分布律为 $p(x_i,y_j)$

$(i,j=1,2,\cdots)$，随机变量 Y 的边缘概率分布律 $p_Y(y_j)>0(j=1,2,\cdots)$. 考虑在 $Y=y_j$ 的条件下，随机变量 X 取得任一可能值 $x_i(i=1,2,\cdots)$ 的概率 $P(X=x_i\mid Y=y_j)$.

由条件概率的定义可知

$$P(X=x_i\mid Y=y_j)=\frac{P(X=x_i,Y=y_j)}{P(Y=y_j)}=\frac{p(x_i,y_j)}{p_Y(y_j)}.$$

定义 3.8 设二维离散型随机变量 (X,Y) 的联合概率分布律为 $p(x_i,y_j)$，对于固定的 j，若 $P(Y=y_j)=p_Y(y_j)>0$，则称

$$P(X=x_i\mid Y=y_j)=\frac{p(x_i,y_j)}{p_Y(y_j)}$$

为随机变量 X 在 $Y=y_j$ 条件下的**条件概率分布律**（**conditional probability distribution law**）.

为方便起见，记作 $p_{X|Y}(x_i\mid y_j)=P(X=x_i\mid Y=y_j)=\dfrac{p(x_i,y_j)}{p_Y(y_j)}$.

类似地，对于固定的 i，若 $P(X=x_i)=p_X(x_i)>0$，则称

$$p_{Y|X}(y_j\mid x_i)=P(Y=y_j\mid X=x_i)=\frac{P(X=x_i,Y=y_j)}{P(X=x_i)}=\frac{p(x_i,y_j)}{p_X(x_i)}$$

为随机变量 Y 在 $X=x_i$ 条件下的条件概率分布律.

例 3.17 已知二维离散随机变量 (X,Y) 的联合概率分布律如表 3-13 所示. 求：

（1）在 $Y=1$ 的条件下，X 的条件概率分布律；

（2）在 $X=2$ 的条件下，Y 的条件概率分布律.

表 3-13 (X,Y) 的联合概率分布律

X	Y			
	1	2	3	$p_{i\cdot}$
1	$\frac{1}{4}$	0	0	$\frac{1}{4}$
2	$\frac{1}{8}$	$\frac{1}{8}$	0	$\frac{1}{4}$
3	$\frac{1}{12}$	$\frac{1}{12}$	$\frac{1}{12}$	$\frac{1}{4}$
4	$\frac{1}{16}$	$\frac{1}{16}$	$\frac{1}{8}$	$\frac{1}{4}$
$p_{\cdot j}$	$\frac{25}{48}$	$\frac{13}{48}$	$\frac{10}{48}$	1

解 首先求出 X,Y 的边缘概率分布律.

（1）在 $Y=1$ 的条件下，有

$$p_{X|Y}(1|1)=P(X=1\mid Y=1)=\frac{p(1,1)}{p_Y(1)}=\frac{\frac{1}{4}}{\frac{25}{48}}=\frac{12}{25},$$

$$p_{X|Y}(2|1)=P(X=2|Y=1)=\frac{p(2,1)}{p_Y(1)}=\frac{\frac{1}{8}}{\frac{25}{48}}=\frac{6}{25},$$

$$p_{X|Y}(3|1)=P(X=3|Y=1)=\frac{p(3,1)}{p_Y(1)}=\frac{\frac{1}{12}}{\frac{25}{48}}=\frac{4}{25},$$

$$p_{X|Y}(4|1)=P(X=4|Y=1)=\frac{p(4,1)}{p_Y(1)}=\frac{\frac{1}{16}}{\frac{25}{48}}=\frac{3}{25},$$

故在 $Y=1$ 的条件下，X 的条件概率分布律如表 3-14 所示.

表 3-14　X 的条件概率分布律

X	1	2	3	4
$p_{X\|Y}(x_i\|1)$	$\frac{12}{25}$	$\frac{6}{25}$	$\frac{4}{25}$	$\frac{3}{25}$

（2）在 $X=2$ 的条件下，有

$$p_{Y|X}(1|2)=P(Y=1|X=2)=\frac{p(2,1)}{p_X(2)}=\frac{\frac{1}{8}}{\frac{1}{4}}=\frac{1}{2},$$

$$p_{Y|X}(2|2)=P(Y=2|X=2)=\frac{p(2,2)}{p_X(2)}=\frac{\frac{1}{8}}{\frac{1}{4}}=\frac{1}{2},$$

$$p_{Y|X}(3|2)=P(Y=3|X=2)=\frac{p(2,3)}{p_X(2)}=\frac{0}{\frac{1}{4}}=0,$$

故在 $X=2$ 的条件下，Y 的条件概率分布律如表 3-15 所示.

表 3-15　Y 的条件概率分布律

Y	1	2	3
$p_{Y\|X}(y_i\|2)$	$\frac{1}{2}$	$\frac{1}{2}$	0

例 3.18　某射手正在进行射击，假设其击中目标的概率为 $p(0<p<1)$，射击直到击中目标两次为止. 记 X 表示该射手首次击中目标时的射击次数，Y 表示该射手射击的总次数. 试求 X、Y 的联合概率分布律与条件概率分布律.

解　根据题意，$X=m,Y=n$ 表示该射手前 $m-1$ 次不中，第 m 次击中，接着又 $n-m-1$ 次不中，最后第 n 次击中目标. 因各次射击是相互独立的，故 X 和 Y 的联合概率分布律为

$$P(X=m,Y=n)=p^2(1-p)^{n-2}.$$

其中，$m=1,2,\cdots,n-1$，$n=2,3,\cdots$.

又 $P(X=m)=\sum\limits_{n=m+1}^{\infty}P(X=m,Y=n)=\sum\limits_{n=m+1}^{\infty}p^2(1-p)^{n-2}$

$$=p^2\sum_{n=m+1}^{\infty}(1-p)^{n-2}=p(1-p)^{m-1}(m=1,2,\cdots),$$

且 $P(Y=n)=\mathrm{C}_{n-1}^{1}p^2(1-p)^{n-2}=(n-1)p^2(1-p)^{n-2}(n=2,3,\cdots)$，

因此，所求的条件概率分布律如下.

在 $Y=n$ 条件下，有

$$P(X=m\mid Y=n)=\frac{P(X=m,Y=n)}{P(Y=n)}=\frac{p^2(1-p)^{n-2}}{(n-1)p^2(1-p)^{n-2}}=\frac{1}{(n-1)}(m=1,2,\cdots,n-1);$$

在 $X=m$ 条件下，有

$$P(Y=n\mid X=m)=\frac{P(X=m,Y=n)}{P(X=m)}=\frac{p^2(1-p)^{n-2}}{p(1-p)^{m-1}}=p(1-p)^{n-m-1}(n=m+1,m+2,\cdots).$$

3.3.2 二维连续型随机变量的条件分布

问题 设二维连续型随机变量 (X,Y) 的联合概率密度函数为 $f(x,y)$，随机变量 Y 的边缘概率密度函数 $f_Y(y)>0$．考虑在 $Y=y$ 的条件下，如何求随机变量 X 的分布函数以及概率密度函数?

二维连续型随机变量的条件分布

根据题设和条件概率的定义可知

$$P(X\leqslant x\mid Y=y)=\frac{P(X\leqslant x,Y=y)}{P(Y=y)}.$$

但是由于 $P(Y=y)=0$，因此上式无意义.

对此，考虑 $P(y<Y\leqslant y+\Delta y)>0$，则

$$P(X\leqslant x\mid y\leqslant Y\leqslant y+\Delta y)=\frac{P(X\leqslant x,y\leqslant Y\leqslant y+\Delta y)}{P(y\leqslant Y\leqslant y+\Delta y)}=\frac{\int_{-\infty}^{x}\int_{y}^{y+\Delta y}f(x,y)\mathrm{d}x\mathrm{d}y}{\int_{y}^{y+\Delta y}f_Y(y)\mathrm{d}y}.$$

设函数 $f(x,y)$ 在点 (x,y) 连续，函数 $f_Y(y)$ 在 $Y=y$ 处连续，且 $f_Y(y)>0$，则由积分第一中值定理可得

$$P(X\leqslant x\mid y\leqslant Y\leqslant y+\Delta y)=\frac{\int_{-\infty}^{x}\left(\int_{y}^{y+\Delta y}f(x,y)\mathrm{d}y\right)\mathrm{d}x}{\int_{y}^{y+\Delta y}f_Y(y)\mathrm{d}y}=\frac{\Delta y\int_{-\infty}^{x}f(x,y+\theta_1\Delta y)\mathrm{d}x}{\Delta yf_Y(y+\theta_2\Delta y)},$$

其中 $0<\theta_1,\theta_2<1$．于是，当 $\Delta y>0$ 时，有 $\lim\limits_{\Delta y\to 0}P(X<x\mid y<Y\leqslant y+\Delta y)=\dfrac{\int_{-\infty}^{x}f(x,y)\mathrm{d}x}{f_Y(y)}$.

定义 3.9　设 (X,Y) 是一个二维连续型随机变量，其联合概率密度函数为 $f(x,y)$，Y 的边缘概率密度函数为 $f_Y(y)$．对于固定的 y，有 $f_Y(y)>0$，则称 $\dfrac{\int_{-\infty}^{x} f(x,y)\mathrm{d}x}{f_Y(y)}$ 为随机变量 X 在 $Y=y$ 下的条件分布函数，记作 $F_{X|Y}(x\,|\,y)$．

易得 $F_{X|Y}(x\,|\,y)=P(X\leqslant x\,|\,Y=y)=\dfrac{\int_{-\infty}^{x} f(x,y)\mathrm{d}x}{f_Y(y)}$，左右两边同时对 x 求导，得 $F'_{X|Y}(x\,|\,y)=\dfrac{f(x,y)}{f_Y(y)}$．

定义 3.10　设二维连续型随机变量 (X,Y) 的联合概率密度函数为 $f(x,y)$，Y 的边缘概率密度函数为 $f_Y(y)$．对于固定的 y，有 $f_Y(y)>0$，则称 $\dfrac{f(x,y)}{f_Y(y)}$ 为随机变量 X 在 $Y=y$ 下的**条件概率密度函数**（**conditional probability density function**），记作 $f_{X|Y}(x\,|\,y)$，即 $f_{X|Y}(x\,|\,y)=\dfrac{f(x,y)}{f_Y(y)}$．

类似地，可以定义在 $X=x$ 的条件下，随机变量 Y 的分布函数以及概率密度函数．

定义 3.11　设二维连续型随机变量 (X,Y) 的联合概率密度函数为 $f(x,y)$，X 的边缘概率密度函数为 $f_X(x)$．对于固定的 x，有 $f_X(x)>0$，则称 $F_{Y|X}(y\,|\,x)=P(Y\leqslant y|X=x)=\dfrac{\int_{-\infty}^{y} f(x,y)\mathrm{d}y}{f_X(x)}$ 为随机变量 Y 在 $X=x$ 下的条件分布函数．

定义 3.12　设二维连续型随机变量 (X,Y) 的联合概率密度函数为 $f(x,y)$，X 的边缘概率密度函数为 $f_X(x)$．对于固定的的 x，有 $f_X(x)>0$，则称 $f_{Y|X}(y\,|\,x)=\dfrac{f(x,y)}{f_X(x)}$ 为随机变量 Y 在 $X=x$ 下的条件概率密度函数．

例 3.19　设二维随机变量 (X,Y) 在区域 G 上服从均匀分布，其中 G 由 $x-y=0$，$x+y=2$ 与 $y=0$ 围成（见图 3-10）．求 $f_{X|Y}(x\,|\,y)$．

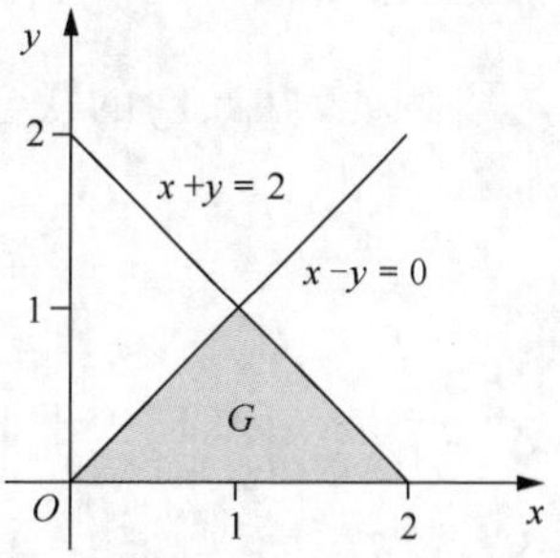

二维连续随机变量的条件分布的例子

图 3-10　区域 G

解　由于 (X,Y) 在区域 G 上服从均匀分布且 G 的面积为 1，故其联合概率密度函数为

$$f(x,y)=\begin{cases}1,(x,y)\in G,\\0,\text{其他}.\end{cases}$$

随机变量 Y 的边缘概率密度函数为

$$f_Y(y)=\int_{-\infty}^{+\infty} f(x,y)\mathrm{d}x=\begin{cases}\int_{y}^{2-y}\mathrm{d}x, & 0<y<1,\\0, & \text{其他}\end{cases}=\begin{cases}2(1-y), & 0<y<1,\\0, & \text{其他}.\end{cases}$$

于是，当 $0<y<1$ 时，X 的条件概率密度函数为

$$f_{X|Y}(x\mid y)=\frac{f(x,y)}{f_Y(y)}=\begin{cases}\dfrac{1}{2(1-y)}, y<x\leqslant 2-y,\\ 0, \qquad 其他\end{cases}\left(由\begin{cases}x>y,\\ x+y\leqslant 2,\\ y>0\end{cases} 得y<x\leqslant 2-y\right).$$

例 3.20 设二维正态随机变量 $(X,Y)\sim N(0,0,1,1,\rho)$，求 $f_{X|Y}(x\mid y)$ 与 $f_{Y|X}(y\mid x)$.

解 易知 (X,Y) 的联合概率密度函数为

$$f(x,y)=\frac{1}{2\pi\sqrt{1-\rho^2}}\mathrm{e}^{-\frac{x^2-2\rho xy+y^2}{2(1-\rho^2)}}\quad (x,y\in\mathbf{R}).$$

又知 X、Y 的边缘概率密度函数分别为

$$f_X(x)=\frac{1}{\sqrt{2\pi}}\mathrm{e}^{-\frac{x^2}{2}}\ (x\in\mathbf{R}),\quad f_Y(y)=\frac{1}{\sqrt{2\pi}}\mathrm{e}^{-\frac{y^2}{2}}\ (y\in\mathbf{R})$$

所以 $f_{X|Y}(x\mid y)=\dfrac{f(x,y)}{f_Y(y)}=\dfrac{1}{\sqrt{2\pi(1-\rho^2)}}\mathrm{e}^{-\frac{(x-\rho y)^2}{2(1-\rho^2)}}$，

$$f_{Y|X}(y\mid x)=\frac{f(x,y)}{f_X(x)}=\frac{1}{\sqrt{2\pi(1-\rho^2)}}\mathrm{e}^{-\frac{(y-\rho x)^2}{2(1-\rho^2)}}.$$

例 3.21 设随机变量 $X\sim U(0,1)$，当观察到 $X=x\ (0<x<1)$ 时，$Y\sim U(x,1)$，求二维随机变量 (X,Y) 关于 Y 的边缘概率密度函数 $f_Y(y)$.

解 按题意，X 的边缘概率密度函数为

$$f_X(x)=\begin{cases}1, & 0<x<1\\ 0, & 其他\end{cases},$$

类似地，对于任意给定的值 $x\ (0<x<1)$，在 $X=x$ 的条件下，Y 的条件概率密度函数为

$$f_{Y|X}(y\mid x)=\begin{cases}\dfrac{1}{1-x}, & x<y<1\\ 0, & 其他\end{cases}.$$

因此，(X,Y) 的联合概率密度函数为

$$f(x,y)=f_X(x)f_{Y|X}(y\mid x)=\begin{cases}\dfrac{1}{1-x}, & 0<x<y<1\\ 0, & 其他\end{cases}.$$

于是，(X,Y) 关于 Y 的边缘概率密度函数为

$$f_Y(y)=\int_{-\infty}^{+\infty}f(x,y)\mathrm{d}x=\begin{cases}\displaystyle\int_0^y\frac{1}{1-x}\mathrm{d}x=-\ln(1-y), & 0<y<1\\ 0, & 其他\end{cases}.$$

习题 3.3

1. 设二维离散型随机变量 (X,Y) 的联合概率分布律如表 3-16 所示.

表 3-16　(X,Y) 的联合概率分布律

X	Y		
	0	1	2
−1	0	$\frac{1}{6}$	$\frac{1}{6}$
0	$\frac{1}{6}$	$\frac{1}{6}$	0
3	$\frac{1}{6}$	$\frac{1}{6}$	0

（1）求在 $Y=1$ 的条件下，X 的条件概率分布律.

（2）求在 $X=3$ 的条件下，Y 的条件概率分布律.

2. 设二维随机变量 (X,Y) 的联合概率密度函数为

$$f(x,y)=\begin{cases}24(1-x)y, & 0\leqslant x\leqslant 1, 0\leqslant y\leqslant x,\\ 0, & \text{其他},\end{cases}$$

求条件概率密度函数 $f_{X|Y}(x|y)$，$f_{Y|X}(y|x)$.

3. 设二维随机变量 (X,Y) 的联合概率密度函数为

$$f(x,y)=\begin{cases}\mathrm{e}^{-y}, & 0<x<y,\\ 0, & \text{其他},\end{cases}$$

求条件概率密度函数 $f_{X|Y}(x|y)$，$f_{Y|X}(y|x)$.

3.4　随机变量的独立性

下面研究随机变量的独立性，那么如何定义随机变量 X 与 Y 的独立性呢？

3.4.1　随机变量独立性的定义

回顾前文知识，我们知道了随机事件的独立性，因此可以利用随机事件的独立性来定义和研究随机变量的独立性．为此，给出如下定义.

随机变量的独立性

定义 3.13　设 $F(x,y)$ 以及 $F_X(x)$，$F_Y(y)$ 分别是二维随机变量 (X,Y) 的联合分布函数及边缘分布函数，若对于任意的 $x,y\in\mathbf{R}$，有

$$P(X\leqslant x,Y\leqslant y)=P(X\leqslant x)P(Y\leqslant y),$$

则称随机变量 X 与 Y 相互独立.

显然，取定 x，y，令事件 $A=\{X\leqslant x\}$，$B=\{Y\leqslant y\}$，则 $P(AB)=P(A)P(B)$，这正是两个随机事件独立性的定义.

由定义 3.13 可知，$F(x,y)=F_X(x)F_Y(y)$．故判断两个随机变量是否相互独立，只需要验证 $F(x,y)$ 是否等于 $F_X(x)F_Y(y)$ 即可.

例 3.22 设二维随机变量 (X,Y) 的联合分布函数为

$$F(x,y)=\begin{cases}(1-\mathrm{e}^{-0.5x})(1-\mathrm{e}^{-0.5y}), & x\geqslant 0, y\geqslant 0,\\ 0, & \text{其他},\end{cases}$$

试判断随机变量 X，Y 是否相互独立.

解 随机变量 X，Y 的边缘分布函数如下.

$$F_X(x)=F(x,+\infty)=\begin{cases}1-\mathrm{e}^{-0.5x}, & x\geqslant 0,\\ 0, & \text{其他},\end{cases}$$

$$F_Y(y)=F(+\infty,y)=\begin{cases}1-\mathrm{e}^{-0.5y}, & y\geqslant 0,\\ 0, & \text{其他},\end{cases}$$

验证可知 $F(x,y)=F_X(x)F_Y(y)$，故随机变量 X 与随机变量 Y 相互独立.

3.4.2 离散型随机变量独立的充要条件

二维离散型随机变量的独立性

下面给出二维离散型随机变量独立的判断定理.

定理 3.2 设 (X,Y) 为二维离散型随机变量，其联合概率分布律为 $p(x_i,y_j)$，则随机变量 X，Y 相互独立的充要条件为

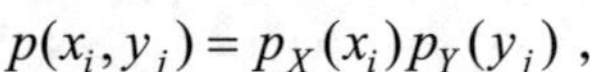

$$p(x_i,y_j)=p_X(x_i)p_Y(y_j),$$

其中 x_i，y_j 分别为 X，Y 的任意值.

证 **（必要性）**假设 X 与 Y 相互独立，则有 $F(x,y)=F_X(x)F_Y(y)$.

设 X 与 Y 的值按照从小到大分别排列为 $x_1,x_2,\cdots$ 和 $y_1,y_2,\cdots$，于是

$$p_X(x_i)=P(X=x_i)=P(X\leqslant x_i)-P(X\leqslant x_{i-1})=F_X(x_i)-F_X(x_{i-1}).$$

类似地，有

$$p_Y(y_j)=P(Y=y_j)=P(Y\leqslant y_j)-P(Y\leqslant y_{j-1})=F_Y(y_j)-F_Y(y_{j-1}).$$

故而有

$$\begin{aligned}p_X(x_i)p_Y(y_j)&=P(X=x_i)P(Y=y_j)\\&=[F_X(x_i)-F_X(x_{i-1})][F_Y(y_j)-F_Y(y_{j-1})]\\&=F_X(x_i)F_Y(y_j)-F_X(x_{i-1})F_Y(y_j)-F_X(x_i)F_Y(y_{j-1})+F_X(x_{i-1})F_Y(y_{j-1})\\&=[F_X(x_i)F_Y(y_j)-F_X(x_{i-1})F_Y(y_j)]-[F_X(x_i)F_Y(y_{j-1})-F_X(x_{i-1})F_Y(y_{j-1})]\\&=[F(x_i,y_j)-F(x_{i-1},y_j)]-[F(x_i,y_{j-1})-F(x_{i-1},y_{j-1})]\\&=[P(X\leqslant x_i,Y\leqslant y_j)-P(X\leqslant x_{i-1},Y\leqslant y_j)]-[P(X\leqslant x_i,Y\leqslant y_{j-1})-P(X\leqslant x_{i-1},Y\leqslant y_{j-1})]\\&=P(X=x_i,Y\leqslant y_j)-P(X=x_i,Y\leqslant y_{j-1})\\&=P(X=x_i,Y=y_j)=p(x_i,y_j).\end{aligned}$$

（充分性）假设 $p(x_i,y_j)=p_X(x_i)p_Y(y_j)$ 成立，则有

$$\begin{aligned}F(x,y)&=\sum_{x_i\leqslant x}\sum_{y_j\leqslant y}p(x_i,y_j)=\sum_{x_i\leqslant x}\sum_{y_j\leqslant y}p_X(x_i)p_Y(y_j)\\&=\sum_{x_i\leqslant x}p_X(x_i)\sum_{y_j\leqslant y}p_Y(y_j)=F_X(x)F_Y(y).\end{aligned}$$

例 3.23　已知二维离散型随机变量(X,Y)的联合概率分布律如表 3-17 所示，判断X与Y的独立性.

表 3-17　(X,Y)的联合概率分布律（例 3.23）

X	Y 1	2	3	$p_{i\cdot}$
1	0.20	0.10	0.20	0.50
2	0.05	0.15	0.30	0.50
$p_{\cdot j}$	0.25	0.25	0.50	1

解　求出随机变量X，Y的边缘概率分布律，见表 3-17.

由于$p(2,3)=0.30\neq 0.50\times 0.50=p_X(2)p_Y(3)$，故$X$与$Y$不相互独立.

例 3.24　设(X,Y)的联合概率分布律如表 3-18 所示，问a，b，c取何值时，X与Y相互独立.

表 3-18　(X,Y)的联合概率分布律（例 3.24）

X	Y 1	2	3	$p_{i\cdot}$
1	a	$\frac{1}{9}$	c	$a+\frac{1}{9}+c$
2	$\frac{1}{9}$	b	$\frac{1}{3}$	$\frac{4}{9}+b$
$p_{\cdot j}$	$a+\frac{1}{9}$	$\frac{1}{9}+b$	$c+\frac{1}{3}$	1

解　若随机变量X与Y相互独立，则有

$$a=p_{11}=p_{1\cdot}p_{\cdot 1}=\left(a+\frac{1}{9}+c\right)\left(a+\frac{1}{9}\right),\quad \frac{1}{9}=p_{12}=p_{1\cdot}p_{\cdot 2}=\left(a+\frac{1}{9}+c\right)\left(\frac{1}{9}+b\right),$$

$$c=p_{13}=p_{1\cdot}p_{\cdot 3}=\left(a+\frac{1}{9}+c\right)\left(c+\frac{1}{3}\right),\quad \frac{1}{9}=p_{21}=p_{2\cdot}p_{\cdot 1}=\left(\frac{4}{9}+b\right)\left(a+\frac{1}{9}\right),$$

$$b=p_{22}=p_{2\cdot}p_{\cdot 2}=\left(\frac{4}{9}+b\right)\left(\frac{1}{9}+b\right),\quad \frac{1}{3}=p_{23}=p_{2\cdot}p_{\cdot 3}=\left(\frac{4}{9}+b\right)\left(c+\frac{1}{3}\right),$$

$$\left(a+\frac{1}{9}+c\right)+\left(\frac{1}{9}+b+\frac{1}{3}\right)=1.$$

解得$a=\frac{1}{18}$，$b=\frac{2}{9}$，$c=\frac{1}{6}$.

二维连续型随机变量的独立性

3.4.3　连续型随机变量独立的充要条件

接下来我们给出二维连续型随机变量独立的判定定理.

定理 3.3　设(X,Y)为二维连续型随机变量，其联合概率密度函数为$f(x,y)$，则随机变量X与Y相互独立的充要条件为$f(x,y)=f_X(x)f_Y(y)$.

证 （**必要性**）假设 X 与 Y 相互独立，则有 $F(x,y)=F_X(x)F_Y(y)$.

于是上式两端对 x 求导一次，得 $F'(x,y)=f_X(x)F_Y(y)$，

再对 y 求导一次，得 $F''(x,y)=f_X(x)f_Y(y)$，即有 $f(x,y)=f_X(x)f_Y(y)$.

（**充分性**）假设 $f(x,y)=f_X(x)f_Y(y)$ 成立，则有

$$F(x,y)=\int_{-\infty}^{x}\int_{-\infty}^{y}f(x,y)\mathrm{d}x\mathrm{d}y=\int_{-\infty}^{x}f_X(x)\mathrm{d}x\int_{-\infty}^{y}f_Y(y)\mathrm{d}y=F_X(x)F_Y(y).$$

例 3.25 设二维随机变量 (X,Y) 的联合概率密度函数为

$$f(x,y)=\begin{cases}x\mathrm{e}^{-(x+y)}, x>0, y>0\\ 0, \quad 其他\end{cases},$$

证明随机变量 X 与 Y 相互独立.

证 $$f_X(x)=\int_{-\infty}^{+\infty}f(x,y)\mathrm{d}y=\begin{cases}\int_{-\infty}^{+\infty}f(x,y)\mathrm{d}y, & x>0\\ 0, & 其他\end{cases}$$

$$=\begin{cases}\int_{0}^{+\infty}x\mathrm{e}^{-(x+y)}\mathrm{d}y, & x>0\\ 0, & 其他\end{cases}=\begin{cases}x\mathrm{e}^{-x}, & x>0\\ 0, & 其他\end{cases}.$$

$$f_Y(y)=\int_{-\infty}^{+\infty}f(x,y)\mathrm{d}x=\begin{cases}\int_{-\infty}^{+\infty}f(x,y)\mathrm{d}x, & y>0\\ 0, & 其他\end{cases}$$

$$=\begin{cases}\int_{0}^{+\infty}x\mathrm{e}^{-(x+y)}\mathrm{d}x, & y>0\\ 0, & 其他\end{cases}=\begin{cases}\mathrm{e}^{-y}, & y>0\\ 0, & 其他\end{cases}.$$

验证可知，$f(x,y)=f_X(x)f_Y(y)$，因此随机变量 X 与 Y 相互独立.

例 3.26 设随机变量 (X,Y) 的联合概率密度函数为

$$f(x,y)=\begin{cases}\mathrm{e}^{-y}, 0<x<y,\\ 0 \quad ,其他,\end{cases}$$

证明随机变量 X 与 Y 不相互独立.

证 画出使 $f(x,y)\neq 0$ 的区域 $\{(x,y)\in\mathbf{R}^2 \mid f(x,y)\neq 0\}$，如图 3-11 所示.

$$f_X(x)=\int_{-\infty}^{+\infty}f(x,y)\mathrm{d}y=\begin{cases}\int_{-\infty}^{+\infty}f(x,y)\mathrm{d}y, & x>0,\\ 0, & 其他\end{cases}$$

$$=\begin{cases}\int_{x}^{+\infty}\mathrm{e}^{-y}\mathrm{d}y, & x>0,\\ 0, & 其他\end{cases}=\begin{cases}\mathrm{e}^{-x}, & x>0,\\ 0, & 其他.\end{cases}$$

$$f_Y(y)=\int_{-\infty}^{+\infty}f(x,y)\mathrm{d}x=\begin{cases}\int_{-\infty}^{+\infty}f(x,y)\mathrm{d}x, & y>0,\\ 0, & 其他\end{cases}$$

$$=\begin{cases}\int_{0}^{y}\mathrm{e}^{-y}\mathrm{d}x, & y>0,\\ 0, & 其他\end{cases}=\begin{cases}y\mathrm{e}^{-y}, & y>0,\\ 0, & 其他.\end{cases}$$

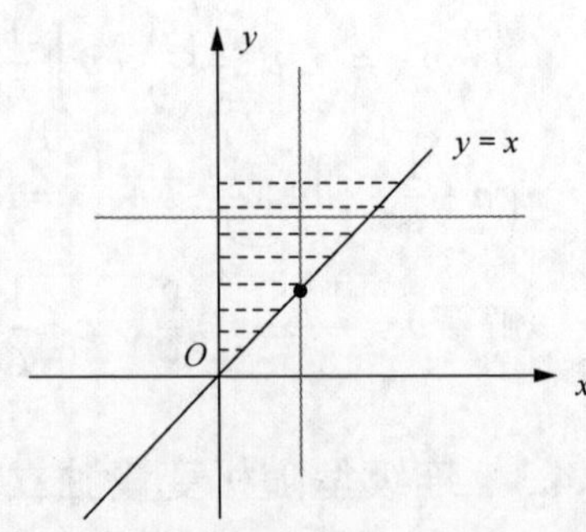

图 3-11 $\{(x,y)\in\mathbf{R}^2 \mid f(x,y)\neq 0\}$

验证可知 $f(x,y)\neq f_X(x)f_Y(y)$，因此随机变量 X 与 Y 不相互独立.

例 3.27　设随机变量 X 与 Y 分别表示两个元件的寿命（单位：h），又设 X 与 Y 相互独立，且它们的概率密度函数分别为

$$f_X(x)=\begin{cases}\mathrm{e}^{-x}, & x>0\\ 0, & \text{其他}\end{cases},\quad f_Y(y)=\begin{cases}\mathrm{e}^{-y}, & y>0\\ 0, & \text{其他}\end{cases}.$$

求随机变量 X 与 Y 的联合概率密度函数 $f(x,y)$.

解　由随机变量 X 与 Y 相互独立可知

$$f(x,y)\neq f_X(x)f_Y(y)=\begin{cases}\mathrm{e}^{-(x+y)}, & x>0,y>0\\ 0, & \text{其他}\end{cases}.$$

思考启发　当随机变量 X 与 Y 相互独立时，它们的条件分布和边缘分布存在什么关系？二维随机变量 (X,Y) 的联合概率分布与边缘概率分布是否可以相互确定？

习题 3.4

1. 设二维随机变量 (X,Y) 的联合概率分布律如表 3-19 所示.

表 3-19　(X,Y) 的联合概率分布律（习题 3.4.1）

Y	X		
	2	**5**	**8**
0.4	0.15	0.30	0.35
0.8	0.05	0.12	0.03

判断随机变量 X 与 Y 的独立性.

2. 设二维随机变量 (X,Y) 的联合概率分布律如表 3-20 所示.

表 3-20　(X,Y) 的联合概率分布律（习题 3.4.2）

Y	X		
	1	**2**	**3**
1	$\frac{1}{6}$	$\frac{1}{9}$	$\frac{1}{18}$
2	$\frac{1}{3}$	a	b

已知随机变量 X 与 Y 相互独立，求 a，b 的值.

3. 设二维随机变量 (X,Y) 的联合概率密度函数为

$$f(x,y)=\begin{cases}\dfrac{21}{4}x^2y, & x^2>y>1\\ 0, & \text{其他}\end{cases},$$

判断随机变量 X、Y 是否相互独立.

4. 设二维随机变量 (X,Y) 的联合概率密度函数为

$$f(x,y)=\begin{cases}\frac{1}{2}(x+y)\mathrm{e}^{-(x+y)}, & x>0,y>0\\0, & 其他\end{cases},$$

判断随机变量 X、Y 是否相互独立.

5. 设 X 和 Y 是两个相互独立的随机变量，X 在 $(0,1)$ 上服从均匀分布，Y 的概率密度函数为

$$f_Y(y)=\begin{cases}\frac{1}{2}\mathrm{e}^{-\frac{y}{2}}, y>0\\0\ ,\quad 其他\end{cases}.$$

（1）求 X 和 Y 的联合概率密度函数；

（2）设含有 a 的二次方程为 $a^2+2Xa+Y=0$，求方程有实根的概率.

3.5 二维随机变量函数的分布

下面开始学习二维随机变量函数的分布. 主要问题：已知二维随机变量 (X,Y) 的概率分布，求 $Z=g(X,Y)$ 的概率分布. 解决思路：先将关于随机变量 Z 的事件转化为二维随机变量 (X,Y) 的事件，然后求概率. 内容主要分为两部分.

第一部分：二维离散型随机变量函数的分布，即已知 (X,Y) 是二维离散型随机变量，且其联合概率分布律为 $p(x_i,y_j)$，$Z=g(X,Y)$ 是离散型随机变量，求 Z 的概率分布律.

第二部分：二维连续型随机变量函数的分布，即已知 (X,Y) 是二维连续型随机变量，且其联合概率密度函数为 $f(x,y)$，$Z=g(X,Y)$ 是连续型随机变量，求 Z 的概率密度函数.

3.5.1 二维离散型随机变量函数的分布

二维离散型随机变量函数的分布

设 (X,Y) 为离散型随机变量，其联合概率分布律为 $p(x_i,y_j)$，且 $Z=g(X,Y)$ 也为离散型随机变量，则 Z 可能取值为 $Z=z_k=g(x_i,y_j)$，于是

$$P(Z=z_k)=\sum_{g(x_i,y_j)=z_k}P(X=x_i,Y=y_j)=\sum_{g(x_i,y_j)=z_k}p(x_i,y_j)(k=1,2,\cdots).$$

下面举两个例子.

例 3.28 设二维离散型随机变量 (X,Y) 的联合概率分布律如表 3-21 所示.

表 3-21 (X,Y) 的联合概率分布律

Y	X		
	−1	1	2
−1	$\frac{1}{4}$	$\frac{1}{6}$	$\frac{1}{8}$
0	$\frac{1}{4}$	$\frac{1}{8}$	$\frac{1}{12}$

求 $Z_1 = X+Y$，$Z_2 = XY$ 的概率分布律.

解　先求出 $Z_1 = X+Y$ 的概率分布律.

$Z_1 = X+Y$ 的所有可能取值为 -2，-1，0，1，2.

于是 $P(Z_1=-2)=p(-1,-1)=\dfrac{1}{4}$，$P(Z_1=-1)=p(-1,0)=\dfrac{1}{4}$，

$P(Z_1=0)=p(1,-1)=\dfrac{1}{6}$，$P(Z_1=1)=p(1,0)+p(2,-1)=\dfrac{1}{8}+\dfrac{1}{8}=\dfrac{1}{4}$，

$P(Z_1=2)=p(2,0)=\dfrac{1}{12}$.

于是，$Z_1 = X+Y$ 的概率分布律如表 3-22 所示.

表 3-22　$Z_1 = X+Y$ 的概率分布律

Z_1	-2	-1	0	1	2
p	$\frac{1}{4}$	$\frac{1}{4}$	$\frac{1}{6}$	$\frac{1}{4}$	$\frac{1}{12}$

但是，这种方法较为麻烦，我们可以考虑下面的方法.

首先将 (X,Y) 以及 $Z_1 = X+Y$ 的取值对应地列出，如表 3-23 所示.

表 3-23　(X,Y) 与 $Z_1 = X+Y$ 的取值以及对应概率

p	$\frac{1}{4}$	$\frac{1}{4}$	$\frac{1}{6}$	$\frac{1}{8}$	$\frac{1}{8}$	$\frac{1}{12}$
(X,Y)	$(-1,-1)$	$(-1,0)$	$(1,-1)$	$(1,0)$	$(2,-1)$	$(2,0)$
Z_1	-2	-1	0	1	1	2

将表 3-23 中 $Z_1 = X+Y$ 的取值和对应的概率进行整理. 于是，$Z_1 = X+Y$ 的概率分布律如表 3-22 所示.

用同样的方法可以列出表 3-24.

表 3-24　(X,Y) 与 $Z_2 = XY$ 的取值以及对应概率

p	$\frac{1}{4}$	$\frac{1}{4}$	$\frac{1}{6}$	$\frac{1}{8}$	$\frac{1}{8}$	$\frac{1}{12}$
(X,Y)	$(-1,-1)$	$(-1,0)$	$(1,-1)$	$(1,0)$	$(2,-1)$	$(2,0)$
Z_2	1	0	-1	0	-2	0

将表 3-24 中 $Z_2 = XY$ 的取值和对应的概率进行整理. 于是，$Z_2 = XY$ 的概率分布律如表 3-25 所示.

表 3-25　$Z_2 = XY$ 的概率分布律

Z_2	-2	-1	0	1
p	$\frac{1}{8}$	$\frac{1}{6}$	$\frac{11}{24}$	$\frac{1}{4}$

例 3.29 设 $X \sim P(\lambda_1)$、$Y \sim P(\lambda_2)$ 且相互独立，则 $X+Y \sim P(\lambda_1+\lambda_2)$.

证 由于 $X \sim P(\lambda_1)$、$Y \sim P(\lambda_2)$，则 $Z=X+Y$ 的可能取值为 $0,1,2,\cdots$，于是

$$P(Z=k)=\sum_{i=0}^{k}P(X=i,Y=k-i)=\sum_{i=0}^{k}\frac{\lambda_1^i \mathrm{e}^{-\lambda_1}}{i!}\cdot\frac{\lambda_2^{k-i}\mathrm{e}^{-\lambda_2}}{(k-i)!}$$

$$=\frac{\mathrm{e}^{-\lambda_1-\lambda_2}}{k!}\sum_{i=0}^{k}\frac{k!}{i!(k-i)!}\lambda_1^i\lambda_2^{k-i}=\frac{(\lambda_1+\lambda_2)^k\mathrm{e}^{-(\lambda_1+\lambda_2)}}{k!}(k=0,1,2,\cdots),$$

所以 $X+Y \sim P(\lambda_1+\lambda_2)$.

本例说明，若 X、Y 相互独立，且 $X \sim P(\lambda_1)$、$Y \sim P(\lambda_2)$，则 $X+Y \sim P(\lambda_1+\lambda_2)$. 这种性质称为分布的可加性. 显然，泊松分布是一个可加性分布.

易证二项分布也是一个可加性分布，即若 X、Y 相互独立，且 $X \sim B(n_1,p)$、$Y \sim B(n_2,p)$，则 $X+Y \sim B(n_1+n_2,p)$.

二维连续型随机变量函数的分布

3.5.2 二维连续型随机变量函数的分布

设 (X,Y) 为连续型随机变量，其联合概率密度函数为 $f(x,y)$，$Z=g(X,Y)$ 为连续型随机变量，则 Z 的分布函数为

$$F_Z(z)=P(Z\leqslant z)=P(g(X,Y)\leqslant z)=\iint_G f(x,y)\mathrm{d}x\mathrm{d}y=\iint_{g(x,y)\leqslant z}f(x,y)\mathrm{d}x\mathrm{d}y,$$

其中积分区域为 $G=\{(x,y)\,|\,g(x,y)\leqslant z\}$，为方便起见，常简记为 $g(x,y)\leqslant z$.

然后利用分布函数与概率密度函数的关系，对分布函数求导，就可得到概率密度函数

$$f_Z(z)=F_Z'(z).$$

下面讨论具体的二维随机变量函数的分布. 首先讨论 $Z=X+Y$ 的分布.

（1）$Z=X+Y$ 的分布

设 (X,Y) 的联合概率密度函数为 $f(x,y)$，则 $Z=X+Y$ 的分布函数为

$$F_Z(z)=P(Z\leqslant z)=P(X+Y\leqslant z)=\iint_{x+y\leqslant z}f(x,y)\mathrm{d}x\mathrm{d}y.$$

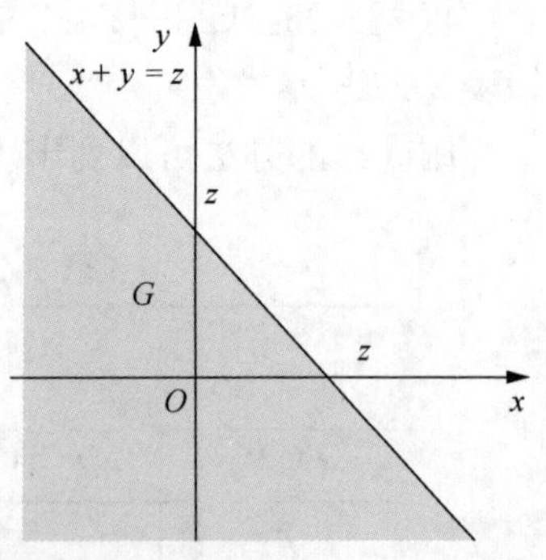

图 3-12 $\{(x,y)\in\mathbf{R}^2\,|\,x+y\leqslant z\}$

这里积分区域 $\{(x,y)\in\mathbf{R}^2\,|\,x+y\leqslant z\}$ 是直线 $x+y=z$ 左下方的半平面（见图 3-12）.

可以化成累次积分

令 $x+y=t$，则 $\mathrm{d}y=\mathrm{d}t$，当 $y=-\infty$ 时，$t=-\infty$；当 $y=z-x$ 时，$t=z$.

$$F_Z(z)=\iint_{x+y\leqslant z}f(x,y)\mathrm{d}x\mathrm{d}y=\int_{-\infty}^{+\infty}\mathrm{d}x\int_{-\infty}^{z-x}f(x,y)\mathrm{d}y$$

$$=\int_{-\infty}^{+\infty}\mathrm{d}x\int_{-\infty}^{z}f(x,t-x)\,\mathrm{d}t=\int_{-\infty}^{z}\left[\int_{-\infty}^{+\infty}f(x,t-x)\mathrm{d}x\right]\mathrm{d}t.$$

于是 Z 的概率密度函数为

$$f_Z(z)=\int_{-\infty}^{+\infty} f(x,z-x)\,\mathrm{d}x\,.$$

由 X，Y 的对称性，又可写成

$$f_Z(z)=\int_{-\infty}^{+\infty} f(z-y,y)\mathrm{d}y\,.$$

于是我们得到了求解两个随机变量之和的概率密度函数的一般公式.

特别地，当 X 与 Y 相互独立时，设 (X,Y) 关于 X，Y 的边缘概率密度函数分别为 $f_X(x)$，$f_Y(y)$，则有

$$f_Z(z)=\int_{-\infty}^{+\infty} f_X(x)f_Y(z-x)\mathrm{d}x\,,$$

$$f_Z(z)=\int_{-\infty}^{+\infty} f_X(z-y)f_Y(y)\mathrm{d}y\,.$$

这两个公式称为**卷积公式**（**convolution formula**），记为 $f_X * f_Y$，即

$$f_X * f_Y=\int_{-\infty}^{+\infty} f_X(x)f_Y(z-x)\,\mathrm{d}x=\int_{-\infty}^{+\infty} f_X(z-y)f_Y(y)\mathrm{d}y\,.$$

例 3.30　设 X 和 Y 是两个相互独立的随机变量，且均服从标准正态分布 $N(0,1)$，求 $Z=X+Y$ 的概率密度函数.

解　由题设可知 X 和 Y 的概率密度函数分别为

$$f_X(x)=\frac{1}{\sqrt{2\pi}}\mathrm{e}^{-\frac{x^2}{2}}\ (x\in\mathbf{R})\,,\quad f_Y(y)=\frac{1}{\sqrt{2\pi}}\mathrm{e}^{-\frac{y^2}{2}}\ (y\in\mathbf{R})\,.$$

由卷积公式知

$$f_Z(z)=\int_{-\infty}^{+\infty} f_X(x)f_Y(z-x)\,\mathrm{d}x=\frac{1}{2\pi}\int_{-\infty}^{+\infty}\mathrm{e}^{-\frac{x^2}{2}}\mathrm{e}^{-\frac{(z-x)^2}{2}}\,\mathrm{d}x=\frac{1}{2\pi}\mathrm{e}^{-\frac{z^2}{4}}\int_{-\infty}^{+\infty}\mathrm{e}^{-\left(x-\frac{z}{2}\right)^2}\,\mathrm{d}x\,.$$

设 $t=x-\dfrac{z}{2}$，得

$$f_Z(z)=\frac{1}{2\pi}\mathrm{e}^{-\frac{z^2}{4}}\int_{-\infty}^{+\infty}\mathrm{e}^{-t^2}\mathrm{d}t=\frac{1}{2\pi}\mathrm{e}^{-\frac{z^2}{4}}\sqrt{\pi}=\frac{1}{2\sqrt{\pi}}\mathrm{e}^{-\frac{z^2}{4}}\,,$$

即 $Z\sim N(0,2)$.

一般地，设 X 和 Y 相互独立且 $X\sim N(\mu_1,\sigma_1^2)$，$Y\sim N(\mu_2,\sigma_2^2)$，由卷积公式可计算出 $Z=X+Y$ 仍然服从正态分布，即 $Z\sim N(\mu_1+\mu_2,\sigma_1^2+\sigma_2^2)$. 该结论还能推广到 n 个独立的正态随机变量之和的情况，即若 $X_i\sim N(\mu_i,\sigma_i^2)(i=1,2,\cdots,n)$，且它们相互独立，则它们的和 $Z=X_1+X_2+\cdots+X_n$ 仍然服从正态分布，即 $Z\sim N\left(\sum\limits_{i=1}^{n}u_i,\sum\limits_{i=1}^{n}{\sigma_i}^2\right)$.

更一般地，可以证明有限个相互独立的正态随机变量的线性组合仍服从正态分布，即若 $X_i\sim N(\mu_i,\sigma_i^2)(i=1,2,\cdots,n)$ 且它们相互独立，则它们的和 $Z=\sum\limits_{i=1}^{n}c_iX_i(c_i\in\mathbf{R},i=1,2,\cdots,n)$ 仍然服从正态分布，且有 $Z\sim N(\sum\limits_{i=1}^{n}c_iu_i,\sum\limits_{i=1}^{n}{c_i}^2{\sigma_i}^2)$.

例 3.31　设两个随机变量均服从均匀分布，即 $X\sim U(0,1)$，$Y\sim U(0,1)$，且 X，Y 相互

独立，求 $Z=X+Y$ 的概率密度函数.

二维连续型随机变量的分布的例子

解 由于 $X\sim U(0,1)$，$Y\sim U(0,1)$，故有

$$f_X(x)=\begin{cases}1, & x\in(0,1),\\ 0, & \text{其他},\end{cases}\quad f_Y(y)=\begin{cases}1, & y\in[0,1],\\ 0, & \text{其他}.\end{cases}.$$

所以 Z 的概率密度函数为

$$f_Z(z)=\int_{-\infty}^{+\infty}f_X(x)f_Y(z-x)\mathrm{d}x\ .$$

只有 $f_X(x)f_Y(z-x)\neq0$ 时，$f_Z(z)\neq0$，从而要求 $0\leqslant x\leqslant1$，$0\leqslant z-x\leqslant1$（见图 3-13）.

于是，当 $z<0$ 时，$f_Z(z)=\int_{-\infty}^{+\infty}0\mathrm{d}x=0$；

当 $z\geqslant2$ 时，$f_Z(z)=\int_{-\infty}^{+\infty}0\mathrm{d}x=0$；

当 $0\leqslant z<1$ 时，$f_Z(z)=\int_{-\infty}^{+\infty}f_X(x)f_Y(z-x)\mathrm{d}x=\int_0^z\mathrm{d}x=z$；

当 $1\leqslant z<2$ 时，$f_Z(z)=\int_{-\infty}^{+\infty}f_X(x)f_Y(z-x)\mathrm{d}x=\int_{z-1}^1\mathrm{d}x=2-z$.

所以 $f_Z(z)=\begin{cases}z, & 0\leqslant z<1,\\ 2-z, & 1\leqslant z<2,\\ 0, & \text{其他}.\end{cases}$

由于随机变量 Z 的概率密度函数为一个三角形（见图 3-14），我们称之为三角分布，又称为辛普森分布.

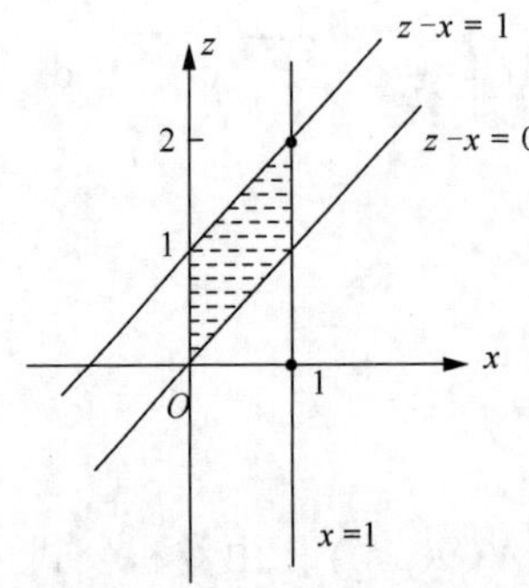

图 3-13 $\{(x,z)\in\mathbf{R}^2\mid 0\leqslant x\leqslant1,0\leqslant z-x\leqslant1\}$

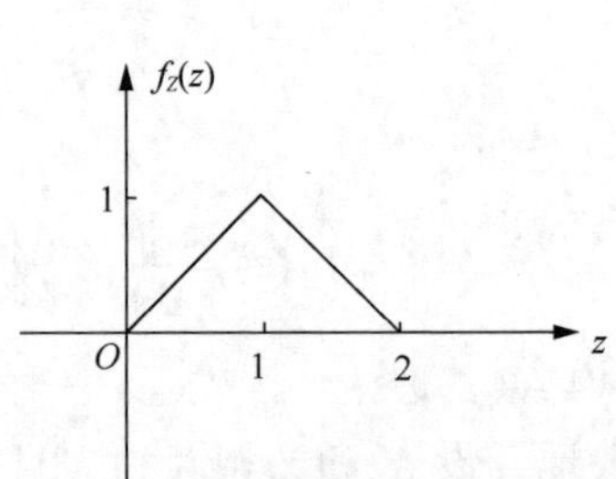

图 3-14 三角分布

例 3.32 （2007 研考）设二维随机变量 (X,Y) 的联合概率密度函数为

$$f(x,y)=\begin{cases}2-x-y, & 0<x<1,0<y<1,\\ 0, & \text{其他},\end{cases}\text{求：}$$

（1）$P(X>2Y)$；（2）$Z=X+Y$ 的概率密度函数.

解 （1）$P(X>2Y)=P\left(Y<\dfrac{1}{2}X\right)$

$$=\int_0^1\mathrm{d}x\int_0^{\frac{1}{2}x}(2-x-y)\mathrm{d}y=\frac{7}{24}\text{（见图 3-15）.}$$

（2）易得 $f_Z(z)=\int_{-\infty}^{\infty} f(x,z-x)\mathrm{d}x$，

要使 $f(x,z-x)\neq 0$，则必须要求 $0<x<1, 0<z-x<1$（见图 3-16）. 于是

$$f_Z(z)=\int_{-\infty}^{+\infty} f(x,z-x)\mathrm{d}x=\begin{cases}\int_0^z (2-z)\mathrm{d}x, & 0<z<1,\\ \int_{z-1}^1 (2-z)\mathrm{d}x, & 1<z<2,\\ 0, & \text{其他}\end{cases}$$

$$=\begin{cases} z(2-z), & 0<z<1,\\ (2-z)^2, & 1<z<2,\\ 0, & \text{其他}.\end{cases}$$

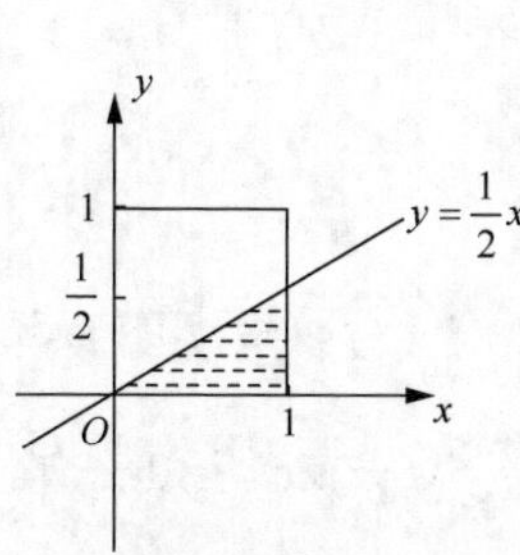

图 3-15　$\{(x,y)\mid\{x<2y\}\cap\{0<x<1,0<y<1\}\}$

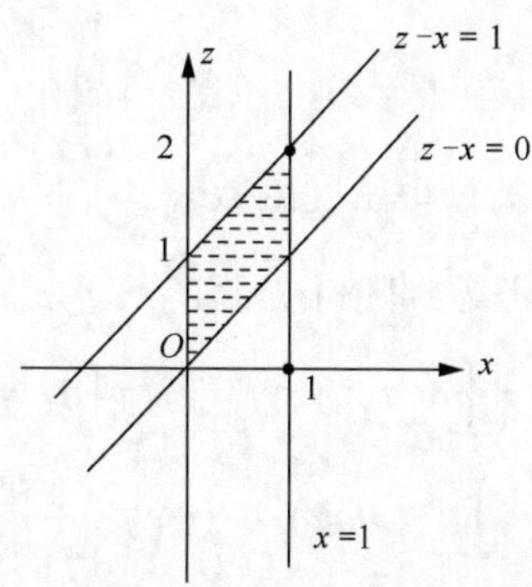

图 3-16　$\{(x,z)\in\mathbf{R}^2\mid 0<x<1, 0<z-x<1\}$

接下来讨论 $Z=\dfrac{X}{Y}$ 的分布.

（2）$Z=\dfrac{X}{Y}$ 的分布

设 (X,Y) 的联合概率密度函数为 $f(x,y)$，

则 $Z=\dfrac{X}{Y}$ 的分布函数为

$$F_Z(z)=P(Z<z)=P(X/Y\leqslant z)=\iint_{x/y\leqslant z} f(x,y)\mathrm{d}x\mathrm{d}y$$

$$=\int_0^{+\infty}\mathrm{d}y\int_{-\infty}^{yz} f(x,y)\mathrm{d}x+\int_{-\infty}^0\mathrm{d}y\int_{yz}^{+\infty} f(x,y)\mathrm{d}x.$$（见图 3-17）

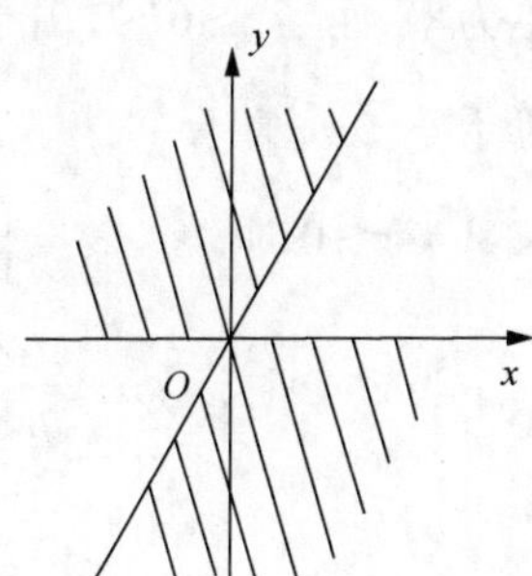

图 3-17　$\{(x,y)\in\mathbf{R}^2\mid x/y\leqslant z\}$

令 $\dfrac{x}{y}=t$，即 $\mathrm{d}x=y\mathrm{d}t$，则当 $x=-\infty$ 时，$t=-\infty$，$x=yz, t=z(y>0)$；当 $x=+\infty$ 时，$t=-\infty$，$x=yz, t=z(y<0)$.

于是有

$$F_Z(z)=\int_0^{+\infty}\mathrm{d}y\int_{-\infty}^{z} f(yt,y)y\mathrm{d}t+\int_{-\infty}^0\mathrm{d}y\int_{z}^{+\infty} f(yt,y)y\mathrm{d}t$$

$$=\int_{-\infty}^{z}\left(\int_0^{+\infty} f(yt,y)y\mathrm{d}y\right)\mathrm{d}t+\int_{-\infty}^0\mathrm{d}y\int_{-\infty}^{z} f(yt,y)(-y)\mathrm{d}t$$

$$=\int_{-\infty}^{z}\left(\int_{0}^{+\infty}f(yt,y)|y|\mathrm{d}y\right)\mathrm{d}t+\int_{-\infty}^{z}\left(\int_{-\infty}^{0}f(yt,y)|y|\mathrm{d}y\right)\mathrm{d}t$$

$$=\int_{-\infty}^{z}\left(\int_{-\infty}^{+\infty}f(yt,y)|y|\mathrm{d}y\right)\mathrm{d}t .$$

于是 Z 的概率密度函数为

$$f_Z(z)=\int_{-\infty}^{+\infty}f(yz,y)|y|\mathrm{d}y .$$

特别地，当 X 和 Y 相互独立时，有

$$f_Z(z)=\int_{-\infty}^{+\infty}f_X(yz)f_Y(y)|y|\mathrm{d}y ,$$

其中 $f_X(x)$，$f_Y(y)$ 分别为 (X,Y) 关于 X 和关于 Y 的边缘概率密度函数.

例 3.33 设随机变量 X 、Y 均服从参数为 λ 的指数分布，且相互独立，即它们的概率密度函数分别为

$$f_X(x)=\begin{cases}\lambda\mathrm{e}^{-\lambda x}, & x>0\\ 0, & x\leqslant 0\end{cases},\quad f_Y(y)=\begin{cases}\lambda\mathrm{e}^{-\lambda y}, & y>0\\ 0, & y\leqslant 0\end{cases}.$$

求 $Z=\dfrac{X}{Y}$ 的概率密度函数.

解 考虑到随机变量 X 、Y 相互独立，于是

$$f_Z(z)=\int_{-\infty}^{+\infty}f_X(yz)f_Y(y)|y|\mathrm{d}y=\int_{-\infty}^{0}f_X(yz)f_Y(y)(-y)\mathrm{d}y+\int_{0}^{+\infty}f_X(yz)f_Y(y)y\mathrm{d}y$$

$$=\int_{-\infty}^{0}f_X(yz)\cdot 0\cdot(-y)\mathrm{d}y+\int_{0}^{+\infty}f_X(yz)\lambda\mathrm{e}^{-\lambda y}y\mathrm{d}y=\int_{0}^{+\infty}f_X(yz)\lambda\mathrm{e}^{-\lambda y}y\mathrm{d}y .$$

考虑到 $y>0$，故只有当 $yz>0$，即 $z>0$ 时，$f_X(yz)>0$ 成立，此时积分 $\int_{0}^{+\infty}f_X(yz)\lambda\mathrm{e}^{-\lambda y}y\mathrm{d}y$ 不为零. 而当 $z\leqslant 0$ 时，由于 $y>0$，故 $yz\leqslant 0$，即有 $f_X(yz)=0$，从而有积分 $\int_{0}^{+\infty}f_X(yz)\lambda\mathrm{e}^{-\lambda y}y\mathrm{d}y$ 等于零. 所以

当 $z\leqslant 0$ 时，$f_Z(z)=\int_{0}^{+\infty}f_X(yz)\lambda\mathrm{e}^{-\lambda y}y\mathrm{d}y=\int_{0}^{+\infty}0\lambda\mathrm{e}^{-\lambda y}y\mathrm{d}y=0$；

当 $z>0$ 时，$f_Z(z)=\int_{0}^{+\infty}\lambda\mathrm{e}^{-\lambda yz}\lambda\mathrm{e}^{-\lambda y}y\mathrm{d}y=\int_{0}^{+\infty}\lambda^2y\mathrm{e}^{-\lambda y(z+1)}\mathrm{d}y=\dfrac{\lambda^2}{-\lambda(z+1)}\int_{0}^{+\infty}y\mathrm{d}\mathrm{e}^{-\lambda y(z+1)}$

$$=\frac{\lambda}{z+1}\int_{0}^{+\infty}\mathrm{e}^{-\lambda y(z+1)}\mathrm{d}y=\frac{\lambda}{z+1}\cdot\frac{1}{-\lambda(z+1)}\int_{0}^{+\infty}\mathrm{e}^{-\lambda y(z+1)}\mathrm{d}[-\lambda(z+1)y]$$

$$=\frac{1}{(z+1)^2} .$$

所以，Z 的概率密度函数为 $f_Z(z)=\begin{cases}\dfrac{1}{(z+1)^2}, & z>0\\ 0, & z\leqslant 0\end{cases}.$

二维随机变量最值的分布

（3）$M=\max(X,Y)$ 及 $N=\min(X,Y)$ 的分布

设随机变量 X 、Y 相互独立，且它们的分布函数分别为 $F_X(x)$ 、$F_Y(y)$. 求 X 、Y 的最大值 $M=\max(X,Y)$ 、最小值 $N=\min(X,Y)$ 的分布函数 $F_M(z)$、$F_N(z)$.

考虑到随机变量 X 、Y 相互独立，有

$$F_M(z)=P(M\leqslant z)=P(\max(X,Y)\leqslant z)=P(X\leqslant z,Y\leqslant z)$$
$$=P(X\leqslant z)P(Y\leqslant z)=F_X(z)F_Y(z)\,.$$
$$F_N(z)=P(N\leqslant z)=P(\min(X,Y)\leqslant z)=1-P(\min(X,Y)>z)$$
$$=1-P(X>z,Y>z)=1-P(X>z)P(Y>z)$$
$$=1-[1-P(X\leqslant z)][1-P(Y\leqslant z)]=1-[1-F_X(z)][1-F_Y(z)]\,.$$

接下来，我们将上面的结果推广到 n 个相互独立的随机变量的情况.

设随机变量 $X_1,X_2,\cdots,X_n$ 相互独立，且它们的分布函数分别为 $F_{X_1}(x_1),F_{X_2}(x_2),\cdots,$ $F_{X_n}(x_n)$，则 $X_1,X_2,\cdots,X_n$ 的最大值 $M=\max(X_1,X_2,\cdots,X_n)$ 及最小值 $N=\min(X_1,X_2,\cdots,X_n)$ 的分布函数 $F_M(z)$ 、$F_N(z)$ 分别为

$$F_M(z)=F_{X_1}(z)F_{X_2}(z)\cdots F_{X_n}(z)\,,$$
$$F_N(z)=1-[1-F_{X_1}(z)][1-F_{X_2}(z)]\cdots[1-F_{X_n}(z)]\,.$$

二维随机变量最值的分布的例子

特别地，当随机变量 $X_1,X_2,\cdots,X_n$ 相互独立且服从相同的分布 $F(x)$ 时，则有

$$F_M(z)=[F(z)]^n\,,$$
$$F_N(z)=1-[1-F(z)]^n\,.$$

例 3.34　设某系统 L 由两个相互独立的子系统 L_1 、L_2 连接而成，连接方式有 3 种，分别为：（1）串联，如图 3-18（a）所示；（2）并联，如图 3-18（b）所示；（3）备用（当 L_1 损坏时，L_2 开始工作），如图 3-18（c）所示. 设子系统 L_1 、L_2 的寿命分别为 X 、Y ，且它们的概率密度函数分别为 $f_X(x)=\begin{cases}\alpha \mathrm{e}^{-\alpha x}, & x>0\\ 0, & x\leqslant 0\end{cases}$，$f_Y(y)=\begin{cases}\beta \mathrm{e}^{-\beta y}, & y>0\\ 0, & y\leqslant 0\end{cases}$. 其中 $\alpha>0$ 、$\beta>0$ 且 $\alpha\neq\beta$. 请分别根据这 3 种连接方式写出系统 L 的寿命 Z 的概率密度函数.

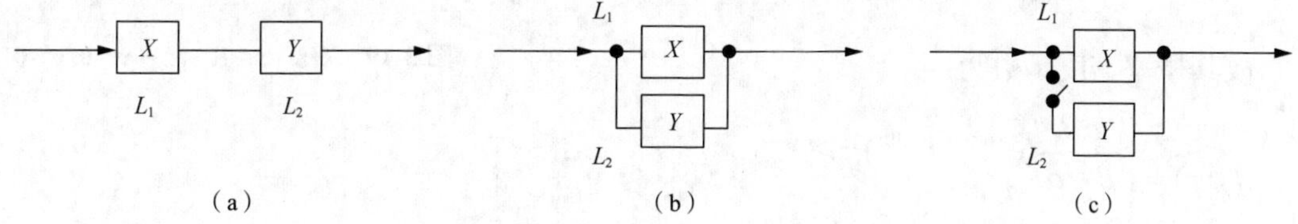

图 3-18　系统连接的 3 种方式

解　（1）串联情况

由于 L_1 、L_2 中有一个损坏时，系统 L 就停止工作，此时 L 的寿命 $Z=\min(X,Y)$.

由 X 和 Y 的概率密度函数可知它们的分布函数分别为

$$F_X(x)=\begin{cases}1-\mathrm{e}^{-\alpha x}, & x>0\\ 0, & x\leqslant 0\end{cases}，\quad F_Y(y)=\begin{cases}1-\mathrm{e}^{-\beta y}, & y>0\\ 0, & y\leqslant 0\end{cases}.$$

故 $Z=\min(X,Y)$ 的分布函数为

$$F_{\min}(z)=1-[1-F_X(z)][1-F_Y(z)]=\begin{cases}1-\mathrm{e}^{-\alpha z}\mathrm{e}^{-\beta z}, & z>0\\ 0, & z\leqslant 0\end{cases}=\begin{cases}1-\mathrm{e}^{-(\alpha+\beta)z}, & z>0\\ 0, & z\leqslant 0\end{cases}.$$

故其概率密度函数为

$$f_{\min}(z)=\begin{cases}(\alpha+\beta)\mathrm{e}^{-(\alpha+\beta)z}, & z>0\\ 0, & z\leqslant 0\end{cases}.$$

（2）并联情况

当且仅当 L_1 和 L_2 都损坏时，系统 L 才会停止工作，显然，此时 L 的寿命 $Z=\max(X,Y)$. 故 $Z=\max(X,Y)$ 的分布函数为

$$F_{\max}(z)=F_X(z)F_Y(z)=\begin{cases}(1-\mathrm{e}^{-\alpha z})(1-\mathrm{e}^{-\beta z}), & z>0\\ 0, & z\leqslant 0\end{cases},$$

其概率密度函数为

$$f_{\max}(z)=\begin{cases}\alpha\mathrm{e}^{-\alpha z}+\beta\mathrm{e}^{-\beta z}-(\alpha+\beta)\mathrm{e}^{-(\alpha+\beta)z}, & z>0\\ 0, & z\leqslant 0\end{cases}.$$

（3）备用情况

由于 L_1 损坏时 L_2 才开始工作，故而系统 L 的寿命是其两个子系统 L_1、L_2 的寿命之和，故而有 $Z=X+Y$，且其概率密度函数为 $f_Z(z)=\int_{-\infty}^{+\infty}f(z-y,y)\mathrm{d}y$. 于是

当 $z\leqslant 0$ 时，$f_Z(z)=0$；

当 $z>0$ 时，$f_Z(z)=\int_{-\infty}^{+\infty}f_X(z-y)f_Y(y)\mathrm{d}y$.

只有 $z-y>0$ 和 $y>0$ 同时成立（见图 3-19），才有 $f_X(z-y)f_Y(y)>0$，故而

$$\begin{aligned}f_Z(z)&=\int_{-\infty}^{+\infty}f_X(z-y)f_Y(y)\mathrm{d}y=\int_0^z\alpha\mathrm{e}^{-\alpha(z-y)}\beta\mathrm{e}^{-\beta y}\mathrm{d}y\\&=\alpha\beta\mathrm{e}^{-\alpha z}\int_0^z\mathrm{e}^{-(\beta-\alpha)y}\mathrm{d}y=-\frac{\alpha\beta}{\beta-\alpha}\mathrm{e}^{-\alpha z}\mathrm{e}^{-(\beta-\alpha)y}\Big|_0^z\\&=\frac{\alpha\beta}{\beta-\alpha}(\mathrm{e}^{-\alpha z}-\mathrm{e}^{-\beta z}).\end{aligned}$$

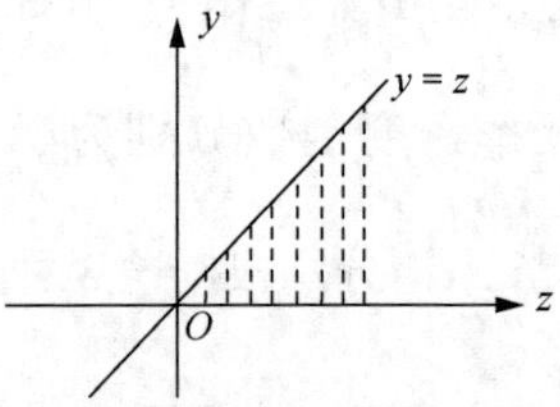

图 3-19　$\{(z,y)\in\mathbf{R}^2\mid z-y>0,y>0\}$

故其概率密度函数为

$$f_Z(z)=\begin{cases}\dfrac{\alpha\beta}{\beta-\alpha}(\mathrm{e}^{-\alpha z}-\mathrm{e}^{-\beta z}), & z>0\\ 0, & z\leqslant 0\end{cases}.$$

思考启发　通过学习一维和二维随机变量的函数的分布可知，求解二维随机变量函数的概率分布比求解一维随机变量函数的概率分布要复杂得多. 但是，究其本质，二者的求解方法是完全相同的，即它们均是借助新旧随机变量之间的函数关系，将求解新随机变量的概率分布问题转化为求解旧随机变量的概率分布问题. 因此，将一维和二维随机变量的函数的分布求解问题放在一起进行对比学习，是掌握该部分内容的一个非常好的方法. 总之，在概率论和数理统计以及其他数学科目的学习中，将一些类似甚至是看上去完全不同的问题放在一起进行对比学习，厘清它们的相同点和不同点，有助于加深我们对所学知识的理解和掌握，同时也能促使我们从这些不同的问题中探寻出它们共同的本质特征.

习题 3.5

1. 设二维随机变量 (X,Y) 的联合概率分布律如表 3-26 所示.

表 3-26　(X,Y) 的联合概率分布律

X	Y		
	0	1	2
1	0	$\frac{1}{3}$	$\frac{1}{3}$
2	$\frac{1}{6}$	0	$\frac{1}{6}$

（1）求 $Z_1 = X + Y$ 的概率分布律.

（2）求 $Z_2 = \max\{X,Y\}$ 的概率分布律.

2. 设随机变量 X 与 Y 相互独立，且均服从参数 $\lambda = 1$ 的指数分布，求随机变量 $Z = X + Y$ 的概率密度函数.

3. 设二维随机变量 (X,Y) 的联合概率密度函数为

$$f(x,y)=\begin{cases}1, & 0<x<1, x<y<2x,\\ 0, & 其他,\end{cases}$$

求随机变量 $Z = X + Y$ 的概率密度函数.

4. 设随机变量 X 和 Y 均服从指数分布 $E(1)$ 且相互独立，记随机变量 $U = X + Y$，$V = \dfrac{X}{Y}$. 求 (U,V) 的联合概率密度函数.

3.6　多维随机变量及其分布的 MATLAB 实现

本节旨在帮助读者了解多维随机变量及其分布的 MATLAB 实现，读者可扫码查看本章 MATLAB 程序解析.

第 3 章 MATLAB 程序解析

3.6.1　二维均匀分布

例 3.35　在 MATLAB 中产生二维的均匀分布，分布在中心为原点的一个圆环（内径 r 、外径 R ）内.

3.6.2　二维正态分布

计算二维正态分布 $N(\mu_1,\mu_2,\sigma_1^2,\sigma_2^2,\rho)$.

函数名：mvnpdf

调用形式：mvnpdf(x,mu,sigma)

例 3.36 画出二维正态分布 $N(0,0,1,4,0.17)$ 的概率密度函数图像，及其在 xOy 和 xOz 平面上的投影.

3.6.3 边缘分布

已知二维随机变量 (X,Y) 的联合分布，可利用 MATLAB 中的求和函数 sum 与积分函数 int 求解边缘分布.

例 3.37 设 (X,Y) 的联合概率分布律如表 3-27 所示.

表 3-27 (X,Y) 的联合概率分布律

X	Y								
	−2	−1	0	1	2	3	4	5	6
1	0.02	0.01	0.01	0.05	0.01	0.02	0.04	0.01	0.02
2	0.01	0.03	0.1	0.05	0.02	0	0.01	0.02	0.02
3	0.03	0.01	0.01	0	0.01	0.02	0.03	0.01	0.01
4	0	0.01	0	0.05	0.02	0	0	0	0.01
5	0.05	0.02	0	0	0.01	0.02	0.02	0.01	0
6	0.02	0.05	0.03	0.05	0.02	0	0.01	0.01	0.01

（1）求 X 和 Y 的边缘概率分布.

（2）求 $P(X+Y<3)$，$P(\sin X+\cos Y<0.6)$.

例 3.38 设 (X,Y) 的联合概率密度函数为

$$f(x,y)=\begin{cases}Cx^2(1-y), 0<x^2<y<1,\\ 0, \qquad 其他.\end{cases}$$

（1）确定常数 C.

（2）求边缘概率密度函数 $f_X(x)$ 和 $f_Y(y)$.

习题 3.6

1. 设随机变量(X,Y)的联合概率分布律如表 3-28 所示.

表 3-28 (X,Y) 的联合概率分布律

X	Y						
	−2	0	1	2	3	4	5
0	0.02	0.01	0.05	0.01	0.02	0.04	0.01
1	0.01	0.1	0.05	0.02	0	0.01	0.02
3	0.03	0.01	0.04	0.01	0.02	0.03	0.01
5	0.04	0.08	0.05	0.02	0.07	0.07	0
6	0.02	0.03	0.05	0.02	0.01	0.01	0.01

利用 MATLAB 计算：

（1）X 和 Y 的边缘概率分布律；

（2）$P\{2<X+\sin Y<3.6\}$.

2. 设 (X,Y) 的联合概率密度函数为

$$f(x,y)=\begin{cases}2-x-y,0<x,y<1,\\0,\qquad\text{其他}.\end{cases}$$

利用 MATLAB 计算：

（1）$P\{X>2Y\}$；

（2）边缘概率密度函数 $f_X(x)$ 和 $f_Y(y)$；

（3）$Z=X+Y$ 的概率密度函数.

小　结

多维随机变量是一维随机变量的推广，我们以二维随机变量为代表来研究多维随机变量及其概率分布.

1. 二维离散型随机变量和二维连续型随机变量的共同表示方法——联合分布函数：

$$F(x,y)=P(X\leqslant x,Y\leqslant y)(x,y\in\mathbf{R}).$$

离散型随机变量 (X,Y) 的联合概率分布律：

$$p_{ij}=p(x_i,y_j)=P(X=x_i,Y=y_j).$$

连续型随机变量 (X,Y) 的联合概率密度函数：

$$P((X,Y)\in D)=\iint\limits_D f(x,y)\mathrm{d}x\mathrm{d}y,$$

或者

$$F(x,y)=P(X\leqslant x,Y\leqslant y)=\int_{-\infty}^{x}\int_{-\infty}^{y}f(x,y)\mathrm{d}x\mathrm{d}y.$$

一般地，我们常使用联合概率分布律或联合概率密度函数来描述和研究二维随机变量，而联合分布函数常常在理论研究和分析时使用.

2. 二维随机变量的联合概率分布（联合分布函数、联合概率分布律以及联合概率密度函数）是将二维随机变量作为一个整体来研究的. 而事实上，每个分量都有自己的概率分布，因此，我们需要研究每个分量的概率分布，即边缘概率分布，包括边缘分布函数、边缘概率分布律以及边缘概率密度函数.

边缘分布函数：$F_X(x)=F(x,+\infty)$，$F_Y(y)=F(+\infty,y)$.

边缘概率分布律：$p_X(x_i)=\sum\limits_j p(x_i,y_j)$，$p_Y(y_j)=\sum\limits_i p(x_i,y_j)$.

边缘概率密度函数：$f_X(x)=\int_{-\infty}^{+\infty}f(x,y)\mathrm{d}y$，$f_Y(y)=\int_{-\infty}^{+\infty}f(x,y)\mathrm{d}x$.

3. 在现实应用中，有时候我们需要研究某个随机变量取某个值时，另一个随机变量的

概率分布，即涉及条件分布函数、条件概率分布律以及条件概率密度函数.

条件分布函数

$$F_{X|Y}(x|y)=\frac{\int_{-\infty}^{x}f(x,y)\mathrm{d}x}{f_Y(y)},\ F_{Y|X}(y|x)=\frac{\int_{-\infty}^{y}f(x,y)\mathrm{d}y}{f_X(x)}.$$

条件概率分布律

$$p_{X|Y}(x_i|y_j)=\frac{p(x_i,y_j)}{p_Y(y_j)},\quad p_{Y|X}(y_j|x_i)=\frac{p(x_i,y_j)}{p_X(x_i)}.$$

条件概率密度函数

$$f_{X|Y}(x|y)=\frac{f(x,y)}{f_Y(y)},\quad f_{Y|X}(y|x)=\frac{f(x,y)}{f_X(x)}.$$

4. 当一个随机变量取某个值时，对另一个随机变量的分布函数、概率分布律以及概率密度函数无任何影响时，就是随机变量的独立性. 借助随机事件的独立性定义，于是两个随机变量的独立性的定义为

$$P(X\leqslant x,Y\leqslant y)=P(X\leqslant x)P(Y\leqslant y)(x,y\in\mathbf{R}),$$

于是有　　$F(x,y)=F_X(x)F_Y(y)(x,y\in\mathbf{R})$.

进而得到　$p(x_i,y_j)=p_X(x_i)p_Y(y_j)$ 及 $f(x,y)=f_X(x)f_Y(y)$.

由前文的独立性公式以及条件概率分布公式，我们得到结论：由二维随机变量的联合概率分布可以确定唯一的边缘概率分布，反之，由两个随机变量的边缘概率分布一般不能唯一确定它们的联合概率分布. 但是，当两个随机变量相互独立时，由二维随机变量的联合概率分布可以确定唯一的边缘概率分布，且由两个边缘概率分布可以唯一确定二维随机变量的联合概率分布.

5. 确定二维随机变量 (X,Y) 的函数的分布是一个难点，要求在 (X,Y) 的分布已知的情况下，能求出 $Z=X+Y$，$Z=\dfrac{X}{Y}$，$Z=\max\{X,Y\}$ 以及 $Z=\min\{X,Y\}$ 的分布.

6. 本章在进行各种问题的计算时，尤其是涉及二维连续型随机变量的概率分布和概率求解时，常常需要利用二重积分或一重积分，此时结合图形来确定随机变量的取值范围以及积分的上、下限非常方便，因此在进行相关积分运算时，一定要画出图形.

重要术语及学习主题

二维随机变量　　联合分布函数

联合概率分布律　　联合概率密度函数

边缘分布函数　　边缘概率分布律

边缘概率密度函数　　条件分布函数

条件概率分布律　　条件概率密度函数

随机变量的独立性　　二维随机变量函数的分布

两个随机变量和的分布　　两个随机变量商的分布

两个随机变量最大者、最小者的分布

第 3 章考研真题

1. 设二维随机变量 (X,Y) 服从正态分布 $N(1,0,1,1,0)$，则 $P(XY-Y<0)=$ ________.

（2015 研考）

2. 设二维随机变量 (X,Y) 在区域 $D=\left\{(x,y)\,|\,0<x<1,x^2<y<\sqrt{x}\right\}$ 上服从均匀分布，令 $U=\begin{cases}1, & X\leqslant Y,\\ 0, & X>Y,\end{cases}$ 求：

（1）(X,Y) 的概率密度函数.

（2）U 与 X 是否相互独立？说明理由.

（3）$Z=U+X$ 的分布函数 $F_Z(z)$.（2016 研考）

3. 设二维随机变量 (X,Y) 的联合概率密度函数为

$$f(x,y)=A\mathrm{e}^{-2x^2+2xy-y^2}\ (x,y\in\mathbf{R}),$$

求常数 A 及条件概率密度函数 $f_{Y|X}(y\,|\,x)$.（2010 研考）

4. 设随机变量 X 和 Y 相互独立，且 X 的概率分布为 $P(X=0)=P(X=2)=\dfrac{1}{2}$，$Y$ 的概率密度函数为 $f(y)=\begin{cases}2y, & 0<y<1,\\ 0, & 其他,\end{cases}$ 求：

（1）$P(Y\leqslant E(Y))$；

（2）$Z=X+Y$ 的概率密度函数.（2017 研考）

5. 设随机变量 X 和 Y 相互独立，且均服从正态分布 $N(\mu,\sigma^2)$，则 $P(|X-Y|<1)$（　　）.

A. 与 μ 无关，而与 σ^2 有关　　B. 与 μ 有关，而与 σ^2 无关

C. 与 μ,σ^2 都有关　　D. 与 μ 和 σ^2 都无关（2019 研考）

6. 设随机变量 X 和 Y 相互独立，X 服从参数为 1 的指数分布，而 Y 的概率分布为 $P(Y=-1)=p$，$P(Y=1)=1-p(0<p<1)$. 设 $Z=XY$，

（1）Z 的概率密度函数；

（2）p 为何值时，X 和 Z 不相关；

（3）X 与 Z 是否相互独立？（2019 研考）

7. 设随机变量 X_1、X_2、X_3 相互独立，其中 X_1、X_2 均服从标准正态分布，X_3 的概率分布为 $P(X_3=0)=P(X_3=1)=\dfrac{1}{2}$.　$Y=X_3X_1+(1-X_3)X_2$.

求：

（1）二维随机变量 (X_1,Y) 的分布函数，结果用标准正态分布函数 $\Phi(x)$ 表示；

（2）证明随机变量 Y 服从标准正态分布.（2020 研考）

8. 设随机变量 X 和 Y 相互独立，且 $X\sim B\left(1,\dfrac{1}{3}\right)$，$Y\sim B\left(2,\dfrac{1}{2}\right)$，则 $P(X=Y)=$ ____.

（2023 研考）

9. 设二维随机变量 (X,Y) 的联合概率密度函数为

$$f(x,y)=\begin{cases}\dfrac{2}{\pi}(x^2+y^2), & x^2+y^2\leqslant 1\\ 0, & \text{其他}\end{cases},$$

求：

（1）X 与 Y 的协方差；

（2）判断 X 与 Y 是否相互独立；

（3）$Z=X^2+Y^2$ 的概率密度函数. （2023 研考）

10. 设随机变量 X 、Y 相互独立，且均服从参数为 λ 的指数分布，令 $Z=|X-Y|$，则下列随机变量与 Z 同分布的是（　　）.

A. $X+Y$　　B. $\dfrac{X+Y}{2}$　　C. $2X$　　D. X

（2024 研考）

数学家故事 3

第 4 章　随机变量的数字特征

随机变量的分布函数完整地刻画了随机变量的概率性质和统计特性，是随机变量分布的完全描绘．但在理论研究和处理实际问题时，仅依赖分布函数还不够．首先，往往还需要刻画随机变量的某些特性；其次，在实际问题中，确定随机变量的分布函数并非易事，甚至无法得到其分布函数；再次，在许多实际问题中，并不要求全面考察随机变量的分布情况，而只需知道随机变量在某些方面的数量性质就够了．这种用来表示随机变量某一方面性质的数就是随机变量的数字特征．

比如，在考察某种电子产品的质量时，产品寿命可以用一个随机变量来描述．如果知道随机变量的分布函数，就能计算产品寿命落在任意一个时间区间的概率，从而完整地刻画产品寿命状况．即便如此，消费者还是希望能够确定产品的平均寿命，因为平均寿命更直观、方便．另外，即使不能确定产品寿命的分布函数，但若是知道平均寿命，也是在一个重要方面描述了产品的寿命状况．

刻画随机变量取值的平均值的数字特征称为数学期望．方差是另外一个重要的数字特征，用来描述随机变量取值的分散程度．数学期望和方差是随机变量重要的数字特征，虽然不能完整地描述随机变量的分布，但却突出展现了随机变量的重要特性．另外，对于多维随机变量，还有刻画各个分量之间关系的数字特征，主要有协方差和相关系数．在实际问题中，数字特征比较容易估算出来，在理论及实践上都有重要的意义．

4.1　数学期望

第 4 章思维导图

笼统地讲，数学期望就是随机变量取值的平均值，表示一种平均意义，它的计算和概率分布紧密地联系在一起．在介绍数学期望的概念之前，先看下面的例子．

评判一个射手的射击水平，一个重要的指标就是射手的平均命中环数．假设某射手在相同条件下进行多次射击，用随机变量 X 表示每次射击命中的环数，其分布律如表 4-1 所示．

表 4-1　射手每次命中环数的分布律

X	10	9	8	7	6	5	0
$P(X=k)$	0.1	0.1	0.2	0.3	0.1	0.1	0.1

假设该射手共射击 N 次，当 N 比较大时，射击命中环数的频率接近于概率．由频率的稳定性，可以认为在 N 次射击中，大约有 $(0.1\times N)$ 次击中 10 环，$(0.1\times N)$ 次击中 9 环，$(0.2\times N)$ 次击中 8 环，$(0.3\times N)$ 次击中 7 环，$(0.1\times N)$ 次击中 6 环，$(0.1\times N)$ 次击中 5 环，$(0.1\times N)$ 次脱靶．于是在 N 次射击中，射手击中的环数之和约为

$$10\times 0.1N+9\times 0.1N+8\times 0.2N+7\times 0.3N+6\times 0.1N+5\times 0.1N+0\times 0.1N .$$

这样，平均每次射击击中的环数大约为

$$\frac{1}{N}\times(10\times0.1N+9\times0.1N+8\times0.2N+7\times0.3N+6\times0.1N+5\times0.1N+0\times0.1N)$$
$$=10\times0.1+9\times0.1+8\times0.2+7\times0.3+6\times0.1+5\times0.1+0\times0.1=6.7\,.$$

从上面的问题可以看出，对于随机变量的“平均值”，可以用随机变量所有可能取值与其相应的概率乘积之和，也就是以概率为权重的加权平均值来定义.

离散型随机变量的数学期望

4.1.1 离散型随机变量的数学期望

定义 4.1 设离散型随机变量 X 的概率分布为

$$P(X=x_k)=p_k(k=1,2,\cdots),$$

如果级数 $\sum\limits_{k=1}^{\infty}x_k p_k$ 绝对收敛，则称级数 $\sum\limits_{k=1}^{\infty}x_k p_k$ 为随机变量 X 的数学期望（mathematical expectation），记为 $E(X)$. 即

$$E(X)=\sum_{k=1}^{\infty}x_k p_k\,. \tag{4.1}$$

随机变量的数学期望简称期望，又称为均值.

在上面定义中，如果随机变量 X 取有限多个值，则其数学期望 $E(X)=\sum\limits_{k=1}^{n}x_k p_k$ 一定存在；如果随机变量 X 取可列无穷个值，则要求无穷级数 $\sum\limits_{k=1}^{\infty}x_k p_k$ 绝对收敛，目的是使期望 $E(X)=\sum\limits_{k=1}^{\infty}x_k p_k$ 有确切的意义，保证级数的值不会因为级数各项次序的改变而发生变化，即数学期望与随机变量 X 取值的人为次序无关. 如果随机变量取值非负，当 $\sum\limits_{k=1}^{\infty}x_k p_k$ 不收敛时，也称随机变量的数学期望是无穷大.

素质拓展：数学期望的应用

例 4.1 某商场在年末促销活动中进行有奖销售，消费者随机摇出的球的颜色可能为红、黄、蓝、白、黑 5 种颜色中的一种，对应的奖金数额分别为 10000 元、1000 元、100 元、10 元、1 元. 假定消费者摇出红球、黄球、蓝球、白球、黑球的概率分别是 0.01%，0.15%，1.34%，10%，88.5%，求每次摇出的奖金额 X 的数学期望.

解 每次摇出的奖金额 X 是一个随机变量，由已知条件得，它的分布律如表 4-2 所示.

表 4-2 X 的分布律

X	10000	1000	100	10	1
p	0.0001	0.0015	0.0134	0.1	0.885

于是，

$$E(X)=\sum_{k=1}^{5}x_k p(X=x_k)=\sum_{k=1}^{5}x_k p_k$$
$$=10000\times0.0001+1000\times0.0015+100\times0.0134+10\times0.1+1\times0.885$$
$$=5.725\,.$$

由上面计算可知，平均来说，每次摇奖的奖金额不足 6 元，但却可以起到聚集人气的效果，而这个数学期望对商场做预算具有很重要的作用.

4.1.2　常用离散型分布的数学期望

（1）两点分布

设 X 服从参数为 p 的两点分布，其概率分布为

$P(X=0)=1-p$，$P(X=1)=p$，

则 X 的数学期望为

$E(X)=0\times(1-p)+1\times p=p.$

（2）二项分布

设 X 服从参数为 n，p $(0<p<1)$ 的二项分布，其概率分布为

$$P(X=k)=\mathrm{C}_n^k p^k(1-p)^{n-k}\,(k=0,1,2,\cdots,n),$$

则 X 的数学期望为

$$\begin{aligned}E(X)&=\sum_{k=0}^{n}k\mathrm{C}_n^k p^k(1-p)^{n-k}=\sum_{k=0}^{n}k\frac{n!}{k!(n-k)!}p^k(1-p)^{n-k}\\&=np\sum_{k=1}^{n}\frac{(n-1)!}{(k-1)!\left[(n-1)-(k-1)\right]!}p^{k-1}(1-p)^{[(n-1)-(k-1)]},\end{aligned}$$

令 $k-1=t$，则

$$\begin{aligned}E(X)&=np\sum_{t=0}^{n-1}\frac{(n-1)!}{t!\left[(n-1)-t\right]!}p^t(1-p)^{[(n-1)-t]}\\&=np[p+(1-p)]^{n-1}=np.\end{aligned}$$

（3）泊松分布

设 X 服从参数为 $\lambda(\lambda>0)$ 的泊松分布，其概率分布为

$$P(X=k)=\frac{\lambda^k}{k!}\mathrm{e}^{-\lambda}\;(k=0,1,2,\cdots),$$

则 X 的数学期望为

$$E(X)=\sum_{k=0}^{\infty}k\frac{\lambda^k}{k!}\mathrm{e}^{-\lambda}=\lambda\mathrm{e}^{-\lambda}\sum_{k=1}^{\infty}\frac{\lambda^{k-1}}{(k-1)!}.$$

令 $k-1=t$，得到

$$E(X)=\lambda\mathrm{e}^{-\lambda}\sum_{t=0}^{\infty}\frac{\lambda^t}{t!}=\lambda\mathrm{e}^{-\lambda}\cdot\mathrm{e}^{\lambda}=\lambda.$$

（4）几何分布

设 X 服从几何分布，其概率分布为

$$P\left(X=k\right)=pq^{k-1}\;(k=1,2,\cdots),$$

$$E(X)=\sum_{k=1}^{\infty}k\cdot P\left(X=k\right)=\sum_{k=1}^{\infty}k\cdot pq^{k-1}=p\sum_{k=1}^{\infty}k\cdot q^{k-1}.$$

4.1.3 连续型随机变量的数学期望

连续型随机变量的数学期望

定义 4.2 设连续型随机变量 X 的概率密度函数为 $f(x)$，若积分 $\int_{-\infty}^{+\infty} xf(x)\mathrm{d}x$ 绝对收敛，则称积分的值为随机变量 X 的数学期望，记为 $E(X)$．即

$$E(X)=\int_{-\infty}^{+\infty} xf(x)\mathrm{d}x\ . \tag{4.2}$$

要求积分 $\int_{-\infty}^{+\infty} xf(x)\mathrm{d}x$ 绝对收敛，目的是使数学期望有确切的定义．当 X 是非负随机变量时，如果积分 $\int_{-\infty}^{+\infty} xf(x)\mathrm{d}x$ 不收敛，也称随机变量 X 的数学期望无穷大.

例 4.2 设随机变量 X 的概率密度函数为

$$f(x)=\begin{cases}\dfrac{2x}{R^2}, 0<x<R,\\ 0,\quad 其他,\end{cases}$$

求 X 的数学期望.

解 $E(X)=\int_{-\infty}^{+\infty} xf(x)\mathrm{d}x=\int_{-\infty}^{0} x\cdot 0\mathrm{d}x+\int_{0}^{R} x\cdot\dfrac{2x}{R^2}\mathrm{d}x+\int_{R}^{+\infty} x\cdot 0\mathrm{d}x$

$$=\frac{2}{R^2}\int_0^R x^2\mathrm{d}x=\frac{2}{R^2}\cdot\frac{R^3}{3}=\frac{2}{3}R.$$

例 4.3 假设某一系统由 5 个相互独立工作的电子元件构成，每个电子元件的寿命 $X_k(k=1,2,3,4,5)$ 服从同一指数分布，其概率密度函数为

$$f(x)=\begin{cases}\dfrac{1}{\theta}\mathrm{e}^{-x/\theta}, & x>0,\\ 0, & x\leqslant 0\end{cases}(\theta>0),$$

（1）若系统由这 5 个电子元件串联构成，求系统寿命 N 的数学期望；

（2）若系统由这 5 个电子元件并联构成，求系统寿命 M 的数学期望.

解 随机变量 $X_k(k=1,2,3,4,5)$ 的分布函数为

$$F(x)=\int_{-\infty}^{x} f(t)\mathrm{d}t=\begin{cases}1-\mathrm{e}^{-\frac{x}{\theta}}, & x>0,\\ 0, & x\leqslant 0.\end{cases}$$

（1）串联的情况

串联时，5 个电子元件中只要有一个损坏，系统就不能工作，从而可得系统寿命为

$$N=\min\{X_1,X_2,X_3,X_4,X_5\},$$

由于 X_1,X_2,X_3,X_4,X_5 是相互独立的，于是 $N=\min\{X_1,X_2,X_3,X_4,X_5\}$ 的分布函数为

$$\begin{aligned}F_N(x)&=P(N\leqslant x)=1-P(N>x)\\&=1-P(X_1>x, X_2>x, X_3>x, X_4>x, X_5>x)\\&=1-P(X_1>x)P(X_2>x)P(X_3>x)P(X_4>x)P(X_5>x)\\&=1-[1-F_{X_1}(x)][1-F_{X_2}(x)][1-F_{X_3}(x)][1-F_{X_4}(x)][1-F_{X_5}(x)]\\&=1-[1-F(x)]^5=\begin{cases}1-\mathrm{e}^{-\frac{5x}{\theta}}, & x>0,\\ 0, & x\leqslant 0.\end{cases}\end{aligned}$$

因此，随机变量 N 的概率密度函数为

$$f_N(x)=\begin{cases}\dfrac{5}{\theta}\mathrm{e}^{-\frac{5x}{\theta}}, & x>0,\\ 0, & x\leqslant 0.\end{cases}$$

则 N 的数学期望为

$$E(N)=\int_{-\infty}^{+\infty}xf_N(x)\mathrm{d}x=\int_0^{+\infty}\frac{5x}{\theta}\mathrm{e}^{-\frac{5x}{\theta}}\mathrm{d}x=\frac{\theta}{5}.$$

（2）并联的情况

并联时，只有 5 个电子元件全部损坏时，系统才不能正常工作，从而可得系统寿命为

$$M=\max\{X_1,X_2,X_3,X_4,X_5\}.$$

由于 X_1,X_2,X_3,X_4,X_5 相互独立，类似可得 M 的分布函数为

$$F_M(x)=[F(x)]^5=\begin{cases}\left(1-\mathrm{e}^{-\frac{x}{\theta}}\right)^5, & x>0,\\ 0, & x\leqslant 0.\end{cases}$$

因此，随机变量 M 的概率密度函数为

$$f_M(x)=\begin{cases}\dfrac{5}{\theta}\left(1-\mathrm{e}^{-\frac{x}{\theta}}\right)^4\mathrm{e}^{-\frac{x}{\theta}}, & x>0,\\ 0, & x\leqslant 0.\end{cases}$$

于是 M 的数学期望为

$$E(M)=\int_{-\infty}^{+\infty}xf_M(x)\mathrm{d}x=\int_0^{+\infty}\frac{5x}{\theta}\left(1-\mathrm{e}^{-\frac{x}{\theta}}\right)^4\mathrm{e}^{-\frac{x}{\theta}}\mathrm{d}x=\frac{137}{60}\theta.$$

这表明，5 个电子元件并联构成的系统的平均寿命要大于串联构成的系统的平均寿命.

例 4.4　设随机变量 X 服从柯西（Cauchy）分布，其概率密度函数为

$$f(x)=\frac{1}{\pi(1+x^2)}(-\infty<x<+\infty).$$

证明 $E(X)$ 不存在.

证　由于

$$\int_{-\infty}^{+\infty}|x|f(x)\mathrm{d}x=\int_{-\infty}^{+\infty}|x|\cdot\frac{1}{\pi(1+x^2)}\mathrm{d}x=+\infty,$$

所以 $E(X)$ 不存在.

4.1.4　常用连续型分布的数学期望

（1）均匀分布

设 X 服从 $[a,b]$ 上的均匀分布，其概率密度函数为

$$f(x)=\begin{cases}\dfrac{1}{b-a}, & x\in[a,b],\\ 0, & \text{其他},\end{cases}$$

则 X 的数学期望

$$E(X)=\int_{-\infty}^{+\infty} xf\left(x\right)\mathrm{d}x=\int_{-\infty}^{a} x\cdot 0\mathrm{d}x+\int_{a}^{b} x\cdot\frac{1}{b-a}\mathrm{d}x+\int_{b}^{+\infty} x\cdot 0\mathrm{d}x=\frac{a+b}{2}.$$

（2）指数分布

设 X 服从参数为 λ 的指数分布，其概率密度函数为

$$f(x)=\begin{cases}\lambda\mathrm{e}^{-\lambda x}, & x\geqslant 0,\\ 0, & x<0,\end{cases}$$

则 X 的数学期望

$$E(X)=\int_{-\infty}^{+\infty} xf(x)\mathrm{d}x=\int_{0}^{+\infty} x\lambda\mathrm{e}^{-\lambda x}\mathrm{d}x=\frac{1}{\lambda}.$$

（3）正态分布

设 $X\sim N(\mu,\sigma^2)$，其概率密度函数为

$$f(x)=\frac{1}{\sqrt{2\pi}\sigma}\mathrm{e}^{-\frac{(x-\mu)^2}{2\sigma^2}},$$

则 X 的数学期望

$$E(X)=\int_{-\infty}^{+\infty} xf(x)\mathrm{d}x=\frac{1}{\sqrt{2\pi}\sigma}\int_{-\infty}^{+\infty} x\mathrm{e}^{-\frac{(x-\mu)^2}{2\sigma^2}}\mathrm{d}x,$$

令 $\frac{x-\mu}{\sigma}=t$，则 $E(X)=\frac{1}{\sqrt{2\pi}}\int_{-\infty}^{+\infty}(\mu+\sigma t)\mathrm{e}^{-\frac{t^2}{2}}\mathrm{d}t$.

注意到

$$\frac{\mu}{\sqrt{2\pi}}\int_{-\infty}^{+\infty}\mathrm{e}^{-\frac{t^2}{2}}\mathrm{d}t=\mu,\quad \frac{1}{\sqrt{2\pi}}\int_{-\infty}^{+\infty}\sigma t\mathrm{e}^{-\frac{t^2}{2}}\mathrm{d}t=0,$$

则有 $E(X)=\mu$.

由于随机变量的数学期望由其概率分布（分布函数）唯一确定，所以分布相同的随机变量的数学期望也相同，从而可以对概率分布（分布函数）定义数学期望．概率分布（分布函数）的数学期望就是以其为概率分布（分布函数）的随机变量的数学期望.

4.1.5 二维随机变量的数学期望

（1）二维离散型随机变量

如果二维离散型随机变量 (X,Y) 的联合概率分布为

$$P\left(X=x_i,Y=y_j\right)=p\left(x_i,y_j\right)\ (i=1,2,\cdots,m,\cdots,\quad j=1,2,\cdots,n,\cdots),$$

则 $E(X)=\sum_i x_i p_X\left(x_i\right)=\sum_i x_i\sum_j p\left(x_i,y_j\right)=\sum_i\sum_j x_i p\left(x_i,y_j\right)$，

$$E(Y)=\sum_j y_j p_Y\left(y_j\right)=\sum_j y_j\sum_i p\left(x_i,y_j\right)=\sum_i\sum_j y_j p\left(x_i,y_j\right).$$

并且记 $E\left(X,Y\right)=\left(E(X),E(Y)\right)$.

例 4.5　已知离散型随机变量(X,Y)的联合概率分布律如表 4-3 所示.

表 4-3　(X,Y)的联合概率分布律

Y	X	
	−1	1
1	0	0.25
2	0.25	0.5

求$E(X)$，$E(Y)$.

解　**方法一**：由已知条件计算X，Y的分布.

$$P(X=1)=p(1,-1)+p(1,1)=0.25,$$

$$P(X=2)=p(2,-1)+p(2,1)=0.75,$$

于是　$E(X)=1\times 0.25+2\times 0.75=1.75$；

$$P(Y=-1)=p(1,-1)+p(2,-1)=0.25,$$

$$P(Y=1)=p(1,1)+p(2,1)=0.75,$$

于是　$E(Y)=-1\times 0.25+1\times 0.75=0.5$.

方法二：不计算X，Y的分布，直接利用公式计算.

$$E(X)=1\times(0+0.25)+2\times(0.25+0.5)=1.75;$$

$$E(Y)=-1\times(0+0.25)+1\times(0.25+0.5)=0.5.$$

（2）二维连续型随机变量

如果二维连续型随机变量(X,Y)的联合概率密度函数为$f(x,y)$，则

$$E(X)=\int_{-\infty}^{+\infty}\int_{-\infty}^{+\infty}xf(x,y)\mathrm{d}x\mathrm{d}y=\int_{-\infty}^{+\infty}x\left[\int_{-\infty}^{+\infty}f(x,y)\mathrm{d}y\right]\mathrm{d}x=\int_{-\infty}^{+\infty}xf_X(x)\mathrm{d}x,$$

$$E(Y)=\int_{-\infty}^{+\infty}\int_{-\infty}^{+\infty}yf(x,y)\mathrm{d}x\mathrm{d}y=\int_{-\infty}^{+\infty}y\left[\int_{-\infty}^{+\infty}f(x,y)\mathrm{d}x\right]\mathrm{d}y=\int_{-\infty}^{+\infty}yf_Y(y)\mathrm{d}y.$$

并且记　$E(X,Y)=(E(X),E(Y))$.

例 4.6　已知二维连续型随机变量(X,Y)的联合概率密度函数为

$$f(x,y)=\begin{cases}8xy, 0\leqslant y\leqslant x, 0\leqslant x\leqslant 1\\ 0,\ \text{其他}\end{cases},$$

求$E(X)$、$E(Y)$.

解　$$E(X)=\int_{-\infty}^{+\infty}\int_{-\infty}^{+\infty}xf(x,y)\mathrm{d}x\mathrm{d}y=\iint\limits_{\substack{0\leqslant y\leqslant x\\0\leqslant x\leqslant 1}}x\cdot 8xy\mathrm{d}x\mathrm{d}y=\int_0^1\mathrm{d}x\int_0^x 8x^2y\mathrm{d}y$$

$$=\int_0^1 8x^2\left[\frac{1}{2}y^2\right]_0^x\mathrm{d}x=\int_0^1 4x^4\mathrm{d}x=\frac{4}{5}.$$

$$E(Y)=\int_{-\infty}^{+\infty}\int_{-\infty}^{+\infty}yf(x,y)\mathrm{d}x\mathrm{d}y=\iint\limits_{\substack{0\leqslant y\leqslant x\\0\leqslant x\leqslant 1}}y\cdot 8xy\mathrm{d}x\mathrm{d}y=\int_0^1\mathrm{d}x\int_0^x 8xy^2\mathrm{d}y$$

$$=\int_0^1 8x\cdot\left[\frac{1}{3}y^3\right]_0^x\mathrm{d}x=\int_0^1\frac{8}{3}x^4\mathrm{d}x=\frac{8}{15}.$$

4.1.6 随机变量函数的数学期望

随机变量函数的数学期望

无论是实际应用还是理论研究，经常会遇到求随机变量函数的数学期望的问题. 对于这类问题，可以通过下面的定理来求解.

定理 4.1 设 Y 是随机变量 X 的函数，$Y=g(X)$（g 是连续函数）.

（1）若 X 是离散型随机变量，它的分布律为 $P\left(X=x_k\right)=p\left(x_k\right)$（$k=1,2,\cdots$），无穷级数 $\sum_{k=1}^{\infty} g(x_k)p(x_k)$ 绝对收敛，则有

$$E(Y)=E[g(X)]=\sum_{k=1}^{\infty} g(x_k)p(x_k). \tag{4.3}$$

（2）若 X 是连续型随机变量，它的概率密度函数为 $f(x)$，积分 $\int_{-\infty}^{+\infty} g(x)f(x)\mathrm{d}x$ 绝对收敛，则有

$$E(Y)=E[g(X)]=\int_{-\infty}^{+\infty} g(x)f(x)\mathrm{d}x. \tag{4.4}$$

这个定理的重要作用在于，当我们求 $Y=g(X)$ 的数学期望 $E(Y)$ 时，不需要先求出 $Y=g(X)$ 的分布，而只需利用 X 的分布就可以了. 当然，我们也可以由 X 的分布，先求出 $Y=g(X)$ 的分布，再根据数学期望的定义去求 $E[g(X)]$. 不过，一般情况下，求 $Y=g(X)$ 的分布是不容易的（如果仅仅是求期望，也是不必要的），所以一般不采用后一种方法.

上述定理的证明超出了本书的知识范围，感兴趣的读者可以查阅相关资料.

上述定理还可以推广到两个或两个以上随机变量的函数情形.

例如，假设 Z 是随机变量 X 和 Y 的函数，$Z=g(X,Y)$，其中 $z=g(x,y)$ 是连续函数，那么 Z 也是一个随机变量.

当 (X,Y) 是二维离散型随机变量，其联合概率分布律为 $P\left(X=x_i,Y=y_j\right)=p\left(x_i,y_j\right)$（$i=1,2,\cdots$ ，$j=1,2,\cdots$）时，若 $\sum_i\sum_j g(x_i,y_i)p(x_i,y_j)$ 绝对收敛，则有

$$E(Z)=E[g(X,Y)]=\sum_i\sum_j g(x_i,y_i)p(x_i,y_j). \tag{4.5}$$

当 (X,Y) 是二维连续型随机变量，其联合概率密度函数为 $f\left(x,y\right)$ 时，若 $\int_{-\infty}^{+\infty}\int_{-\infty}^{+\infty} g(x,y)f(x,y)\mathrm{d}x\mathrm{d}y$ 绝对收敛，则有

$$E(Z)=E[g\left(X,Y\right)]=\int_{-\infty}^{+\infty}\int_{-\infty}^{+\infty} g\left(x,y\right)f\left(x,y\right)\mathrm{d}x\mathrm{d}y. \tag{4.6}$$

特别地，有

$$E(X)=\int_{-\infty}^{+\infty}\int_{-\infty}^{+\infty} xf(x,y)\mathrm{d}x\mathrm{d}y=\int_{-\infty}^{+\infty} xf_X(x)\mathrm{d}x,$$

$$E(Y)=\int_{-\infty}^{+\infty}\int_{-\infty}^{+\infty} yf(x,y)\mathrm{d}x\mathrm{d}y=\int_{-\infty}^{+\infty} yf_Y(y)\mathrm{d}y.$$

随机变量函数的数学期望举例

例 4.7 设随机变量 X 的分布律如表 4-4 所示.

表 4-4　X 的分布律

X	-1	0	2	3
P	$\frac{1}{8}$	$\frac{1}{4}$	$\frac{3}{8}$	$\frac{1}{4}$

求 $E(X^2)$，$E(-2X+1)$.

解　由定理 4.1，得

$$E(X^2)=(-1)^2\times\frac{1}{8}+0^2\times\frac{1}{4}+2^2\times\frac{3}{8}+3^2\times\frac{1}{4}=\frac{31}{8},$$

$$E(-2X+1)=[-2\times(-1)+1]\times\frac{1}{8}+(-2\times0+1)\times\frac{1}{4}+(-2\times2+1)\times\frac{3}{8}+(-2\times3+1)\times\frac{1}{4}=-\frac{7}{4}.$$

例 4.8　对某一球体的直径进行测量，假设测量结果服从 $[a,b]$ 上的均匀分布，求球体体积的数学期望.

解　用随机变量 X 表示球的直径，随机变量 Y 表示球的体积，依题意，X 的概率密度函数为

$$f(x)=\begin{cases}\frac{1}{b-a}, & a\leqslant x\leqslant b\\ 0, & \text{其他}\end{cases}.$$

球体积 $Y=\frac{1}{6}\pi X^3$，从而有

$$E(Y)=E\left(\frac{1}{6}\pi X^3\right)=\int_{-\infty}^{+\infty}\frac{1}{6}\pi x^3\cdot f(x)\mathrm{d}x=\int_a^b\frac{1}{6}\pi x^3\cdot\frac{1}{b-a}\mathrm{d}x$$

$$=\frac{\pi}{6(b-a)}\int_a^b x^3\mathrm{d}x=\frac{\pi}{24}(a+b)(a^2+b^2).$$

例 4.9　假设国际市场每年对某企业出口商品的需求量是随机变量 X（单位：吨），服从[2000,4000]上的均匀分布. 若企业售出这种商品 1 吨，可获得外汇 3 万元；如果销售不出去而囤积于仓库，则每吨需花保管费 1 万元. 问应预备多少吨这种商品，才能使企业获得的外汇收入最大.

解　设 y 为该企业的货源量，若 $X\geqslant y$，则全部售出；若 $X<y$，则有 $y-X$ 吨不能售出.

设总收益为随机变量 Y，则 $Y=g(X)=\begin{cases}3y, & X\geqslant y\\ 3X-(y-X), & X<y\end{cases}$，

所以，$E(Y)=E[g(X)]=\int_{-\infty}^{+\infty}g(x)f(x)\mathrm{d}x=\frac{1}{2000}\int_{2000}^{4000}g(x)\mathrm{d}x$

$$=\frac{1}{2000}\left[\int_{2000}^{y}(4x-y)\mathrm{d}x+\int_{y}^{4000}3y\mathrm{d}x\right]=\frac{1}{1000}[-y^2+7000y-4\times10^6]$$

$$=\frac{1}{1000}[-(y-3500)^2+8250000].$$

当 $y=3500$ 时，平均外汇收入 $E(Y)$ 取得最大值. 因此应该预备 3500 吨此种商品，使企业获得的外汇收入最大，最大收入为 8250 万元.

例 4.10　如果二维随机变量 (X,Y) 在区域 D 内服从均匀分布，其中 D 为 x 轴、y 轴及

直线 $x+\dfrac{y}{2}=1$ 所围成的三角形区域，求数学期望 $E(X)$、$E(Y)$、$E(XY)$.

解 用 s 表示区域 D 的面积，由于 (X,Y) 在区域 D 内服从均匀分布，则其联合概率密度函数为

$$f(x,y)=\begin{cases}\dfrac{1}{s}, & (x,y)\in D\\ 0, & (x,y)\notin D\end{cases}=\begin{cases}1, & (x,y)\in D\\ 0, & (x,y)\notin D\end{cases}.$$

$$E(X)=\int_{-\infty}^{+\infty}\int_{-\infty}^{+\infty}xf(x,y)\mathrm{d}x\mathrm{d}y=\iint_{D}x\mathrm{d}x\mathrm{d}y=\int_{0}^{1}\mathrm{d}x\int_{0}^{2(1-x)}x\mathrm{d}y=\frac{1}{3}.$$

$$E(Y)=\int_{-\infty}^{+\infty}\int_{-\infty}^{+\infty}yf(x,y)\mathrm{d}x\mathrm{d}y=\iint_{D}y\mathrm{d}x\mathrm{d}y=\int_{0}^{2}y\mathrm{d}y\int_{0}^{1-\frac{y}{2}}\mathrm{d}x=\frac{2}{3}.$$

$$E(XY)=\int_{-\infty}^{+\infty}\int_{-\infty}^{+\infty}xyf(x,y)\mathrm{d}x\mathrm{d}y=\int_{0}^{1}x\mathrm{d}x\int_{0}^{2(1-x)}y\mathrm{d}y=2\int_{0}^{1}x(1-x)^{2}\mathrm{d}x=\frac{1}{6}$$

4.1.7 数学期望的性质

数学期望的性质

关于随机变量的数学期望，有下面一些重要性质.

定理 4.2 设随机变量 X，Y 的数学期望 $E(X)$，$E(Y)$ 存在，则

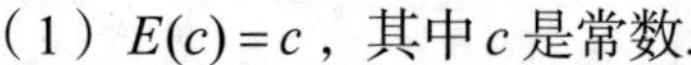

（1）$E(c)=c$，其中 c 是常数.

（2）$E(cX)=cE(X)$，其中 c 是常数.

（3）$E(X+c)=E(X)+c$，其中 c 是常数.

（4）线性法则：

$$E(aX+b)=aE(X)+b\ (a,b\in\mathbf{R}).$$

（5）$E(X+Y)=E(X)+E(Y)$.

（6）若 X 与 Y 相互独立，则有

$$E(XY)=E(X)\cdot E(Y).$$

证 （1）假设随机变量 X 服从退化分布，即 $P(X=c)=1$，则

$$E(X)=E(c)=c.$$

（2）如果 X 为离散型随机变量，则

$$E(cX)=\sum_{i}cx_{i}p(x_{i})=c\sum_{i}x_{i}p(x_{i})=cE(X).$$

如果 X 为连续型随机变量，则

$$E(cX)=\int_{-\infty}^{+\infty}(cx)f(x)\mathrm{d}x=c\int_{-\infty}^{+\infty}xf(x)\mathrm{d}x=cE(X).$$

（3）如果 X 为离散型随机变量，则

$$E(X+c)=\sum_{i}(x_{i}+c)p(x_{i})=\sum_{i}x_{i}p(x_{i})+\sum_{i}cp(x_{i})=E(X)+c.$$

如果 X 为连续型随机变量，则

$$E(X+c)=\int_{-\infty}^{+\infty}(x+c)f(x)\mathrm{d}x=\int_{-\infty}^{+\infty}xf(x)\mathrm{d}x+c\int_{-\infty}^{+\infty}f(x)\mathrm{d}x=E(X)+c.$$

（4）易得 $E(aX+b)=E(aX)+b=aE(X)+b$.

（5）若 (X,Y) 是离散型随机变量，$p\left(x_i,y_j\right)$ 是其联合概率分布律，则

$$\begin{aligned}E(X+Y)&=\sum_i\sum_j\left(x_i+y_j\right)p\left(x_i,y_j\right)\\&=\sum_i\sum_j x_i p\left(x_i,y_j\right)+\sum_i\sum_j y_j p\left(x_i,y_j\right)\\&=E(X)+E(Y).\end{aligned}$$

若 (X,Y) 为二维连续型随机变量，其联合概率密度函数为 $f(x,y)$，边缘概率密度函数分别为 $f_X(x)$，$f_Y(y)$，则

$$\begin{aligned}E(X+Y)&=\int_{-\infty}^{+\infty}\int_{-\infty}^{+\infty}(x+y)f(x,y)\mathrm{d}x\mathrm{d}y\\&=\int_{-\infty}^{+\infty}\int_{-\infty}^{+\infty}xf(x,y)\mathrm{d}x\mathrm{d}y+\int_{-\infty}^{+\infty}\int_{-\infty}^{+\infty}yf(x,y)\mathrm{d}x\mathrm{d}y\\&=\int_{-\infty}^{+\infty}xf_X(x)\mathrm{d}x+\int_{-\infty}^{+\infty}yf_Y(y)\mathrm{d}y=E(X)+E(Y).\end{aligned}$$

（6）不妨设 X，Y 是连续型随机变量，(X,Y) 的联合概率密度函数为 $f\left(x,y\right)$，边缘概率密度函数分别为 $f_X(x)$，$f_Y(y)$，则

$$\begin{aligned}E\left(XY\right)&=\int_{-\infty}^{+\infty}\int_{-\infty}^{+\infty}xyf\left(x,y\right)\mathrm{d}x\mathrm{d}y=\int_{-\infty}^{+\infty}\int_{-\infty}^{+\infty}xyf_X\left(x\right)f_Y\left(y\right)\mathrm{d}x\mathrm{d}y\\&=\int_{-\infty}^{+\infty}xf_X\left(x\right)\mathrm{d}x\int_{-\infty}^{+\infty}yf_Y\left(y\right)\mathrm{d}y=E(X)\cdot E(Y).\end{aligned}$$

推论 1　设 $X_1,X_2,\cdots,X_n$ 是任意有限个随机变量，则有

$$E\left(\sum_{i=1}^{n}X_i\right)=\sum_{i=1}^{n}E(X_i).$$

利用上述数学期望的性质，可以简化前文二项分布数学期望的计算．将二项分布表示为 n 个相互独立的两点分布的和，计算二项分布的数学期望的过程将简单一些．事实上，若设 X 表示在 n 次独立重复试验中事件 A 发生的次数，X_i 表示 A 在第 i 次试验中出现的次数 $(i=1,2,\cdots,n)$，则有 $X=\sum_{i=1}^{n}X_i$.

显然，这里 $X_i(i=1,2,\cdots,n)$ 服从两点分布，其分布律为

$$P(X_i=0)=1-p\text{，}P(X_i=1)=p\text{，其中 }p+q=1.$$

所以 $E(X_i)=p(i=1,2,\cdots,n)$．由上面的推论有

$$E(X)=E\left(\sum_{i=1}^{n}X_i\right)=\sum_{i=1}^{n}E(X_i)=np.$$

推论 2　设 $X_1,X_2,\cdots,X_n$ 是相互独立的随机变量，则

$$E\left(\prod_{i=1}^{n}X_i\right)=\prod_{i=1}^{n}E(X_i).$$

例 4.11　如果一电路中的电流 I（单位：A）与电阻 R（单位：Ω）是两个相互独立的

随机变量，其概率密度函数分别为

$$g(i)=\begin{cases}2i, & 0\leqslant i\leqslant 1,\\ 0, & \text{其他},\end{cases}\quad h(r)=\begin{cases}\dfrac{r^2}{9}, & 0\leqslant r\leqslant 3,\\ 0, & \text{其他}.\end{cases}$$

试计算电压 $V=IR$ 的均值.

解 $E(V)=E(IR)=E(I)E(R)$

$$=\left[\int_{-\infty}^{+\infty} ig(i)\mathrm{d}i\right]\left[\int_{-\infty}^{+\infty} rh(r)\mathrm{d}r\right]=\left(\int_0^1 2i^2\mathrm{d}i\right)\left(\int_0^3 \frac{r^3}{9}\mathrm{d}r\right)=\frac{3}{2}.$$

例 4.12 将 n 个不同的信笺随机放入 n 个写好地址的信封中，问平均有几封信能够正确搭配.

解 定义随机变量

$$X_i=\begin{cases}1, \text{第}i\text{封信正确搭配}\\ 0, \text{第}i\text{封信没有正确搭配}\end{cases}(i=1,2,\cdots,n),$$

则 $P(X_i=0)=\dfrac{n-1}{n}$，$P(X_i=1)=\dfrac{1}{n}$.

于是 $E(X_i)=\dfrac{1}{n}$ $(i=1,2,\cdots,n)$.

用 Y 表示正确搭配的数量，则 $Y=X_1+X_2+\cdots+X_n$，从而有

$$E(Y)=E(X_1)+E(X_2)+\cdots+E(X_n)=\frac{n}{n}=1.$$

也就是说，无论有多少个信封，平均只有一封信能正确搭配.

思考启发 数学期望表示随机变量取值的平均水平，是对随机变量分布的整体描述，也表示了随机变量取值的“中心位置”，能够强化我们对随机变量分布的理解. 对随机变量函数计算的简化，也让我们加深了对数学期望性质的理解和掌握.

习题 4.1

1. 设随机变量 X 的分布律如表 4-5 所示.

表 4-5 X 的分布律（习题 4.1.1）

X	−1	0	1	2
$P(X=x_i)$	1/8	1/2	1/8	1/4

求 $E(X)$，$E(X^2)$，$E(2X+3)$.

2. 随机变量 X 的分布律为

$$p_n=P(X=n)=A\cdot\frac{B^n}{n!}(n=0,1,2,\cdots).$$

已知$E(X)=a$，求常数A，B.

3. 设随机变量X的分布律如表 4-6 所示.

表 4-6　X的分布律（习题 4.1.3）

X	−1	0	1
$P(X=x_i)$	p_1	p_2	p_3

且已知$E(X)=0.1$，$E(X^2)=0.9$，求p_1，p_2，p_3.

4. 气体分子的速度X服从麦克斯韦（Maxwell）分布，其概率密度函数为

$$f(x)=\begin{cases}Ax^2\mathrm{e}^{-\frac{x^2}{a^2}}, & x>0\\ 0, & x\leqslant 0\end{cases}.$$

其中$a>0$为常数，求系数A及X的数学期望.

5. 设随机变量X、Y、Z相互独立，且$E(X)=5$、$E(Y)=11$、$E(Z)=8$，求下列随机变量的数学期望.

（1）$U=2X+3Y+1$.

（2）$V=YZ-4X$.

6. 设随机变量(X,Y)的概率密度函数为

$$f(x,y)=\begin{cases}k, & 0<x<1,0<y<x\\ 0, & 其他\end{cases}.$$

试确定常数k，并求$E(XY)$.

7. 设X、Y是相互独立的随机变量，其概率密度函数分别为

$$f_X(x)=\begin{cases}2x, & 0\leqslant x\leqslant 1\\ 0, & 其他\end{cases},\quad f_Y(y)=\begin{cases}\mathrm{e}^{-(y-5)}, & y>5\\ 0, & 其他\end{cases}.$$

求$E(XY)$.

8. 设随机变量X、Y的概率密度函数分别为

$$f_X(x)=\begin{cases}2\mathrm{e}^{-2x}, & x>0\\ 0, & x\leqslant 0\end{cases},\quad f_Y(y)=\begin{cases}4\mathrm{e}^{-4y}, & y>0\\ 0, & y\leqslant 0\end{cases}.$$

求：

（1）$E(X+Y)$；

（2）$E(2X-3Y^2)$.

4.2　方　差

方差的定义和计算

4.2.1　方差的定义

数学期望描述了随机变量（或分布）取值的“平均”状况，但有时候仅依靠这个平均

值还不能满足刻画随机变量取值情况的需要．例如，有甲、乙两名射手，他们每次射击命中的环数分别为 X，Y，已知 X 和 Y 的分布律如表 4-7 和表 4-8 所示．

表 4-7　X 的分布律

X	8	9	10
$P(X=x_k)$	0.2	0.6	0.2

表 4-8　Y 的分布律

Y	8	9	10
$P(Y=y_k)$	0.1	0.8	0.1

由于 $E(X)=9$，$E(Y)=9$，因此仅从均值来看无法准确判断谁的射击技术更好一些，所以还需考虑其他方面的因素．一个比较直接的思路是在射击的平均环数相等的条件下，进一步比较哪一个射击者的技术更稳定些，也就是比较谁命中的环数更集中在平均值的附近．如果随机变量 X 的数学期望为 $E(X)$，则偏离量 $X-E(X)$ 也是一个随机变量．为了刻画随机变量 X 偏离数学期望 $E(X)$ 的程度，直接使用 $X-E(X)$ 的数学期望难以达到目的，因为其数学期望是零，即正负偏离彼此抵消掉了．一个自然的想法是采用命中的环数 X 与它的平均值 $E(X)$ 之间差的绝对值 $|X-E(X)|$ 的均值 $E\left[|X-E(X)|\right]$ 来度量，$E\left[|X-E(X)|\right]$ 越小，表明 X 的值越集中于 $E(X)$ 附近，即射击技术更稳定；$E\left[|X-E(X)|\right]$ 越大，表明 X 的值越分散，射击技术较不稳定．但由于 $E\left[|X-E(X)|\right]$ 带有绝对值，在计算时很不方便，故通常采用 X 与 $E(X)$ 的差的平方的平均值 $E\{[X-E(X)]^2\}$ 来度量随机变量 X 取值的分散程度．此例中，由于

$$E\{[X-E(X)]^2\}=0.2\times(8-9)^2+0.6\times(9-9)^2+0.2\times(10-9)^2=0.4,$$

$$E\{[Y-E(Y)]^2\}=0.1\times(8-9)^2+0.8\times(9-9)^2+0.1\times(10-9)^2=0.2.$$

故乙的技术更稳定些．

定义 4.3　设 X 是一个随机变量，若 $E\{[X-E(X)]^2\}$ 存在，则称 $E\{[X-E(X)]^2\}$ 为 X 的方差（variance），记为 $D(X)$，即

$$D(X)=E\{[X-E(X)]^2\}. \tag{4.7}$$

称 $\sqrt{D(X)}$ 为随机变量 X 的标准差（standard deviation）或均方差(mean square deviation)，记为 $\sigma(X)$，即 $\sigma(X)=\sqrt{D(X)}$．

根据定义可知，随机变量 X 的方差反映了随机变量的取值与其数学期望的偏离程度．若 X 取值比较集中，则 $D(X)$ 较小；反之，若 X 取值比较分散，则 $D(X)$ 较大．

由于方差是随机变量 X 的函数 $g(X)=[X-E(X)]^2$ 的数学期望，从而有如下结论．

（1）若离散型随机变量 X 的分布律为 $P(X=x_k)=p(x_k)=p_k\ (k=1,2,\cdots)$，则

$$D(X)=\sum_k [x_k-E(X)]^2 p_k. \tag{4.8}$$

（2）若连续型随机变量 X 的概率密度函数为 $f(x)$，则

$$D(X)=\int_{-\infty}^{+\infty}[x-E(X)]^2 f(x)\mathrm{d}x . \tag{4.9}$$

（3）对于二维离散型随机变量 (X,Y)，其联合概率分布为

$$P\left(X=x_i, Y=y_j\right)=p\left(x_i, y_j\right)\left(i=1,2,\cdots,\ j=1,2,\cdots\right),$$

则
$$\begin{aligned}D(X)&=E\left\{[X-E(X)]^2\right\}\\&=\sum_i\left\{[x_i-E(X)]^2\right\}p_X\left(x_i\right)=\sum_i\sum_j[x_i-E(X)]^2 p\left(x_i, y_j\right);\\D(Y)&=E\left\{[Y-E(Y)]^2\right\}\\&=\sum_j\left\{[y_j-E(Y)]^2\right\}p_Y\left(y_j\right)=\sum_i\sum_j[y_j-E(Y)]^2 p\left(x_i, y_j\right).\end{aligned}$$

（4）对于二维连续型随机变量 (X,Y)，其概率密度函数为 $f(x,y)$，则

$$\begin{aligned}D(X)&=E\left\{[X-E(X)]^2\right\}\\&=\int_{-\infty}^{+\infty}[x-E(X)]^2 f_X\left(x\right)\mathrm{d}x=\int_{-\infty}^{+\infty}\int_{-\infty}^{+\infty}[x-E(X)]^2 f\left(x,y\right)\mathrm{d}x\mathrm{d}y;\\D(Y)&=E\left\{[Y-E(Y)]^2\right\}\\&=\int_{-\infty}^{+\infty}[y-E(Y)]^2 f_Y\left(y\right)\mathrm{d}y=\int_{-\infty}^{+\infty}\int_{-\infty}^{+\infty}[y-E(Y)]^2 f\left(x,y\right)\mathrm{d}x\mathrm{d}y.\end{aligned}$$

根据定义，方差 $D(X)$ 是一个常数，它由随机变量的分布唯一确定.

（5）根据数学期望的性质可得到

$$D(X)=E(X^2)-\left[E(X)\right]^2 . \tag{4.10}$$

这是因为

$$\begin{aligned}D(X)&=E\left\{\left[X-E(X)\right]^2\right\}=E\left\{X^2-2X\cdot E(X)+[E(X)]^2\right\}\\&=E(X^2)+E\left[-2X\cdot E(X)\right]+E\left\{\left[E(X)\right]^2\right\}\\&=E(X^2)+\left[-2E(X)\right]E(X)+\left[E(X)\right]^2\\&=E(X^2)-\left[E(X)\right]^2.\end{aligned}$$

有时候利用上述这个式子计算方差比较简便.

例 4.13 假设有甲、乙两种棉花，X，Y 分别表示甲、乙两种棉花的纤维长度（单位：mm），各抽取等量的样品进行检验，结果如表 4-9 和表 4-10 所示.

表 4-9 X 的分布律（例 4.13）

X	28	29	30	31	32
$P(X=x_k)$	0.1	0.15	0.5	0.15	0.1

表 4-10 Y 的分布律（例 4.13）

Y	28	29	30	31	32
$P(Y=y_k)$	0.13	0.17	0.4	0.17	0.13

求 $D(X)$ 与 $D(Y)$，并且评价它们的质量.

解 由于

$$E(X)=28\times0.1+29\times0.15+30\times0.5+31\times0.15+32\times0.1=30,$$

$$E(Y)=28\times0.13+29\times0.17+30\times0.4+31\times0.17+32\times0.13=30,$$

故得

$$\begin{aligned}D(X)&=(28-30)^2\times0.1+(29-30)^2\times0.15+(30-30)^2\times0.5+(31-30)^2\times0.15+(32-30)^2\times0.1\\&=4\times0.1+1\times0.15+0\times0.5+1\times0.15+4\times0.1=1.1,\end{aligned}$$

$$\begin{aligned}D(Y)&=(28-30)^2\times0.13+(29-30)^2\times0.17+(30-30)^2\times0.4+(31-30)^2\times0.17+(32-30)^2\times0.13\\&=4\times0.13+1\times0.17+0\times0.4+1\times0.17+4\times0.13=1.38.\end{aligned}$$

$D(X)<D(Y)$，甲种棉花的纤维长度的方差小一些，说明其纤维长度比较均匀，从而认为甲种棉花质量较好.

例 4.14 设随机变量 X 的概率密度函数为

$$f(x)=\begin{cases}1+x, & -1\leqslant x<0\\1-x, & 0\leqslant x<1\\0, & \text{其他}\end{cases},$$

求 $D(X)$.

解 $E(X)=\int_{-\infty}^{+\infty}f(x)\mathrm{d}x=\int_{-1}^{0}x(1+x)\mathrm{d}x+\int_{0}^{1}x(1-x)\mathrm{d}x=0$,

$E(X^2)=\int_{-\infty}^{+\infty}x^2f(x)\mathrm{d}x=\int_{-1}^{0}x^2(1+x)\mathrm{d}x+\int_{0}^{1}x^2(1-x)\mathrm{d}x=\dfrac{1}{6}$,

于是 $D(X)=E(X^2)-[E(X)]^2=\dfrac{1}{6}$.

4.2.2 方差的性质

方差的性质

设随机变量 X 与 Y 的方差存在，则有下面几条重要的性质.

性质 1 若 c 为常数，则 $D(c)=0$.

证 $D(c)=E\{[c-E(c)]^2\}=E(0)=0$.

性质 2 若 c 为常数，则 $D(X+c)=D(X)$.

证 $$\begin{aligned}D(X+c)&=E\{[X+c-E(X+c)]^2\}=E\{[X+c-EX-c)]^2\}\\&=E\{[X-EX]^2\}=D(X).\end{aligned}$$

性质 3 若 c 为常数，则 $D(cX)=c^2D(X)$.

证 $$\begin{aligned}D(cX)&=E\{[cX-E(cX)]^2\}=E\{[cX-cE(X)]^2\}\\&=c^2E\{[X-E(X)]^2\}=c^2D(X).\end{aligned}$$

性质 4 $D(X\pm Y)=D(X)+D(Y)\pm2E\{[X-E(X)][Y-E(Y)]\}$.

证　$D(X \pm Y) = E\left\{\left[(X \pm Y) - E(X \pm Y)\right]^2\right\}$

$$= E\left\{[X - E(X)]^2 \pm 2[X - E(X)][Y - E(Y)] + [Y - E(Y)]^2\right\}$$

$$= E\left\{[X - E(X)]^2\right\} + E\left\{[Y - E(Y)]^2\right\} \pm 2E\{[X - E(X)][Y - E(Y)]\}$$

$$= D(X) + D(Y) \pm 2E\{[X - E(X)][Y - E(Y)]\}.$$

性质 5　设随机变量 X，Y 相互独立，则 $D(X+Y) = D(X) + D(Y)$.

证　$D(X+Y) = E[(X+Y)^2] - [E(X+Y)]^2$

$$= E(X^2 + 2XY + Y^2) - [E(X) + E(Y)]^2$$

$$= E(X^2) + 2E(XY) + E(Y^2) - [E(X)]^2 - 2E(X)E(Y) - [E(Y)]^2$$

$$=D(X) + D(Y).$$

推论　设 $X_1, X_2, \cdots, X_n$ 相互独立，则 $D\left(\sum_{i=1}^{n} X_i\right) = \sum_{i=1}^{n} D(X_i)$.

性质 6　对任意的常数 $c \neq E(X)$，有 $D(X) < E[(X-c)^2]$.

证　$E[(X-c)^2] = E\{[X - E(X)] + [E(X) - c]\}^2$

$$= E\{[X - E(X)]^2 + 2[X - E(X)][E(X) - c] + [E(X) - c]^2\}$$

$$= E\{[X - E(X)]^2\} + 2E\{[X - E(X)][E(X) - c]\} + E\{[E(X) - c]^2\}$$

$$= D(X) + [E(X) - c]^2,$$

故对任意的常数 $c \neq E(X)$，有 $D(X) < E[(X-c)^2]$.

例 4.15　已知随机变量 X 的数学期望为 $E(X)$，标准差为 $\sigma(X)$，称随机变量 $X^* = \dfrac{X - E(X)}{\sigma(X)}$ 为随机变量 X 的标准化随机变量，证明：

$$E(X^*) = 0，\ D(X^*) = 1.$$

证　$E(X^*) = E\left[\dfrac{X - E(X)}{\sigma(X)}\right] = \dfrac{E[X - E(X)]}{\sigma(X)} = 0,$

$D(X^*) = D\left[\dfrac{X - E(X)}{\sigma(X)}\right] = \dfrac{D[X - E(X)]}{\sigma^2(X)} = \dfrac{D(X)}{\sigma^2(X)} = 1.$

常用分布的方差

4.2.3　常用分布的方差

（1）两点分布

设 X 服从参数为 p 的两点分布，其分布律如下：

$$P(X=0) = q，\ P(X=1) = p，\ 其中\ p + q = 1.$$

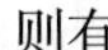

则有

$E(X) = 0 \times (1-p) + 1 \times p = p,$

$E(X^2) = 0^2 \times (1-p) + 1^2 \times p = p,$

从而有 $D(X) = E(X^2) - [E(X)]^2 = p - p^2 = p(1-p)$.

（2）二项分布

设 X 服从参数为 n，p 的二项分布，X 的概率函数为

$$P(X=k)=\mathrm{C}_n^k p^k q^{n-k}\ (k=0,1,2,\cdots,n,\ q=1-p).$$

易得 $E(X)=np$，

$$E(X^2)=\sum_{k=0}^{n}k^2\cdot P(X=k)=0\times P(X=0)+\sum_{k=1}^{n}k^2\cdot\frac{n!}{k!(n-k)!}p^k q^{n-k}$$

$$=np\sum_{k=1}^{n}k\cdot\frac{(n-1)!}{(k-1)!(n-k)!}p^{k-1}q^{n-k}$$

令 $l=k-1$，可得 $np\left[\sum_{l=0}^{n-1}l\frac{(n-1)!}{l!(n-1-l)!}p^l q^{(n-1)-l}+\sum_{l=0}^{n-1}\mathrm{C}_{n-1}^l p^l q^{(n-1)-l}\right]$

$$=np\left[(n-1)p+1\right]=np(np+q).$$

从而有 $D(X)=E\left(X^2\right)-\left[E(X)\right]^2=npq$.

（3）泊松分布

设 X 服从参数为 λ 的泊松分布，X 的概率函数为

$$P(X=k)=\frac{\lambda^k}{k!}\mathrm{e}^{-\lambda}\ (k=0,1,2,\cdots,\ \lambda>0).$$

易得 $E(X)=\lambda$，

$$E(X^2)=\sum_{k=0}^{\infty}k^2\cdot P(X=k)=\sum_{k=1}^{\infty}k\cdot\frac{\lambda^k}{(k-1)!}\mathrm{e}^{-\lambda}$$

令 $l=k-1$，可得 $\lambda\mathrm{e}^{-\lambda}\sum_{k=0}^{\infty}(l+1)\frac{\lambda^l}{l!}=\lambda\mathrm{e}^{-\lambda}\left[\sum_{k=0}^{\infty}l\frac{\lambda^l}{l!}+\sum_{k=0}^{\infty}\frac{\lambda^l}{l!}\right]$

$$=\lambda\mathrm{e}^{-\lambda}\left[\sum_{l=1}^{\infty}\frac{\lambda^l}{(l-1)!}+\sum_{k=0}^{\infty}\frac{\lambda^l}{l!}\right]=\lambda\mathrm{e}^{-\lambda}\left(\lambda\mathrm{e}^{\lambda}+\mathrm{e}^{\lambda}\right)=\lambda^2+\lambda,$$

从而有 $D(X)=E(X^2)-\left[E(X)\right]^2=\lambda$.

（4）均匀分布

设 X 服从 $[a,b]$ 上的均匀分布，则 X 的概率密度函数为

$$f(x)=\begin{cases}\dfrac{1}{b-a}, a\leqslant x\leqslant b,\\ 0, \quad 其他,\end{cases}$$

易得 $E(X)=\dfrac{a+b}{2}$，

$$E(X^2)=\int_{-\infty}^{+\infty}x^2 f(x)\mathrm{d}x=\int_{-\infty}^{a}x^2\cdot 0\mathrm{d}x+\int_a^b x^2\cdot\frac{1}{b-a}\mathrm{d}x+\int_b^{+\infty}x^2\cdot 0\mathrm{d}x$$

$$=\frac{1}{b-a}\left[\frac{1}{3}x^3\right]_a^b=\frac{a^2+ab+b^2}{3}.$$

从而 $D(X)=E(X^2)-\left[E(X)\right]^2=\dfrac{(b-a)^2}{12}$.

（5）指数分布

设 X 服从参数为 λ 的指数分布，X 的概率密度函数为

$$f_X(x)=\begin{cases}\lambda e^{-\lambda x}, & x>0,\\ 0, & x\leqslant 0,\end{cases}$$

易得 $E(X)=\int_{-\infty}^{+\infty}xf(x)dx=\int_0^{+\infty}x\cdot\lambda e^{-\lambda x}dx=\dfrac{1}{\lambda}$，

$$E(X^2)=\int_{-\infty}^{+\infty}x^2f(x)dx=\int_0^{+\infty}x^2\lambda e^{-\lambda x}dx=\frac{2}{\lambda^2},$$

则 $D(X)=E(X^2)-[E(X)]^2=\dfrac{2}{\lambda^2}-\dfrac{1}{\lambda^2}=\dfrac{1}{\lambda^2}$.

（6）正态分布

设 $X\sim N(\mu,\sigma^2)$，X 的概率密度函数为

$$f(x)=\frac{1}{\sqrt{2\pi}\sigma}e^{-\frac{(x-\mu)^2}{2\sigma^2}}\ (-\infty<x<+\infty)$$，其中 μ，σ 是大于 0 的常数.

易得 $E(X)=\mu$，

则 $D(X)=\int_{-\infty}^{+\infty}(x-\mu)^2f(x)dx=\dfrac{1}{\sqrt{2\pi}\sigma}\int_{-\infty}^{+\infty}(x-\mu)^2e^{-\frac{(x-\mu)^2}{2\sigma^2}}dx$

令 $t=\dfrac{x-\mu}{\sigma}$，可得 $\dfrac{1}{\sqrt{2\pi}\sigma}\int_{-\infty}^{+\infty}\sigma^2t^2e^{-\frac{t^2}{2}}\sigma dt=\dfrac{\sigma^2}{\sqrt{2\pi}}\int_{-\infty}^{+\infty}t^2e^{-\frac{t^2}{2}}dt$

$$=\frac{\sigma^2}{\sqrt{2\pi}}\int_{-\infty}^{+\infty}(-t)e^{-\frac{t^2}{2}}d\left(-\frac{t^2}{2}\right)=\frac{\sigma^2}{\sqrt{2\pi}}\int_{-\infty}^{+\infty}(-t)d\left(e^{-\frac{t^2}{2}}\right)$$

$$=\frac{\sigma^2}{\sqrt{2\pi}}\left\{\left[-te^{-\frac{t^2}{2}}\right]\right\}_{-\infty}^{+\infty}-\frac{\sigma^2}{\sqrt{2\pi}}\int_{-\infty}^{+\infty}e^{-\frac{t^2}{2}}d(-t)=\sigma^2\cdot\frac{1}{\sqrt{2\pi}}\int_{-\infty}^{+\infty}e^{-\frac{t^2}{2}}dt=\sigma^2.$$

由此可见，正态分布概率密度函数中的两个参数 μ 和 σ 分别是该分布的数学期望和标准差. 因而正态分布完全可由它的数学期望和方差所确定. 再者，由 3.5 节的知识知道，如果 $X_i\sim N(\mu_i,{\sigma_i}^2)(i=1,2,\cdots,n)$，并且它们是相互独立的，那么它们的线性组合 $c_1X_1+c_2X_2+\cdots+c_nX_n=\sum_{i=1}^{n}c_iX_i$（$c_1,c_2,\cdots,c_n$ 是不全为 0 的常数）仍然服从正态分布. 于是由数学期望和方差的性质知道

$$c_1X_1+c_2X_2+\cdots+c_nX_n\sim N\left(\sum_{i=1}^{n}c_i\mu_i,\sum_{i=1}^{n}{c_i}^2{\sigma_i}^2\right).$$

这是一个重要的结果.

例 4.16　设 $X_1,X_2,\cdots,X_n$ 相互独立，且有共同的方差 $\sigma^2(\sigma^2<+\infty)$，则

$$D\left(\frac{1}{n}\sum_{i=1}^{n}X_i\right)=\frac{1}{n}\sigma^2.$$

证　由于 $X_1,X_2,\cdots,X_n$ 相互独立，则

$$D\left(\frac{1}{n}\sum_{i=1}^{n}X_i\right)=\frac{1}{n^2}D\left(\sum_{i=1}^{n}X_i\right)=\frac{1}{n^2}\sum_{i=1}^{n}D(X_i)$$
$$=\frac{1}{n^2}\sum_{i=1}^{n}\sigma^2=\frac{1}{n}\sigma^2.$$

在上述例子中，如果 X_i 是第 i 次测量质量为 μ 的物体时的测量值，测量误差的方差是 $\sigma^2(\sigma^2<+\infty)$. 当用 n 次测量的平均值 $\overline{X_n}=\frac{1}{n}\sum_{i=1}^{n}X_i$ 作为质量 μ 的测量值时，测量误差的方差降低为原来的 $\frac{1}{n}$. 说明只要测量仪器没有系统偏差（指 $E(X)=\mu$，这时有 $E(\overline{X_n})=\mu$），测量的精度可以通过多次测量求平均值来改进.

思考启发 随机变量的方差描述的是随机变量的取值集中在数学期望附近的程度，方差越小，说明随机变量取值越集中在数学期望附近，反之，则越分散. 注意方差是随机变量函数的数学期望，因此与方差相关的计算往往还是回到随机变量函数的数学期望的计算上来.

习题 4.2

1. 袋中有 12 个零件，其中 9 个为合格品，3 个为废品. 安装机器时，从袋中一个个地取出零件（取出后不放回），设在取出合格品之前已取出的废品数为随机变量，求 $E(X)$，$D(X)$.

2. 设随机变量 X 的概率密度函数为

$$f(x)=\begin{cases}x,\ 0\leqslant x>1,\\ 2-x,1\leqslant x\leqslant 2,\\ 0,其他,\end{cases}$$

求 $E(X)$，$D(X)$.

3. 设随机变量 X 的概率密度函数为

$$f(x)=\begin{cases}cx\mathrm{e}^{-k^2x^2},& x\geqslant 0,\\ 0,& x<0,\end{cases}$$

求：

（1）系数 c；

（2）数学期望 $E(X)$；

（3）方差 $D(X)$.

4. 设两个随机变量 X、Y 相互独立，且 $E(X)=E(Y)=3$，$D(X)=12$，$D(Y)=16$. 求 $E(3X-2Y)$、$D(2X-3Y)$.

5. 设 X、Y、Z 是相互独立的随机变量，并且有 $X\sim N(\mu_x,{\sigma_x}^2)$，$Y\sim N(\mu_y,{\sigma_y}^2)$，$Z\sim N(\mu_z,{\sigma_z}^2)$，$a$、$b$、$c$ 是不全为零的常数，求随机变量 $U=aX+bY+cZ$ 服从的分布.

6. 设 $X_1,X_2,\cdots,X_n$ 是相互独立的随机变量，且有 $E(X_i)=\mu$，$D(X_i)=\sigma^2$，$i=1,2,\cdots,n$，

记 $\overline{X}=\dfrac{1}{n}\sum\limits_{i=1}^{n}X_i$，$S^2=\dfrac{1}{n-1}\sum\limits_{i=1}^{n}(X_i-\overline{X})^2$.

（1）验证 $E(\overline{X})=\mu$，$D(\overline{X})=\dfrac{\sigma^2}{n}$.

（2）验证 $S^2=\dfrac{1}{n-1}(\sum\limits_{i=1}^{n}X_i^2-n\overline{X}^2)$.

（3）验证 $E(S^2)=\sigma^2$.

7. 设随机变量 (X,Y) 服从二维正态分布，其联合概率密度函数为

$$f(x,y)=\frac{1}{2\pi}\mathrm{e}^{-\frac{1}{2}(x^2+y^2)}$$

求随机变量 $Z=\sqrt{X^2+Y^2}$ 的数学期望和方差.

8. 对于两个随机变量 V、W，若 $E(V^2)$ $E(W^2)$、存在，证明：

$$[E(VW)]^2\leqslant E(V^2)E(W^2).$$

这一不等式称为柯西-施瓦茨（Cauchy-Schwarz）不等式.

4.3　协方差与相关系数

对于二维随机变量 (X,Y)，X 和 Y 的数学期望 $E(X)$ 和 $E(Y)$ 只反映了 X 和 Y 各自取值的平均状况，而 $D(X)$ 和 $D(Y)$ 所反映的是 X 和 Y 各自偏离其平均值的程度，无论是数学期望还是方差都没有显现 X 与 Y 之间的关系．但在实际问题中，两个随机变量往往是相互影响、相互联系的，他们之间的依赖关系也是需要考虑的．例如，人的年龄与身高的关系，某种电子产品的销售量与价格的关系等．两个随机变量之间的这种相互联系称为相关关系，一些相关关系可以通过数量进行刻画与描述，也是一类重要的数字特征，本节讨论有关这方面的数字特征.

协方差的定义和计算

4.3.1　协方差

定义 4.4　设 (X,Y) 为二维随机变量，$X-E(X)$ 与 $Y-E(Y)$ 乘积的数学期望，称为随机变量 X 与 Y 的协方差（covariance）或相关矩，记为 $\mathrm{Cov}(X,Y)$，即

$$\mathrm{Cov}(X,Y)=E\{[X-E(X)][Y-E(Y)]\}. \tag{4.11}$$

根据协方差的概念，有下面的一些结果.

（1）若 (X,Y) 为二维离散型随机变量，其联合概率分布律为

$$P(X=x_i,Y=y_j)=p(x_i,y_j)\ (i=1,2,\cdots,\ j=1,2,\cdots),$$

则 $$\mathrm{Cov}(X,Y)=\sum_i\sum_j[x_i-E(X)][y_j-E(Y)]p(x_i,y_j).$$

（2）若 (X,Y) 为二维连续型随机变量，其联合概率密度函数为 $f(x,y)$，

则 $$\mathrm{Cov}(X,Y)=\int_{-\infty}^{+\infty}\int_{-\infty}^{+\infty}[x-E(X)][y-E(Y)]f(x,y)\mathrm{d}x\mathrm{d}y.$$

（3）$\mathrm{Cov}(X,Y)=E(XY)-E(X)E(Y)$.

这是因为 $\mathrm{Cov}(X,Y)=E\{[X-E(X)][Y-E(Y)]\}$

$$=E[XY-YE(X)-XE(Y)+E(X)E(Y)]$$
$$=E(XY)-E(Y)E(X)-E(X)E(Y)+E(X)E(Y)$$
$$=E(XY)-E(X)E(Y).$$

协方差的性质

协方差有下面一些性质：

性质 1　$\mathrm{Cov}(X,Y)=\mathrm{Cov}(Y,X)$.

性质 2　$\mathrm{Cov}(aX,bY)=ab\mathrm{Cov}(X,Y)$（$a,b\in\mathbf{R}$）.

证　$\mathrm{Cov}(aX,bY)=E\{[aX-E(aX)][bY-E(bY)]\}$

$$=E\{[aX-aE(X)][bY-bE(Y)]\}$$
$$=E\{ab[X-E(X)][Y-E(Y)]\}=ab\mathrm{Cov}(X,Y).$$

性质 3　$\mathrm{Cov}(X_1+X_2,Y)=\mathrm{Cov}(X_1,Y)+\mathrm{Cov}(X_2,Y)$.

证　$\mathrm{Cov}(X_1+X_2,Y)=\mathrm{Cov}(X_1+X_2,Y)=E\{[(X_1+X_2)-E(X_1+X_2)][Y-E(Y)]\}$

$$=E\{[X_1-E(X_1)][Y-E(Y)]+[X_2-E(X_2)][Y-E(Y)]\}$$
$$=E\{[X_1-E(X_1)][Y-E(Y)]\}+E\{[X_2-E(X_2)][Y-E(Y)]\}$$
$$=\mathrm{Cov}(X_1,Y)+\mathrm{Cov}(X_2,Y).$$

性质 4　$D(X+Y)=D(X)+D(Y)+2\mathrm{Cov}(X,Y)$.

证　$D(X+Y)=E\{[(X+Y)-E(X+Y)]^2\}$

$$=E\{[X-E(X)]^2+[Y-E(Y)]^2+2[X-E(X)][Y-E(Y)]\}$$
$$=E\{[X-E(X)]^2\}+E\{[Y-E(Y)]^2\}+E\{2[X-E(X)][Y-E(Y)]\}$$
$$=D(X)+D(Y)+2\mathrm{Cov}(X,Y).$$

协方差的应用举例

性质 5　若 X，Y 相互独立，则 $\mathrm{Cov}(X,Y)=0$.

注意这个结论反过来不一定成立.

例 4.17　设 (X,Y) 的联合分布如表 4-11 所示，求 $\mathrm{Cov}(X,Y)$.

表 4-11　(X,Y) 的联合分布律

X	Y			
	−1	**0**	**1**	$P(X=x_i)$
−1	$\frac{1}{8}$	$\frac{1}{8}$	$\frac{1}{8}$	$\frac{3}{8}$
0	$\frac{1}{8}$	0	$\frac{1}{8}$	$\frac{1}{4}$
1	$\frac{1}{8}$	$\frac{1}{8}$	$\frac{1}{8}$	$\frac{3}{8}$
$P(Y=y_j)$	$\frac{3}{8}$	$\frac{1}{4}$	$\frac{3}{8}$	1

解　由于$E(X)=-1\times\frac{3}{8}+0\times\frac{1}{4}+1\times\frac{3}{8}=0$，

$$E(Y)=-1\times\frac{3}{8}+0\times\frac{1}{4}+1\times\frac{3}{8}=0,$$

于是

$$\begin{aligned}\mathrm{Cov}(X,Y)=\sum_i\sum_j x_i y_i p(x_i,y_i)&=(-1)\times(-1)\times\frac{1}{8}+(-1)\times 0\times\frac{1}{8}+(-1)\times 1\times\frac{1}{8}+\\&0\times(-1)\times\frac{1}{8}+0\times 0\times 0+0\times 1\times\frac{1}{8}+1\times(-1)\times\frac{1}{8}+1\times 0\times\frac{1}{8}+1\times 1\times\frac{1}{8}\\&=\frac{1}{8}-\frac{1}{8}-\frac{1}{8}+\frac{1}{8}=0.\end{aligned}$$

在这个例子中，由于$p(-1,-1)=\frac{1}{8}$，$p_X(-1)p_Y(-1)=\frac{3}{8}\cdot\frac{3}{8}=\frac{9}{64}$，从而得 X 与 Y 不相互独立，但$\mathrm{Cov}(X,Y)=0$.

例 4.18　设(X,Y)的联合概率密度函数为

$$f(x,y)=\begin{cases}x+y, & 0<x<1, 0<y<1\\ 0, & \text{其他}\end{cases},$$

求$\mathrm{Cov}(X,Y)$.

解　由于$f_X(x)=\int_{-\infty}^{+\infty}f(x,y)\,\mathrm{d}y=\begin{cases}\int_0^1(x+y)\,\mathrm{d}y, & 0<x<1\\ 0, \text{其他}\end{cases}=\begin{cases}x+\frac{1}{2}, & 0<x<1\\ 0, & \text{其他}\end{cases}$,

$$f_Y(y)=\int_{-\infty}^{+\infty}f(x,y)\,\mathrm{d}x=\begin{cases}\int_0^1(x+y)\,\mathrm{d}x, & 0<y<1\\ 0, & \text{其他}\end{cases}=\begin{cases}y+\frac{1}{2}, & 0<y<1\\ 0, & \text{其他}\end{cases},$$

则　$E(X)=\int_{-\infty}^{+\infty}xf_X(x)\mathrm{d}x=\int_0^1 x\left(x+\frac{1}{2}\right)\mathrm{d}x=\frac{7}{12}$,

$$E(Y)=\int_{-\infty}^{+\infty}yf_Y(y)\mathrm{d}y=\int_0^1 y\left(y+\frac{1}{2}\right)\mathrm{d}y=\frac{7}{12},$$

$$\begin{aligned}E(XY)&=\int_{-\infty}^{+\infty}\int_{-\infty}^{+\infty}xyf(x,y)\,\mathrm{d}x\mathrm{d}y=\int_0^1\int_0^1 xy(x+y)\mathrm{d}x\mathrm{d}y\\&=\int_0^1\int_0^1 x^2y\mathrm{d}x\mathrm{d}y+\int_0^1\int_0^1 xy^2\mathrm{d}x\mathrm{d}y=\frac{1}{3}.\end{aligned}$$

因此　$\mathrm{Cov}(X,Y)=E(XY)-E(X)E(Y)=\frac{1}{3}-\frac{7}{12}\times\frac{7}{12}=-\frac{1}{144}$.

4.3.2　相关系数

相关系数的定义

从协方差定义可以看到，在实际问题中，协方差的结果和随机变量取值的量纲有着密切的关系，用它表示两个随机变量的联系有一定的局限性，下面引入相关系数概念.

定义 4.5　设(X,Y)为二维随机变量，$D(X)>0$，$D(Y)>0$，称

$$\rho_{XY}=\frac{\mathrm{Cov}(X,Y)}{\sqrt{D(X)D(Y)}}$$

为随机变量 X 和 Y 的相关系数（correlation coefficient）. 通常也记 ρ_{XY} 为 $\rho(X,Y)$ 或 ρ. 特别地，当 $\rho(X,Y)=0$ 时，称 X 和 Y 不相关.

记 X 和 Y 的标准化随机变量为

$$X^*=\frac{X-E(X)}{\sigma(X)},\quad Y^*=\frac{Y-E(Y)}{\sigma(Y)}.$$

则 $E(X^*)=E(Y^*)=0$，$D(X^*)=D(Y^*)=0$，

所以 $\mathrm{Cov}(X^*,Y^*)=E\left[\frac{X-E(X)}{\sigma(X)}\cdot\frac{Y-E(Y)}{\sigma(Y)}\right]=\frac{E\{[X-E(X)][Y-E(Y)]\}}{\sigma(X)\sigma(Y)}=\rho(X,Y)$.

因此，X 和 Y 的相关系数 $\rho(X,Y)=\frac{\mathrm{Cov}(X,Y)}{\sqrt{D(X)D(Y)}}$ 也就是 X 和 Y 的标准化随机变量 X^*，Y^* 的协方差 $\mathrm{Cov}(X^*,Y^*)$.

补充定义：常数与任意随机变量的相关系数为 0. 相关系数为正时称两个随机变量正相关，相关系数为负时称两个随机变量负相关. 当然，和协方差一样，相关系数也由随机变量的分布确定. 实际上，可以认为相关系数是规格化了的协方差，其优点是消除了随机变量的量纲影响. 并且，这样定义的相关系数在线性变换下保持不变，也就是说，如果 $ac>0$，那么 $aX+b$ 与 $cY+d$ 的相关系数仍然是 $\rho(X,Y)$.

实际上，由协方差的性质，可以验证

$$\mathrm{Cov}(aX+b,cY+d)=ac\mathrm{Cov}(X,Y).$$

因此，当 $ac>0$ 时，

$$\rho(aX+b,cY+d)=\frac{\mathrm{Cov}(aX+b,cY+d)}{\sqrt{D(aX+b)}\sqrt{D(cY+d)}}=\frac{ac\mathrm{Cov}(X,Y)}{ac\sqrt{D(X)}\sqrt{D(Y)}}=\rho(X,Y).$$

当 $ac<0$ 时，$\rho(aX+b,cY+d)=-\rho(X,Y)$，也就是说，总有

$$[\rho(aX+b,cY+d)]^2=[\rho(X,Y)]^2.$$

例 4.19 已知二维离散型随机变量 (X,Y) 的联合概率分布如表 4-12 所示.

表 4-12 (X,Y)的联合概率分布

X	Y		
	−1	**0**	**1**
−1	0.125	0.125	0.125
0	0.125	0	0.125
1	0.125	0.125	0.125

（1）计算 $E(X)$，$E(Y)$，$D(X)$，$D(Y)$.

（2）求 $\rho(X,Y)$.

（3）判断 X 与 Y 是否相关，是否独立.

解 （1）由二维离散型随机变量 (X,Y) 的联合概率分布可知 X 的概率分布为

$P(X=-1)=p(-1,-1)+p(-1,0)+p(-1,1)=0.125+0.125+0.125=0.375$，

$P(X=0)=p(0,-1)+p(0,0)+p(0,1)=0.125+0+0.125=0.25$，

$P(X=1)=p(1,-1)+p(1,0)+p(1,1)=0.125+0.125+0.125=0.375$.

同理可得 Y 的概率分布为：$P(Y=-1)=0.375$，$P(Y=0)=0.25$，$P(Y=1)=0.375$.

所以 $E(X)=-1\times 0.375+0\times 0.25+1\times 0.375=0$，

同理，$E(Y)=0$.

又由 $E(X^2)=(-1)^2\times 0.375+0^2\times 0.25+1^2\times 0.375=0.75$，$E(Y^2)=0.75$，

所以 $D(X)=0.75$，$D(Y)=0.75$.

（2）易得 $E(XY)=0$，所以 $\mathrm{Cov}(X,Y)=E(XY)-E(X)E(Y)=0$，故 $\rho(X,Y)=0$.

（3）由于 $\mathrm{Cov}(X,Y)=0$，

所以随机变量 X 与 Y 不相关；

但是

$$p(-1,-1)=0.125\neq 0.375\times 0.375=P(X=-1)P(Y=-1)，$$

所以 X 与 Y 不独立.

相关系数的常见性质如下.

相关系数的性质

性质 1　对于任意随机变量 X，Y，有 $|\rho(X,Y)|\leqslant 1$.

证　
$$\begin{aligned}D(X^*\pm Y^*)&=D(X^*)+D(Y^*)\pm 2\mathrm{Cov}(X^*,Y^*)\\&=D(X^*)+D(Y^*)\pm 2\rho(X,Y)\\&=2\pm 2\rho(X,Y)\\&=2(1\pm\rho(X,Y))\geqslant 0.\end{aligned}$$

所以　$1\pm\rho(X,Y)\geqslant 0$，故 $|\rho(X,Y)|\leqslant 1$.

性质 2　随机变量 X，Y 之间存在线性关系 $P(Y=a+bX)=1$ 的充分必要条件是

$$|\rho(X,Y)|=1.$$

并且当 $b<0$ 时，$\rho(X,Y)=-1$；当 $b>0$ 时，$\rho(X,Y)=1$.

这个性质说明相关系数 $\rho(X,Y)$ 刻画了随机变量 Y 与 X 之间线性相关的程度. $|\rho(X,Y)|$ 的值越接近 1，Y 与 X 的线性相关程度越高；$|\rho(X,Y)|$ 的值越接近 0，Y 与 X 的线性相关程度越低. 当 $|\rho(X,Y)|=1$ 时，Y 的变化可完全由 X 的线性函数给出. 当 $\rho(X,Y)=0$ 时，Y 与 X 之间不是线性关系.

性质 3　对于随机变量 X，Y，下面的事实是等价的：

（1）$\mathrm{Cov}(X,Y)=0$；

（2）X，Y 不相关；

（3）$E(XY)=E(X)E(Y)$；

（4）$D(X+Y)=D(X)+D(Y)$.

证　显然（1）与（2）是等价的.

由于

$$\mathrm{Cov}(X,Y)=E(XY)-E(X)E(Y)，$$

于是（1）与（3）是等价的.

又因为

$$D(X+Y)=D(X)+D(Y)+2\mathrm{Cov}(X,Y)，$$

所以（1）与（4）是等价的.

性质 4　如果 X 与 Y 独立，则 X 与 Y 不相关.

证　如果 X 与 Y 独立，则 $E(XY)=E(X)E(Y)$，

于是 $\mathrm{Cov}(X,Y)=E(XY)-E(X)E(Y)=0$.

所以 X 与 Y 不相关.

例 4.20　设 X 服从 $[0,2\pi]$ 上的均匀分布，且 $Y=\cos X$，$Z=\cos(X+\alpha)$，这里 α 是常数. 求相关系数 $\rho(Y,Z)$.

解　$E(Y)=\int_0^{2\pi}\cos x\cdot\frac{1}{2\pi}\mathrm{d}x=0$，

$$E(Z)=\int_0^{2\pi}\cos(x+\alpha)\cdot\frac{1}{2\pi}\mathrm{d}x=0,$$

$$D(Y)=E\{[Y-E(Y)]^2\}=\frac{1}{2\pi}\int_0^{2\pi}\cos^2 x\mathrm{d}x=\frac{1}{2},$$

$$D(Z)=E\{[Z-E(Z)]^2\}=\frac{1}{2\pi}\int_0^{2\pi}\cos^2(x+\alpha)\mathrm{d}x=\frac{1}{2},$$

则

$$\begin{aligned}\mathrm{Cov}(Y,Z)&=E\{[Y-E(Y)][Z-E(Z)]\}=E[\cos X\cos(X+\alpha)]\\&=\frac{1}{2\pi}\int_0^{2\pi}\cos x\cdot\cos(x+\alpha)\mathrm{d}x=\frac{1}{2}\cos\alpha,\end{aligned}$$

因此

$$\rho(Y,Z)=\frac{\mathrm{Cov}(Y,Z)}{\sqrt{D(Y)}\cdot\sqrt{D(Z)}}=\frac{\frac{1}{2}\cos\alpha}{\sqrt{\frac{1}{2}}\cdot\sqrt{\frac{1}{2}}}=\cos\alpha.$$

从而有如下结论：

①当 $\alpha=0$ 时，$\rho(Y,Z)=1$，$Y=Z$，存在完全的线性关系；

②当 $\alpha=\pi$ 时，$\rho(Y,Z)=-1$，$Y=-Z$，存在完全的线性关系；

③当 $\alpha=\frac{\pi}{2}$ 或 $\frac{3\pi}{2}$ 时，$\rho(Y,Z)=0$，这时 Y 与 Z 不线性相关，但这时却有 $Y^2+Z^2=1$，因此，Y 与 Z 不独立.

这个例子说明：当两个随机变量不线性相关时，它们并不一定相互独立，它们之间还可能存在其他的函数关系.

不过，当 (X,Y) 是服从二维正态分布的随机变量时，X 和 Y 不线性相关与 X 和 Y 相互独立是等价的.

思考启发　协方差和相关系数刻画的是两个随机变量具有的线性关系的程度，也就是一个随机变量对另一个随机变量的“线性依赖”程度. 相关系数为零仅仅表明他们之间没有线性关系，但这两个随机变量可能有其他的函数关系.

习题 4.3

1. 设二维随机变量 (X,Y) 的联合概率密度函数为

$$f(x,y)=\begin{cases}x+y, & 0<x<1,0<y<1,\\0, & 其他,\end{cases}$$

计算 $\mathrm{Cov}(X,Y)$.

2. 对随机变量 X 和 Y，已知 $D(X)=2$，$D(Y)=3$，$\mathrm{Cov}(X,Y)=-1$，计算 $\mathrm{Cov}(3X-2Y+1,X+4Y-3)$.

3. 设二维随机变量 (X,Y) 的概率密度函数为

$$f(x,y)=\begin{cases}\dfrac{1}{\pi},x^2+y^2\leqslant 1,\\0, 其他,\end{cases}$$

试验证 X 和 Y 是不线性相关的，但 X 和 Y 不是相互独立的.

4. 设随机变量 (X,Y) 的分布律如表 4-13 所示.

表 4-13　(X,Y) 的分布律（习题 4.3.4）

Y	X		
	−1	0	1
−1	$\frac{1}{8}$	$\frac{1}{8}$	$\frac{1}{8}$
0	$\frac{1}{8}$	0	$\frac{1}{8}$
1	$\frac{1}{8}$	$\frac{1}{8}$	$\frac{1}{8}$

验证 X 和 Y 是不相关的，但 X 和 Y 不是相互独立的.

5. 设二维随机变量 (X,Y) 在以点(0,0)、(0,1)、(1,0)为顶点的三角形区域上服从均匀分布，求 $\mathrm{Cov}(X,Y)$、$\rho(X,Y)$.

6. 设二维随机变量 (X,Y) 的概率密度函数为

$$f(x,y)=\frac{1}{\pi(x^2+y^2+1)^2}$$

求：

（1）数学期望 $E(X)$、$E(Y)$；

（2）方差 $D(X)$、$D(Y)$；

（3）协方差 $\mathrm{Cov}(X,Y)$.

7. 设二维连续型随机变量 (X,Y) 的联合概率密度函数为

$$f(x,y)=\begin{cases}\dfrac{1}{2}\sin(x+y), & 0\leqslant x\leqslant\dfrac{\pi}{2},0\leqslant y\leqslant\dfrac{\pi}{2},\\0, & 其他\end{cases}$$

求协方差 $\mathrm{Cov}(X,Y)$ 和相关系数 $\rho(X,Y)$.

8. 设 $X_1,X_2,\cdots,X_n$ 是 n 个随机变量，证明

$$D(\sum_{i=1}^{n}X_i)=\sum_{i=1}^{n}D(X_i)+2\sum_{1\leqslant i<j\leqslant n}\mathrm{Cov}(X_i,X_j),$$

以及若 $X_1,X_2,\cdots,X_n$ 是 n 个相互独立的随机变量，则

$$D(\sum_{i=1}^{n} X_i)=\sum_{i=1}^{n} D(X_i)$$

4.4 矩、分位数与协方差矩阵

矩和协方差矩阵的定义

4.4.1 原点矩与中心矩

定义 4.6 随机变量 X 的 k 次幂的数学期望称为 X 的 k 阶原点矩，记为 ν_k 或 $\nu_k(X)$，即

$$\nu_k(X)=E(X^k).$$

按照定义，有

$$\nu_1(X)=E(X)，\ \nu_2(X)=E(X^2)，\ D(X)=\nu_2-\nu_1^{\ 2}.$$

若 X 为离散型随机变量，则

$$\nu_k(X)=E(X^k)=\sum_i x_i^{\ k} p(x_i).$$

若 X 为连续型随机变量，则

$$\nu_k(X)=E(X^k)=\int_{-\infty}^{+\infty} x^k f(x)\mathrm{d}x.$$

定义 4.7 已知随机变量 X，则 $X-E(X)$ 的 k 次幂的数学期望称为 X 的 k 阶中心矩，记为 μ_k 或 $\mu_k(X)$，即

$$\mu_k(X)=E\{[X-E(X)]^k\}.$$

若 X 为离散型随机变量，则

$$\mu_k(X)=E\{[X-E(X)]^k\}=\sum_i [x_i-E(X)]^k p(x_i).$$

若 X 为连续型随机变量，则

$$\mu_k(X)=E\{[X-E(X)]^k\}=\int_{-\infty}^{+\infty}[x-E(X)]^k f(x)\mathrm{d}x.$$

根据定义，显然有

$$\begin{aligned}&\mu_1=0,\ \mu_2=D(X)=\nu_2-\nu_1^{\ 2},\\&\mu_3=\nu_3-3\nu_2\nu_1+2\nu_1^{\ 3},\\&\mu_4=\nu_4-4\nu_3\nu_1+6\nu_2\nu_1^{\ 2}-3\nu_1^{\ 4}.\end{aligned}$$

一般情况下，有

$$\begin{aligned}\mu_k(X)=E\{[X-E(X)]^k\}&=E\left\{\sum_{i=1}^{k}(-1)^{k-i}\binom{k}{i}X^i[E(X)]^{k-i}\right\}\\&=\sum_{i=1}^{k}(-1)^{k-i}\binom{k}{i}\nu_i\nu_1^{\ k-i}.\end{aligned}$$

例 4.21 设连续型随机变量 X 的概率密度函数为

$$f(x)=\frac{1}{2\lambda}\mathrm{e}^{-\frac{|x|}{\lambda}}(x\in\mathbf{R},\lambda>0)\text{，求 }\mu_k .$$

解　$\mu_k(X)=E\{[X-E(X)]^k\}$，

$$E(X)=\int_{-\infty}^{+\infty}xf(x)\mathrm{d}x=\int_{-\infty}^{+\infty}x\cdot\frac{1}{2\lambda}\mathrm{e}^{-\frac{|x|}{\lambda}}\mathrm{d}x=0\text{，}$$

故　$\mu_k(X)=\int_{-\infty}^{+\infty}x^k\cdot\frac{1}{2\lambda}\mathrm{e}^{-\frac{|x|}{\lambda}}\mathrm{d}x$.

若 k 为奇数，则 $\mu_k(X)=0$；

若 k 为偶数，则 $\mu_k(X)=\frac{1}{\lambda}\int_0^{+\infty}x^k\mathrm{e}^{-\frac{x}{\lambda}}\mathrm{d}x\ \underline{\underline{\text{令}t=\frac{x}{\lambda}}}\ \lambda^k\int_0^{+\infty}t^k\mathrm{e}^{-t}\mathrm{d}t$

$$=\lambda^k\Gamma(k+1)=\lambda^k k!.$$

所以　$\mu_k(X)=\begin{cases}0, & k\text{为奇数，}\\ \lambda^k k!, & k\text{为偶数.}\end{cases}$

4.4.2　中位数和 p 分位数

随机变量 X 的数学期望 $E(X)$ 刻画了随机变量取值的平均状况，也可以看作随机变量取值的一个“中心位置”. 实际上，还存在其他类型的“中心位置”，对于这些“中心位置”，我们也需要用数字进行刻画. 中位数就是这样一类数字特征. 无论数学期望存在与否，中位数都具有相当重要的作用和意义.

定义 4.8　设 X 是随机变量，如果数字 μ 满足

$$P(X\leqslant\mu)\geqslant\frac{1}{2}\text{，}\ P(X\geqslant\mu)\geqslant\frac{1}{2}\text{，}$$

则称 μ 是随机变量 X 的中位数，记作 $\mu(X)$.

按照中位数的定义，中位数就是随机变量的取值不小于它的概率以及随机变量取值不大于它的概率都不小于 $\frac{1}{2}$ 的一个实数，所以中位数刻画了随机变量取值的“中心位置”. 随机变量的中位数由其分布所确定，因此也把中位数称为分布的中位数.

例 4.22　设随机变量 X 的概率分布为 $P(X=-1)=P(X=0)=P(X=1)=\frac{1}{3}$，求 X 的中位数.

解　由 X 的概率分布容易得到

$$P(X\leqslant 0)=P(X=-1)+P(X=0)=\frac{2}{3}\geqslant\frac{1}{2}\text{，}$$

$$P(X\geqslant 0)=P(X=0)+P(X=1)=\frac{2}{3}\geqslant\frac{1}{2}\text{，}$$

于是得到 X 的中位数是 0，也是其唯一的中位数.

例 4.23　设随机变量 X 的概率分布为 $P(X=0)=P(X=1)=\frac{1}{2}$，求 X 的中位数.

解 由 X 的概率分布容易得到

$$P(X\leqslant 0)=P(X=0)=\frac{1}{2}\geqslant\frac{1}{2}，P(X\geqslant 0)=P(X=0)+P(X=1)=1\geqslant\frac{1}{2}；$$

$$P(X\leqslant 1)=P(X=0)+P(X=1)=1\geqslant\frac{1}{2}，P(X\geqslant 1)=P(X=1)=\frac{1}{2}\geqslant\frac{1}{2}.$$

于是得到 X 的中位数是 0 和 1.

更进一步，对于任意 $0<a<1$，都有

$$P(X\leqslant a)=P(X=0)=\frac{1}{2}\geqslant\frac{1}{2}，P(X\geqslant a)=P(X=1)=\frac{1}{2}\geqslant\frac{1}{2}.$$

因此，[0,1] 上的任意一个实数都是 X 的中位数.

从上面的例子知道，随机变量的中位数可能不是唯一的，如果 a，$b(a<b)$ 是 X 的中位数，则 $[a,b]$ 上的任意一个实数都是 X 的中位数. 另外，即使 μ 是随机变量 X 的唯一的中位数，也不一定有

$$P(X\leqslant\mu)=\frac{1}{2}，P(X\geqslant\mu)=\frac{1}{2}.$$

和数学期望相比，中位数的优点是受特别大或特别小的数值的影响比较小，具有一定的纠错功能，缺点是不像数学期望那样容易算出. 在一些国家和地区，倾向于用中位数表征收入水平的中心趋势.

类似中位数的定义，我们可以定义 p 分位数.

定义 4.9 设 X 是随机变量，$0<p<1$，如果数字 μ_p 满足

$$P(X\leqslant\mu_p)\geqslant p，P(X\geqslant\mu_p)\geqslant 1-p，$$

则称 μ_p 是随机变量 X 的 p 分位数，记作 $\mu_p(X)=\mu_p$.

分位数在统计学中具有重要意义，在参数估计以及假设检验中都有重要作用. 对于一些常用的分布，可以通过查表得到其 p 分位数. 近些年来，金融界普遍采用损失分布的分位数作为风险的一种度量，称为风险值（value of risk）.

显然，按照上面的定义，中位数就是 $\frac{1}{2}$ 分位数，即中位数是 p 分位数的一种特殊情形.

4.4.3 协方差矩阵

定义 4.10 对于二维随机变量 $X=(X_1,X_2)$，如果 X_1，X_2 的数学期望 $E(X_1)$，$E(X_2)$ 以及方差 $D(X_1)$，$D(X_2)$ 存在，则称矩阵

$$\boldsymbol{\Sigma}=\begin{pmatrix}\sigma_{11} & \sigma_{12}\\ \sigma_{21} & \sigma_{22}\end{pmatrix}=\left(\sigma_{ij}\right)_{2\times 2}$$

为 $X=(X_1,X_2)$ 的协方差矩阵，其中 $\sigma_{ij}=\mathrm{Cov}(X_i,X_j)(i=1,2,j=1,2)$.

由于 $\sigma_{ij}=\sigma_{ji}(i=1,2,j=1,2)$，所以协方差矩阵是一个对称矩阵，下面的定理（不加证明地）给出了它的一些性质.

定理 4.3 设随机变量 $X=(X_1,X_2)$ 的协方差矩阵为 $\boldsymbol{\Sigma}$，$E(X)=(\mu_1,\mu_2)$，则

（1）$\boldsymbol{\Sigma}$ 是半正定矩阵；

（2）$\boldsymbol{\Sigma}$ 退化的充分必要条件是存在不全为零的常数 a_1，a_2，使得

$$P\left(\sum_{i=1}^{2} a_i(X_i - M_i) = 0\right) = 1 .$$

例 4.24　设 (X,Y) 服从二维正态分布，其联合概率密度函数为

$$f(x,y) = \frac{1}{2\pi\sigma_1\sigma_2\sqrt{1-\rho^2}} \times \mathrm{e}^{\left\{-\frac{1}{2(1-\rho^2)}\left[\frac{(x-\mu_1)^2}{\sigma_1^{\,2}} - 2\rho\frac{(x-\mu_1)(y-\mu_2)}{\sigma_1\sigma_2} + \frac{(y-\mu_2)^2}{\sigma_2^{\,2}}\right]\right\}}$$

求 $\mathrm{Cov}(X,Y)$，$\rho(X,Y)$ 和协方差矩阵.

解　可以计算得到 (X,Y) 的边缘概率密度函数为

$$f_X(x) = \frac{1}{\sqrt{2\pi}\sigma_1}\mathrm{e}^{-\frac{(x-\mu_1)^2}{2\sigma_1^{\,2}}} \quad (-\infty < x < +\infty) ,$$

$$f_Y(y) = \frac{1}{\sqrt{2\pi}\sigma_2}\mathrm{e}^{-\frac{(y-\mu_2)^2}{2\sigma_2^{\,2}}} \quad (-\infty < y < +\infty) .$$

故　$E(X) = \mu_1$，$D(X) = \sigma_1^2$；$E(Y) = \mu_2$，$D(Y) = \sigma_2^2$.

而　$\mathrm{Cov}(X,Y) = \int_{-\infty}^{+\infty}\int_{-\infty}^{+\infty}(x-\mu_1)(y-\mu_2)f(x,y)\mathrm{d}x\mathrm{d}y = \frac{1}{2\pi\sigma_1\sigma_2\sqrt{1-\rho^2}} \times$

$$\int_{-\infty}^{+\infty}\int_{-\infty}^{+\infty}(x-\mu_1)(y-\mu_2)\mathrm{e}^{-\frac{(x-\mu_1)^2}{2\sigma_1^{\,2}}}\mathrm{e}^{-\frac{1}{2(1-\rho^2)}\left(\frac{y-\mu_2}{\sigma_2}-\rho\frac{x-\mu_1}{\sigma_1}\right)^2}\mathrm{d}x\mathrm{d}y .$$

令 $t = \frac{1}{\sqrt{1-\rho^2}}\left(\frac{y-\mu_2}{\sigma_2} - \rho\frac{x-\mu_1}{\sigma_1}\right)$，$u = \frac{x-\mu_1}{\sigma_1}$，则

$$\mathrm{Cov}(X,Y) = \frac{1}{2\pi}\int_{-\infty}^{+\infty}\int_{-\infty}^{+\infty}(\sigma_1\sigma_2\sqrt{1-\rho^2}\,tu + \rho\sigma_1\sigma_2u^2)\mathrm{e}^{-\frac{u^2}{2}-\frac{t^2}{2}}\mathrm{d}t\mathrm{d}u$$

$$= \frac{\sigma_1\sigma_2\rho}{2\pi}\left(\int_{-\infty}^{+\infty}u^2\mathrm{e}^{-\frac{u^2}{2}}\mathrm{d}u\right)\left(\int_{-\infty}^{+\infty}\mathrm{e}^{-\frac{t^2}{2}}\mathrm{d}t\right) + \frac{\sigma_1\sigma_2\sqrt{1-\rho^2}}{2\pi}\left(\int_{-\infty}^{+\infty}u\mathrm{e}^{-\frac{u^2}{2}}\mathrm{d}u\right)\left(\int_{-\infty}^{+\infty}t\mathrm{e}^{-\frac{t^2}{2}}\mathrm{d}t\right)$$

$$= \frac{\rho\sigma_1\sigma_2}{2\pi}\sqrt{2\pi}\cdot\sqrt{2\pi} = \rho\sigma_1\sigma_2 .$$

于是 $\rho(X,Y) = \frac{\mathrm{Cov}(X,Y)}{\sqrt{D(X)}\sqrt{D(Y)}} = \rho$，协方差矩阵为 $\boldsymbol{\Sigma} = \begin{pmatrix}\sigma_1^2 & \rho\sigma_1\sigma_2\\ \rho\sigma_1\sigma_2 & \sigma_2^2\end{pmatrix}$.

对于 n 维随机变量 $(X_1,X_2,\cdots,X_n)$，假设方差 $D(X_1),D(X_2),\cdots,D(X_n)$ 存在，则矩阵

$$\boldsymbol{A} = \begin{pmatrix}\sigma_{11} & \sigma_{12} & \cdots & \sigma_{1n}\\ \sigma_{21} & \sigma_{22} & \cdots & \sigma_{2n}\\ \vdots & \vdots & & \vdots\\ \sigma_{n1} & \sigma_{n2} & \cdots & \sigma_{nn}\end{pmatrix}$$

称为 $(X_1,X_2,\cdots,X_n)$ 的协方差矩阵．显然，这是一个对称矩阵.

由于对于任意的$t_1,t_2,\cdots,t_n$，二次型

$$f(t_1,t_2,\cdots,t_n)=\sum_{i=1}^{n}\sum_{j=1}^{n}\sigma_{ij}t_it_j=E\left\{\sum_{k=1}^{n}t_k[X_j-E(X_j)]\right\}^2\geqslant 0,$$

所以矩阵$\boldsymbol{A}$是一个半正定（非负定）矩阵，从而其行列式的值

$$\det\boldsymbol{A}\geqslant 0.$$

多维正态分布是一种重要的常用分布，下面介绍它的一些性质.

设$(X_1,X_2,\cdots,X_n)$是n维随机变量，记

$$\boldsymbol{X}=\begin{pmatrix}x_1\\x_2\\\vdots\\x_n\end{pmatrix},\quad \boldsymbol{\mu}=\begin{pmatrix}\mu_1\\\mu_2\\\vdots\\\mu_n\end{pmatrix}=\begin{pmatrix}E(X_1)\\E(X_2)\\\vdots\\E(X_n)\end{pmatrix},$$

定义n维正态随机变量$(X_1,X_2,\cdots,X_n)$的联合概率密度函数为

$$f(x_1,x_2,\cdots,x_n)=\frac{1}{(2\pi)^{\frac{n}{2}}|\boldsymbol{\Sigma}|^{\frac{1}{2}}}\mathrm{e}^{\left[-\frac{1}{2}(\boldsymbol{X}-\boldsymbol{\mu})^{\mathrm{T}}\boldsymbol{\Sigma}^{-1}(\boldsymbol{X}-\boldsymbol{\mu})\right]}.$$

其中$\boldsymbol{\Sigma}$是$(X_1,X_2,\cdots,X_n)$的协方差矩阵.

n维正态随机变量具有以下几条重要性质（不予证明）.

（1）n维随机变量$(X_1,X_2,\cdots,X_n)$服从n维正态分布的充要条件是$X_1,X_2,\cdots,X_n$的任意线性组合$l_1X_1+l_2X_2+\cdots+l_nX_n$服从一维正态分布（其中$l_1,l_2,\cdots,l_n$不全为零）.

（2）若$(X_1,X_2,\cdots,X_n)$服从n维正态分布，$Y_1,Y_2,\cdots,Y_k$是$X_1,X_2,\cdots,X_n$的线性函数，则$(Y_1,Y_2,\cdots,Y_k)$服从k维正态分布.

（3）设$(X_1,X_2,\cdots,X_n)$服从n维正态分布，则$X_1,X_2,\cdots,X_n$相互独立的充分必要条件是$X_1,X_2,\cdots,X_n$两两不相关.

习题 4.4

1. 计算二项分布$B(n,p)$的三阶原点矩与三阶中心距.
2. 计算均匀分布$U(a,b)$的k阶原点矩与k阶中心距.
3. 随机变量$X\sim N(\mu,\sigma^2)$，求$E\left\{|X-\mu|^k\right\}$，其中$k$为正整数.
4. 设二维随机变量(X,Y)的概率密度函数为

$$f(x,y)=\begin{cases}2\mathrm{e}^{-(x+2y)}, & x\geqslant 0,y>0,\\0, & \text{其他},\end{cases}$$

求$E(X^k)$，$E\{[X-E(X)]^3\}$，$E(X^kY^l)$，其中k，l为正整数.

5. 设随机变量X服从正态分布$N(10,9)$，求分位数$\mu_{0.1}$和$\mu_{0.9}$.
6. 自由度为 2 的χ^2分布的概率密度函数为

$$f(x)=\begin{cases}\dfrac{1}{2}\mathrm{e}^{-\frac{1}{2}x}, & x>0\\ 0, & x\leqslant 0\end{cases},$$

求其分布函数和分位数 $\mu_{0.1}$、$\mu_{0.5}$、$\mu_{0.8}$.

7. 设随机变量 X 的概率密度函数 $f(x)$ 关于 c 点是对称的，且数学期望 $E(X)$ 存在，证明：

（1）$E(X)=\mu_{0.5}=c$；

（2）如果 $c=0$，则 $\mu_p=-\mu_{1-p}$.

8. 已知二维随机变量 (X,Y) 的协方差矩阵为 $\begin{pmatrix}1 & 1\\ 1 & 4\end{pmatrix}$，试求随机变量 $Z_1=X-2Y$ 和 $Z_2=2X-Y$ 的相关系数.

4.5　随机变量的数字特征的 MATLAB 实现

本节旨在帮助读者了解随机变量的数字特征的 MATLAB 实现，读者可扫码查看本章 MATLAB 程序解析.

第 4 章 MATLAB 程序解析

4.5.1　离散型随机变量的数学期望与方差

若离散型随机变量 X 的可能取值为有限个，且概率分布如下：

$$P\{X=x_i\}=p_i(i=1,2,\cdots,n).$$

令 $X=[x_1,x_2,\cdots,x_n]$，$P=[p_1,p_2,\cdots,p_n]$，

则用 MATLAB 表示为 $E(X)=\sum_{i=1}^{n}x_ip_i=X*P'$.

若离散型随机变量 X 的可能取值为可列无穷个，且概率分布如下：

$$P\{X=x_i\}=p_i(i=1,2,\cdots),$$

则用 MATLAB 表示为 $E(X)=\sum_{i=1}^{\infty}x_ip_i=\mathrm{symsum}(x_i,p_i,1,\mathrm{inf})$.

例 4.25　若随机变量 X 的概率分布如表 4-14 所示.

表 4-14　X 的概率分布

X	−2	−1	3	6	8	11	23
P	0.1	0.15	0.2	0.05	0.3	0.13	0.07

利用 MATLAB 求：

（1）$E(X)$；

（2）$E(2X^2-3)$.

例 4.26　若随机变量 X 的概率分布为

$P\{X=k\}=0.5^k(k=1,2,\cdots)$，利用 MATLAB 求 $E(X)$.

4.5.2 连续型随机变量的数学期望与方差

若连续型随机变量 X 的概率密度为 $f(x)$，则 X 的数学期望和方差可用 MATLAB 表示为

$E(X)=\text{int}(\text{x}*\text{f}(\text{x}),-\text{inf},\text{inf})$，

$D(X)=\text{int}((\text{x}-\text{EX})\wedge 2*\text{f}(\text{x}),-\text{inf},\text{inf})$.

例 4.27 设随机变量 X 的概率密度为

$$f(x)=\begin{cases}12x^2-12x+3, & 0<0<1,\\ 0, & 其他,\end{cases}$$

利用 MATLAB 求 $E(X)$ 和 $D(X)$.

例 4.28 设随机变量 X 的概率密度为

$$f(x)=\begin{cases}8x\mathrm{e}^{-4x^2}, & x>0,\\ 0, & 其他,\end{cases}$$

利用 MATLAB 求 $E(X)$ 和 $D(X)$.

4.5.3 常见分布的数学期望与方差

MATLAB 中，常见分布的数学期望和方差的求解方法如表 4-15 所示.

表 4-15 常见分布的数学期望和方差求解方法

函数名	调用形式	注释
unifstat	[M,V]=unifstat(a,b)	均匀分布（连续）的数学期望和方差．M 为数学期望，V 为方差
unidstat	[M,V]=unidstat(n)	均匀分布（离散）的数学期望和方差
expstat	[M,V]=expstat(p,Lambda)	指数分布的数学期望和方差
normstat	[M,V]=normstat(mu,sigma)	正态分布的数学期望和方差
chi2stat	[M,V]=chi2stat(x,n)	χ^2 分布的数学期望和方差
tstat	[M,V]=tstat(n)	t 分布的数学期望和方差
fstat	[M,V]=fstat(n_1,n_2)	F 分布的数学期望和方差
gamstat	[M,V]=gamstat(a,b)	γ 分布的数学期望和方差
betastat	[M,V]=betastat(a,b)	β 分布的数学期望和方差
lognstat	[M,V]=lognstat(mu,sigma)	对数正态分布的数学期望和方差
nbinstat	[M,V]=nbinstat(R,P)	负二项式分布的数学期望和方差
ncfstat	[M,V]=ncfstat(n_1,n_2,delta)	非中心 F 分布的数学期望和方差
nctstat	[M,V]=nctstat(n,delta)	非中心 t 分布的数学期望和方差
ncx2stat	[M,V]=ncx2stat(n,delta)	非中心卡方分布的数学期望和方差
raylstat	[M,V]=raylstat(b)	瑞利分布的数学期望和方差
weibstat	[M,V]=weibstat(a,b)	韦伯分布的数学期望和方差
binostat	[M,V]=binostat(n,p)	二项分布的数学期望和方差
geostat	[M,V]=geostat(p)	几何分布的数学期望和方差

续表

函数名	调用形式	注释
hygestat	[M,V]=hygestat(M,K,N)	超几何分布的数学期望和方差
poisstat	[M,V]=poisstat(Lambda)	泊松分布的数学期望和方差

例 4.29　已知 $X \sim U(-1,5)$，利用 MATLAB 求其数学期望与方差.

例 4.30　已知 $X \sim U(2,9)$，求其数学期望与方差.

4.5.4　计算协方差与相关系数

例 4.31　设(X,Y)的联合概率分布如表 4-16 所示.

表 4-16　(X,Y)的联合概率分布

(X,Y)	−2	−1	0	1	2	3	4	5	6
1	0.02	0.01	0.01	0.05	0.01	0.02	0.04	0.01	0.02
2	0.01	0.03	0.1	0.05	0.02	0	0.01	0.02	0.02
3	0.03	0.01	0.01	0	0.01	0.02	0.03	0.01	0.01
4	0	0.01	0	0.05	0.02	0	0	0	0.01
5	0.05	0.02	0	0	0.01	0.02	0.02	0.01	0
6	0.02	0.05	0.03	0.05	0.02	0	0.01	0.01	0.01

利用 MATLAB 求：

（1）X 和 Y 的协方差；

（2）X 和 Y 的相关系数.

例 4.32　设(X,Y)的联合概率密度函数为

$$f(x,y)=\begin{cases}2, & 0<1-x<y<1,\\ 0, & \text{其他},\end{cases}$$

利用 MATLAB 计算 $E(X)$，$E(Y)$，$D(X)$，$D(Y)$，$\mathrm{Cov}(X,Y)$，$\rho(X,Y)$，$D(X+Y)$.

习题 4.5

1. 设(X,Y)的联合概率分布如表 4-17 所示.

表 4-17　(X,Y)的联合概率分布

(X,Y)	−2	0	1	2	3	4	5
0	0.02	0.01	0.05	0.01	0.02	0.04	0.01
1	0.01	0.1	0.05	0.02	0	0.01	0.02
3	0.03	0.01	0.04	0.01	0.02	0.03	0.01
5	0.04	0.08	0.05	0.02	0.07	0.07	0
6	0.02	0.03	0.05	0.02	0.01	0.01	0.01

利用 MATLAB 求：

（1）$E(X)$，$E(Y)$，$D(X)$，$D(Y)$；

（2）$E(\sin X\mathrm{e}^{\cos Y})$；

（3）$\mathrm{Cov}(X,Y)$.

2. 设(X,Y)的联合概率密度函数为

$$f(x,y)=\begin{cases}2-x-y, & 0<x,y<1,\\ 0, & \text{其他},\end{cases}$$

利用 MATLAB 求：

（1）$E(X)$，$E(Y)$，$D(X)$，$D(Y)$，$\mathrm{Cov}(X,Y)$，$\rho(X,Y)$，$D(X+Y)$；

（2）$Z=\mathrm{e}^X\sin Y$的数学期望.

小　结

随机变量的数字特征是由随机变量的分布确定的，是能描述随机变量某一个方面特征的常数. 最重要也是最常用的数字特征是数学期望和方差. 数学期望$E(X)$描述随机变量X取值的平均大小，方差$D(X)=E\{[X-E(X)]^2\}$描述随机变量X与它自己的数学期望$E(X)$的偏离程度. 数学期望和方差虽不能像分布函数、分布律、概率密度函数一样完整地描述随机变量，但它们能代表实际问题中人们最关心的随机变量的特征，在理论和应用上都非常重要.

要掌握离散型（或连续型）随机变量X的函数$Y=g(X)$的数学期望$E(Y)=E[g(X)]$的计算公式. 上述两个公式的作用在于计算$E(Y)=E[g(X)]$时，不必先求出$Y=g(X)$的分布律或概率密度函数，而只需利用X的分布律或概率密度函数就可以了，从而简化了计算.

我们常利用公式$D(X)=E(X^2)-[E(X)]^2$来计算方差$D(X)$，要注意这里$E(X^2)$和$[E(X)]^2$的区别.

要掌握数学期望和方差的性质，读者需要注意的是：

（1）当X_1，X_2独立或X_1，X_2不相关时，才有$E(X_1X_2)=E(X_1)E(X_2)$；

（2）设c为常数，则有$D(cX)=c^2D(X)$；

（3）$D(X_1+X_2)=D(X_1)+D(X_2)+2\mathrm{Cov}(X_1,X_2)$，

$D(X_1-X_2)=D(X_1)+D(X_2)-2\mathrm{Cov}(X_1,X_2)$，

当X_1，X_2独立或不相关时才有

$D(X_1+X_2)=D(X_1)+D(X_2)$，以及$D(X_1-X_2)=D(X_1)+D(X_2)$.

例如，若X_1，X_2独立，则有$D(2X_1-3X_2)=4D(X_1)+9D(X_2)$.

相关系数$\rho(X,Y)$有时也称为线性相关系数，是一个用来描述随机变量(X,Y)的两个分量X，Y之间的线性相关程度的数字特征. 当$|\rho(X,Y)|$较小时，X，Y的线性相关的程度较差；当$\rho(X,Y)=0$时，称X，Y不线性相关. 不线性相关是指X，Y之间不存在线性关系，但它们还可能存在除线性关系之外的关系. 又由于X，Y相互独立是针对X，Y的一般关系而言的，因此有以下的结论：X，Y相互独立，则X，Y一定不相关；反之，假使X，Y不相关，X，Y不一定相互独立.

特别地，对于二维正态变量 (X,Y)，X 和 Y 不相关与 X 和 Y 相互独立是等价的. 而二元正态变量的相关系数 $\rho(X,Y)$ 就是概率密度函数中的参数 ρ. 于是，用“$\rho=0$”是否成立来检验 X，Y 是否相互独立是很方便的.

矩实际上定义了更广泛的数字特征，数学期望和方差分别是一种原点矩和中心距.

重要术语及学习主题

数学期望	随机变量函数的数学期望	数学期望的性质
方差	标准差	方差的性质
协方差	相关系数	相关系数的性质
不相关	矩	协方差矩阵
中位数和 p 分位数		

为了使用方便，我们列出常用分布的数学期望与方差，如表 4-18 所示.

表 4-18　常用分布的数学期望与方差

分布名称	分布律或概率密度函数	数学期望	方差	参数范围
退化分布（单点分布）	$P(X=c)=1$	c	0	c 为常数
两点分布 $X\sim B(1,p)$	$P(X=0)=q$，$P(X=1)=1$	p	pq	$0<p<1$，$q=1-p$
二项分布 $X\sim B(n,p)$	$P(X=k)=\mathrm{C}_n^k p^k q^{n-k}$ $(k=0,1,2,\cdots,n)$	np	npq	$0<p<1$，$q=1-p$，n 为自然数
泊松分布 $X\sim P(\lambda)$	$P(X=k)=\dfrac{\lambda^k}{k!}\mathrm{e}^{-\lambda}\quad(k=0,1,2,\cdots)$	λ	λ	$\lambda>0$
几何分布 $X\sim G(p)$	$P(X=k)=q^{k-1}p$ $(k=1,2,\cdots)$	$\dfrac{1}{p}$	$\dfrac{q}{p^2}$	$0<p<1$，$q=1-p$
超几何分布 $X\sim H(N,M,n)$	$P(X=k)=\dfrac{\mathrm{C}_M^k\mathrm{C}_{N-M}^{n-k}}{\mathrm{C}_N^n}$ $(k=0,1,2,\cdots,M)$	$\dfrac{nM}{N}$	$n\dfrac{M}{N}\left(1-\dfrac{M}{N}\right)\cdot\dfrac{N-n}{N-1}$	$M\leqslant N$，$n\leqslant N$
负二项分布（Pascal 分布）$X\sim f(r,p)$	$P(X=k)=\mathrm{C}_{k-1}^{r-1}p^r q^{k-r}$ $(k=r,r+1,r+2,\cdots)$	$\dfrac{r}{p}$	$\dfrac{rq}{p^2}$	$0<p<1$，$q=1-p$，r 为自然数
均匀分布 $X\sim U[a,b]$	$f(x)=\begin{cases}\dfrac{1}{b-a}, & a\leqslant x\leqslant b\\ 0, & \text{其他}\end{cases}$	$\dfrac{a+b}{2}$	$\dfrac{(b-a)^2}{12}$	$b>a$
指数分布 $X\sim E(\lambda)$	$f(x)=\begin{cases}\lambda\mathrm{e}^{-\lambda x}, & x\geqslant 0,\\ 0, & x<0.\end{cases}$	$\dfrac{1}{\lambda}$	$\dfrac{1}{\lambda^2}$	$\lambda>0$
正态分布 $X\sim N(\mu,\sigma^2)$	$f(x)=\dfrac{1}{\sqrt{2\pi}\sigma}\mathrm{e}^{-\frac{(x-\mu)^2}{2\sigma^2}}$ $(-\infty<x<+\infty)$	μ	σ^2	$-\infty<u<+\infty$，$\sigma>0$

续表

分布名称	分布律或概率密度函数	数学期望	方差	参数范围
伽马分布 $X\sim\Gamma(\lambda,r)$	$f(x)=\begin{cases}\dfrac{\lambda^r}{\Gamma(r)}x^{r-1}\mathrm{e}^{-\lambda x}, & x>0\\ 0, & x\leqslant 0\end{cases}$	$\dfrac{r}{\lambda}$	$\dfrac{r}{\lambda^2}$	$\lambda, r>0$
柯西分布 $X\sim C(\lambda,\mu)$	$f(x)=\dfrac{1}{\pi}\dfrac{\lambda}{\lambda^2+(x-\mu)^2}$ $(-\infty<x<+\infty)$	不存在	不存在	$\lambda>0$
瑞利分布 $X\sim R(\sigma)$	$f(x)=\begin{cases}\dfrac{x}{\sigma^2}\mathrm{e}^{-\frac{x^2}{2\sigma^2}}, & x>0\\ 0, & x\leqslant 0\end{cases}$	$\sqrt{\dfrac{\pi}{2}}\sigma$	$(2-\dfrac{\pi}{2})\sigma^2$	$\sigma>0$
拉普拉斯分布 $X\sim L(\lambda,\mu)$	$f(x)=\dfrac{1}{2\lambda}\mathrm{e}^{-\frac{\lvert x-\mu\rvert}{\lambda}}$ $(-\infty<x<+\infty)$	μ	$2\lambda^2$	$\lambda>0$

第 4 章考研真题

1. 设随机变量 X、Y 相互独立，且 $E(X)$ 与 $E(Y)$ 都存在，记 $U=\max\{X,Y\}$，$V=\min\{X,Y\}$，则 $E(UV)=$（　　）.

A. $E(U)E(V)$　B. $E(X)E(Y)$　C. $E(U)E(Y)$　D. $E(X)E(V)$

（2011 研考）

2. 设二维随机变量 $(X,Y)\sim N(\mu,\mu,\sigma^2,\sigma^2,0)$，则 $E(XY^2)=$________.

（2011 研考）

3. 设随机变量 X 与 Y 的概率分布分别如表 4-19 和表 4-20 所示.

表 4-19　X 的概率分布（真题 3）

X	0	1
$P(X=x_i)$	$\dfrac{1}{3}$	$\dfrac{2}{3}$

表 4-20　Y 的概率分布（真题 3）

Y	-1	0	1
$P(Y=y_j)$	$\dfrac{1}{3}$	$\dfrac{1}{3}$	$\dfrac{1}{3}$

且 $P\{X^2=Y^2\}=1$.

求：

（1）二维随机变量(X,Y)的概率分布；

（2）$Z = XY$的概率分布；

（3）X与Y的相关系数$\rho(X,Y)$.

（2011 研考）

4. 将长度为 1m 的木棒随机地截成两段，则两段长度的相关系数为（　　）.

A. 1　　B. $\frac{1}{2}$　　C. $-\frac{1}{2}$　　D. -1

（2012 研考）

5. 已知随机变量X、Y以及XY的分布律如表 4-21、表 4-22 和表 4-23 所示.

表 4-21　X的分布律（真题 5）

X	0	1	2
$P(X = x_i)$	$\frac{1}{2}$	$\frac{1}{3}$	$\frac{1}{6}$

表 4-22　Y的分布律（真题 5）

Y	0	1	2
$P(Y = y_j)$	$\frac{1}{3}$	$\frac{1}{3}$	$\frac{1}{3}$

表 4-23　XY的分布律（真题 5）

XY	0	1	2	4
$P(XY = z_k)$	$\frac{7}{12}$	$\frac{1}{3}$	0	$\frac{1}{12}$

求：

（1）$P(X = 2Y)$；

（2）$\text{Cov}(X-Y,Y)$与$\rho(X,Y)$.

（2012 研考）

6. 设连续型随机变量X_1与X_2相互独立，且方差均存在，X_1与X_2的概率密度函数分别为$f_1(x)$与$f_2(x)$，随机变量Y_1的概率密度函数为$f_{Y_1}(y)=\frac{1}{2}[f_1(y)+f_2(y)]$，随机变量$Y_2=\frac{1}{2}(X_1+X_2)$，则（　　）.

A. $E(Y_1)>E(Y_2)$，$D(Y_1)>D(Y_2)$　　B. $E(Y_1)=E(Y_2)$，$D(Y_1)=D(Y_2)$

C. $E(Y_1)=E(Y_2)$，$D(Y_1)<D(Y_2)$　　D. $E(Y_1)=E(Y_2)$，$D(Y_1)>D(Y_2)$

（2014 研考）

7. 设随机变量X的概率分布为$P\{X=1\}=P\{X=2\}=\frac{1}{2}$，在给定$X=i$的条件下，随机变量$Y$服从均匀分布$U(0,i)(i=1,2)$.

（1）求 Y 的分布函数 $F_Y(y)$.

（2）求 $E(Y)$.

（2014 研考）

8. 设二维随机变量 (X,Y) 的概率分布如表 4-24 所示，其中 a、b、c 为常数，且 X 的数学期望 $E(X)=-0.2$，$P(Y\leqslant 0|X\leqslant 0)=0.5$，记 $Z=X+Y$.

表 4-24 (X,Y)的概率分布（真题 8）

X	**Y**		
	−1	**0**	**1**
−1	a	0	0.2
0	0.1	b	0.2
1	0	0.1	c

求：

（1）a、b、c 的值；

（2）Z 的概率分布；

（3）$P(X=Z)$.

（2014 研考）

9. 设随机变量 X 、Y 不相关，且 $E(X=2)$ 、$E(Y)=1$ 、$D(X)=3$ ，则 $E[X(X+Y-2)]=$（　　）.

A. −3　　B. 3　　C. 5　　D. −5

（2015 研考）

10. 随机试验 E 有 3 种两两不相容的结果 A_1 、A_2 、A_3 ，且 3 种结果发生的概率均为 $\frac{1}{3}$. 将试验 E 独立重复做 2 次，X 表示 2 次试验中结果 A_1 发生的次数，Y 表示 2 次试验中结果 A_2 发生的次数，求 X 与 Y 的相关系数.

（2016 研考）

11. 设随机变量 X 的分布函数为 $F(x)=0.5\Phi(x)+0.5\Phi\left(\frac{x-4}{2}\right)$，其中 $\Phi(x)$ 为标准正态分布函数，则 $E(X)$ ________.

（2017 研考）

12. 设随机变量 X ，Y 相互独立，且 X 的概率分布为 $P(X=0)=P(X=2)=\frac{1}{2}$ ，Y 的概率密度函数为 $f(x)=\begin{cases}2y, & 0<y<1,\\ 0, & \text{其他}.\end{cases}$

（1）求 $P\{Y\leqslant E(Y)\}$.

（2）求 $Z=X+Y$ 的概率密度函数.

（2017 研考）

13. 设随机变量 X ，Y 相互独立，且 X 的概率分布为 $P(X=1)=P(X=-1)=\frac{1}{2}$ ，Y 服从参数为 λ 的泊松分布，令 $Z=XY$.

（1）求 $\mathrm{Cov}(X,Z)$.

（2）求 Z 的概率分布.

（2018 研考）

14. 设随机变量 X，Y 相互独立，且 X 服从参数为 1 的指数分布，Y 的概率分布为 $P(Y=-1)=p$，$P(Y=1)=1-p(0<p<1)$. 令 $Z=XY$.

（1）求 Z 的概率密度函数.

（2）p 为何值时，X 与 Z 不相关.

（3）X 与 Z 是否相互独立？

（2019 研考）

15. 设随机变量 X 服从 $\left(-\frac{\pi}{2},\frac{\pi}{2}\right)$ 上的均匀分布，$Y=\sin X$，求 $\mathrm{Cov}(X,Y)$.

（2020 研考）

16. 在 $(0,2)$ 上随机取一点，将该区间分为两段，较短一段的长度为 X，较长一段的长度为 Y，令 $Z=\frac{Y}{X}$.

（1）求 X 的概率密度函数.

（2）求 Z 的概率密度函数.

（3）求 $E\left(\frac{X}{Y}\right)$.

（2021 研考）

17. 设 $X\sim U(0,3)$，$Y\sim P(2)$，$\mathrm{Cov}(X,Y)=-1$，求 $D(2X-Y+1)$.

（2022 研考）

18. 设 $X\sim N(0,1)$，在 $X=x$ 的条件下，$Y\sim N(X,1)$，求 X 与 Y 的相关系数.

（2022 研考）

19. 设随机变量 X 服从参数为 1 的泊松分布，则 $E\left[\left|X-E(X)\right|\right]=$______.

（2023 研考）

20. 设随机变量 X 的概率密度函数为 $f(x)=\begin{cases}2(1-x), & 0<x<1,\\ 0, & \text{其他},\end{cases}$ 在 $X=x(0<x<1)$ 的条件下，随机变量 Y 服从 $(x,1)$ 上的均匀分布，则 $\mathrm{Cov}(X,Y)=$（　　）.

A. $-\frac{1}{36}$　　B. $-\frac{1}{72}$　　C. $\frac{1}{72}$　　D. $\frac{1}{36}$

（2024 研考）

数学家故事 4

第 5 章　大数定律与中心极限定理

第 5 章思维导图

5.1　大数定律

在第 1 章中我们已经指出，人们经过长期实践认识到，虽然个别随机事件在某次试验中可能发生也可能不发生，但是在大量重复试验中却呈现明显的规律性，即随着试验次数的增多，一个随机事件发生的频率在某一固定值附近摆动．这就是所谓的频率具有稳定性．同时，人们通过实践发现大量测量值的算术平均值也具有稳定性．上述这些稳定性如何从理论上加以证明就是本节介绍的大数定律所要回答的问题．

5.1.1　切比雪夫不等式

切比雪夫不等式

在引入大数定律之前，我们先证明一个重要的不等式——切比雪夫（Chebyshev）不等式．

定理 5.1　设随机变量 X 存在有限方差 $D(X)$，则对于任意 $\varepsilon>0$，有

$$P\left(|X-E(X)|\geqslant\varepsilon\right)\leqslant\frac{D(X)}{\varepsilon^2}.$$

证　如果 X 是连续型随机变量，设 X 的概率密度函数为 $f(x)$，则有

$$\begin{aligned}P\left(|X-E(X)|\geqslant\varepsilon\right)&=\int\limits_{|x-E(X)|\geqslant\varepsilon}f(x)\mathrm{d}x\leqslant\int\limits_{|x-E(X)|\geqslant\varepsilon}\frac{|x-E(X)|^2}{\varepsilon^2}f(x)\mathrm{d}x\\&\leqslant\frac{1}{\varepsilon^2}\int_{-\infty}^{+\infty}\left[x-E(X)\right]^2f(x)\mathrm{d}x=\frac{D(X)}{\varepsilon^2}.\end{aligned}$$

如果 X 是离散型随机变量，设 X 的概率分布为 $P(X=x_i)=P(x_i)=p_i$，

因为 $|x_i-E(X)|\geqslant\varepsilon$，所以 $\left[x_i-E(X)\right]^2\geqslant\varepsilon^2$．则有

$$\begin{aligned}P\left(|x_i-E(X)|\geqslant\varepsilon\right)&=\sum_{|x_i-E(X)|\geqslant\varepsilon}p_i=\sum_{[x_i-E(X)]^2\geqslant\varepsilon^2}p_i\leqslant\sum_{[x_i-E(X)]^2\geqslant\varepsilon^2}\frac{\left[x_i-E(X)\right]^2}{\varepsilon^2}p_i\\&=\frac{1}{\varepsilon^2}\sum_{[x_i-E(X)]^2\geqslant\varepsilon^2}\left[x_i-E(X)\right]^2p_i\leqslant\frac{1}{\varepsilon^2}\sum\left[x_i-E(X)\right]^2p_i=\frac{D(X)}{\varepsilon^2}.\end{aligned}$$

还可以用其他方法证明：

$$\begin{aligned}D(X)&=\int_{-\infty}^{+\infty}\left[x-E(X)\right]^2f(x)\mathrm{d}x=\int_{|x-E(X)|\geqslant\varepsilon}\left[x-E(X)\right]^2f(x)\mathrm{d}x\\&\quad+\int_{|x-E(X)|<\varepsilon}\left[x-E(X)\right]^2f(x)\mathrm{d}x\geqslant\int_{|x-E(X)|\geqslant\varepsilon}\left[x-E(X)\right]^2f(x)\mathrm{d}x\\&\geqslant\varepsilon^2\int_{|x-E(X)|\geqslant\varepsilon}f(x)\mathrm{d}x=\varepsilon^2P(|x-E(X)|\geqslant\varepsilon),\end{aligned}$$

所以不等式 $P\left(\left|X-E(X)\right|\geqslant\varepsilon\right)\leqslant\dfrac{D(X)}{\varepsilon^2}$ 成立.

切比雪夫不等式也可表示成

$$P\left(\left|X-E(X)\right|<\varepsilon\right)\geqslant 1-\frac{D(X)}{\varepsilon^2}.$$

这个不等式给出了在随机变量 X 的分布未知的情况下事件 $\left|X-E(X)\right|<\varepsilon$ 的概率的下限估计，例如，在切比雪夫不等式中，分别令 $\varepsilon=3\sqrt{D(X)}$ 或 $\varepsilon=4\sqrt{D(X)}$ 可得到

$$P\left(\left|X-E(X)\right|<3\sqrt{D(X)}\right)\geqslant 0.8889,$$

$$P\left(\left|X-E(X)\right|<4\sqrt{D(X)}\right)\geqslant 0.9375.$$

例 5.1　设 X 是投掷一枚骰子所出现的点数，若给定 $\varepsilon=1,2$，计算 $P\left(\left|X-E(X)\right|\geqslant\varepsilon\right)$，并验证切比雪夫不等式成立.

切比雪夫不等式的应用

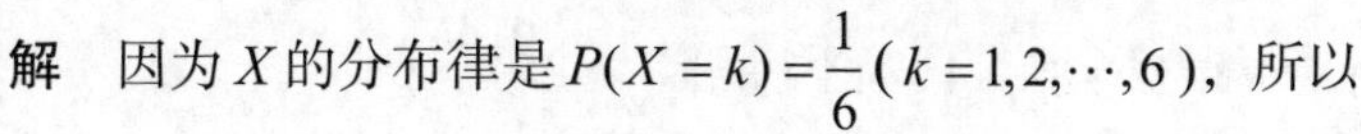
解　因为 X 的分布律是 $P(X=k)=\dfrac{1}{6}$（$k=1,2,\cdots,6$），所以

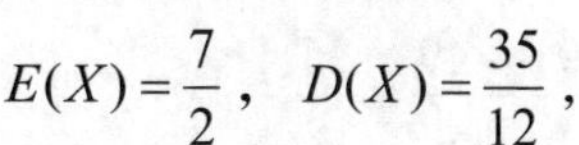

$$E(X)=\frac{7}{2},\quad D(X)=\frac{35}{12},$$

$$P\left(\left|X-\frac{7}{2}\right|\geqslant 1\right)=P(X=1)+P(X=2)+P(X=5)+P(X=6)=\frac{2}{3},$$

$$P\left(\left|X-\frac{7}{2}\right|\geqslant 2\right)=P(X=1)+P(X=6)=\frac{1}{3},$$

当 $\varepsilon=1$ 时，有 $\dfrac{D(X)}{\varepsilon^2}=\dfrac{35}{12}>\dfrac{2}{3}$，

当 $\varepsilon=2$ 时，有 $\dfrac{D(X)}{\varepsilon^2}=\dfrac{35}{48}>\dfrac{1}{3}$，

可见切比雪夫不等式成立.

例 5.2　设电站供电网有 10000 盏电灯，夜晚每一盏灯开灯的概率都是 0.7，且假定开、关灯的时间彼此独立，试估计夜晚同时开着的灯的数目在 6800 与 7200 之间的概率.

解　设 X 表示在夜晚同时开着的灯的数目，它服从 n=10000，p=0.7 的二项分布. 若要准确计算，应该用伯努利公式：

$$P\left(6800<X<7200\right)=\sum_{k=6801}^{7199}\mathrm{C}_{10000}^{k}\times 0.7^{k}\times 0.3^{10000-k}.$$

如果用切比雪夫不等式估计，则：

$$E(X)=np=10000\times 0.7=7000,$$

$$D(X)=npq=10000\times 0.7\times 0.3=2100,$$

$$P\left(6800<X<7200\right)=P\left(\left|X-7000\right|<200\right)\geqslant 1-\frac{2100}{200^2}\approx 0.95.$$

可见，虽然有 10000 盏电灯，但是只要有供应 7200 盏电灯的电力就能够以相当大的概率保证够用. 事实上，切比雪夫不等式的估计只说明概率大于 0.95，例 5.7 中将具体求

出这个概率约为 0.99999. 切比雪夫不等式在理论上具有重大意义，但实际计算时估计的精确度不高.

例 5.3 一枚骰子连续投掷 4 次，点数之和记为 X，估计 $P(10<X<18)$.

解 设 X_i 表示第 i 次出现的点数，则 $X=\sum_{i=1}^{4}X_i$，且 X_1,X_2,X_3,X_4 独立同分布，故 X 分布表如表 5-1 所示.

表 5-1 X 的分布表

X_i	1	2	3	4	5	6
P	$\frac{1}{6}$	$\frac{1}{6}$	$\frac{1}{6}$	$\frac{1}{6}$	$\frac{1}{6}$	$\frac{1}{6}$

$$E(X_i)=(1+2+3+4+5+6)\times\frac{1}{6}=\frac{7}{2},$$

$$E(X_i^2)=(1^2+2^2+3^2+4^2+5^2+6^2)\times\frac{1}{6}=\frac{91}{6},$$

$$D(X_i)=\frac{91}{6}-\frac{49}{4}=\frac{35}{12},$$

故 $E(X)=14$、$D(X)=\frac{35}{3}$，

则 $P(10<X<18)=P(10-E(X)<X-E(X)<18-E(X))$

$$=P(-4<X-E(X)<4)=P(|X-E(X)|<4)\geqslant 1-\frac{D(X)}{4^2}=\frac{13}{48}\approx 0.2708.$$

5.1.2 大数定律简介

大数定律与依概率收敛

切比雪夫不等式作为一个理论工具，在大数定律的证明中，可使得证明过程非常简洁.

定理 5.2（切比雪夫大数定律） 设 $X_1,X_2,\cdots$ 是相互独立的随机变量序列，有对应的数学期望 $E(X_1),E(X_2),\cdots$ 及方差 $D(X_1),D(X_2),\cdots$，并且对于所有 i=1,2,…都有 $D(X_i)\leqslant l$，其中 l 是与 i 无关的常数，则对于任意 $\varepsilon>0$，有

$$\lim_{n\to\infty}P\left(\left|\frac{1}{n}\sum_{i=1}^{n}X_i-\frac{1}{n}\sum_{i=1}^{n}E(X_i)\right|<\varepsilon\right)=1\cdot$$

证 因为 $X_1,X_2,\cdots$ 相互独立，所以

$$D\left(\frac{1}{n}\sum_{i=1}^{n}X_i\right)=\frac{1}{n^2}\sum_{i=1}^{n}D(X_i)<\frac{1}{n^2}\cdot nl=\frac{l}{n}.$$

又因为

$$E\left(\frac{1}{n}\sum_{i=1}^{n}X_i\right)=\frac{1}{n}\sum_{i=1}^{n}E(X_i),$$

所以由切比雪夫不等式知，对于任意 $\varepsilon>0$，有

$$P\left(\left|\frac{1}{n}\sum_{i=1}^{n}X_i-\frac{1}{n}\sum_{i=1}^{n}E(X_i)\right|<\varepsilon\right)\geqslant 1-\frac{l}{n\varepsilon^2},$$

但是任何事件的概率都不超过 1，故

$$1-\frac{l}{n\varepsilon^2}\leqslant P\left(\left|\frac{1}{n}\sum_{i=1}^{n}X_i-\frac{1}{n}\sum_{i=1}^{n}E(X_i)\right|<\varepsilon\right)\leqslant 1,$$

因此

$$\lim_{n\to\infty}P\left(\left|\frac{1}{n}\sum_{i=1}^{n}X_i-\frac{1}{n}\sum_{i=1}^{n}E(X_i)\right|<\varepsilon\right)=1.$$

切比雪夫大数定律说明：在定理的条件下，当 n 充分大时，n 个独立随机变量的平均值作为一个随机变量，这个随机变量的离散程度是很小的. 这意味着，经过算术平均以后得到的随机变量 $\dfrac{\sum_{i=1}^{n}X_i}{n}$ 将比较密地聚集在它的数学期望 $\dfrac{\sum_{i=1}^{n}E(X_i)}{n}$ 附近，它与数学期望之差依概率收敛到 0.

定理 5.3（切比雪夫大数定律的特殊情况） 设随机变量 $X_1,X_2,\cdots$ 相互独立，且具有相同的数学期望和方差：$E(X_k)=\mu$，$D(X_k)=\sigma^2\,(k=1,2,\cdots)$. 前 n 个随机变量的算术平均 $Y_n=\dfrac{1}{n}\sum_{k=1}^{n}X_k$，则对于任意正数 $\varepsilon>0$，有

$$\lim_{n\to\infty}P\left(\left|Y_n-\mu\right|<\varepsilon\right)=1.$$

定理 5.4（伯努利大数定律） 设 n_A 是 n 次独立重复试验中事件 A 发生的次数，p 是事件 A 在每次试验中发生的概率，则对于任意正数 $\varepsilon>0$，有

伯努利大数定律

$$\lim_{n\to\infty}P\left(\left|\frac{n_A}{n}-p\right|<\varepsilon\right)=1,$$

或

$$\lim_{n\to\infty}P\left(\left|\frac{n_A}{n}-p\right|\geqslant\varepsilon\right)=0.$$

证　引入随机变量

$$X_k=\begin{cases}0, & \text{在第}k\text{次试验中}A\text{不发生},\\ 1, & \text{在第}k\text{次试验中}A\text{发生}\end{cases}(k=1,2,\cdots,),$$

显然

$$n_A=\sum_{k=1}^{n}X_k.$$

由于 X_k 只依赖于第 k 次试验，而各次试验是独立的，于是 $X_1,X_2,\cdots$ 是相互独立的；又由于 X_k 服从 0-1 分布，故有

$$E(X_k)=p,\quad D(X_k)=p(1-p),\text{ 其中 }k=1,2,\cdots.$$

由定理 5.3 有

$$\lim_{n\to\infty}P\left(\left|\frac{1}{n}\sum_{k=1}^{n}X_k - p\right| < \varepsilon\right)=1,$$

即

$$\lim_{n\to\infty}P\left(\left|\frac{n_A}{n} - p\right| < \varepsilon\right)=1.$$

伯努利大数定律告诉我们，事件 A 发生的频率 $\frac{n_A}{n}$ 依概率收敛于事件 A 发生的概率 p，因此，本定律从理论上证明了大量重复独立试验中，事件 A 发生的频率具有稳定性，正因为这种稳定性，频率的概念才有实际意义. 另外，在实际应用中，如果试验的次数足够多，就可以用事件发生的频率代替事件发生的概率.

定理 5. 2 和定理 5.3 中要求随机变量 X_k（k=1,2,⋯,n）的方差存在，但在随机变量服从同一分布的场合，并不需要满足这一要求，故我们有以下定理.

定理 5.5【辛钦（Khinchin）大数定律】 设随机变量 $X_1,X_2,\cdots$ 相互独立，服从同一分布，且具有数学期望 $E(X_k)=\mu\ (k=1,2,\cdots)$，则对于任意正数 $\varepsilon>0$，有

辛钦大数定律

$$\lim_{n\to\infty}P\left(\left|\frac{1}{n}\sum_{k=1}^{n}X_k - \mu\right| < \varepsilon\right)=1.$$

显然，伯努利大数定律是辛钦大数定律的特殊情况. 辛钦大数定律实际应用很广泛.

如要测定某一物理量 a，在不变的条件下重复测量 n 次，得观测值 $X_1,X_2,\cdots,X_n$，求得实测值的算术平均值 $\frac{1}{n}\sum_{i=1}^{n}X_i$，根据此定理，当 n 足够大时，取 $\frac{1}{n}\sum_{i=1}^{n}X_i$ 作为 a 的近似值，可以认为所发生的误差是很小的，所以实际应用中往往用某物体某一指标值的一系列实测值的算术平均值作为该指标值的近似值.

习题 5.1

1. 设在每次试验中，事件 A 发生的概率为 0.75，利用切比雪夫不等式估计在 1000 次独立试验中，A 发生的次数在 700 到 800 之间的概率.

2. 假设一条生产线生产的产品的合格率是 0.8，要使一批产品的合格率在 76%到 84%之间的概率不小于 90%，这批产品至少有多少件？

5.2 中心极限定理

在客观实际中有许多随机变量，它们是由大量相互独立的偶然因素的综合影响所形成的，而每一个因素在总的影响中所起的作用是很小的，这种随机变量往往近似地服从正态分布，这种现象就是中心极限定理的客观背景. 概率论中论证独立随机变量的和的极限分布是正态分布的一系列定理称为中心极限定理（central limit theorem），本节介绍几个常用的中心极限定理.

定理 5.6（独立同分布的中心极限定理） 设随机变量 $X_1, X_2, \cdots$ 相互独立，服从同一分布，且数学期望和方差为 $E(X_k)=\mu$，$D(X_k)=\sigma^2 \neq 0$ $(k=1,2,\cdots)$，则随机变量

独立同分布的中心极限定理

$$Y_n=\frac{\sum_{k=1}^{n} X_k - E\left(\sum_{k=1}^{n} X_k\right)}{\sqrt{D(\sum_{k=1}^{n} X_k)}}=\frac{\sum_{k=1}^{n} X_k - n\mu}{\sqrt{n}\sigma}$$

的分布函数 $F_n(x)$ 对任意 x 满足

$$\lim_{n\to\infty} F_n(x)=\lim_{n\to\infty} P\left(\frac{\sum_{k=1}^{n} X_k - n\mu}{\sqrt{n}\sigma}\leqslant x\right)=\int_{-\infty}^{x}\frac{1}{\sqrt{2\pi}}\mathrm{e}^{-\frac{t^2}{2}}\mathrm{d}t.$$

从定理 5.6 的结论可知，当 n 充分大时，近似地有

$$Y_n=\frac{\sum_{k=1}^{n} X_k - n\mu}{\sqrt{n\sigma^2}} \sim N(0,1),$$

或者说，当 n 充分大时，近似地有

$$\sum_{k=1}^{n} X_k \sim N\left(n\mu, n\sigma^2\right).$$

如果用 $X_1, X_2, \cdots, X_n$ 表示相互独立的各随机因素. 假定它们都服从相同的分布（不论服从什么分布），且都有有限的数学期望与方差（每个因素的影响有一定限度），则上式说明，当 n 充分大时，$\sum_{k=1}^{n} X_k$ 这个随机变量近似地服从正态分布.

独立同分布的中心极限定理的应用

例 5.4 一个螺丝钉的质量是一个随机变量，其数学期望是 100 g，标准差是 10 g. 求一盒（100 个）同型号螺丝钉的质量超过 10.2 kg 的概率.

解 设一盒同型号螺丝钉质量为 X，盒中第 i 个螺丝钉的质量为 $X_i\,(i=1,2,\cdots,100)$，则 $X_1, X_2, \cdots, X_{100}$ 相互独立，$E(X_i)=100\,(\mathrm{g})$，$\sqrt{D(X_i)}=10\,(\mathrm{g})$，则有

$$X=\sum_{i=1}^{100} X_i\text{，且 } E(X)=100E(X_i)=10000\,(\mathrm{g}),\ \sqrt{D(X)}=100\,(\mathrm{g}).$$

根据定理 5.6，独立随机变量的和近似服从正态分布，按照正态分布进行计算，有

$$P\left(\frac{X-10000}{100}>\frac{10200-10000}{100}\right)=1-P\left(\frac{X-10000}{100}\leqslant 2\right)$$
$$\approx 1-\Phi(2)=1-0.9772=0.0228.$$

例 5.5 对敌人的防御地进行 100 次轰炸，每次轰炸命中目标的炸弹数目是一个随机变量，其数学期望是 2，方差是 1.69. 求在 100 次轰炸中有 180 颗到 220 颗炸弹命中目标的概率.

解 令第 i 次轰炸命中目标的炸弹数为 X_i，则 100 次轰炸中命中目标的炸弹数 $X=\sum_{i=1}^{100} X_i$.

应用定理 5.6，X 近似服从正态分布，数学期望为 200，方差为 169，标准差为 13，所以

$$P\{180\leqslant X\leqslant 220\}=P\{|X-200|\leqslant 20\}=P\left\{\left|\frac{X-200}{13}\right|\leqslant\frac{20}{13}\right\}$$

$$\approx 2\Phi(1.54)-1=0.8764 .$$

定理 5.7【李雅普诺夫（Lyapunov）定理】 设随机变量 $X_1,X_2,\cdots$ 相互独立，它们具有数学期望和方差：

李雅普诺夫中心极限定理

$$E(X_k)=\mu_k,\ \ D(X_k)=\sigma_k^2\neq 0\,(k=1,2,\cdots).$$

记 $B_n^2=\sum\limits_{k=1}^{n}\sigma_k^2$，若存在正数 δ，使得当 $n\to\infty$ 时，有

$$\frac{1}{B_n^{2+\delta}}\sum_{k=1}^{n}E\left(\left|X_k-\mu_k\right|^{2+\delta}\right)\to 0 ,$$

则随机变量

$$Z_n=\frac{\sum\limits_{k=1}^{n}X_k-E\left(\sum\limits_{k=1}^{n}X_k\right)}{\sqrt{D\left(\sum\limits_{k=1}^{n}X_k\right)}}=\frac{\sum\limits_{k=1}^{n}X_k-\sum\limits_{k=1}^{n}\mu_k}{B_n}$$

的分布函数 $F_n(x)$ 对于任意 x，满足

$$\lim_{n\to\infty}F_n(x)=\lim_{n\to\infty}P\left(\frac{\sum\limits_{k=1}^{n}X_k-\sum\limits_{k=1}^{n}\mu_k}{B_n}\leqslant x\right)=\int_{-\infty}^{x}\frac{1}{\sqrt{2\pi}}\mathrm{e}^{-\frac{t^2}{2}}\mathrm{d}t .$$

这个定理说明，随机变量

$$Z_n=\frac{\sum\limits_{k=1}^{n}X_k-\sum\limits_{k=1}^{n}\mu_k}{B_n}$$

在 n 很大时，近似地服从正态分布 $N(0,1)$．因此，当 n 很大时，

$$\sum_{k=1}^{n}X_k=B_nZ_n+\sum_{k=1}^{n}\mu_k$$

近似地服从正态分布 $N\left(\sum\limits_{k=1}^{n}\mu_k,B_n^2\right)$．这表明无论随机变量 $X_k\,(k=1,2,\cdots)$ 具有怎样的分布，只要满足定理条件，它们的和 $\sum\limits_{k=1}^{n}X_k$ 在 n 很大时，就近似地服从正态分布．而在许多实际问题中，所考虑的随机变量往往可以表示为多个独立的随机变量之和，因而它们常常近似服从正态分布．这就是正态随机变量在概率论与数理统计中占有重要地位的主要原因．

在数理统计中我们将看到，中心极限定理是大样本统计推断的理论基础．

下面介绍另一个中心极限定理．

定理 5.8 设随机变量 X 服从参数为 n,p（$0<p<1$）的二项分布，则

（1）[拉普拉斯（Laplace）定理或局部极限定理]：当 $n \to \infty$ 时

$$P(X=k) \approx \frac{1}{\sqrt{2\pi npq}} \mathrm{e}^{-\frac{(k-np)^2}{2npq}} = \frac{1}{\sqrt{npq}} \varphi\left(\frac{k-np}{\sqrt{npq}}\right),$$

其中 $p+q=1$，$k=0,1,2,\cdots,n$，$\varphi(x)=\frac{1}{\sqrt{2\pi}}\mathrm{e}^{-\frac{x^2}{2}}$.

（2）[棣莫弗-拉普拉斯（De Moivre-Laplace）定理或积分极限定理]：对任意 x，恒有

$$\lim_{n\to\infty} P\left\{\frac{X-np}{\sqrt{np(1-p)}} \leqslant x\right\} = \int_{-\infty}^{x} \frac{1}{\sqrt{2\pi}} \mathrm{e}^{-\frac{t^2}{2}} \mathrm{d}t \cdot$$

棣莫弗-拉普拉斯中心极限定理

这个定理表明，二项分布以正态分布为极限. 当 n 充分大时，我们可以利用上面两个公式来近似计算二项分布的概率.

例 5.6　10 部机器独立工作，每部机器停机的概率为 0.2，求 3 部机器同时停机的概率.

解　10 部机器中同时停机的数目 X 服从二项分布，且 $n=10$，$p=0.2$，$np=2$，$\sqrt{npq}\approx 1.265$.

（1）直接计算有 $P(X=3)=\mathrm{C}_{10}^{3}\times 0.2^3 \times 0.8^7 \approx 0.2013$；

（2）若用拉普拉斯定理近似计算，则有

$$P(X=3)=\frac{1}{\sqrt{npq}}\varphi\left(\frac{k-np}{\sqrt{npq}}\right)=\frac{1}{1.265}\varphi\left(\frac{3-2}{1.265}\right)\approx\frac{1}{1.265}\varphi(0.79)\approx 0.2308.$$

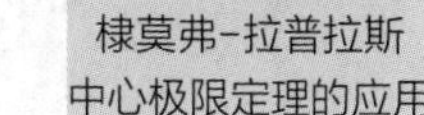
棣莫弗-拉普拉斯中心极限定理的应用

（2）的计算结果与（1）的相差较大，这是由于 n 不够大.

例 5.7　应用定理 5.8 计算 5.1 节例 5.2 的概率.

解　$np=7000$，$\sqrt{npq}\approx 45.83$，则

$$\begin{aligned} P(6800<X<7200)&=P(|X-7000|<200) \\ &=P\left(\left|\frac{X-7000}{45.83}\right|<4.36\right)\approx 2\Phi(4.36)-1 \\ &=0.99999. \end{aligned}$$

例 5.8　1 件产品为废品的概率为 $p=0.005$，求 10000 件产品中废品数不大于 70 的概率.

解　10000 件产品中的废品数 X 服从二项分布，$n=10000$，$p=0.005$，$np=50$，$\sqrt{npq}\approx 7.053$，故

$$P(X\leqslant 70)\approx \Phi\left(\frac{70-50}{7.053}\right)\approx \Phi(2.84)=0.9977.$$

正态分布和泊松分布虽然都是二项分布的极限分布，但后者以 $n\to\infty$，$p\to 0$ 和 $np\to\lambda$ 为条件，而前者则只要求 $n\to\infty$ 这一个条件. 一般说来，对于 n 很大、p（或 q）很小的二项分布（$np\leqslant 5$），用正态分布来近似计算不如用泊松分布计算精确.

例 5.9　每发炮弹命中飞机的概率为 0.01，求 500 发炮弹中命中 5 发的概率.

解　500 发炮弹中命中飞机的炮弹数目 X 服从二项分布，$n=500$，$p=0.01$，$np=5$，$\sqrt{npq}\approx 2.2$. 下面用 3 种方法计算并加以比较.

（1）用二项分布公式计算得：

$$P(X=5)=\mathrm{C}_{500}^{5}\times 0.01^{5}\times 0.99^{495}\approx 0.17635.$$

（2）用泊松公式计算，直接查表可得：

$$np=\lambda=5,\ k=5,\ P_5(5)\approx 0.175467.$$

（3）用拉普拉斯定理计算得：

$$P(X=5)\approx\frac{1}{\sqrt{npq}}\Phi\left(\frac{5-np}{\sqrt{npq}}\right)\approx 0.1793.$$

可见用正态分布计算不如用泊松分布计算精确.

例 5.10 某单位内部有 260 个电话分机，每个分机有 4%的时间要用外线通话，可以认为各个电话分机用不用外线是相互独立的. 问总机要备有多少条外线才能以 95%的把握保证各个分机在用外线时不必等候.

解 设 $X_i=\begin{cases}1,\text{第}i\text{个分机用外线}\\0,\text{其他}\end{cases}$ （$i=1,2,\cdots,260$），故

$$P\left(X_i=1\right)=0.04=p,\quad q=1-p=0.96,\quad E(X_i)=0.04,\quad D(X_i)=0.0384,$$

设 Y_{260} 为 260 个分机中同时要求使用外线的分机数，则 $Y_{260}=\sum_{i=1}^{260}X_i$.

据题意是要确定最小的整数 x，使得 $P\left(Y_{260}\leqslant x\right)\geqslant 0.95$，因为 $n=260$ 较大，所以

$$P\left(Y_{260}\leqslant x\right)=P\left(\frac{Y_{260}-260p}{\sqrt{260pq}}\leqslant\frac{x-260p}{\sqrt{260pq}}\right)\approx\Phi\left(\frac{x-10.4}{\sqrt{9.984}}\right)\geqslant 0.95.$$

查表得 $\Phi\left(1.65\right)=0.9505>0.95$，故令 $\frac{x-10.4}{\sqrt{9.984}}=1.65$，得 $x\approx 15.61$，取 $x=16$，故总机至少应备 16 条外线.

例 5.11 在一大批种子中，良种占 80%，从中任取 500 粒，求其中的良种率未超过 81%的概率.

中心极限定理的应用

解 令 $n=500$，$p=0.8$，$q=0.2$，且

$$X_i=\begin{cases}1,\text{第}i\text{粒是良种}\\0,\text{其他}\end{cases}\quad(i=1,2,\cdots,500),$$

则 $X=\sum_{i=1}^{500}X_i$ 为 500 粒种子中良种的个数，有 $X\sim B\left(np,npq\right)$，故

$$P\left(X\leqslant 500\times 0.81\right)=P\left(\frac{X-np}{\sqrt{npq}}\leqslant\frac{500\times 0.81-500\times 0.8}{\sqrt{500\times 0.8\times 0.2}}\right)=P\left(\frac{X-np}{\sqrt{npq}}\leqslant\frac{5}{\sqrt{80}}\right)$$

$$\approx P\left(\frac{X-np}{\sqrt{npq}}\leqslant 0.559\right)\approx\Phi\left(0.559\right)\approx 0.7123.$$

例 5.12 在天平上重复称一质量为 a 的物品，设各次称量结果相互独立，且服从正态分布 $N\left(a,0.2^2\right)$，若以 $\overline{X}$ 表示 n 次称量的平均值，则为了使 $P\left(\left|\overline{X}-a\right|<0.1\right)\geqslant 0.95$，$n$ 的最小值应不小于多少?

解 设 X_i 为第 i 次称量结果，$i=1,2,\cdots,n$，则 X_i 独立同分布，且 $E(X_i)=a$，$D(X_i)=0.2^2$.

而 $\overline{X}=\frac{1}{n}\sum_{i=1}^{n}X_i \sim N\left(a,\frac{0.04}{n}\right)$，故

$$P\left(\left|\overline{X}-a\right|<0.1\right)=P\left(-0.1<\overline{X}-a<0.1\right)$$

$$=P\left(\frac{-0.1}{\frac{0.2}{\sqrt{n}}}<\frac{\overline{X}-a}{\frac{0.2}{\sqrt{n}}}<\frac{0.1}{\frac{0.2}{\sqrt{n}}}\right)=P\left(-\frac{\sqrt{n}}{2}<\frac{\overline{X}-a}{\frac{0.2}{\sqrt{n}}}<\frac{\sqrt{n}}{2}\right)$$

$$=2\Phi\left(\frac{\sqrt{n}}{2}\right)-1\geqslant 0.95,$$

得 $\Phi\left(\frac{\sqrt{n}}{2}\right)\geqslant 0.975=\Phi(1.96)$，所以 $\frac{\sqrt{n}}{2}\geqslant 1.96$，

故 $n\geqslant 15.3$，n 的最小值是 16.

习题 5.2

1. 某车间有同型号机床 200 部，每部机床开动的概率为 0.7，假定各机床开动与否互不影响，开动时每部机床消耗电能 15 个单位. 问至少供应多少单位电能才可以 95%的概率保证不致因供电不足而影响生产.

2. 一加法器同时收到 20 个噪声电压 V_k (k=1,2,⋯,20)，设它们是相互独立的随机变量，且都在(0,10)上服从均匀分布. 记 $V=\sum_{k=1}^{20}V_k$，求 $P(V>105)$的近似值.

3. 有一批建筑房屋用的木柱，其中 80%的长度不小于 3 m. 现从这批木柱中随机取出 100 根，问其中至少有 30 根短于 3 m 的概率.

4. 某药厂断言，该厂生产的某种药品对于医治一种疑难的血液病的治愈率为 0.8. 医院检验员任意抽查 100 个服用此药品的病人，如果其中多于 75 人治愈，就接受这一断言，否则就拒绝这一断言.

（1）若实际上此药品对这种疾病的治愈率是 0.8，问接受这一断言的概率.

（2）若实际上此药品对这种疾病的治愈率是 0.7，问接受这一断言的概率.

5. 用棣莫弗-拉普拉斯定理近似计算从一批废品率为 0.05 的产品中，任取 1000 件，其中有 20 件废品的概率.

6. 设有 30 个电子器件. 它们的使用寿命 $T_1,\cdots,T_{30}$ 服从参数 λ=0.1（单位：h）的指数分布，其使用情况是第 1 个损坏第 2 个立即使用，以此类推. 令 T 为 30 个器件使用的总计时间，求 T 超过 350h 的概率.

7. 上题中的电子器件若每件为 a 元，那么在年计划中一年至少需多少元才能以 95%的概率保证够用（假定一年有 306 个工作日，每个工作日为 8 小时）.

8. 对于一名学生而言，来参加家长会的家长人数是一个随机变量，设一名学生无家长、有 1 名家长、有 2 名家长来参加家长会的概率分别为 0.05、0.8、0.15. 若学校共有 400 名学生，设各名学生参加家长会的家长数相互独立，且服从同一分布.

（1）求参加家长会的家长总数 X 超过 450 的概率.

（2）求有 1 名家长来参加家长会的学生数不多于 340 的概率.

9. 设男孩出生率为 0.515，求在 10 000 个新生婴儿中女孩数不少于男孩数的概率.

10. 设有 1000 个人独立行动，每个人能够按时进入掩蔽体的概率为 0.9. 以 95%的概率估计，在一次行动中：

（1）至少有多少个人能够按时进入掩蔽体；

（2）至多有多少个人能够按时进入掩蔽体.

11. 在一保险公司里有 10 000 人参加保险，每人每年付 12 元保险费，在一年内一个人死亡的概率为 0.006，死亡者的家属可从保险公司领得 1000 元赔偿费. 求：

（1）保险公司没有利润的概率；

（2）保险公司一年的利润不少于 60 000 元的概率.

5.3 大数定律与中心极限定理的 MATLAB 实现

本节旨在帮助读者了解大数定律与中心极限定理的 MATLAB 实现，读者可扫码查看本章 MATLAB 程序解析.

第 5 章 MATLAB 程序解析

5.3.1 大数定律

大数定律的基本思想为大量相互独立的随机变量的算术平均值依概率收敛于其数学期望.

例 5.13 设随机变量序列 $X_1,X_2,\cdots,X_n,\cdots$ 相互独立且同分布，其分布为：

$$P(X_1=k)=0.1(k=1,2,\cdots,10).$$

显然其均值为 5.5，随着 n 的逐渐增大，$X_1,X_2,\cdots,X_n$ 的平均值应逐渐接近 5.5，请验证这一说法.

5.3.2 中心极限定理

中心极限定理为多个随机变量即使不服从正态分布，其均值也服从正态分布. 下面分别以样本分布为二项分布和指数分布为例，用 MATLAB 模拟其样本均值的分布.

例 5.14 请画出二项分布的正态模拟图像.

例 5.15 请画出指数分布的正态模拟图像.

习题 5.3

1. 一个复杂系统由 100 个相互独立起作用的部件构成. 在整个系统运行期间每个部件损坏的概率为 0.1，为了使整个系统起作用，必须至少有 85 个部件正常工作.

（1）利用 MATLAB 精确计算整个系统起作用的概率.

（2）利用中心极限定理估计整个系统起作用的概率.

2. 某保险公司多年的统计资料表明，在索赔户中，被盗索赔户占 20%，以 X 表示在随机抽查的 10000 个索赔户中，因被盗向保险公司索赔的户数.

（1）利用 MATLAB 精确求被盗索赔户不少于 1900 个且不多于 2100 个的概率.

（2）利用中心极限定理，求被盗索赔户不少于 1900 个且不多于 2100 个的概率近似值.

小　结

本章介绍了切比雪夫不等式、4 个大数定律和 3 个中心极限定理.

切比雪夫不等式给出了在随机变量 X 的分布未知，只知道 $E(X)$ 和 $D(X)$ 的情况下，对事件 $|X-E(X)|<\varepsilon$ 概率的下限估计方法.

人们在长期实践中认识到频率具有稳定性，即当试验次数增多时，频率稳定在一个数的附近. 这一事实显示了可以用一个数来表征事件发生的可能性的大小，人们认识到概率是客观存在的，进而由频率的 3 条性质给出了概率的定义，因而频率的稳定性是概率定义的客观基础. 伯努利大数定律则以严密的数学形式论证了频率的稳定性.

中心极限定理表明，在相当一般的条件下，当独立随机变量的个数增加时，其和的分布趋于正态分布. 这一事实阐明了正态分布的重要性. 中心极限定理也揭示了为什么在实际应用中会经常遇到正态分布. 另外，它提供了独立同分布随机变量之和 $\sum\limits_{k=1}^{n} X_k$（其中 X_k 的方差存在）的近似分布，只要和式中加项的个数充分大，就可以不必考虑和式中的随机变量服从什么分布，直接用正态分布来近似即可，这在实际应用中是有效和重要的.

中心极限定理的内容包含极限，因而称它为极限定理. 又由于它在统计中的重要性，故称它为中心极限定理.

本章要求读者理解大数定律和中心极限定理的概率意义，并要求会使用中心极限定理估算有关事件的概率.

重要术语及学习主题

切比雪夫不等式　　依概率收敛

切比雪夫大数定律及特殊情况　　伯努利大数定律

辛钦大数定律　　独立同分布中心极限定理

李雅普诺夫定理　　棣莫弗拉普拉斯定理

第 5 章考研真题

1. 设随机变量 X 和 Y 的数学期望都是 2，方差分别为 1 和 4，而相关系数为 0.5，试根据切比雪夫不等式给出 $P(|X-Y|\geqslant 6)$的估计.　（2001 研考）

2. 设 $X_1, X_2, \cdots, X_n$ 独立同分布，$E(X_i^k) = \mu_k$，用切比雪夫不等式估计

$$P\left(\left|\frac{1}{n}\sum_{i=1}^{n} X_i - \mu_1\right| \geqslant \varepsilon\right) \leqslant \underline{\qquad\qquad}.$$ （2022 研考）

3. 某保险公司多年统计资料表明，在索赔户中，被盗索赔户占 20%，以 X 表示在随机抽查的 100 个索赔户中，因被盗向保险公司索赔的户数.

（1）写出 X 的概率分布.

（2）利用中心极限定理，求被盗索赔户不少于 14 个且不多于 30 个的概率近似值.

（1988 研考）

4. 一生产线生产的产品成箱包装，每箱的质量是随机的. 假设平均每箱重 50 kg，标准差为 5 kg，若用最大载重为 5000 kg 的汽车承运，试利用中心极限定理说明每辆车最多可以装多少箱，才能保障不超载的概率大于 0.977.

（2001 研考）

数学家故事 5

第 6 章　数理统计的基本概念

前文讲述了概率论的基本内容，本章及之后章节将讲述数理统计．数理统计是以概率论为理论基础的一个数学分支．它从实际观测的数据出发研究随机性现象的规律性．在科学研究中，数理统计占据一个十分重要的位置，是多种试验数据处理的理论基础．

数理统计的内容很丰富，它是一门研究如何有效地收集和分析受到随机影响数据的学科，经过多年的研究和发展，统计学已深入多个学科中，凡是实际问题中涉及一批数据的分析处理，我们都可以利用统计方法去分析解决．本书主要介绍参数估计、假设检验、方差分析及回归分析等内容．

本章中首先讨论总体、随机样本及统计量等基本概念，然后着重介绍几个常用的统计量及抽样分布．

6.1　随机样本

第 6 章思维导图

6.1.1　总体与样本

随机样本

假如我们要研究某厂生产的一批电视机显像管的平均寿命．由于测试显像管寿命具有破坏性，所以我们只能从这批产品中抽取一部分进行显像管寿命测试，并且根据这部分产品的寿命数据对整批产品的平均寿命作统计推断．

在数理统计中，我们将研究对象的某项数量指标值的全体称为**总体**（population），总体中的每个元素称为**个体**（individual）．例如一批显像管寿命值的全体就组成一个总体，其中每一只显像管的寿命就是一个个体．要将一个总体的性质了解得十分清楚，最理想的办法是对每个个体逐个进行观测，但实际上这样做往往是不现实的．例如，要研究显像管的寿命，由于寿命试验是破坏性的，一旦我们获得实验的所有结果，这批显像管也全烧毁了，因此我们只能从整批显像管中抽取一部分做寿命试验，并记录其结果，然后根据这部分数据来推断整批显像管的寿命情况．由于显像管的寿命在随机抽样中是随机变量，为了便于数学上处理，我们将总体定义为随机变量 X，从而随机变量 X 的分布称为总体分布．

一般地，我们都是从总体中抽取一部分个体进行观测，然后根据所得的数据来推断总体的性质．被抽出的部分个体，叫作总体的一个**样本**．

所谓从总体中抽取一个个体，就是对总体 X 进行一次观测（即进行一次试验），并记录其结果．我们在相同的条件下对总体 X 进行 n 次重复、独立地观测，将 n 次观测结果按试验的次序记为 $X_1, X_2, \cdots, X_n$．由于 $X_1, X_2, \cdots, X_n$ 是对随机变量 X 观测的结果，且各次观测是在相同的条件下独立进行的，于是我们引出以下样本定义．

定义 6.1　设总体 X 是具有分布函数 $F(x)$ 的随机变量，若 $X_1, X_2, \cdots, X_n$ 是与 X 具有同一分布函数 $F(x)$，且相互独立的随机变量，则称 $X_1, X_2, \cdots, X_n$ 为从总体 X 得到的容量为 n 的简单随机样本（random sample），简称样本．

当 n 次观测一经完成，我们就得到一组实数 $x_1,x_2,\cdots,x_n$，它们依次是随机变量 $X_1,X_2,\cdots,X_n$ 的观测值，称为样本观测值，简称样本值.

对于有限总体，采用有放回抽样就能得到简单随机样本，当总体中个体的总数 N 比要得到的样本的容量 n 大得多时$\left(一般当\frac{N}{n}\geqslant 10时\right)$，在实际中可将无放回抽样近似地当作有放回抽样来处理.

若 $X_1,X_2,\cdots,X_n$ 为总体 X 的一个样本，X 的分布函数为 $F(x)$，则 $X_1,X_2,\cdots,X_n$ 的联合分布函数为

$$F^*(x_1,x_2,\cdots,x_n)=\prod_{i=1}^{n}F(x_i).$$

又若 X 具有概率密度函数 $f(x)$，则 $X_1,X_2,\cdots,X_n$ 的联合概率密度函数为

$$f^*(x_1,x_2,\cdots,x_n)=\prod_{i=1}^{n}f(x_i).$$

6.1.2 直方图

我们在搜集资料时，如果未经组织和整理，搜集到的东西通常是没有什么价值的，为了把这些有差异的资料组织成有用的形式，我们应该编制频数分布表（即频数表）.

例 6.1 某工厂的劳资部门为了研究该厂工人的收入情况，收集了工人的工资资料. 表 6-1 所示为该厂 30 名工人未经整理的日工资数据.

表 6-1 30 名工人的工资数据

工人序号	日工资/元	工人序号	日工资/元	工人序号	日工资/元
1	530	11	595	21	480
2	420	12	435	22	525
3	550	13	490	23	535
4	455	14	485	24	605
5	545	15	515	25	525
6	455	16	530	26	475
7	550	17	425	27	530
8	535	18	530	28	640
9	495	19	505	29	555
10	470	20	525	30	505

接下来，我们以本例介绍频数分布表的制作方法. 将 30 名工人日工资数据记为 $x_1,x_2,\cdots,x_{30}$，对这些观测数据做如下处理.

第一步 确定最大值 $x_{\max}$ 和最小值 $x_{\min}$，则有

$$x_{\max}=640,\quad x_{\min}=420.$$

第二步 分组，即确定每一个收入组的界限和组数，在实际工作中，第一组下限一般

取一个小于 $x_{\min}$ 的数，例如取 400，最后一组上限取一个大于 $x_{\max}$ 的数，例如取 650，然后将 400 元到 650 元分成相等的若干段，比如分成 5 段，每一段就对应一个收入组. 故表 6-1 的频数分布表如表 6-2 所示.

表 6-2　工人工资的频数分布表

组限	频数	累积频数
[400,450)	3	3
[450,500)	8	11
[500,550)	13	24
[550,600)	4	28
[600,650]	2	30

为了研究频数分布，我们可用图示法表示.

直方图　直方图是垂直条形图，条与条之间无间隔，用横轴上的点表示组限，纵轴上的点表示频数. 与一个组对应的频数，用以组距为底的矩形（长条）的高度表示，表 6-2 所示频数的直方图如图 6-1 所示.

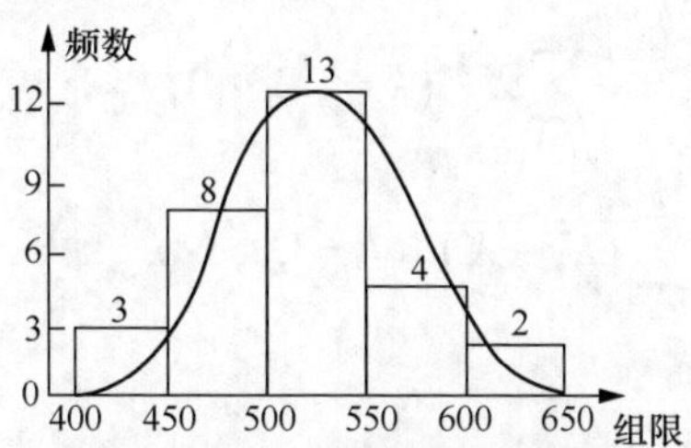

图 6-1　工人工资的频数直方图

按上述方法我们对抽取的数据加以整理，编制频数分布表，作直方图，并画出频率分布曲线，于是就可以直观地看到数据的分布情况（在什么范围，较大、较小的各有多少，在哪些地方分布比较集中，以及分布图形是否对称等），所以，样本的频率分布是总体概率分布的近似.

6.1.3　统计量

样本是总体的反映，但是样本所含的信息不能直接用于解决我们所要研究的问题，需要把样本所含的信息进行数学上的精细加工，从而解决我们的问题. 针对不同的问题构造样本的适当函数，利用这些样本的函数进行统计推断.

统计量的概念

常用的统计量

定义 6.2　设 $X_1, X_2, \cdots, X_n$ 是来自总体 X 的一个样本，$g(X_1, X_2, \cdots, X_n)$ 是样本 $X_1, X_2, \cdots, X_n$ 的函数，若 g 中不含任何未知参数，则称 $g(X_1, X_2, \cdots, X_n)$ 是一个**统计量**（statistic）. 设 $x_1, x_2, \cdots, x_n$ 是对应于样本 $X_1, X_2, \cdots, X_n$ 的样本值，则称 $g(x_1, x_2, \cdots, x_n)$ 是 $g(X_1, X_2, \cdots, X_n)$ 的观测值.

下面我们定义一些常用的统计量. 设 $X_1, X_2, \cdots, X_n$ 是来自总体 X 的一个样本，$x_1, x_2, \cdots, x_n$ 是这一样本的观测值.

定义样本均值为 $\overline{X}=\frac{1}{n}\sum_{i=1}^{n}X_i$；

样本方差为 $S^2=\frac{1}{n-1}\sum_{i=1}^{n}(X_i-\overline{X})^2$；

实际上，

$$S^2=\frac{1}{n-1}\sum_{i=1}^{n}\left(X_i^{\ 2}-2X_i\overline{X}+\overline{X}^2\right)=\frac{1}{n-1}\left(\sum_{i=1}^{n}X_i^{\ 2}-2\overline{X}\sum_{i=1}^{n}X_i+\sum_{i=1}^{n}\overline{X}^2\right)$$
$$=\frac{1}{n-1}\left(\sum_{i=1}^{n}X_i^{\ 2}-2\overline{X}n\overline{X}+n\overline{X}^2\right)=\frac{1}{n-1}\left(\sum_{i=1}^{n}X_i^{\ 2}-n\overline{X}^2\right)=\frac{1}{n-1}\sum_{i=1}^{n}\left(X_i^{\ 2}-\overline{X}^2\right)；$$

样本标准差为 $S=\sqrt{S^2}=\sqrt{\frac{1}{n-1}\sum_{i=1}^{n}(X_i-\overline{X})^2}$；

样本 *k* 阶（原点）矩为 $A_k=\frac{1}{n}\sum_{i=1}^{n}X_i^{\ k}\ (k=1,2,\cdots)$；

样本 *k* 阶中心矩为 $B_k=\frac{1}{n}\sum_{i=1}^{n}(X_i-\overline{X})^k\ (k=1,2,\cdots)$.

上述统计量的观测值分别为

$$\overline{x}=\frac{1}{n}\sum_{i=1}^{n}x_i；\ S^2=\frac{1}{n-1}\sum_{i=1}^{n}(x_i-\overline{x})^2=\frac{1}{n-1}\left(\sum_{i=1}^{n}x_i^2-n\overline{x}^2\right)；$$

$$s=\sqrt{\frac{1}{n-1}\sum_{i=1}^{n}(x_i-\overline{x})^2}；\ a_k=\frac{1}{n}\sum_{i=1}^{n}x_i^{\ k}(k=1,2,\cdots)；\ b_k=\frac{1}{n}\sum_{i=1}^{n}(x_i-\overline{x})^k(k=1,2,\cdots).$$

这些观测值仍分别称为样本均值、样本方差、样本标准差、样本 k 阶（原点）矩、样本 k 阶中心矩.

统计量概念与性质的例题

习题 6.1

1. $X_1,\cdots,X_{10}$ 为来自总体 $X\sim N(\mu,1)$ 的一个样本，则（　　）.

A. $\sum_{i=1}^{n}X_i$ 是统计量　　B. $\frac{1}{10}\sum_{i=1}^{n}X_i+2\mu$ 是统计量

C. $\sum_{i=1}^{n}X_i-E(X)$ 是统计量　　D. $\frac{1}{9}\sum_{i=1}^{n}(X_i-\mu)^2$ 是统计量

2. 某地广播电视台想了解某电视栏目（如每日晚九点至九点半的体育节目）在该地区的收视率情况，于是委托一家市场咨询公司进行一次电话访查，请指出：

（1）该项研究的总体；

（2）该项研究的样本.

3. 某市要调查成年男子的酗酒率，特聘请 50 名统计学专业本科生做街头随机调查，要求每名学生调查 100 名成年男子，问该项调查的总体和样本分别是什么，总体用什么分布描述为宜.

4. 某厂生产的电容器的使用寿命服从指数分布，为了解其平均寿命，从中抽出 n 件产品测其实际使用寿命，试说明什么是总体，什么是样本，并指出样本的分布.

5. 假若某地区 30 名 2018 年某专业毕业生实习期满后的月薪数据如下.

9090	10860	11200	9990	13200	10910
10710	10810	11300	13360	9670	15720
8250	9140	9920	12320	9500	7750
12030	10250	10960	8080	12240	10440
8710	11640	9710	9500	8660	7380

（1）构造该批数据的频数分布表（分 6 组）.

（2）画出直方图.

6.2　抽样分布

统计量是样本的函数，它是一个随机变量. 统计量的分布称为抽样分布，在使用统计量进行统计推断时常需知道它的分布. 当总体的分布函数已知时，抽样分布是确定的，但要求出统计量的精确分布，一般来说是困难的. 本节介绍来自正态总体的几个常用统计量的分布.

6.2.1　χ^2 分布

χ^2 分布

设 $X_1, X_2, \cdots, X_n$ 是来自总体 $N(0,1)$ 的样本，则统计量

$$\chi^2 = X_1^2 + X_2^2 + \cdots + X_n^2$$

所服从的分布称为自由度为 n 的 χ^2 分布（χ^2 -distribution），记为 $\chi^2 \sim \chi^2(n)$.

$\chi^2(n)$ 分布的概率密度函数为

$$f(y) = \begin{cases} \dfrac{1}{2^{\frac{n}{2}}\Gamma\left(\dfrac{n}{2}\right)} y^{\frac{n}{2}-1} \mathrm{e}^{-\frac{y}{2}}, & y>0, \\ 0, & \text{其他}. \end{cases}$$

$f(y)$ 的图形如图 6-2 所示.

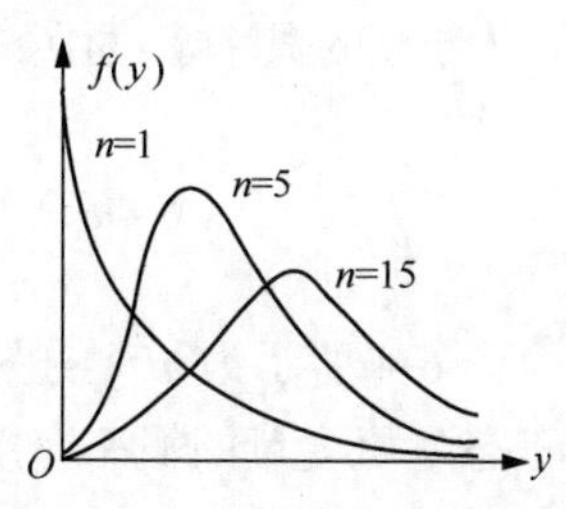

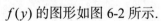

图 6-2　n 取不同值时 $f(y)$ 的图形

χ^2 分布具有以下性质.

（1）如果 $\chi_1^2 \sim \chi^2(n_1)$，$\chi_2^2 \sim \chi^2(n_2)$，且它们相互独立，则有

$$\chi_1^{\ 2} + \chi_2^{\ 2} \sim {}^2(n_1 + n_2).$$

这一性质称为 χ^2 分布的可加性.

（2）如果 $\chi^2 \sim \chi^2(n)$，则有

$$E\left(\chi^2\right)=n,\quad D\left(\chi^2\right)=2n.$$

事实上，因为 $X_i \sim N(0,1)$，所以

$$E\left(X_i^2\right)=D\left(X_i\right)=1,$$

$$D\left(X_i^2\right)=E\left(X_i^4\right)-\left[E\left(X_i^2\right)\right]^2=3-1=2\ (i=1,2,\cdots,n).$$

于是 $E(\chi^2)=E\left(\sum_{i=1}^{n}X_i^2\right)=\sum_{i=1}^{n}E(X_i^2)=n$，

$$D(\chi^2)=D\left(\sum_{i=1}^{n}X_i^2\right)=\sum_{i=1}^{n}D(X_i^2)=2n.$$

（3）χ^2 分布的上 α 分位数

对于给定的正数 α，$0<\alpha<1$，满足条件

$$P\left\{\chi^2>\chi_\alpha^2(n)\right\}=\int_{\chi_\alpha^2(n)}^{+\infty}f(y)\mathrm{d}y=\alpha$$

的点 $\chi_\alpha^2(n)$ 称为 $\chi^2(n)$ 分布的上 α 分位数（percentile of α），如图 6-3 所示.

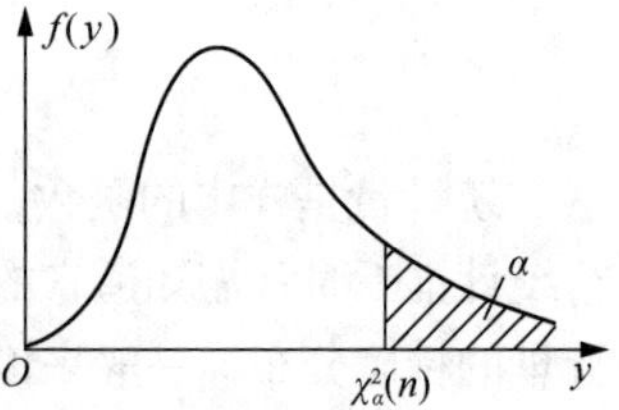

图 6-3　χ^2 分布的上 α 分位数

对于不同的 α 和 n，上 α 分位数的值已制成表格（见配套电子资源中的附表 5），读者可以查用，例如对于 $\alpha=0.05$，$n=16$，查表得 $\chi_{0.05}^2(16)=26.296$．但该表只列到 $n=45$．当 $n>45$ 时，近似地有 $\chi_\alpha^2(n)\approx\frac{1}{2}(z_\alpha+\sqrt{2n-1})^2$，其中 z_α 是标准正态分布的上 α 分位数．例如

$$\chi_{0.05}^2(50)\approx\frac{1}{2}(1.645+\sqrt{99})^2\approx 67.221.$$

6.2.2　*t* 分布

t 分布

设 $X\sim N(0,1)$，$Y\sim\chi^2(n)$，并且 X 和 Y 相互独立，则称随机变量

$$t=\frac{X}{\sqrt{Y/n}}$$

服从自由度为 n 的 t 分布（t-distribution），记为 $t\sim t(n)$.

t 分布的概率密度函数为

$$h(t)=\frac{\Gamma\left[(n+1)/2\right]}{\sqrt{n\pi}\,\Gamma(n/2)}\left(1+\frac{t^2}{n}\right)^{-(n+1)/2}\quad(-\infty<t<+\infty).$$

图 6-4 所示为 $h(t)$ 的图形．$h(t)$ 的图形关于 $t=0$ 对称，当 n 充分大时，其图形类似于标准正态随机变量的概率密度函数图形．但对于较小的 n，t 分布与 $N(0,1)$ 分布相差很大.

对于给定的 α，$0<\alpha<1$，称满足条件

$$P\left(t > t_{\alpha}(n)\right)=\int_{t_{\alpha}(n)}^{+\infty} h(t)\mathrm{d}t=\alpha$$

的点 $t_{\alpha}(n)$ 为 $t(n)$ 分布的上 α 分位数（见图 6-5）.

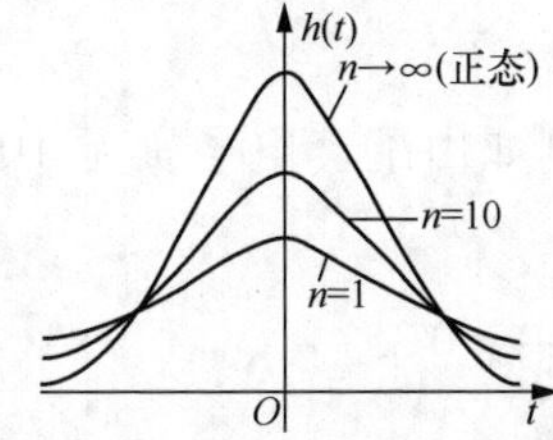

图 6-4　*n* 取不同值时 *h*(*t*)的图形

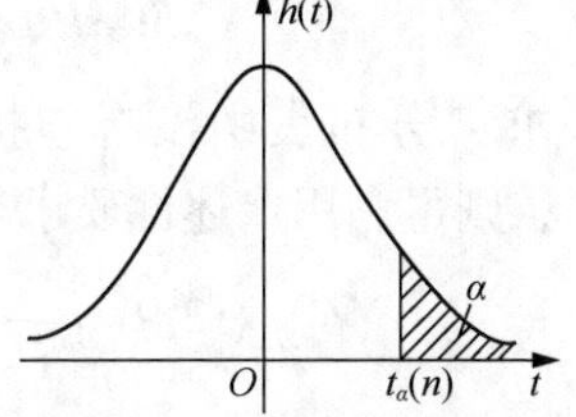

图 6-5　*t* 分布的上 α 分位数

由 t 分布的上 α 分位数的定义及 $h(t)$ 图形的对称性知

$$t_{1-\alpha}(n)=-t_{\alpha}(n).$$

t 分布的上 α 分位数可从配套电子资源中的附表 4 查得，当 $n>45$ 时，就用正态分布近似：

$$t_{\alpha}(n)\approx z_{\alpha}.$$

6.2.3　*F* 分布

三大分布的应用 1

F 分布

设 $U\sim\chi^2(n_1)$，$V\sim\chi^2(n_2)$，且 U 和 V 相互独立，则称随机变量

$$F=\frac{U/n_1}{V/n_2}$$

服从自由度为 (n_1,n_2) 的 F 分布（F-distribution），记作 $F\sim F(n_1,n_2)$.

$F(n_1,n_2)$ 分布的概率密度函数为

$$\psi(y)=\begin{cases}\dfrac{\Gamma[(n_1+n_2)/2](n_1/n_2)^{n_1/2}y^{(n_1/2)-1}}{\Gamma(n_1/2)\Gamma(n_2/2)[1+(n_1y/n_2)]^{(n_1+n_2)/2}}, & y>0,\\ 0, & \text{其他}.\end{cases}$$

$\psi(y)$ 的图形如图 6-6 所示.

对于给定的 α，$0<\alpha<1$，称满足条件

$$P\{F>F_{\alpha}(n_1,n_2)\}=\int_{F_{\alpha}(n_1,n_2)}^{+\infty}\psi(y)\mathrm{d}y=\alpha$$

的点 $F_{\alpha}(n_1,n_2)$ 为 $F(n_1,n_2)$ 分布的上 α 分位数（见图 6-7）. F 分布的上 α 分位数有表格可查（见配套电子资源中的附表 5）.

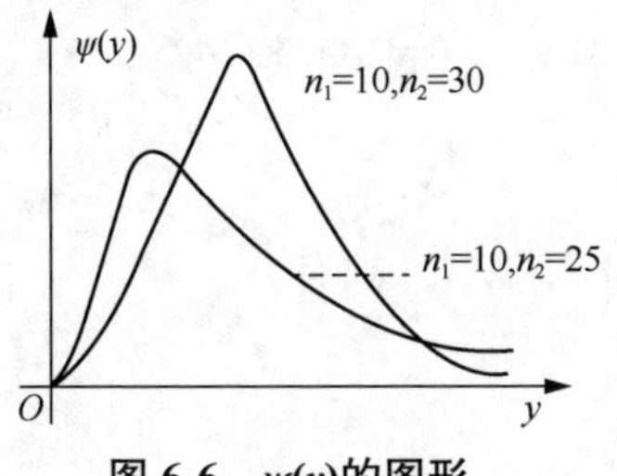

图 6-6　*ψ*(*y*)的图形

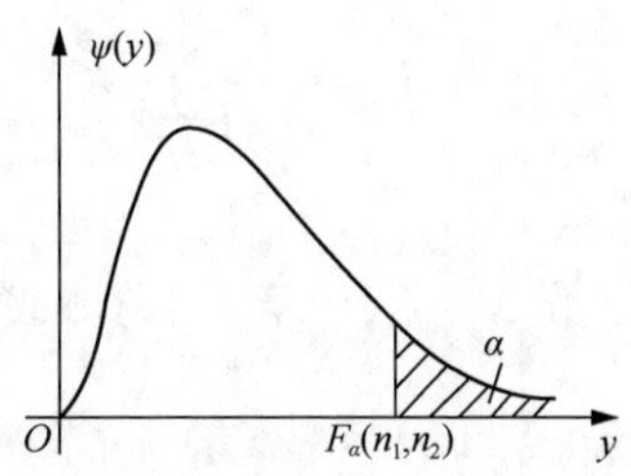

图 6-7　*F* 分布的上 α 分位数

F 分布经常被用来对两个样本方差进行比较. 它是方差分析的一个基本分布，也被用于回归分析中的显著性检验.

F 分布的上 α 分位数有如下的性质.

$$F_{1-\alpha}(n_1,n_2)=\frac{1}{F_\alpha(n_2,n_1)}.$$

这个性质常用来求 F 分布表中没有包括的数值. 例如由配套电子资源中的附表 5 查得 $F_{0.05}(9,12)=2.80$，则可利用上述性质求得

$$F_{0.95}(12,9)=\frac{1}{F_{0.05}(9,12)}=\frac{1}{2.80}\approx 0.357.$$

三大分布的应用 2

习题 6.2

1. 设 $X_1,X_2,\cdots,X_6$ 是来自总体 $X\sim N(0,1)$ 的一个简单随机样本，$Y=\left(X_1+X_2+X_3\right)^2+\left(X_4+X_5+X_6\right)^2$，试确定常数 C 使 CY 服从 χ^2 分布.

2. 设 $X_1,X_2,\cdots,X_5$ 是来自总体 $X\sim N(0,1)$ 的一个简单随机样本，$Y=\dfrac{C\left(X_1+X_2\right)}{\left(X_3^2+X_4^2+X_5^2\right)^{\frac{1}{2}}}$，试确定常数 C 使 Y 服从 t 分布.

3. 设总体 X 服从标准正态分布，$X_1,X_2,\cdots,X_n$ 是来自总体 X 的一个简单随机样本，当 $n>5$ 时，试问统计量 $Y=\dfrac{\left(\frac{n}{5}-1\right)\sum\limits_{i=1}^{5}X_i^2}{\sum\limits_{i=6}^{n}X_i^2}$ 服从何种分布.

4. 已知 $X\sim t(n)$，证明 $X^2\sim F(1,n)$.

6.3 正态总体统计量的分布

6.3.1 单个正态总体统计量的分布

设正态总体的均值为 μ，方差为 σ^2，$X_1,X_2,\cdots,X_n$ 是来自正态总体 X 的一个简单随机样本，$\overline{X}=\dfrac{1}{n}\sum\limits_{i=1}^{n}X_i$ 和 $S^2=\dfrac{1}{n-1}\sum\limits_{i=1}^{n}(X_i-\overline{X})^2$ 分别是样本均值和样本方差，则有下面的定理.

单正态总体的抽样分布

定理 6.1 设 $X_1,X_2,\cdots,X_n$ 是总体 $X\sim N\left(\mu,\sigma^2\right)$ 的样本，则有

（1）$\overline{X}\sim N\left(\mu,\dfrac{\sigma^2}{n}\right)$；

（2）$\dfrac{\overline{X}-\mu}{\sigma/\sqrt{n}}\sim N(0,1)$.

证　由

$$E(\overline{X})=\frac{1}{n}\sum_{i=1}^{n}E(X_i)=\mu,$$
$$D(\overline{X})=\frac{1}{n^2}\sum_{i=1}^{n}D(X_i)=\frac{\sigma^2}{n},$$

再根据正态分布的性质得证.

上述定理说明在正态总体下，样本均值仍然服从正态分布.

例 6.2　从正态分布 $X\sim N(3.4,6^2)$ 中，抽取容量为 n 的样本. 若要求样本均值位于 $[1.4,5.4]$ 的概率不小于 0.95，样本容量 n 至少应取多少？

解　$P(1.4\leqslant\overline{X}\leqslant 5.4)\geqslant 0.95$

$$\Rightarrow P\left(\frac{1.4-3.4}{\frac{6}{\sqrt{n}}}\leqslant\frac{\overline{X}-3.4}{\frac{6}{\sqrt{n}}}\leqslant\frac{5.4-3.4}{\frac{6}{\sqrt{n}}}\right)\geqslant 0.95$$

$$\Rightarrow 2\Phi\left(\frac{\sqrt{n}}{3}\right)-1\geqslant 0.95\Rightarrow\frac{\sqrt{n}}{3}\geqslant 1.96\Rightarrow n>34.57,$$

所以 n 至少应取 35.

定理 6.2　设 $X_1,X_2,\cdots,X_n$ 是总体 $X\sim N(\mu,\sigma^2)$ 的样本，则

$$\frac{1}{\sigma^2}\sum_{i=1}^{n}(X_i-\mu)^2\sim\chi^2(n).$$

证　由 $\dfrac{X_i-\mu}{\sigma}\sim N(0,1)$（$i=1,2,\cdots,n$）且相互独立，根据 χ^2 分布的定义，得

$$\sum_{i=1}^{n}\left(\frac{X_i-\mu}{\sigma}\right)^2\sim\chi^2(n)，即\frac{1}{\sigma^2}\sum_{i=1}^{n}(X_i-\mu)^2\sim\chi^2(n).$$

定理 6.3　设 $X_1,X_2,\cdots,X_n$ 是总体 $X\sim N(\mu,\sigma^2)$ 的样本，$\overline{X}$ 和 S^2 分别是样本均值和样本方差，则

单正态总体抽样分布的应用

（1）$\overline{X}$ 与 S^2 相互独立；

（2）$\dfrac{(n-1)S^2}{\sigma^2}\sim\chi^2(n-1)$.

证明略.

实际上，$\dfrac{(n-1)S^2}{\sigma^2}=\dfrac{1}{\sigma^2}\sum\limits_{i=1}^{n}(X_i-\overline{X})^2=\sum\limits_{i=1}^{n}\left(\dfrac{X_i-\overline{X}}{\sigma}\right)^2$，注意与定理 6.2 的区别.

例 6.3　设总体 $X\sim N(\mu,\sigma^2)$，抽取容量为 16 的样本 $X_1,X_2,\cdots,X_{16}$，求下列概率：

（1）$P\left\{\dfrac{\sigma^2}{2}\leqslant\dfrac{1}{16}\sum_{i=1}^{16}(X_i-\mu)^2\leqslant2\sigma^2\right\}$；

（2）$P\left\{\dfrac{\sigma^2}{2}\leqslant\dfrac{1}{16}\sum_{i=1}^{16}(X_i-\overline{X})^2\leqslant2\sigma^2\right\}$.

解 （1）$P\left\{\dfrac{\sigma^2}{2}\leqslant\dfrac{1}{16}\sum_{i=1}^{16}(X_i-\mu)^2\leqslant2\sigma^2\right\}=P\left\{8\sigma^2\leqslant\sum_{i=1}^{16}(X_i-\mu)^2\leqslant32\sigma^2\right\}$

$$=P\left\{8\leqslant\frac{1}{\sigma^2}\sum_{i=1}^{16}(X_i-\mu)^2\leqslant32\right\}=P\left\{8\leqslant\chi^2(16)\leqslant32\right\}$$

$$=P\left\{8\leqslant\chi^2(16)\right\}-P\left\{32\leqslant\chi^2(16)\right\}\approx0.95-0.01=0.94.$$

（2）$P\left\{\dfrac{\sigma^2}{2}\leqslant\dfrac{1}{16}\sum_{i=1}^{16}(X_i-\overline{X})^2\leqslant2\sigma^2\right\}=P\left\{8\sigma^2\leqslant\sum_{i=1}^{16}(X_i-\overline{X})^2\leqslant32\sigma^2\right\}$

$$=P\left\{8\leqslant\frac{1}{\sigma^2}\sum_{i=1}^{16}(X_i-\overline{X})^2\leqslant32\right\}=P\left\{8\leqslant\chi^2(15)\leqslant32\right\}$$

$$=P\left\{8\leqslant\chi^2(15)\right\}-P\left\{32\leqslant\chi^2(15)\right\}\approx0.93-0.005=0.925.$$

定理 6.4 设 $X_1,X_2,\cdots,X_n$ 是总体 $X\sim N(\mu,\sigma^2)$ 的样本，$\overline{X}$ 和 S^2 分别是样本均值和样本方差，则有

$$\frac{\overline{X}-\mu}{S/\sqrt{n}}\sim t(n-1).$$

证 因为

$$\frac{\overline{X}-\mu}{\sigma/\sqrt{n}}\sim N(0,1),$$

$$\frac{(n-1)S^2}{\sigma^2}\sim\chi^2(n-1),$$

且两者相互独立，所以由 t 分布的定义知

$$\frac{\overline{X}-\mu}{\sigma/\sqrt{n}}\Bigg/\sqrt{\frac{(n-1)S^2}{\sigma^2(n-1)}}\sim t(n-1),$$

化简上式左边，即得

$$\frac{\overline{X}-\mu}{S/\sqrt{n}}\sim t(n-1).$$

例 6.4 设 $X\sim N\left(\mu,\sigma^2\right)$，样本容量 $n=16$，$S^2=\dfrac{16}{3}$，$\overline{X}=12.5$，

（1）若 $\sigma=2$，求 $P\left(\left|\mu-\overline{X}\right|<0.5\right)$；

（2）若 σ 未知，求 $P\left(\left|\mu-\overline{X}\right|<0.5\right)$.

解 （1）由 $\dfrac{\overline{X}-\mu}{\sigma/\sqrt{n}}\sim N\left(0,1\right)$，知

$$P\left(\left|\mu-\overline{X}\right|<0.5\right)=P\left(\frac{\left|\mu-\overline{X}\right|}{\frac{2}{\sqrt{16}}}<\frac{0.5}{\frac{2}{\sqrt{16}}}\right)=P\left(\frac{\left|\mu-\overline{X}\right|}{\frac{2}{\sqrt{16}}}<1\right)\approx 2\Phi(1)-1=0.6826 .$$

（2）由 $\frac{\overline{X}-\mu}{S/\sqrt{n}}\sim t(n-1)$，$S^2=\frac{16}{3}$ 即 $S=\frac{4}{\sqrt{3}}$，知

$$P\left(\left|\mu-\overline{X}\right|<0.5\right)=P\left(\frac{\left|\mu-\overline{X}\right|}{S/\sqrt{n}}<\frac{0.5}{S/\sqrt{n}}\right)$$

$$=P\left(\frac{\left|\mu-\overline{X}\right|}{S/\sqrt{n}}<\frac{\sqrt{3}}{2}\right)=P(|t|<0.866)=0.60 .$$

6.3.2　两个正态总体统计量的分布

下面我们考虑两个正态总体中，样本均值和样本方差的分布.

定理 6.5　设 $X_1,X_2,\cdots,X_{n_1}$ 与 $Y_1,Y_2,\cdots,Y_{n_2}$ 分别是来自正态总体 $X\sim N\left(\mu_1,\sigma_1^2\right)$ 和 $Y\sim N\left(\mu_2,\sigma_2^2\right)$ 的样本，且这两个样本相互独立. 设 $\overline{X}=\frac{1}{n_1}\sum_{i=1}^{n_1}X_i$，$\overline{Y}=\frac{1}{n_2}\sum_{i=1}^{n_2}Y_i$ 分别是这两个样本的样本均值，$S_1^2=\frac{1}{n_1-1}\sum_{i=1}^{n_1}(X_i-\overline{X})^2$、$S_2^2=\frac{1}{n_2-1}\sum_{i=1}^{n_2}(Y_i-\overline{Y})^2$ 分别是这两个样本的样本方差，则有

（1）$U=\frac{\left(\overline{X}-\overline{Y}\right)-(\mu_1-\mu_2)}{\sqrt{\frac{\sigma_1^2}{n_1}+\frac{\sigma_2^2}{n_2}}}\sim N(0,1)$；

双正态总体的抽样分布

特别地，当 $\sigma_1^2=\sigma_2^2=\sigma^2$ 时，$U=\frac{\left(\overline{X}-\overline{Y}\right)-(\mu_1-\mu_2)}{\sigma\sqrt{\frac{1}{n_1}+\frac{1}{n_2}}}\sim N(0,1)$.

（2）当 $\sigma_1^2=\sigma_2^2=\sigma^2$ 时，$T=\frac{\left(\overline{X}-\overline{Y}\right)-(\mu_1-\mu_2)}{S_w\sqrt{\frac{1}{n_1}+\frac{1}{n_2}}}\sim t(n_1+n_2-2)$，

其中，$S_w=\sqrt{\frac{(n_1-1)S_1^2+(n_2-1)S_2^2}{n_1+n_2-2}}$.

（3）$F=\frac{\sum_{i=1}^{n_1}\left(X_i-\mu_1\right)^2\Big/\left(n_1\sigma_1^2\right)}{\sum_{i=1}^{n_2}\left(Y_j-\mu_2\right)^2\Big/\left(n_2\sigma_2^2\right)}\sim F(n_1,n_2)$.

（4）$F=\dfrac{S_1^2/\sigma_1^2}{S_2^2/\sigma_2^2}\sim F(n_1-1,n_2-1)$.

证 （1）因为 $\overline{X}\sim N\left(\mu_1,\dfrac{{\sigma_1}^2}{n_1}\right)$，$\overline{Y}\sim N\left(\mu_2,\dfrac{{\sigma_2}^2}{n_2}\right)$，$\overline{X}$ 与 $\overline{Y}$ 也相互独立，

所以 $\dfrac{(\overline{X}-\overline{Y})-(\mu_1-\mu_2)}{\sqrt{\dfrac{\sigma_1^2}{n_1}+\dfrac{\sigma_2^2}{n_2}}}\sim N(0,1)$，

当 $\sigma_1^2=\sigma_2^2=\sigma^2$ 时，$U=\dfrac{(\overline{X}-\overline{Y})-(\mu_1-\mu_2)}{\sigma\sqrt{\dfrac{1}{n_1}+\dfrac{1}{n_2}}}\sim N(0,1)$.

（2）由 $U=\dfrac{(\overline{X}-\overline{Y})-(\mu_1-\mu_2)}{\sigma\sqrt{\dfrac{1}{n_1}+\dfrac{1}{n_2}}}\sim N(0,1)$，得

$\dfrac{(n_1-1)S_1^2}{\sigma^2}\sim\chi^2(n_1-1)$，$\dfrac{(n_2-1)S_2^2}{\sigma^2}\sim\chi^2(n_2-1)$，$S_1^2$ 与 S_2^2 相互独立，又由 χ^2 分布的可加性，得到 $V=\dfrac{(n_1-1)S_1^2+(n_2-1)S_2^2}{\sigma^2}\sim\chi^2(n_1+n_2-2)$.

因为 $\overline{X}$ 与 S^2 相互独立，所以 U 与 V 相互独立，

故 $T=\dfrac{U}{\sqrt{\dfrac{V}{n_1+n_2-2}}}\sim t(n_1+n_2-2)$，得证.

（3）由定理 6.2 知，$\chi_1^2=\dfrac{1}{{\sigma_1}^2}\sum\limits_{i=1}^{n_1}(X_i-\mu_1)^2\sim\chi^2(n_1)$，

$\chi_2^2=\dfrac{1}{\sigma_2^2}\sum\limits_{j=1}^{n_2}(Y_j-\mu_2)^2\sim\chi^2(n_2)$，且 χ_1^2 与 χ_2^2 相互独立，则

$$F=\frac{\chi_1^2/n_1}{\chi_2^2/n_2}=\frac{\sum\limits_{i=1}^{n_1}(X_i-\mu_1)^2\Big/(n_1\sigma_1^2)}{\sum\limits_{j=1}^{n_2}(Y_j-\mu_2)^2\Big/(n_2\sigma_2^2)}\sim F(n_1,n_2).$$

（4）由定理 6.3 知，

$\chi_1^2=\dfrac{(n_1-1)S_1^2}{{\sigma_1}^2}\sim\chi^2(n_1-1)$，$\chi_2^2=\dfrac{(n_2-1)S_2^2}{{\sigma_2}^2}\sim\chi^2(n_2-1)$，且 χ_1^2 与 χ_2^2 相互独立，则

$F=\dfrac{\chi_1^2/(n_1-1)}{\chi_2^2/(n_2-1)}=\dfrac{S_1^2/\sigma_1^2}{S_2^2/\sigma_2^2}\sim F(n_1-1,n_2-1)$.

例 6.5 设 $X_1,X_2,\cdots,X_9$ 是来自正态总体 X 的一个简单的随机样本. 假设

$$Y_1=\frac{1}{6}\left(X_1+X_2+\cdots+X_6\right)，\ Y_2=\frac{1}{3}\left(X_7+X_8+X_9\right),$$

$$S^2=\frac{1}{2}\sum_{i=7}^{9}\left(X_i-Y_2\right)^2，\ T=\frac{\sqrt{2}\left(Y_1-Y_2\right)}{S},$$

证明　$T\sim t(2)$.

证　$Y_1\sim N\left(\mu,\frac{\sigma^2}{6}\right)$，$Y_2\sim N\left(\mu,\frac{\sigma^2}{3}\right)$，且 Y_1 与 Y_2 相互独立，

所以　$Y_1-Y_2\sim N\left(0,\frac{\sigma^2}{2}\right)$，$U=\frac{Y_1-Y_2}{\sigma/\sqrt{2}}\sim N(0,1)$；

而 $S^2=\frac{1}{3-1}\sum_{i=7}^{9}\left(X_i-Y_2\right)^2$，$V=\frac{(n-1)S^2}{\sigma^2}=\frac{2S^2}{\sigma^2}\sim\chi^2(2)$，

并且 U 与 V 相互独立，所以

$$T=\frac{U}{\sqrt{\frac{V}{2}}}=\frac{Y_1-Y_2/\sigma/\sqrt{2}}{\sqrt{\frac{2S^2}{\sigma^2\cdot 2}}}=\frac{\sqrt{2}\left(Y_1-Y_2\right)}{S}\sim t(2).$$

例 6.6　设 $X_1,X_2,\cdots,X_{15}$ 为来自总体 $X\sim N(0,2^2)$ 的样本，试求

$$F=\frac{X_1^2+\cdots+X_{10}^2}{2(X_{11}^2+\cdots+X_{15}^2)}\text{服从什么分布.}$$

解　因为 $\frac{X_1^2+\cdots+X_{10}^2}{2^2}\sim\chi^2(10)$，　$\frac{X_{11}^2+\cdots+X_{15}^2}{2^2}\sim\chi^2(5)$，

所以 $F=\frac{X_1^2+\cdots+X_{10}^2}{2(X_{11}^2+\cdots+X_{15}^2)}=\frac{\frac{X_1^2+\cdots+X_{10}^2}{2^2}\Big/10}{\frac{X_{11}^2+\cdots+X_{15}^2}{2^2}\Big/5}\sim F(10,5)$.

习题 6.3

1. 设总体 $X\sim N\left(60,15^2\right)$，从总体 X 中抽取一个容量为 100 的样本，求样本均值与总体均值之差的绝对值大于 3 的概率.

2. 从正态总体 $X\sim N\left(4.2,5^2\right)$ 中抽取容量为 n 的样本，若要求其样本均值位于(2.2,6.2)内的概率不小于 0.95，则样本容量 n 至少取多大?

3. 设某厂生产的灯泡的使用寿命 $X\sim N\left(1000,\sigma^2\right)$（单位：h），随机抽取一容量为 9 的样本，并测得样本均值及样本方差．但是由于工作上的失误，事后丢失了此试验的结果，只记得样本方差为 $S^2=100^2$，试求 $P\left(\overline{X}>1062\right)$.

4. 从一正态总体中抽取容量为 10 的样本，假定有 2%的样本均值与总体均值之差的绝对值在 4 以上，求总体的标准差.

5. 设总体 $X \sim N(\mu,16)$，$X_1,X_2,\cdots,X_{10}$ 是来自总体 X 的一个容量为 10 的简单随机样本，S^2 为其样本方差，且 $P(S^2>a)=0.1$，求 a 值.

6. 求总体 $X \sim N(20,3)$ 的容量分别为 10,15 的两个独立随机样本平均值差的绝对值大于 0.3 的概率.

6.4 数理统计基本概念的 MATLAB 实现

本节旨在帮助读者了解数理统计基本概念的 MATLAB 实现，读者可扫码查看本章 MATLAB 程序解析.

第 6 章 MATLAB 程序解析

6.4.1 样本常见统计量观测值

MATLAB 提供了常见统计量的计算函数，如表 6-3 所示.

表 6-3 样本常见统计量的计算函数

函数名	调用形式	注释
mean	M=mean(X)	计算样本 X 的样本均值
median	M=median(X)	计算样本 X 的样本中位数
range	y=range(X)	计算样本 X 的样本极差
var	S^2 =var(X)	计算样本 X 的样本方差
var	S_1^2 =var(X,1)	计算样本 X 未修正的样本方差
std	S=std(X)	计算样本 X 的样本标准差
std	S_1 =std(X,1)	计算样本 X 未修正的样本标准差
moment	y=moment(X,m)	计算样本 X 的 m 阶中心矩
cov	C=cov(X,Y)	计算样本 X、Y 的样本协方差
corrcoef	R=corrcoef(X,Y)	计算样本 X、Y 的样本相关系数

例 6.7 在一次数学考试中，某班 30 名同学的成绩如表 6-4 所示，计算该班成绩的样本均值、样本中位数、样本极差及样本方差.

表 6-4 数学考试成绩

序数	成绩	序数	成绩	序数	成绩	序数	成绩	序数	成绩
1	89	7	55	13	76	19	67	25	78
2	92	8	98	14	74	20	76	26	66
3	65	9	100	15	71	21	84	27	77
4	77	10	96	16	67	22	88	28	82
5	39	11	87	17	69	23	91	29	98
6	46	12	83	18	63	24	95	30	100

例 6.8 X=[0 −1 1]', Y=[1 2 2]'，请用 MATLAB 算出 X，Y 的协方差矩阵和相关系数矩阵.

6.4.2　频数分布表和直方图

命令　样本值的频数分布表

函数　histcounts

格式 1　[N,edges]=histcounts(X,nbins)　　%X 为样本值构成的向量，nbins 为指定区间数

%X 若缺省，系统自动赋值．返回值 N 为每个区间中样本值的频数，edges 为区间的边界值

格式 2　N=histcounts(X,edges)　　%X 为样本值构成的向量，edges 为指定的划分区间%返回值 N 为每个区间中样本值的频数

例 6.9　依据例 6.6 所给数据，列出成绩频数分布表．

命令　样本值的直方图

函数　histogram

格式 1　histogram(X,nbins)　　%X 为样本值构成的向量，nbins 为指定区间数，X 若缺省，系统自动赋值．

格式 2　N=hisogram(X,edges)　%X 为样本值构成的向量，edges 为指定的划分区间

例 6.10　生成 500 个样本均值为 0、样本方差为 1 的正态分布随机数，并画出它们的直方图．

6.4.3　经验累积分布函数图形

命令样本值的经验累积分布函数

函数　cdfplot

格式　cdfplot(X)　　　%作样本 X（向量）的累积分布函数图形

h = cdfplot(X)　　　　%h 表示曲线的环柄

[h,stats] = cdfplot(X)　%stats 表示样本的一些特征

例 6.11　请利用 normrnd 函数生成一组随机数作为样本，画出其累积分布函数图形并计算样本特征．

6.4.4　三大抽样分布的 MATLAB 模拟

例 6.12　请画出不同自由度的 χ^2 分布模拟图，并观察规律．

例 6.13　请画出 χ^2 分布和正态分布模拟图，并观察图像．

例 6.14　请画出 t 分布和正态分布模拟图，并观察图像．

例 6.15　请画出不同自由度的 F 分布模拟图，并观察规律．

习题 6.4

1. 在总体 $X \sim N(52, 6.3^2)$ 中随机抽取容量为 36 的样本，利用 MATLAB 求样本均值落

在 50.8 到 53.8 之间的概率.

2. 测量 30 个电子元件的寿命试验，其失效时间如下

X=[1.9 4.6 6.6 20.7 1.9 1.3 3.0 5.1 0.5 11.9 4.0 2.9 6.3 1.9 2.1
0.4 3.8 1.2 8.3 4.1 1.2 2.3 0.9 2.5 1.6 10.9 0.8 5.3 9.0 4.4],

请利用 MATLAB 画出该数据的直方图，并研究哪一个分布更适合这个数据.

小 结

在数理统计中往往研究有关对象的某一项数量指标，对这一数量指标进行试验和观测，将试验的全部可能的观测值称为总体，每个观测值称为个体. 总体中的每一个个体是某一随机变量 X 的值，因此一个总体对应于一个随机变量 X，我们笼统称为总体 X. 随机变量 X 服从什么分布就称总体服从什么分布.

若 $X_1,X_2,\cdots,X_n$ 是相同条件下，对总体 X 进行 n 次重复独立试验所得到的 n 个结果，称随机变量 $X_1,X_2,\cdots,X_n$ 为来自总体 X 的简单随机样本，它具有如下两条性质.

1. $X_1,X_2,\cdots,X_n$ 都与总体具有相同的分布；

2. $X_1,X_2,\cdots,X_n$ 相互独立.

利用来自样本的信息推断总体，得到有关总体分布的各种结论.

完全由样本 $X_1,X_2,\cdots,X_n$ 所确定的函数 $g\left(X_1,X_2,\cdots,X_n\right)$ 称为统计量，统计量是一个随机变量. 它是统计推断的一个重要工具. 在数理统计中的地位相当重要，相当于随机变量在概率论中的地位.

样本均值 $\overline{X}=\dfrac{1}{n}\sum\limits_{i=1}^{n}X_i$ 和样本方差 $S^2=\dfrac{1}{n-1}\sum\limits_{k=1}^{n}(X_k-\overline{X})^2$ 是两个最重要的统计量，统计量的分布称为抽样分布，读者需要掌握统计学中的 3 个抽样分布：χ^2 分布、t 分布、F 分布.

读者学习后续内容前还需要掌握以下重要结果.

1. 设总体 X 的一个样本为 $X_1,X_2,\cdots,X_n$，且 X 的均值和方差存在.

记 $E(X)=\mu$，$D(X)=\sigma^2$，则 $E(\overline{X})=\mu$，$D(\overline{X})=\dfrac{\sigma^2}{n}$，$E\left(S^2\right)=\sigma^2$.

2. 设总体 $X\sim N\left(\mu,\sigma^2\right)$，$X_1,X_2,\cdots,X_n$ 是 X 的一个样本，则

（1）$\overline{X}\sim N\left(\mu,\dfrac{\sigma^2}{n}\right)$；

（2）$\dfrac{(n-1)S^2}{\sigma^2}\sim\chi^2(n-1)$；

（3）$\overline{X}$ 和 S^2 相互独立；

（4）$\dfrac{\overline{X}-\mu}{S/\sqrt{n}}\sim t(n-1)$.

3. 对于两个正态总体，有定理 6.5 的重要结果.

重要术语及学习主题

总体　　样本　　统计量

χ^2 分布、t 分布、F 分布的定义及它们的概率密度函数图形和上 α 分位数

第 6 章考研真题

1. 设总体 X 的概率密度函数为 $f(x)=\frac{1}{2}\mathrm{e}^{-|x|}$ $(-\infty<x<+\infty)$，$X_1,X_2,\cdots,X_n$ 为总体 X 的简单随机样本，其样本方差为 S^2，求 $E\left(S^2\right)$.　　（2006 研考）

2. 设随机变量 $X\sim t(n)$，$Y\sim F(1,n)$，给定 $a(0<a<0.5)$，常数 c 满足 $P\{X>c\}=a$，则 $P\left\{Y>c^2\right\}=$________.　　（2013 研考）

3. 设随机变量 X 的概率密度函数为 $f\left(x\right)=\begin{cases}2^{-x}\ln 2, & x>0,\\ 0, & x\leqslant 0,\end{cases}$ 对 X 进行独立重复观测，直到第 2 个大于 3 的观测值出现时停止，记 Y 为观测次数.

（1）求 Y 的概率分布.

（2）求 $E(Y)$.　　（2015 研考）

4. 设 $X_1,X_2,\cdots,X_n(n\geqslant 2)$ 为来自总体 $X\sim N(\mu,1)$ 的简单随机样本，记 $\overline{X}=\frac{1}{n}\sum_{i=1}^{n}X_i$，则下列结论中不正确的是（　　）

A. $\sum_{i=1}^{n}(X_i-\mu)^2$ 服从 χ^2 分布　　B. $2(X_n-X_1)^2$ 服从 χ^2 分布

C. $\sum_{i=1}^{n}(X_i-\overline{X})^2$ 服从 χ^2 分布　　D. $n(\overline{X}-\mu)^2$ 服从 χ^2 分布

（2017 研考）

数学家故事 6

第 7 章　参数估计

数理统计是以概率论为基础，研究如何有效地收集、整理数据，并在此基础上做出统计推断的科学．统计推断是数理统计的重要组成部分，其基本问题包含两大类：参数估计和假设检验．本章讨论参数估计问题．

参数是刻画总体某方面概率特征的数量，如某批产品的合格率、某品牌手机的平均使用寿命、某地区居民年收入的方差等．很多情况下，这个数量是未知的．我们需要从总体中抽取一组样本，采用某种数学方法对未知参数进行估计，这就是参数估计．

参数估计分为点估计（point estimation）和区间估计（interval estimation）两类．一般情况下，常用 θ 表示未知参数，参数的所有可能取值组成的集合称为参数空间，用 Θ 表示．

第 7 章思维导图

7.1　点估计

所谓点估计是指把总体的未知参数估计为某个确定的值或在某个确定的点上，故点估计又称为定值估计．

定义 7.1　设总体 X 的分布函数为 $F(x,\theta)$，θ 是未知参数，$X_1,X_2,\cdots,X_n$ 是 X 的一个样本，样本值为 $x_1,x_2,\cdots,x_n$．点估计问题就是要构造一个适当的统计量 $\hat{\theta}(X_1,X_2,\cdots,X_n)$，用它的观测值 $\hat{\theta}(x_1,x_2,\cdots,x_n)$ 作为 θ 的近似值．习惯上称随机变量 $\hat{\theta}(X_1,X_2,\cdots,X_n)$ 为 θ 的**估计量**，称观测值 $\hat{\theta}(x_1,x_2,\cdots,x_n)$ 为 θ 的**估计值**．在不引起混淆的情况下将估计量和估计值统称为**估计**，记为 $\hat{\theta}$．

注意　由于估计量是样本的函数，因此对于不同的样本值，参数的估计值一般也是不相同的．

构造估计量的方法有很多种，下面介绍两种常用的方法：矩估计法和最（极）大似然估计法．

7.1.1　矩估计法

矩估计法

矩估计法（moment estimation method）是英国统计学家卡尔·皮尔逊（Karl Pearson）在 19 世纪末引入的．

矩估计法的基本思想是**替换原理**，即用样本矩替换相应的总体矩．

根据大数定律我们知道：当总体 k 阶矩 μ_k 存在时，样本 k 阶矩 A_k 依概率收敛于总体 k 阶矩 μ_k，样本矩的连续函数收敛于总体矩相应的连续函数．因此可以用样本矩作为相应总体矩的估计量，用样本矩的连续函数作为相应总体矩的连续函数的估计量，这种估计方法称为**矩估计法**．具体做法如下．

设总体 $X \sim F(X;\ \theta_1,\theta_2,\cdots,\theta_k)$，其中 $\theta_1,\theta_2,\cdots,\theta_k$ 是未知参数．

（1）如果总体 X 的前 k 阶矩 $\mu_r = E(X^r)\,(1 \leqslant r \leqslant k)$均存在，一般来说，它们是未知参数 $\theta_1, \theta_2, \cdots, \theta_k$ 的函数，即

$$\mu_r = \mu_r(\theta_1, \theta_2, \cdots, \theta_k)(1 \leqslant r \leqslant k).$$

样本的 k 阶矩为

$$A_r = \frac{1}{n}\sum_{i=1}^{n} X_i^r\,(1 \leqslant r \leqslant k).$$

（2）令

$$\begin{cases} \mu_1(\theta_1, \theta_2, \cdots, \theta_k) = A_1, \\ \mu_2(\theta_1, \theta_2, \cdots, \theta_k) = A_2, \\ \quad \vdots \\ \mu_k(\theta_1, \theta_2, \cdots, \theta_k) = A_k, \end{cases}$$

这是包含 k 个未知参数 $\theta_1, \theta_2, \cdots, \theta_k$ 的 k 个方程组成的方程组.

（3）解上述方程组，得 k 个统计量

$$\begin{cases} \hat{\theta}_1 = \hat{\theta}_1(X_1, X_2, \cdots, X_n), \\ \hat{\theta}_2 = \hat{\theta}_2(X_1, X_2, \cdots, X_n), \\ \quad \vdots \\ \hat{\theta}_k = \hat{\theta}_k(X_1, X_2, \cdots, X_n), \end{cases}$$

分别称为未知参数 $\theta_1, \theta_2, \cdots, \theta_k$ 的矩估计量，相应的观测值 $\hat{\theta}_r = \hat{\theta}_r(x_1, x_2, \cdots, x_n)$ 称为未知参数 $\theta_r\left(r = 1, 2, \cdots, k\right)$ 的矩估计值.

例 7.1 设总体 X 的分布律如表 7-1 所示.

表 7-1 总体 X 的分布律

X	1	2	3
p_i	$1-\theta^2$	$\dfrac{\theta^2}{2}$	$\dfrac{\theta^2}{2}$

其中 $\theta(0<\theta<1)$是未知参数. 现取得一组样本值 1,3,2,3，试求参数 θ 的矩估计值.

解 设 X_1, X_2, X_3, X_4 是总体 X 的一个样本，相应的样本值是 1,3,2,3.

总体的一阶矩为 $\mu_1 = E\left(X\right) = \sum_{i=1}^{3} x_i p_i = 1 + \frac{3}{2}\theta^2$.

样本一阶矩为 $A_1 = \overline{X} = \frac{1}{4}\sum_{i=1}^{4} X_i$.

令 $\mu_1 = A_1$，解得 θ 的矩估计量为

$$\hat{\theta} = \sqrt{\frac{2}{3}\left(\overline{X} - 1\right)}.$$

将样本值代入，得 θ 的矩估计值为

$$\hat{\theta} = \sqrt{\frac{2}{3}(\overline{x} - 1)} = \sqrt{\frac{2}{3}\left(\frac{9}{4} - 1\right)} = \sqrt{\frac{5}{6}}.$$

例 7.2 设总体 X 的密度函数为

$$f(x)=\begin{cases}\lambda e^{-\lambda x}, & x>0\\ 0, & x\leqslant 0\end{cases},$$

其中 $\lambda>0$ 是未知参数，$X_1,X_2,\cdots,X_n$ 是总体的一个样本，试求参数 λ 的矩估计量.

解 总体一阶矩为

$$\mu_1=E(X)\int_{-\infty}^{+\infty}xf(x)\mathrm{d}x=\int_0^{\infty}x\lambda e^{-\lambda x}\mathrm{d}x=\frac{1}{\lambda}.$$

样本一阶矩为 $A_1=\overline{X}$.

令 $\mu_1=A_1$，即 $\overline{X}=\dfrac{1}{\lambda}$，解得 λ 的矩估计量为

$$\hat{\lambda}=\frac{1}{\overline{X}}.$$

思考 通过矩估计法求得参数的估计量唯一吗？如果不唯一，应该如何选取？

例 7.3 已知总体 X 的均值 μ 及方差 $\sigma^2>0$ 都存在，但 μ 与 σ^2 均未知. 设 $X_1,X_2,\cdots,X_n$ 是总体 X 的一个样本. 试求参数 μ、σ^2 的矩估计量.

矩估计法的应用

解 总体的一阶矩和二阶矩为

$$\mu_1=E(X)=\mu,\quad \mu_2=E(X^2)=D(X)+\left[E(X)\right]^2=\sigma^2+\mu^2.$$

样本的一阶矩和二阶矩为

$$A_1=\frac{1}{n}\sum_{i=1}^{n}X_i=\overline{X},\quad A_2=\frac{1}{n}\sum_{i=1}^{n}X_i^2.$$

令

$$\begin{cases}\mu_1=A_1\\ \mu_2=A_2\end{cases},$$

即

$$\begin{cases}\mu=\dfrac{1}{n}\displaystyle\sum_{i=1}^{n}X_i\\ \sigma^2+\mu^2=\dfrac{1}{n}\displaystyle\sum_{i=1}^{n}X_i^2\end{cases}.$$

解上述方程组，得 μ 和 σ^2 的矩估计量为

$$\hat{\mu}=\overline{X},\quad \hat{\sigma}^2=A_2-\hat{\mu}^2=\frac{1}{n}\sum_{i=1}^{n}\left(X_i-\overline{X}\right)^2=B_2.$$

说明 （1）例 7.3 中，总体的分布并不确定. 不论总体服从什么分布，总体均值的矩估计量都是样本均值 $\overline{X}$，总体方差的矩估计量都是样本二阶中心矩 B_2.

（2）例 7.3 还告诉我们，矩估计并不涉及总体分布，只要总体相应的矩存在就可以求出参数的矩估计.

例 7.4 海水稻也就是耐盐碱水稻，是一种特殊的水稻品种，种植在其他作物难以生长的盐碱地上. 山东潍坊海水稻种植基地，引进袁隆平院士团队研发的海水稻品种后，已连续多年实现了持续增产. 2020 年 10 月 16 日，山东潍坊 2.51 万亩海水稻测产仪式在潍坊市

寒亭区海水稻三产融合发展示范区种植基地举行. 专家组随机选取 4 块海稻田，每块海稻田随机连片实割 5 m^2 以上，经脱粒、去杂、称重，4 块海稻田亩产量分别为 785.8kg、688.3kg、682.7kg 和 609.6kg. 假设海水稻亩单产量 X 近似服从正态分布 $N(\mu,\sigma^2)$，试估计潍坊市寒亭区的海水稻亩单产量和总产量.

解　设 X_1,X_2,X_3,X_4 是总体 X 的一个样本，由题意知样本值为 785.8,688.3,682.7,609.6. 总体的一阶矩为 $\mu_1=E(X)=\mu$.

样本一阶矩为 $A_1=\overline{X}=\frac{1}{4}\sum_{i=1}^{4}X_i$.

令 $\mu_1=A_1$，解得

$$\hat{\mu}=\overline{x}=\frac{1}{4}\sum_{i=1}^{4}x_i=\frac{1}{4}(785.8+688.3+682.7+609.6)=691.6.$$

即海水稻亩单产量为 691.6kg.

寒亭区海水稻总产量为

$$691.6\times 25100=17359160 \text{ kg}.$$

注意　矩估计法的统计思想简单明了，应用范围非常广泛. 我国粮食的总产量也会通过矩估计法估算出来.

7.1.2　最（极）大似然估计法

最大似然估计法

最大似然估计法（maximum likelihood estimation method）最早由德国数学家高斯提出，但人们一般将之归功于费希尔（Fisher），这是因为费希尔在 1922 年再次提出这一想法，并将它运用于参数估计，形成了完整的估计理论和参数求解方法. 最大似然估计是在总体分布已知的前提下进行的，为了解它的思想，我们先看一个例子.

例 7.5　设有外形完全相同的 2 个盒子，甲盒中有 90 个白球和 10 个黄球，乙盒中有 90 个黄球和 10 个白球. 现在随机选取 1 个盒子，再从中随机抽取 1 个小球，结果取到白球. 问该白球是从哪一个盒子中取出的.

分析　无论是甲盒还是乙盒，从盒子中任取 1 个球，都有 2 种可能结果："取到白球"（记为 A）和"取到黄球"（记为 B）. 如果选取的是甲盒，则 A 发生的概率是 0.9，而如果选取的是乙盒，则 A 发生的概率是 0.1.

在一次试验中，事件 A 发生了，人们的第一印象是：该白球最像是从甲盒中抽取出来的. 这是因为在一次试验中事件 A 发生了，则认为事件 A 发生的可能性最大，即试验的条件（取自甲盒或取自乙盒）应当最有利于事件 A 的发生，从而推断该白球是从甲盒中抽取出来的. 这个推断和人们的经验相符合. 这里"最像"就是"最大似然"的意思，这种想法常被称为"最大似然原理".

尽管本例中的数据比较极端，但对一般情形来说最大似然原理也是适用的. 设甲盒中白球所占比例为 p_1，乙盒中白球所占比例为 p_2，已知 $p_1>p_2$. 现在随机选取一个盒子，再从中随机抽取一个小球，结果取到白球. 如果要在甲盒和乙盒中进行选择，由于甲盒中白球比例高于乙盒，根据最大似然原理，应当推断该白球来自甲盒.

简言之，最大似然估计就是在参数可能取值的范围中选择一个适当的值，使这组样本值出现的可能性最大. 那么如何刻画这组样本值出现的可能性？下面就离散型总体和连续型总体两种情形做具体分析.

（1）离散型总体

设总体 X 为离散型随机变量，其概率分布为 $P\{X=x\}=p(x;\theta)(\theta\in\Theta)$，其中 θ 是未知参数. 设 $X_1,X_2,\cdots,X_n$ 是来自总体 X 的样本，$x_1,x_2,\cdots,x_n$ 是该样本的一个样本值，则样本 $X_1,X_2,\cdots,X_n$ 取到这组样本值 $x_1,x_2,\cdots,x_n$ 的概率，也就是事件 $\{X_1=x_1,X_2=x_2,\cdots,X_n=x_n\}$ 发生的概率，为

$$\begin{aligned}P\{X_1=x_1,X_2=x_2,\cdots,X_n=x_n\}&=P\{X_1=x_1\}P\{X_2=x_2\}\cdots P\{X_n=x_n\}\\&=p(x_1,\theta)p(x_2,\theta)\cdots p(x_n,\theta)\\&=\prod_{i=1}^{n}p(x_i;\theta).\end{aligned}$$

上述概率随着参数 θ 取值的变化而变化，它是 θ 的函数，记为 $L(\theta)$，即

$$L(\theta)=\prod_{i=1}^{n}p(x_i;\theta). \tag{7.1}$$

称 $L(\theta)$ 是样本的似然函数.

（2）连续型总体

设总体 X 为连续型随机变量，其概率密度函数为 $f(x;\theta)(\theta\in\Theta)$，其中 θ 是未知参数. 设 $X_1,X_2,\cdots,X_n$ 是来自总体 X 的样本，$x_1,x_2,\cdots,x_n$ 是该样本的一个样本值. 尽管连续型随机变量在单点处的概率总是 0，但概率密度函数越大的点，出现的可能性就越大. 所以对连续型总体来说，可以用联合概率密度函数表示这组样本值出现的可能性. 也把它称为样本的似然函数，记为 $L(\theta)$，即

$$L(\theta)=f(x_1,\theta)f(x_2,\theta)\cdots f(x_n,\theta)=\prod_{i=1}^{n}f(x_i;\theta). \tag{7.2}$$

由此可见：不管是离散型总体，还是连续型总体，只要知道它的概率分布或概率密度函数，总可以建立一个关于未知参数 θ 的函数 $L(\theta)$ 来刻画这组样本值出现的可能性大小，这一函数称为**似然函数**.

定义 7.2 如果存在统计量 $\hat{\theta}(X_1,X_2,\cdots,X_n)$，满足

$$L(\hat{\theta})=\max_{\theta\in\Theta}L(\theta),$$

则称 $\hat{\theta}(X_1,X_2,\cdots,X_n)$ 为参数 θ 的最大似然估计.

注意 由定义知，求参数 θ 的最大似然估计，就转化为求似然函数 $L(\theta)$ 的最大值点. 结合高等数学的知识，当似然函数可微时，求导是最常用的方法. 即从方程

$$\frac{\mathrm{d}L(\theta)}{\mathrm{d}\theta}=0 \tag{7.3}$$

中解得参数 θ 的最大似然估计 $\hat{\theta}$. 注意到，$L(\theta)$ 是 n 项的乘积，对其求导数比较复杂，为简化运算，我们引入对数. 又由于 $\ln L(\theta)$ 是 $L(\theta)$ 的单调增函数，这表明 $L(\theta)$ 与 $\ln L(\theta)$ 在同一个 θ 处取到最大值. 于是求解式（7.3）可以转化为求解

$$\frac{\mathrm{d}\ln L(\theta)}{\mathrm{d}\theta}=0. \tag{7.4}$$

称 $\ln L(\theta)$ 为对数似然函数，式（7.4）为对数似然方程. 求解式（7.4）就可以得到参数 θ 的最大似然估计 $\hat{\theta}$.

思考　如果似然函数是多元函数，最大似然估计还适用吗?

答案是适用. 设总体分布中含有多个未知参数 $\theta_1,\theta_2,\cdots,\theta_k$. 根据上面的讨论，似然函数 $L(\theta_1,\theta_2,\cdots,\theta_k)$ 就是这些未知参数的多元函数，通过求解下列方程组，就可以得到参数 $\theta_1,\theta_2,\cdots,\theta_k$ 的最大似然估计.

$$\begin{cases}\dfrac{\partial\ln L(\theta_1,\theta_2,\cdots,\theta_k)}{\partial\theta_1}=0,\\ \dfrac{\partial\ln L(\theta_1,\theta_2,\cdots,\theta_k)}{\partial\theta_2}=0,\\ \quad\vdots\\ \dfrac{\partial\ln L(\theta_1,\theta_2,\cdots,\theta_k)}{\partial\theta_k}=0.\end{cases} \tag{7.5}$$

称式（7.5）为对数似然方程组.

例 7.6　设总体 X 服从泊松分布 $P(\lambda)$，$X_1,X_2,\cdots,X_n$ 是来自总体 X 的样本，$x_1,x_2,\cdots,x_n$ 是该样本的一个样本值. 试求未知参数 λ 的最大似然估计.

最大似然估计法应用之一　泊松分布

解　总体 X 的概率分布为

$$P\{X=x\}=\frac{\lambda^x}{x!}\mathrm{e}^{-\lambda}\ (x=0,1,2,\cdots).$$

似然函数为

$$L(\lambda)=\prod_{i=1}^{n}\frac{\lambda^{x_i}}{x_i\,!}\mathrm{e}^{-\lambda}=\mathrm{e}^{-\lambda n}\cdot\lambda^{\sum\limits_{i=1}^{n}x_i}\cdot\prod_{i=1}^{n}\frac{1}{x_i\,!},$$

取对数得

$$\ln L(\lambda)=-n\lambda+\sum_{i=1}^{n}x_i\ln\lambda-\ln\prod_{i=1}^{n}(x_i\,!).$$

令 $\dfrac{\mathrm{d}\ln L(\lambda)}{\mathrm{d}\lambda}=0$，得

$$-n+\frac{1}{\lambda}\sum_{i=1}^{n}x_i=0,$$

解得

$$\hat{\lambda}_L=\frac{1}{n}\sum_{i=1}^{n}x_i=\overline{x}.$$

又因为

$$\left.\frac{\mathrm{d}^2\ln L(\lambda)}{\mathrm{d}\lambda^2}\right|_{\lambda=\overline{x}}<0,$$

所以上述解就是似然函数的最大值点，从而 λ 的最大似然估计为 $\hat{\lambda}_L=\overline{X}$（为了和矩估计区别开，将 λ 的最大似然估计记为 $\hat{\lambda}_L$）.

说明　一般地，由似然方程求得的解就是未知参数的最大似然估计，所以在后面的讨论中不再一一验证.

例 7.7　某公司出售一款手机，已知该款手机的使用寿命 X 服从参数为 θ 的指数分布. 现对 7 部该款手机的使用寿命进行跟踪调查，所得数据如表 7-2 所示.

表 7-2　手机使用寿命情况

手机编号	1	2	3	4	5	6	7
寿命/年	1.5	3	2	3.5	2.5	2	3

试求参数 θ 的最大似然估计值.

解　寿命 X 的概率密度函数为

$$f(x;\theta)=\begin{cases}\dfrac{1}{\theta}\mathrm{e}^{-\frac{1}{\theta}x}, & x>0,\\ 0, & x\leqslant 0,\end{cases}$$

似然函数为

$$L(\theta)=\prod_{i=1}^{n}f(x_i;\theta)=\prod_{i=1}^{n}\frac{1}{\theta}\mathrm{e}^{-\frac{1}{\theta}x_i}=\frac{1}{\theta^n}\mathrm{e}^{-\frac{1}{\theta}\sum\limits_{i=1}^{n}x_i}\ (x_i>0),$$

取对数，得

$$\ln L(\theta)=-n\ln\theta-\frac{1}{\theta}\sum_{i=1}^{n}x_i .$$

令 $\dfrac{\mathrm{d}\ln L(\theta)}{\mathrm{d}\theta}=0$，即

$$-\frac{n}{\theta}+\frac{1}{\theta^2}\sum_{i=1}^{n}x_i=0,$$

解得

$$\hat{\theta}_L=\frac{1}{n}\sum_{i=1}^{n}x_i=\overline{x} .$$

代入样本值，得 θ 的最大似然估计值 $\hat{\theta}_L$=2.5.

例 7.8　设总体 $X\sim N(\mu,\sigma^2)$，μ 和 σ^2 是未知参数. $x_1,x_2,\cdots,x_n$ 是来自总体 X 的一个样本值，试求 μ 和 σ^2 的最大似然估计.

最大似然估计法应用之二　正态分布

解　总体 X 的概率密度函数为

$$f(x;\mu,\sigma^2)=\frac{1}{\sqrt{2\pi}\sigma}\mathrm{e}^{-\frac{(x-\mu)^2}{2\sigma^2}}\ (-\infty<x<+\infty),$$

由于总体分布中有两个未知参数，所以似然函数是二元函数，即

$$L(\mu,\sigma^2)=\prod_{i=1}^{n}\frac{1}{\sqrt{2\pi}\sigma}\mathrm{e}^{-\frac{(x_i-\mu)^2}{2\sigma^2}}=\left(\frac{1}{\sqrt{2\pi}\sigma}\right)^n\mathrm{e}^{-\frac{1}{2\sigma^2}\sum\limits_{i=1}^{n}(x_i-\mu)^2},$$

取对数，得

$$\ln L(\mu,\sigma^2)=-\frac{n}{2}\ln 2\pi-\frac{n}{2}\ln\sigma^2-\frac{1}{2\sigma^2}\sum_{i=1}^{n}(x_i-\mu)^2 .$$

令

$$\begin{cases}\dfrac{\partial\ln L(\mu,\sigma^2)}{\partial\mu}=\dfrac{1}{\sigma^2}\displaystyle\sum_{i=1}^{n}(x_i-\mu)=0,\\ \dfrac{\partial\ln L(\mu,\sigma^2)}{\partial\sigma^2}=-\dfrac{n}{2\sigma^2}+\dfrac{1}{2\sigma^4}\displaystyle\sum_{i=1}^{n}(x_i-\mu)^2=0.\end{cases}$$

解上述方程组，得

$$\begin{cases}\mu=\dfrac{1}{n}\displaystyle\sum_{i=1}^{n}x_i=\bar{x},\\ \sigma^2=\dfrac{1}{n}\displaystyle\sum_{i=1}^{n}(x_i-\mu)^2=\dfrac{1}{n}\displaystyle\sum_{i=1}^{n}(x_i-\bar{x})^2=B_2.\end{cases}$$

所以参数 μ 和 σ^2 的最大似然估计为

$$\hat{\mu}_L=\overline{X},\ \hat{\sigma}_L^2=B_2 .$$

注意　尽管求导是求参数最大似然估计的常用方法，但并非在所有场合下都有效.

例 7.9　设总体 X 服从 $[0,\theta]$（θ 未知）上的均匀分布，$X_1,X_2,\cdots,X_n$ 是来自总体 X 的样本，求参数 θ 的矩估计和最大似然估计.

最大似然估计法应用之三 均匀分布

解　（1）矩估计.

因为 $E(X)=\dfrac{\theta}{2}$，令 $\overline{X}=E(X)$，得 $\hat{\theta}_{矩}=2\overline{X}$.

（2）最大似然估计.

由于
$$f(x;\theta)=\begin{cases}\dfrac{1}{\theta}, & 0\leqslant x\leqslant\theta\\ 0, & 其他\end{cases},$$

所以 $L(\theta)=\dfrac{1}{\theta^n}$，$0\leqslant x_i\leqslant\theta(i=1,2,\cdots,n)$.

显然 $L(\theta)$ 是 θ 的单调递减函数，要使似然函数 $L(\theta)$ 最大，θ 必须尽可能小. 又因为 $\theta\geqslant x_i\,(i=1,2,\cdots,n)$，所以 $\hat{\theta}_L=\max\limits_{1\leqslant i\leqslant n}\{X_i\}$.

最大似然估计具有如下性质：设 $\hat{\theta}$ 是参数 θ 的最大似然估计，则对任意函数 $g(\theta)$，其最大似然估计为 $g\left(\hat{\theta}\right)$. 该性质称为最大似然估计的不变性. 这一性质为求解一些复杂结构的参数的最大似然估计提供了便利.

例如：由例 7.8 知正态总体方差 σ^2 的最大似然估计是 B_2，根据最大似然估计的不变性，正态总体标准差的最大似然估计是 $\hat{\sigma}_L=\sqrt{B_2}$.

思考　本节介绍了求参数点估计的两种方法：矩估计法和最大似然估计法. 这两种估计法的优缺点是什么？通过这两种方法求得的估计量是否相同？如果不相同，在实际中应当如何选择？

习题 7.1

1. 为估计某湖泊中鱼的数量，从湖中随机捞出 1000 条鱼，标上记号后再放入湖中．一天后，从湖中再次随机捞出 150 条鱼，发现其中有 10 条鱼带有记号．问该湖泊中有多少条鱼．

2. 设总体 X 的分布律如表 7-3 所示．

表 7-3　总体 X 的分布律

X	1	2	3
p_i	θ^2	$2\theta(1-\theta)$	$(1-\theta)^2$

其中 $\theta(0<\theta<1)$ 是未知参数． X_1,X_2,X_3 是总体 X 的一个样本，对应的样本值是 1,2,1．试求参数 θ 的矩估计值和最大似然估计值．

3. 设总体 X 的概率密度函数为

$$f(x;\theta)=\begin{cases}\dfrac{2}{\theta^2}(\theta-x), & 0<x<\theta\\ 0, & \text{其他}\end{cases},$$

$X_1,X_2,\cdots,X_n$ 为来自总体 X 的样本，试求参数 θ 的矩估计量．

4. 设总体 $X\sim B(1,p)$，从中抽取容量为 n 的样本 $X_1,X_2,\cdots,X_n$，试求参数 p 的矩估计量．

5. 设总体 X 的概率密度函数为 $f(x;\theta)$， $X_1,X_2,\cdots,X_n$ 为其样本，求 θ 的最大似然估计量．

（1） $f(x;\theta)=\begin{cases}\theta e^{-\theta x}, & x\geqslant 0\\ 0, & x<0\end{cases}$．

（2） $f(x;\theta)=\begin{cases}\theta x^{\theta-1}, & 0<x<1\\ 0, & \text{其他}\end{cases}$．

6. 设总体 X 的概率密度函数为 $f(x)=\begin{cases}(\theta+1)x^{\theta}, & 0<x<1,\\ 0, & \text{其他}.\end{cases}$，其中 $\theta>-1$ 是未知参数，$X_1,X_2,\cdots,X_n$ 是来自总体 X 的样本，其观测值分别为 $x_1,x_2,\cdots,x_n$．试求参数 θ 的矩估计值和最大似然估计值．

7.2 估计量的评价标准

对于同一参数，采用不同的估计方法得到的估计量可能是不同的．在这些不同的估计量中选取哪一个更好？这就涉及本节要讨论的估计量的评价标准．下面介绍几个常用的评价标准：无偏性、有效性和相合性．

7.2.1　无偏性

估计量的评价标准——无偏性

定义 7.3　若估计量 $\hat{\theta}(X_1,X_2,\cdots,X_n)$ 的数学期望存在，且对于任意 $\theta\in\Theta$，都有

$$E(\hat{\theta})=\theta, \tag{7.6}$$

则称 $\hat{\theta}$ 为 θ 的无偏估计量（unbiased estimator）.

注意　由于样本的随机性，估计量 $\hat{\theta}$ 与 θ 真值之间总是有偏差的，这种偏差时而大时而小. 无偏性可以保证在大量重复试验下平均起来偏差为零. 在科学技术中称 $E(\hat{\theta})-\theta$ 为以 $\hat{\theta}$ 估计 θ 的系统误差. 无偏估计的实际意义就是没有系统误差.

例如，某工厂长期为某商家提供一种电子设备. 假设工厂生产过程相对稳定，产品合格率为 θ. 由于随机性，一批产品的合格率可能大于 θ 也可能小于 θ，但无偏性能够保证在较长一段时间内合格率接近 θ，所以对厂家和商家双方来说是公平的. 但顾客购买产品时只有两种可能——买到合格品或买到不合格品，此时，无偏性没有意义.

例 7.10　设 $X_1,X_2,\cdots,X_n$ 为总体 X 的一个样本，$E(X)=\mu$. 试证

$$T_1=\overline{X}=\frac{1}{n}\sum_{i=1}^{n}X_i \text{ 和 } T_2=\sum_{i=1}^{n}a_iX_i \text{（} a_i>0 \text{且} \sum_{i=1}^{n}a_i=1 \text{）}$$

都是 μ 的无偏估计量.

证　因为 $X_1,X_2,\cdots,X_n$ 为总体 X 的一个样本，所以 $E(X_i)=E(X)=\mu\ (i=1,2,\cdots,n)$，于是

$$E(T_1)=E(\overline{X})=E\left(\frac{1}{n}\sum_{i=1}^{n}X_i\right)=\frac{1}{n}\sum_{i=1}^{n}E(X_i)=\mu,$$

$$E(T_2)=\sum_{i=1}^{n}a_iE(X_i)=E(X)\left(\sum_{i=1}^{n}a_i\right)=E(X)=\mu.$$

因此，T_1 和 T_2 都是 μ 的无偏估计量.

例 7.11　设总体 X 的方差 $D(X)=\sigma^2$ 存在，试证明样本方差 S^2 是总体方差 σ^2 的无偏估计量，而样本二阶中心矩 $B_2=\frac{1}{n}\sum_{i=1}^{n}(X_i-\overline{X})^2$ 是总体方差 σ^2 的有偏估计量.

解　$$E\left(S^2\right)=\frac{1}{n-1}E\left(\sum_{i=1}^{n}X_i^2-n\overline{X}^2\right)=\frac{1}{n-1}\left[\sum_{i=1}^{n}E\left(X_i^2\right)-nE\left(\overline{X}^2\right)\right]$$

$$=\frac{n}{n-1}\left[E\left(X^2\right)-E\left(\overline{X}^2\right)\right]$$

$$=\frac{n}{n-1}\left\{D\left(X\right)+\left[E\left(X\right)\right]^2-D\left(\overline{X}\right)-\left[E\left(\overline{X}\right)\right]^2\right\}$$

$$=\frac{n}{n-1}\left(\sigma^2+\mu^2-\frac{\sigma^2}{n}-\mu^2\right)=\sigma^2,$$

即 S^2 是 σ^2 的无偏估计量.

易得

$$B_2=\frac{n-1}{n}S^2,$$

所以

$$E(B_2)\frac{n-1}{n}E(S^2)=\frac{n-1}{n}\sigma^2\neq\sigma^2,$$

注意　一般来讲，无偏估计量的函数并不是未知参数相应函数的无偏估计量.

例如，当 $X \sim N(\mu, \sigma^2)$时，$\overline{X}$ 是 μ 的无偏估计量，但 $\overline{X}^2$ 并不是 μ^2 的无偏估计量，事实上：

$$E(\overline{X}^2) = D(\overline{X}) + \left[E(\overline{X})\right]^2 = \frac{\sigma^2}{n} + \mu^2 \neq \mu^2.$$

7.2.2　有效性

估计量的评价标准——有效性

由例 7.10 知，一个未知参数可以有多个无偏估计量，那么在诸多无偏估计量中应该如何选择？直观的想法是希望该无偏估计围绕参数真值的波动程度越小越好. 波动程度可以由方差来衡量，因此常用无偏估计的方差的大小作为度量无偏估计量好坏的标准，这就是有效性.

定义 7.4　设 $\hat{\theta}_1$ 和 $\hat{\theta}_2$ 都是未知参数 θ 的无偏估计量，若对任意的参数 $\theta \in \Theta$，有

$$D(\hat{\theta}_1) \leqslant D(\hat{\theta}_2), \tag{7.7}$$

且至少存在一个 $\theta \in \Theta$，使不等式成立，则称 $\hat{\theta}_1$ 较 $\hat{\theta}_2$ 有效.

例 7.12　在例 7.10 中，设总体 X 的方差 $D(X) = \sigma^2$ 存在，试问 T_1 和 T_2 哪一个更有效.

解　由方差的性质知

$$D(T_1) = D(\overline{X}) = \frac{1}{n^2}\sum_{i=1}^{n} D(X_i) = \frac{\sigma^2}{n},$$

$$D(T_2) = \sum_{i=1}^{n} a_i^2 D(X_i) = D(X)\left(\sum_{i=1}^{n} a_i^2\right) \geqslant \frac{\sigma^2}{n} = D(T_1).$$

所以 T_1 较 T_2 更有效.

证明过程中用到了不等式 $\left(\sum_{i=1}^{n} a_i b_i\right)^2 \leqslant \sum_{i=1}^{n} a_i^2 \sum_{i=1}^{n} b_i^2$. 令 $b_i = 1(i = 1, 2, \cdots, n)$ 就可以得到 $\sum_{i=1}^{n} a_i^2 \geqslant \frac{1}{n}$.

我们知道 $X_i\,(i=1,2,\cdots,n)$和 $\overline{X}$ 都是总体数学期望 $E(X)=\mu$ 的无偏估计量，但

$$D(\overline{X}) = \frac{\sigma^2}{n} \leqslant D(X_i) = \sigma^2\ (i=1,2,\cdots,n).$$

故样本均值 $\overline{X}$ 较个别观测值 $X_i\,(i=1,2,\cdots,n)$更为有效. 在生活中，体育项目、文艺节目等比赛现场，总是由多位裁判同时对参赛选手打分，计算出平均分数，并将此分数作为选手的最终成绩，就是运用了样本均值较各个观测值更为有效的性质.

7.2.3　相合性（一致性）

估计量的评价标准——相合性

无偏性、有效性都是在样本容量 n 固定的前提下提出的. 我们希望随着样本容量的增大，一个估计量的值能稳定于待估参数的真值. 这就是相合性，定义如下.

定义 7.5　如果 $\hat{\theta}_n(X_1, X_2, \cdots, X_n)$ 是参数 θ 的估计量，若对任意的 $\theta \in \Theta$，当 $n \to \infty$ 时，

$\hat{\theta}_n$ 依概率收敛于 θ. 即 $\forall \varepsilon > 0$，有

$$\lim_{n\to\infty} P\left\{\left|\hat{\theta}_n - \theta\right| < \varepsilon\right\} = 1 \tag{7.8}$$

则称 $\hat{\theta}_n$ 是 θ 的相合估计量或一致估计量（consistent estimator）.

由辛钦大数定律可以证明：样本均值 $\overline{X}$ 是总体均值 μ 的相合估计量，样本方差 S^2 及样本二阶中心矩 B_2 都是总体方差 σ^2 的相合估计量.

注意　相合性是在极限意义下定义的，因此，只有当样本容量充分大时才能显示出其优越性，但这在实际中很难做到. 因此在实际生活中常常使用无偏性和有效性这两个评价标准. 需要指出的是，若一个估计量不具有相合性，则不论样本容量 n 取得多么大，都不能将待估参数估计得足够准确. 显然这样的估计量是不可取的.

习题 7.2

1. 若样本 $X_1, X_2, \cdots, X_n$ 取自总体 X，$E(X) = \mu$，$D(X) = \sigma^2$，则______可以作为 σ^2 的无偏估计量.

A. 当 μ 已知时，统计量 $\frac{1}{n}\sum_{i=1}^{n}(X_i - \mu)^2$

B. 当 μ 已知时，统计量 $\frac{1}{n-1}\sum_{i=1}^{n}(X_i - \mu)^2$

C. 当 μ 未知时，统计量 $\frac{1}{n}\sum_{i=1}^{n}(X_i - \mu)^2$

D. 当 μ 未知时，统计量 $\frac{1}{n-1}\sum_{i=1}^{n}(X_i - \mu)^2$

2. 若样本 $X_1, X_2, \cdots, X_n$ 取自总体 X，$E(X) = \mu$，$D(X) = \sigma^2$，则______.

A. $X_i (1 \leqslant i \leqslant n)$ 不是 μ 的无偏估计量　B. $\overline{X}$ 是 μ 的无偏估计量

C. $X_i^2 (1 \leqslant i \leqslant n)$ 是 μ 的无偏估计量　D. $\overline{X}^2$ 是 μ 的无偏估计量

3. 设总体 X 的分布中含有未知参数 θ，且 X_1 和 X_2 是来自 X 的样本. 已知 $E(X)=2-2\theta$，且 $1-\frac{1}{3}X_1 - kX_2$ 是 θ 的无偏估计. 求 k.

4. 设 X_1 和 X_2 是来自正态总体 $N(\mu, \sigma^2)$ 的简单随机样本. 记

$$T_1 = \frac{2}{3}X_1 + \frac{1}{3}X_2\text{；}\ T_2 = \frac{1}{4}X_1 + \frac{3}{4}X_2\text{；}\ T_3 = \frac{1}{2}X_1 + \frac{1}{2}X_2 .$$

试证　T_1、T_2、T_3 都是 μ 的无偏估计量，并判断哪一个估计量更有效.

5. 设总体 X 的概率密度函数为

$$f(x;\theta) = \begin{cases} \dfrac{x}{\theta}\mathrm{e}^{-\frac{x^2}{2\theta}}, & x > 0 \\ 0, & \text{其他}. \end{cases}$$

其中 $\theta>0$ 是未知参数，$X_1,X_2,\cdots,X_n$ 是来自总体 X 的样本. 求参数 θ 的最大似然估计量，并判断该估计量是否是 θ 的无偏估计量.

7.3 区间估计

在 7.1 节中，我们讨论了参数的点估计. 它是根据样本得出一个具体的数值去估计未知参数，这个数值仅仅是未知参数的一个近似值，其精确程度如何，点估计本身是不能回答的. 在实际应用中，度量一个点估计的精确程度的最直观的方法就是给出未知参数的一个区间，同时给出该区间包含参数真值的可信程度，这便是区间估计，这样的区间称为置信区间.

区间估计的定义

定义 7.6 设总体 X 分布中含有一个未知参数 θ，$\theta\in\Theta$，对于给定的 $\alpha\,(0<\alpha<1)$，如果存在两个统计量 $\hat{\theta}_1(X_1,X_2,\cdots,X_n)$ 和 $\hat{\theta}_2(X_1,X_2,\cdots,X_n)$，使得对任意的 $\theta\in\Theta$，有

$$P(\hat{\theta}_1<\theta<\hat{\theta}_2)\geqslant 1-\alpha, \tag{7.9}$$

则称随机区间 $\left(\hat{\theta}_1,\hat{\theta}_2\right)$ 为参数 θ 的置信水平为 $1-\alpha$ 的双侧置信区间（confidence interval），$\hat{\theta}_1$ 和 $\hat{\theta}_2$ 分别称为 θ 的双侧置信区间的置信下限和置信上限，$1-\alpha$ 称为置信水平或置信度（confidence level）.

说明 （1）参数 θ 虽然是未知的，但它是一个确定的数值.

（2）$\hat{\theta}_1$ 和 $\hat{\theta}_2$ 是统计量，依赖于样本.

（3）置信区间 $\left(\hat{\theta}_1,\hat{\theta}_2\right)$ 是随机的，依赖于样本，样本不同，得到的区间也是不同的.

（4）对于一些样本观测值，区间 $\left(\hat{\theta}_1,\hat{\theta}_2\right)$ 可能包含参数 θ，而对于另一些样本观测值，该区间可能不会包含参数 θ.

比如，设总体 $X\sim N(\mu,4)$，μ 未知，X_1,X_2,X_3,X_4 是来自总体 X 的样本，则 $\overline{X}\sim N\left(\mu,1\right)$，于是

$$P\left(\overline{X}-2<\mu<\overline{X}+2\right)=P\left\{\left|\overline{X}-\mu\right|<2\right\}=2\Phi\left(2\right)-1=0.9544.$$

这表明 $\left(\overline{X}-2,\overline{X}+2\right)$ 是 μ 的置信水平为 0.95 的置信区间.

若 $\mu=0.5$，多次抽样计算得样本均值 $\bar{x}$ 分别为 3，2，1 时，对应的置信区间依次为(1,5)，(0,4)和(−1,3)，显然区间(1,5)不包含参数 μ，而区间(0,4)和(−1,3)都包含参数 μ.

思考 对于一个具体的区间，要么包含参数的真值，要么不包含参数的真值，无概率可言. 那么我们又应该如何理解“置信水平为 $1-\alpha$”？

式（7.9）的含义如下：若反复抽样多次（每次抽样的样本容量相同，都是 n），由于每次抽样得到的样本值不尽相同，从而每次得到的随机区间 $\left(\hat{\theta}_1,\hat{\theta}_2\right)$ 也不完全一样，每个这样的区间要么包含 θ 的真值，要么不包含 θ 的真值（参见图 7-1）. 根据伯努利大数定律，在这么多区间中，包含 θ 真值的区间约占 $100(1-\alpha)\%$，不包含 θ 真值的区间仅占约

$100\alpha\%$. 例如，若 $\alpha=0.01$，反复抽样 1000 次，则得到的这 1000 个区间中，不包含 θ 真值的约为 10 个.

在对参数 θ 做区间估计时，一般需要满足以下两点要求：

（1）可信度高，即随机区间 $(\hat{\theta}_1,\hat{\theta}_2)$ 要以很大的概率包含 θ 的真值；

（2）精确程度高，即要求置信区间的长度尽可能得小.

一个好的置信区间，我们希望它又可信又精确. 然而，在样本容量一定的前提下，二者往往是相互制约的. 此时，我们采用的原则是：在保证可信度的前提下，尽可能提高估计的精确程度. 该原则称为**奈曼原则**.

例 7.13　设总体 $X\sim N(\mu,\sigma^2)$，σ^2 已知，μ 未知. 设 $X_1,X_2,\cdots,X_n$ 是来自总体 X 的样本，求 μ 的置信水平为 $1-\alpha$ 的置信区间.

解　由于 $\overline{X}$ 是 μ 的无偏估计量，且

$$Z=\frac{\overline{X}-\mu}{\sigma/\sqrt{n}}\sim N(0,1),$$

Z 的分布不依赖于任何未知参数. 根据标准正态分布的上 α 分位数的定义，有（参见图 7-2）

$$P\left(\left|\frac{\overline{X}-\mu}{\sigma/\sqrt{n}}\right|<z_{\frac{\alpha}{2}}\right)=1-\alpha,$$

即

$$P\left(\overline{X}-z_{\frac{\alpha}{2}}\frac{\sigma}{\sqrt{n}}<\mu<\overline{X}+z_{\frac{\alpha}{2}}\frac{\sigma}{\sqrt{n}}\right)=1-\alpha.$$

于是，μ 的置信水平为 $1-\alpha$ 的置信区间为

$$\left(\overline{X}-z_{\frac{\alpha}{2}}\frac{\sigma}{\sqrt{n}},\overline{X}+z_{\frac{\alpha}{2}}\frac{\sigma}{\sqrt{n}}\right).\tag{7.10}$$

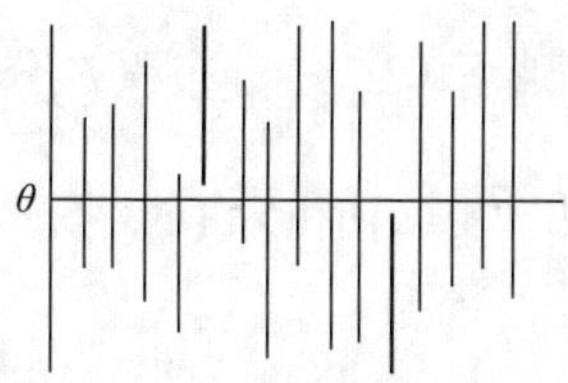

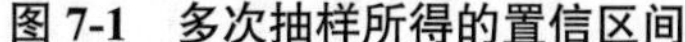

图 7-1　多次抽样所得的置信区间

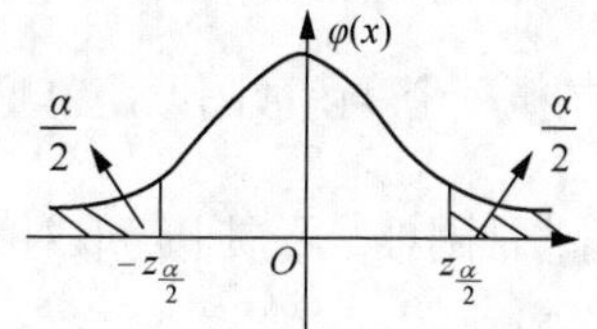

图 7-2　标准正态分布的上 α 分位数

思考　μ 的置信水平为 $1-\alpha$ 的置信区间唯一吗？如果不唯一，应当怎么选择？

上例中，若取 $\alpha=0.05$，得到 μ 的置信水平为 0.95 的一个置信区间是

$$\left(\overline{X}-z_{0.025}\frac{\sigma}{\sqrt{n}},\overline{X}+z_{0.025}\frac{\sigma}{\sqrt{n}}\right).\tag{7.11}$$

事实上，对于给定的 $\alpha=0.05$，也有

$$P\left(-z_{0.04}<\frac{\overline{X}-\mu}{\sigma/\sqrt{n}}<z_{0.01}\right)=0.95,$$

即

$$P\left(\overline{X}-z_{0.01}\frac{\sigma}{\sqrt{n}}<\mu<\overline{X}+z_{0.04}\frac{\sigma}{\sqrt{n}}\right)=0.95,$$

所以

$$\left(\overline{X}-z_{0.01}\frac{\sigma}{\sqrt{n}},\overline{X}+z_{0.04}\frac{\sigma}{\sqrt{n}}\right) \tag{7.12}$$

也是 μ 的置信水平为 0.95 的置信区间. 这两个区间中应当选择哪个？由式（7.11）确定的置信区间的长度是 $2\times z_{0.025}\frac{\sigma}{\sqrt{n}}=2\times 1.96\frac{\sigma}{\sqrt{n}}=3.92\frac{\sigma}{\sqrt{n}}$，由式

置信区间的求法

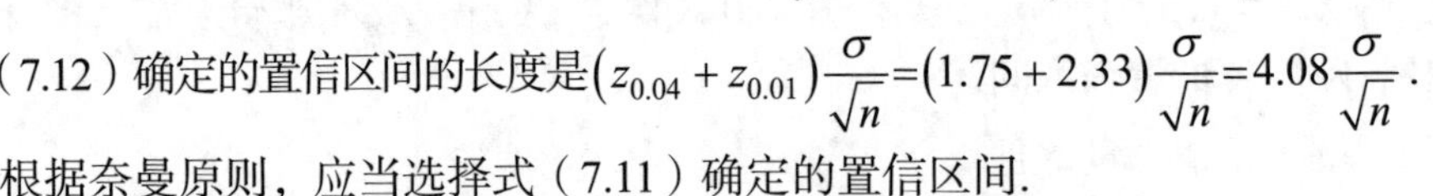

（7.12）确定的置信区间的长度是 $\left(z_{0.04}+z_{0.01}\right)\frac{\sigma}{\sqrt{n}}=\left(1.75+2.33\right)\frac{\sigma}{\sqrt{n}}=4.08\frac{\sigma}{\sqrt{n}}$.

根据奈曼原则，应当选择式（7.11）确定的置信区间.

综合上述分析，求未知参数 θ 置信区间的具体做法如下.

（1）寻找一个样本 $X_1,X_2,\cdots,X_n$ 和参数 θ 的函数 $W=W(X_1,X_2,\cdots,X_n;\theta)$，使 W 的分布不依赖于 θ 和其他未知参数，称具有这种性质的函数 W 为枢轴量.

（2）对于给定的置信水平 $1-\alpha$，选择两个适当的常数 a 和 b，使得

$$P\{a<W(X_1,X_2,\cdots,X_n;\theta)<b\}=1-\alpha. \tag{7.13}$$

（3）将不等式 $a<W(X_1,X_2,\cdots,X_n;\theta)<b$ 等价变形为 $\hat{\theta}_1(X_1,X_2,\cdots,X_n)<\theta<\hat{\theta}_2(X_1,X_2,\cdots,X_n)$，则有 $P\left\{\hat{\theta}_1<\theta<\hat{\theta}_2\right\}=1-\alpha$.

故所得的 $\left(\hat{\theta}_1,\hat{\theta}_2\right)$ 就是参数 θ 的置信水平为 $1-\alpha$ 的置信区间.

上述寻求置信区间的关键在于寻找枢轴量 W，故把这种方法称为**枢轴量法**. 枢轴量的寻找一般从 θ 的点估计出发. 而满足式（7.13）的 a 和 b 可以有很多组，选择的依据就是奈曼原则，即希望置信区间的长度尽可能得短. 不难发现，在 W 的概率密度函数图形是单峰且对称的情形下，取对称的分位数来确定置信区间，如 $N(0,1)$分布，取 $a=-z_{\frac{\alpha}{2}}$ 且 $b=z_{\frac{\alpha}{2}}$，此时得到的置信区间长度最小；在 W 的概率密度函数图形是单峰但不对称的情形下（如 χ^2 分布和 F 分布），寻找长度最短的置信区间非常困难，习惯上仍取对称的分位数$\left(\text{如}\chi^2_{1-\frac{\alpha}{2}}(n)\text{ 和}\chi^2_{\frac{\alpha}{2}}(n)\right)$来确定置信区间.

习题 7.3

1. 某工厂生产的节能灯使用寿命 $X\sim N(\mu,100^2)$. 现从生产的一批节能灯中随机抽取 5 只，测得使用寿命（单位：h）如下：

1455　　1430　　1502　　1370　　1610

试求这批节能灯平均使用寿命 μ 的置信水平为 0.9 的置信区间.

2. 设 $x_1,x_2,\cdots,x_{25}$ 是来自总体 X 的一个样本，$X\sim N(\mu,5^2)$. 求 μ 的置信水平为 0.9 的置信区间的长度.

7.4　正态总体参数的区间估计

多数情况下，我们遇到的总体大多服从或近似服从正态分布，因此本节讨论正态总体参数的区间估计.

单个正态总体均值的区间估计

7.4.1　单个正态总体的情形

设给定置信水平为$1-\alpha$，$X_1,X_2,\cdots,X_n$是正态总体$X\sim N(\mu,\sigma^2)$的样本，$\overline{X}$和S^2是样本均值和样本方差.

1. 均值μ的区间估计

（1）σ^2已知. 此时就是例 7.13 的情形，采用的枢轴量是$z=\dfrac{\overline{X}-\mu}{\sigma/\sqrt{n}}$，$\mu$的置信水平为$1-\alpha$的置信区间为$\left(\overline{X}-z_{\frac{\alpha}{2}}\dfrac{\sigma}{\sqrt{n}},\overline{X}+z_{\frac{\alpha}{2}}\dfrac{\sigma}{\sqrt{n}}\right)$.

（2）σ^2未知. 此时不能使用式（7.10）给出的区间，因为其中含有未知参数σ. 考虑到$S^2=\dfrac{1}{n-1}\sum\limits_{i=1}^{n}(X_i-\overline{X})^2$是$\sigma^2$的无偏估计，将$\dfrac{\overline{X}-\mu}{\sigma/\sqrt{n}}$中的$\sigma$换成$S$，得

$$T=\frac{\overline{X}-\mu}{S/\sqrt{n}}\sim t(n-1).$$

且T的分布不依赖于任何未知参数，故采用T作为枢轴量. t分布的概率密度函数图形是单峰且对称的，根据其上α分位数的定义，有（参见图 7-3）

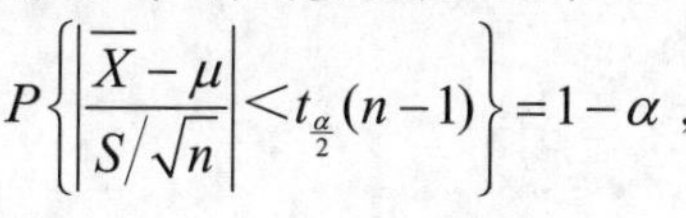

$$P\left\{\left|\frac{\overline{X}-\mu}{S/\sqrt{n}}\right|<t_{\frac{\alpha}{2}}(n-1)\right\}=1-\alpha,$$

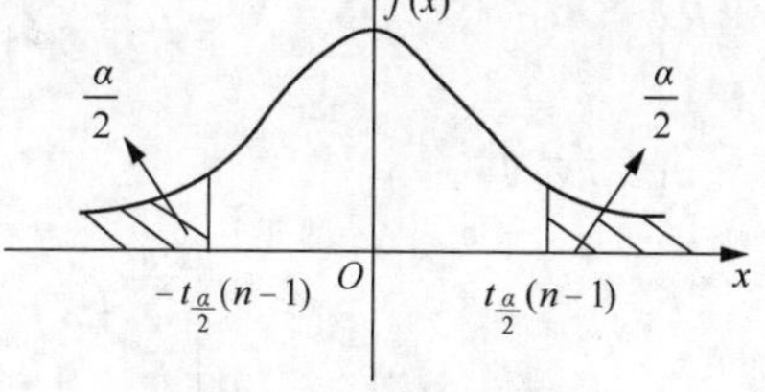

图 7-3　单峰对称分布

即

$$P\left\{\overline{X}-\frac{S}{\sqrt{n}}t_{\frac{\alpha}{2}}(n-1)<\mu<\overline{X}+\frac{S}{\sqrt{n}}t_{\frac{\alpha}{2}}(n-1)\right\}=1-\alpha.$$

所以μ的置信水平为$1-\alpha$的置信区间为

$$\left(\overline{X}-\frac{S}{\sqrt{n}}t_{\frac{\alpha}{2}}(n-1),\overline{X}+\frac{S}{\sqrt{n}}t_{\frac{\alpha}{2}}(n-1)\right).\tag{7.14}$$

例 7.14　某车间生产滚珠，已知其直径$X\sim N(\mu,\sigma^2)$. 现从某天生产的产品中随机抽取 6 个，测得直径（单位：mm）如下.

14.6　15.1　14.9　14.8　15.2　15.1.

试求滚珠直径X的均值μ的置信水平为 0.95 的置信区间.

解　该题属于σ^2未知时对μ的区间估计. 这里$1-\alpha=0.95$，$\dfrac{\alpha}{2}$=0.025，n=6，查表得$t_{\frac{\alpha}{2}}(n-1)=t_{0.025}\approx 2.571$，计算得

$$\overline{x}=\frac{1}{n}\sum_{i=1}^{n}x_i=\frac{1}{6}(14.6+15.1+14.9+14.8+15.2+15.1)=14.95,$$

$$S^2=\frac{1}{n-1}\sum_{i=1}^{n}(x_i-\overline{x})^2=0.051,$$

代入式（7.14），得均值 μ 的置信水平为 0.95 的置信区间是

$$\left(14.95-\frac{\sqrt{0.051}}{\sqrt{6}}\times 2.571,14.95+\frac{\sqrt{0.051}}{\sqrt{6}}\times 2.571\right),$$

即(14.71,15.19).

单个正态总体方差的区间估计

2. 方差 σ^2 的区间估计

（1）μ 已知. 由于 $X_i\,(i=1,2,\cdots,n)$独立且服从正态分布 $N(\mu,\sigma^2)$，所以 $\dfrac{X_i-\mu}{\sigma}\,(i=1,2,\cdots,n)$独立且服从 $N(0,1)$，于是

$$\chi^2=\frac{1}{\sigma^2}\sum_{i=1}^{n}\left(X_i-\mu\right)^2\sim\chi^2(n).$$

选取 χ^2 为枢轴量. 虽然 χ^2 分布是偏态分布，很难找到长度最短的置信区间，但习惯上仍取对称的分位数 $\chi^2_{1-\frac{\alpha}{2}}(n)$ 和 $\chi^2_{\frac{\alpha}{2}}(n)$ 来确定置信区间（参见图 7-4）. 即

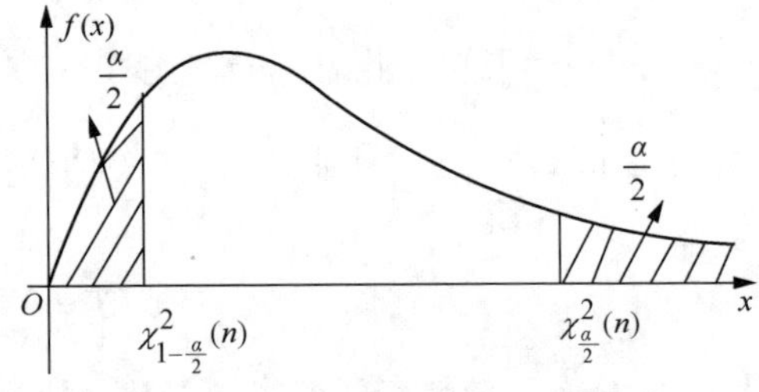

图 7-4 单峰非对称分布

$$P\left\{\chi^2_{1-\frac{\alpha}{2}}(n)<\frac{1}{\sigma^2}\sum_{i=1}^{n}\left(X_i-\mu\right)^2<\chi^2_{\frac{\alpha}{2}}(n)\right\}=1-\alpha,$$

等价变形为

$$P\left\{\frac{\sum_{i=1}^{n}\left(X_i-\mu\right)^2}{\chi^2_{\frac{\alpha}{2}}(n)}<\sigma^2<\frac{\sum_{i=1}^{n}\left(X_i-\mu\right)^2}{\chi^2_{1-\frac{\alpha}{2}}(n)}\right\}=1-\alpha,$$

所以 σ^2 的置信水平为 $1-\alpha$ 的置信区间为

$$\left(\frac{\sum_{i=1}^{n}\left(X_i-\mu\right)^2}{\chi^2_{\frac{\alpha}{2}}(n)},\frac{\sum_{i=1}^{n}\left(X_i-\mu\right)^2}{\chi^2_{1-\frac{\alpha}{2}}(n)}\right).$$

（2）μ 未知. 由于

$$\chi^2=\frac{(n-1)S^2}{\sigma^2}\sim\chi^2(n-1),$$

选取 χ^2 作为枢轴量. 与 μ 已知时的讨论方法类似，得到 σ^2 的置信水平为 $1-\alpha$ 的置信区间为

$$\left(\frac{(n-1)S^2}{\chi^2_{\frac{\alpha}{2}}(n-1)},\frac{(n-1)S^2}{\chi^2_{1-\frac{\alpha}{2}}(n-1)}\right). \tag{7.15}$$

例 7.15　从一批袋装糖果中随机抽取 12 袋，称得质量（单位：g）分别如下：

506　500　495　488　504　486

505　513　521　520　512　485

假设袋装糖果质量 X 服从正态分布 $N(\mu,\sigma^2)$，试求方差 σ^2 的置信水平为 0.90 的置信区间.

解　该题属于 μ 未知时对 σ^2 的区间估计. 这里 $1-\alpha=0.90$，$\frac{\alpha}{2}$=0.05，n=12. 计算得 $S^2=156.2650$，查表得

$$\chi^2_{\frac{\alpha}{2}}(n-1)=\chi^2_{0.05}(11)=19.675，\quad \chi^2_{1-\frac{\alpha}{2}}(n-1)=\chi^2_{0.95}(11)=4.575，$$

代入式（7.15）得方差 σ^2 的置信水平为 0.90 的置信区间是(87.3654,375.7191).

7.4.2　两个正态总体的情形

以上讨论了单个正态总体参数的区间估计. 但在实际中经常遇到这样的情形：已知产品的某一项质量指标服从正态分布，但由于原料更替、设备更换、技术革新等，总体均值和总体方差会发生变化. 我们需要知道这些变化有多大，对产品的质量有无影响，这就需要考虑两个正态总体均值差或方差比的估计.

给定置信水平为 $1-\alpha$，设 $X_1,X_2,\cdots,X_{n_1}$ 和 $Y_1,Y_2,\cdots,Y_{n_2}$ 是分别来自两个相互独立的正态总体 $N\left(\mu_1,\sigma_1^2\right)$ 和 $N\left(\mu_2,\sigma_2^2\right)$ 的样本，$\overline{X}$，$\overline{Y}$，S_1^2，S_2^2 分别是这两个总体的样本均值和样本方差.

1. 两个总体均值差 $\mu_1-\mu_2$ 的区间估计

（1）σ_1^2 和 σ_2^2 已知. 由于 $\overline{X}$，$\overline{Y}$ 分别是 μ_1，μ_2 的无偏估计，所以 $\overline{X}-\overline{Y}$ 是 $\mu_1-\mu_2$ 的无偏估计，又由 $\overline{X}\sim N\left(\mu_1,\frac{\sigma_1^2}{n_1}\right)$，$\overline{Y}\sim N\left(\mu_2,\frac{\sigma_2^2}{n_2}\right)$，且 $\overline{X}$ 与 $\overline{Y}$ 相互独立，故 $\overline{X}-\overline{Y}\sim N\left(\mu_1-\mu_2,\frac{\sigma_1^2}{n_1}+\frac{\sigma_2^2}{n_2}\right)$，从而有

$$Z=\frac{\left(\overline{X}-\overline{Y}\right)-\left(\mu_1-\mu_2\right)}{\sqrt{\frac{\sigma_1^2}{n_1}+\frac{\sigma_2^2}{n_2}}}\sim N(0,1)，$$

选取 Z 为枢轴量. 类似于单个正态总体的讨论，得到 $\mu_1-\mu_2$ 的置信水平为 $1-\alpha$ 的置信区间为

$$\left(\overline{X}-\overline{Y}-z_{\frac{\alpha}{2}}\sqrt{\frac{\sigma_1^2}{n_1}+\frac{\sigma_2^2}{n_2}},\ \overline{X}-\overline{Y}+z_{\frac{\alpha}{2}}\sqrt{\frac{\sigma_1^2}{n_1}+\frac{\sigma_2^2}{n_2}}\right). \tag{7.16}$$

（2）$\sigma_1^2=\sigma_2^2=\sigma^2$ 未知. 由于

$$T=\frac{\left(\overline{X}-\overline{Y}\right)-\left(\mu_1-\mu_2\right)}{S_w\sqrt{\frac{1}{n_1}+\frac{1}{n_2}}}\sim t\left(n_1+n_2-2\right)，$$

其中 $S_w^2=\dfrac{(n_1-1)S_1^2+(n_2-1)S_2^2}{n_1+n_2-2}$，故选取 T 为枢轴量，得 $\mu_1-\mu_2$ 的置信水平为 $1-\alpha$ 的置信区间为

$$\left(\overline{X}-\overline{Y}-t_{\frac{\alpha}{2}}(n_1+n_2-2)S_w\sqrt{\frac{1}{n_1}+\frac{1}{n_2}},\ \overline{X}-\overline{Y}+t_{\frac{\alpha}{2}}(n_1+n_2-2)S_w\sqrt{\frac{1}{n_1}+\frac{1}{n_2}}\right).\quad(7.17)$$

例 7.16 河南省作为我国重要的粮食生产基地，素有“中原粮仓”之称，其中重要农作物小麦的产量占全国小麦总产量的 1/4．为提高小麦的总产量，需要比较 2 个品种小麦的亩产量，现随机选取 18 块条件相似的试验田，采用相同的耕作方法做试验．测得 2 个品种小麦的亩产量（单位：kg）如下：

品种Ⅰ 628 583 510 554 612 523 530 615；

品种Ⅱ 535 433 398 470 567 480 498 560 503 426.

假定 2 个品种小麦的亩产量分别服从正态分布 $N(\mu_1,\sigma_1^2)$ 和 $N(\mu_2,\sigma_2^2)$，其中 $\sigma_1^2=\sigma_2^2$ 未知．试求 2 个总体均值差 $\mu_1-\mu_2$ 的置信水平为 0.95 的置信区间．

解 该题属于方差未知时对两个正态总体均值差的区间估计．根据实际情况，可认为来自两个总体的样本相互独立．用 $x_1,x_2,\cdots,x_8$ 表示品种Ⅰ小麦的亩产量，$y_1,y_2,\cdots,y_{10}$ 表示品种Ⅱ小麦的亩产量．这里 $1-\alpha=0.95$，$\alpha/2=0.025$，$n_1=8$，$n_2=10$．由题中数据计算得

$$\bar{x}\approx 569.38,\quad S_1^2\approx 2140.55,\quad \bar{y}=487.00,\quad S_2^2\approx 3256.22,$$

$$S_w=\sqrt{\frac{(n_1-1)S_1^2+(n_2-1)S_2^2}{n_1+n_2-2}}\approx 52.6129,$$

$$\sqrt{\frac{1}{n_1}+\frac{1}{n_2}}\approx 0.4743,$$

查表得 $t_{\frac{\alpha}{2}}(n_1+n_2-2)=t_{0.025}(16)=2.1199$．代入式（7.17）得 $\mu_1-\mu_2$ 的置信水平为 0.95 的置信区间为(29.48,135.28).

说明 上例中求得的置信下限大于 0，则有 $100(1-\alpha)\%$的可信度认为 $\mu_1\geqslant\mu_2$；反之，若求得的置信上限小于 0，则有 $100(1-\alpha)\%$的可信度认为 $\mu_1<\mu_2$．

2. 两个总体方差比 σ_1^2/σ_2^2 的区间估计

这里仅讨论 μ_1 和 μ_2 都未知的情形．由于

$$\frac{(n_1-1)S_1^2}{\sigma_1^2}\sim\chi^2(n_1-1),\quad \frac{(n_2-1)S_2^2}{\sigma_2^2}\sim\chi^2(n_2-1),$$

且 S_1^2 与 S_2^2 相互独立，故

$$F=\frac{S_1^2/S_2^2}{\sigma_1^2/\sigma_2^2}\sim F(n_1-1,n_2-1).$$

选取 F 为枢轴量．与 χ^2 分布的讨论类似，取对称的分位数来确定置信区间，即得

$$P\left\{F_{1-\frac{\alpha}{2}}(n_1-1,n_2-1)<\frac{S_1^2/S_2^2}{\sigma_1^2/\sigma_2^2}<F_{\frac{\alpha}{2}}(n_1-1,n_2-1)\right\}=1-\alpha,$$

整理得

$$P\left\{\frac{S_1^2}{S_2^2}\frac{1}{F_{\frac{\alpha}{2}}(n_1-1,n_2-1)}<\frac{\sigma_1^2}{\sigma_2^2}<\frac{S_1^2}{S_2^2}\frac{1}{F_{1-\frac{\alpha}{2}}(n_1-1,n_2-1)}\right\}=1-\alpha .$$

于是 σ_1^2/σ_2^2 的置信水平为 $1-\alpha$ 的置信区间为

$$\left(\frac{S_1^2}{S_2^2}\frac{1}{F_{\frac{\alpha}{2}}(n_1-1,n_2-1)},\ \frac{S_1^2}{S_2^2}\frac{1}{F_{1-\frac{\alpha}{2}}(n_1-1,n_2-1)}\right). \tag{7.18}$$

例 7.17　两台机床生产同一型号的滚珠，从甲机床生产的滚珠中随机抽取 8 个，从乙机床生产的滚珠中随机抽取 9 个，测得滚珠直径（单位：mm）如下：

甲机床　15.0　14.8　15.2　15.4　14.9　15.1　15.2　14.8；

乙机床　15.2　15.0　14.8　15.1　15.0　14.6　14.8　15.1　14.5.

设两台机床生产的滚珠的直径都服从正态分布，试求 σ_1^2/σ_2^2 的置信水平为 0.90 的置信区间.

解　该题属于均值未知时对两个正态总体方差比的区间估计. 由题意 $\alpha=0.10$，$n_1=8$，$n_2=9$. 计算得 $S_1^2=0.0457$，$S_2^2=0.0575$. 查表得

$$F_{\frac{\alpha}{2}}(n_1-1,n_2-1)=F_{0.05}(7,8)=3.50,\quad F_{1-\frac{\alpha}{2}}(n_1-1,n_2-1)=F_{0.95}(7,8)=\frac{1}{F_{0.05}(8,7)}=\frac{1}{3.73}.$$

代入式（7.18），得 σ_1^2/σ_2^2 的置信水平为 0.90 的置信区间为(0.227,2.965).

说明　上例中求得的置信区间包含 1，说明两台机床生产的滚珠直径的方差没有显著差异.

习题 7.4

1. 设某工厂生产的零件的长度 $X\sim N(\mu,\sigma^2)$（单位：cm），现从生产线上随机抽取 16 件产品，测得样本均值为 10，样本方差为 0.16. 试求：

（1）μ 的置信水平为 0.95 的置信区间；

（2）σ^2 的置信水平为 0.95 的置信区间.

2. 设某种袋装食盐的质量（单位：g）服从正态分布，现从中随机抽取 16 袋，测得质量的样本均值 $\bar{x}=503.75$，样本方差 $S^2=6.2022$. 求总体均值 μ 的置信水平为 0.95 的置信区间.

3. 某工厂生成一批钢珠，其直径（单位：mm）服从正态分布 $N(\mu,\sigma^2)$. 现从某天生产的产品中随机抽取 6 个，测得直径如下：

15.1　14.8　15.2　14.9　14.6　15.1.

（1）若 $\sigma^2=0.06$，求 μ 的置信水平为 0.95 的置信区间.

（2）若 σ^2 未知，求 μ 的置信水平为 0.95 的置信区间.

4. 设一批零件的长度（单位：mm）服从正态分布 $N(\mu,\sigma^2)$，从中随机抽取 10 件，测得长度如下：

49.7　50.9　50.6　51.8　52.4　48.8　51.1　51.0　51.5　51.2.

试求方差 σ^2 的置信水平为 0.90 的置信区间.

5. 已知固体燃料火箭推进器的燃烧速率（单位：cm/s）近似服从正态分布，标准差近似为 0.05. 为研究两种固体燃料火箭推进器的燃烧速率，随机抽取容量为 $n_1=20$ 和 $n_2=15$ 的 2 组样本，测得样本均值分别为 $\bar{x}=18$ 和 $\bar{y}=24$. 试求两个正态总体均值差 $\mu_1-\mu_2$ 的置信水平为 0.99 的置信区间.

6. 某工厂采用两种不同的工艺生产同一种产品，产品质量都服从正态分布. 为比较两种工艺的优劣，某日随机抽取用两种工艺生产的产品各 10 件，测得质量（单位：g）如下

工艺Ⅰ　81　84　79　76　82　83　84　80　79　82；

工艺Ⅱ　76　74　78　79　80　79　82　76　81　79.

试求 σ_1^2/σ_2^2 的置信水平为 0.99 的置信区间.

7.5　单侧置信区间

单侧置信区间

在前面的讨论中，对于未知参数 θ，我们构造了两个统计量 $\hat{\theta}_1$ 和 $\hat{\theta}_2$，得到参数 θ 的双侧置信区间 $\left(\hat{\theta}_1,\hat{\theta}_2\right)$. 但在某些实际问题中，人们感兴趣的有时仅仅是未知参数的一个下限或一个上限. 例如，对某种产品的平均寿命来说，人们关注的往往是它的下限，希望它越大越好；与之相反，在考察药品的毒副作用时，人们关注的往往是它的上限，希望它越小越好. 这就引出了单侧置信区间的概念.

定义 7.7　给定 $\alpha\,(0<\alpha<1)$，如果存在统计量 $\underline{\theta}(X_1,X_2,\cdots,X_n)$，对任意的 $\theta\in\Theta$，有

$$P(\theta>\underline{\theta})\geqslant 1-\alpha\,, \tag{7.19}$$

则称随机区间 $\left(\underline{\theta},+\infty\right)$ 为参数 θ 的置信水平为 $1-\alpha$ 的单侧置信区间，$\underline{\theta}$ 称为 θ 的置信水平为 $1-\alpha$ 的单侧置信下限.

类似地，若存在统计量 $\bar{\theta}(X_1,X_2,\cdots,X_n)$，对任意的 $\theta\in\Theta$，有

$$P(\theta<\bar{\theta})\geqslant 1-\alpha\,, \tag{7.20}$$

则称随机区间 $\left(-\infty,\bar{\theta}\right)$ 为参数 θ 的置信水平为 $1-\alpha$ 的单侧置信区间，$\bar{\theta}$ 称为 θ 的置信水平为 $1-\alpha$ 的单侧置信上限.

说明　单侧置信区间是置信区间的特殊情形，其求解方法与置信区间的十分类似，故本书不再分情况详细阐述.

设 $X_1,X_2,\cdots,X_n$ 是正态总体 $N(\mu,\sigma^2)$ 的一个样本，μ 和 σ^2 均未知. 由于

$$\frac{\overline{X}-\mu}{S/\sqrt{n}}\sim t(n-1)\,,$$

根据 t 分布的上 α 分位数的定义，有

$$P\left\{\frac{\overline{X}-\mu}{S/\sqrt{n}}<t_\alpha(n-1)\right\}=1-\alpha\,,$$

即

$$P\left\{\mu > \overline{X} - \frac{S}{\sqrt{n}} t_{\alpha}(n-1)\right\} = 1-\alpha .$$

于是得到 μ 的置信水平为 $1-\alpha$ 的单侧置信区间为

$$\left(\overline{X} - \frac{S}{\sqrt{n}} t_{\alpha}(n-1), +\infty\right),$$

μ 的置信水平为 $1-\alpha$ 的单侧置信下限为

$$\underline{\mu} = \overline{X} - \frac{S}{\sqrt{n}} t_{\alpha}(n-1) . \quad (7.21)$$

又由于

$$\frac{(n-1)S^2}{\sigma^2} \sim \chi^2(n-1) ,$$

根据 χ^2 分布的上 α 分位数的定义，有

$$P\left\{\frac{(n-1)S^2}{\sigma^2} > \chi^2_{1-\alpha}(n-1)\right\} = 1-\alpha ,$$

即

$$P\left\{\sigma^2 < \frac{(n-1)S^2}{\chi^2_{1-\alpha}(n-1)}\right\} = 1-\alpha ,$$

于是得到 σ^2 的置信水平为 $1-\alpha$ 的单侧置信区间为

$$\left(0, \frac{(n-1)S^2}{\chi^2_{1-\alpha}(n-1)}\right),$$

σ^2 的置信水平为 $1-\alpha$ 的单侧置信上限为

$$\overline{\sigma}^2 = \frac{(n-1)S^2}{\chi^2_{1-\alpha}(n-1)} . \quad (7.22)$$

例 7.18　从某批节能灯中随机抽取 5 只做寿命试验，测得寿命（单位：h）分别为

1050　1100　1120　1250　1280

设节能灯使用寿命 $X \sim N(\mu, \sigma^2)$，求其平均寿命 μ 的置信水平为 0.95 的置信下限.

解　这里 $1-\alpha=0.95$，$\alpha=0.05$，$n=5$，查表得 $t_{\alpha}(n-1) = t_{0.05}(4) = 2.1318$，计算得 $\overline{x} = 1160$，$s \approx 99.75$，代入式（7.20）得均值 μ 的置信水平为 0.95 的置信下限是

$$\underline{\mu} = \overline{X} - \frac{S}{\sqrt{n}} t_{\alpha}(n-1) = 1160 - \frac{99.75}{\sqrt{5}} \times 2.1318 \approx 1064.9013 .$$

习题 7.5

1. 为估计某品牌轮胎的使用寿命，随机抽取 12 只轮胎试用，测得它们的使用寿命（单

位：10^4km）如下：

5.20 4.60 4.58 4.72 4.38 4.70 4.68 4.85 4.32 4.85 4.61 5.02.

假设轮胎的使用寿命服从正态分布，试求轮胎平均使用寿命的置信水平为 0.95 的单侧置信下限.

2. 科学上的重大发现很多是由年轻人做出的. 表 7-4 所示为自 16 世纪初期到 20 世纪初期的 12 项重大发现的发现者和他们当时的年龄. 设样本来自正态分布，试求发现者的平均年龄 μ 的置信水平为 0.95 的单侧置信上限.

表 7-4　16 世纪初—20 世纪初的重大科学发现

序号	发现者	发现时间	年龄	发现内容
1	哥白尼（Copernicus）	1513	40	地球绕太阳运转
2	伽利略（Galileo）	1600	36	天文学的基本定律
3	牛顿（Newton）	1665	22	万有引力、微积分
4	富兰克林（Franklin）	1746	40	电的本质
5	拉瓦锡（Lavoisier）	1774	31	燃烧是与氧气联系着的
6	赖尔（Lyell）	1830	33	地球是渐进过程演化成的
7	达尔文（Darwin）	1858	49	自然选择控制演化的证据
8	麦克斯韦（Maxwell）	1864	33	麦克斯韦方程组
9	居里夫人（Marie Curie）	1902	35	放射性元素镭
10	普朗克（Planck）	1900	42	量子论
11	爱因斯坦（Einstein）	1905	26	狭义相对论，$E = mc^2$
12	薛定谔（Schrödinger）	1926	39	线性薛定谔方程

7.6　参数估计的 MATLAB 实现

本节旨在帮助读者了解参数估计的 MATLAB 实现，读者可扫码查看本章 MATLAB 程序解析.

第 7 章 MATLAB 程序解析

7.6.1　参数的矩估计

命令　某种分布中各阶矩的估计

函数　moment(x,order)　% x 为样本值，order 为矩的阶数

格式　mu_ju=mean(x)　　%总体均值的矩估计

siga2_ju=moment(x,2)　%总体方差的矩估计

例 7.19　现有某型号的汽车 20 辆，记录其每 5 L 汽油的行驶里程（单位：km），观测数据如下：

29.8 27.6 28.3 27.9 30.1 28.7 29.9 28.0 27.9 28.7

28.4 27.2 29.5 28.5 28.0 30.0 29.1 29.8 29.6 26.9

求其总体均值和方差的矩估计.

7.6.2 常见分布参数的最大似然估计

命令 β分布的参数 a 和 b 的最大似然估计值和置信区间

函数 betafit

格式 PHAT=betafit(X)

[PHAT,PCI]=betafit(X,alpha)

说明 PHAT 为样本 X 的 β 分布的参数 a 和 b 的估计量. PCI 为样本 X 的 β 分布参数 a 和 b 的置信区间，是一个 2×2 矩阵，其第 1 列为参数 a 的置信下限和上限，第 2 列为 b 的置信下限和上限. alpha 为显著性水平，$1-\alpha$ 为置信水平.

例 7.20 随机产生 100 个 β 分布数据，相应的分布参数真值为 4 和 3，求 4 和 3 的最大似然估计值和置信水平为 0.99 的置信区间.

命令 正态分布的参数估计

函数 normfit

格式 [muhat,sigmahat,muci,sigmaci] = normfit(X)

[muhat,sigmahat,muci,sigmaci] = normfit(X,alpha)

例 7.21 有两组（每组 100 个元素）正态随机数据，其均值为 10，标准差为 2，求置信水平为 0.95 的置信区间和参数估计值.

例 7.22 分别使用金球和铂球测定引力常数.

（1）用金球测定的观测值为 6.683　6.681　6.676　6.678　6.679　6.672

（2）用铂球测定的观测值为 6.661　6.661　6.667　6.667　6.664

设测定值总体为 $N\left(\mu,\sigma^2\right)$，$\mu$ 和 σ 未知. 对（1），（2）这两种情况分别求 μ 和 σ 的置信水平为 0.9 的置信区间.

命令 利用 mle 函数进行参数估计

函数 mle

格式

```
phat=mle('dist', X)                      %返回用 dist 指定分布的最大似然估计值
[phat, pci]=mle('dist', X)               %置信水平为 0.95
[phat, pci]=mle('dist', X, alpha)        %置信水平由 alpha 确定
[phat, pci]=mle('dist', X, alpha, pl)    %仅用于二项分布，pl 为试验次数
```

说明：dist 为分布函数名，如 beta（β 分布）、bino（二项分布）等，X 为数据样本，alpha 为显著性水平，1－alpha 为置信水平.

例 7.23 请编写一个利用 mle 函数进行参数估计的 MATLAB 程序.

常用分布的参数估计函数如表 7-5 所示.

表 7-5 常用分布的参数估计函数

函数名	调用形式	函数说明
binofit	PHAT=binofit(X,N); [PHAT,PCI]=binofit(X,N); [PHAT,PCI]=binofit (X,N,alpha)	返回二项分布参数的最大似然估计； 返回置信水平为 0.95 的参数估计和置信区间； 返回显著性水平 alpha 的参数估计和置信区间

续表

函数名	调用形式	函数说明
poissfit	Lambdahat=poissfit(X)； [Lambdahat,Lambdaci] = poissfit(X)； [Lambdahat,Lambdaci]= poissfit(X,alpha)	返回泊松分布的参数的最大似然估计； 返回置信水平为 0.95 的参数估计和置信区间； 返回显著性水平 alpha 的 λ 参数和置信区间
normfit	[muhat,sigmahat,muci,sigmaci] = normfit(X)； [muhat,sigmahat,muci,sigmaci] = normfit(X, alpha)	返回正态分布的最大似然估计，置信水平为 0.95； 返回显著性水平 alpha 的数学期望、方差值和置信区间
betafit	PHAT=betafit(X)； [PHAT,PCI]=betafit(X,alpha)	返回 β 分布参数 a 和 b 的最大似然估计； 返回最大似然估计值和显著性水平 alpha 的置信区间
unifit	[ahat,bhat]=unifit(X)； [ahat,bhat,ACI,BCI]=unifit(X)； [ahat,bhat,ACI,BCI]=unifit(X, alpha)	返回均匀分布参数的最大似然估计； 返回置信水平为 0.95 的参数估计和置信区间； 返回显著性水平 alpha 的参数估计和置信区间
expfit	muhat=expfit(X)； [muhat,muci]=expfit(X)； [muhat,muci]=expfit(X,alpha)	返回指数分布参数的最大似然估计； 返回置信水平为 0.95 的参数估计和置信区间； 返回显著性水平 alpha 的参数估计和置信区间
gamfit	phat=gamfit(X)； [phat,pci]=gamfit(X)； [phat,pci]=gamfit(X,alpha)	返回 Γ 分布参数的最大似然估计； 返回置信水平为 0.95 的参数估计和置信区间； 返回最大似然估计值和显著性水平 alpha 的参数估计和置信区间
weibfit	phat=weibfit(X)； [phat,pci]=weibfit(X)； [phat,pci]=weibfit(X,alpha)	返回韦伯分布参数的最大似然估计； 返回置信水平为 0.95 的参数估计和置信区间； 返回显著性水平 alpha 的参数估计和置信区间
mle	phat=mle('dist',data)； [phat,pci]=mle('dist',data)； [phat,pci]=mle('dist',data,alpha)； [phat,pci]=mle('dist',data,alpha,p1)	返回分布函数名为 dist 的最大似然估计； 返回置信水平为 0.95 的参数估计和置信区间； 返回显著性水平 alpha 的最大似然估计值和置信区间； 仅用于二项分布，pl 为试验总次数

说明　各函数返回数据样本 X 的参数最大似然估计值和置信水平为 $1-\alpha$ 的置信区间. α 的默认值为 0.05，即置信水平为 0.95.

例 7.24　已知在文学家萧伯纳的 *An Intelligent Woman's Guide to Socialism* 一书中，1 个句子的单词数近似地服从对数正态分布．现从该书中随机取 20 个句子，这些句子中的单词数分别为

52　24　15　67　15　22　63　26　32　16　7　33　28　14　7　29　10　6　59　30

求该书中 1 个句子单词数的均值 $E(X)=\mathrm{e}^{(\mu+\sigma^2/2)}$ 的最大似然估计.

习题 7.6

1．随机地取出某工厂生产的零件，测得它们的直径（单位：mm）分别为：

85.001　85.005　85.003　85.001　85.000　84.998　85.006　85.002

利用 MATLAB 计算总体均值和总体方差的矩估计.

2．现有某种油漆的 9 个样品，其干燥时间分别为：

6.0　5.7　5.8　6.5　7.0　6.3　5.6　6.1　5.0

设干燥时间服从正态分布，利用 MATLAB 求总体均值和总体标准差的矩估计及置信水平为 0.95 的置信区间.

3．已知一批零件的使用寿命 X 服从正态分布，从这批零件中随机地抽取 15 个，测得它们的寿命（单位：h）为：

1050　930　960　980　950　1120　990　1000　970　1300　1050　980　1150　940　1100

（1）利用 MATLAB 计算均值和方差的最大似然估计.

（2）假设零件的寿命大于 960 h 的为一级品，利用 MATLAB 求这批零件一级品率的最大似然估计.

小　结

参数估计分为点估计和区间估计两大类.

点估计是适当地选择一个统计量 $\hat{\theta}=\hat{\theta}(X_1,X_2,\cdots,X_n)$ 作为未知参数 θ 的估计量，用估计量的观测值 $\hat{\theta}(x_1,x_2,\cdots,x_n)$ 作为未知参数 θ 的估计值.

本章介绍了两种点估计的方法：矩估计法和最大似然估计法.

矩估计法的思想是替换，即用样本矩替换总体矩，用样本矩的连续函数替换相应总体矩的连续函数，解方程（组）就可以得到相应未知参数的矩估计.

最大似然估计法的基本思想是，若在一次试验中得到一组样本值 $x_1,x_2,\cdots,x_n$，则应当在未知参数 θ 的可能取值范围内选择一个适当的 $\hat{\theta}$，使这组样本值出现的可能性最大，那么 $\hat{\theta}$ 就是未知参数 θ 的最大似然估计.

求参数的最大似然估计时，最关键的是构造似然函数 L.

当总体 X 是离散型随机变量时，

$$L=\prod_{i=1}^{n}P(x_i;\theta_1,\theta_2,\cdots,\theta_l).$$

当总体 X 是连续型随机变量时，

$$L=\prod_{i=1}^{n} f(x_i;\theta_1,\theta_2,\cdots,\theta_l).$$

若似然函数可导，则可以借助导函数求参数的最大似然估计；若似然函数不可导，则可以根据定义来求解.

本章介绍了 3 个评价估计量好坏的标准：无偏性、有效性和相合性.

点估计用一个具体的数值去估计未知参数，便于计算和使用，但不能反映估计的精确程度，对此引入了区间估计. 若对给定的置信水平 $1-\alpha\ (0<\alpha<1)$，存在两个统计量 $\hat{\theta}_1$，$\hat{\theta}_2$，使得 $P(\hat{\theta}_1<\theta<\hat{\theta}_2)\geqslant 1-\alpha$，则称随机区间 $\left(\hat{\theta}_1,\hat{\theta}_2\right)$ 是参数 θ 的置信水平为 $1-\alpha$ 的置信区间. 定义表明，“随机区间 $\left(\hat{\theta}_1,\hat{\theta}_2\right)$ 包含参数 θ 真值”这一陈述的可信度是 $1-\alpha$.

可信度与估计的精确程度往往是相互制约的，选择的依据是奈曼原则，即在保证可信度的前提下，尽量提高估计的精确程度.

本章主要介绍了正态总体参数的区间估计（扫描二维码可查看具体内容）. 此外还简单介绍了参数的单侧置信区间.

正态总体参数的置信区间

重要术语及学习主题

矩估计　　最大似然估计

估计量的评价标准：无偏性、有效性、相合性　　置信区间

枢轴量　　单正态总体均值的置信区间

单正态总体方差的置信区间　　两个正态总体均值差的置信区间

两个正态总体方差比的置信区间　　单侧置信上限　　单侧置信下限

第 7 章考研真题

1. 设总体 X 的概率密度函数为 $f(x;\theta)=\begin{cases}\dfrac{\theta^2}{x^3}\mathrm{e}^{-\frac{\theta}{x}}, & x>0\\ 0, & \text{其他}\end{cases}$，其中，$\theta$ 为未知参数且大于零，$X_1,X_2,\cdots,X_n$ 为来自总体 X 的简单随机样本.

（1）求 θ 的矩估计量；（2）求 θ 的最大似然估计量.

（2013 研考）

2. 设总体 X 的概率密度函数为 $f\left(x;\theta\right)=\begin{cases}\dfrac{2x}{3\theta^2}, \theta<x<2\theta\\ 0, \quad \text{其他}\end{cases}$，其中，$\theta$ 是未知参数，$X_1,X_2,\cdots,X_n$ 为来自总体 X 的简单随机样本，若 $E(c\sum_{i=1}^{n}X_i^2)=\theta^2$，则 $c=$_________.

（2014 研考）

3. 设总体 X 的分布函数为 $F(x;\theta)=\begin{cases}1-\mathrm{e}^{-\frac{x^2}{\theta}}, & x\geqslant 0\\ 0, & x<0\end{cases}$，其中，$\theta$ 是未知参数且大于零，$X_1,X_2,\cdots,X_n$ 为来自总体 X 的简单随机样本.

（1）求 $E(X)$ 与 $E(X^2)$.

（2）求 θ 的最大似然估计量 $\hat{\theta}_n$.

（3）是否存在实数 a，使得对任何 $\varepsilon>0$，都有 $\lim\limits_{n\to\infty}P\left\{\left|\hat{\theta}_n-a\right|\geqslant\varepsilon\right\}=0$.

（2014 研考）

4. 设总体 X 的概率密度函数为

$$f\left(x;\theta\right)=\begin{cases}\dfrac{1}{1-\theta}, & \theta\leqslant x\leqslant 1\\ 0, & \text{其他}\end{cases},$$

其中，θ 为未知参数，$X_1,X_2,\cdots,X_n$ 为来自该总体的简单随机样本.

（1）求 θ 的矩估计量.

（2）求 θ 的最大似然估计量.

（2015 研考）

5. 设 $x_1,x_2,\cdots,x_n$ 为来自总体 $N(\mu,\sigma^2)$ 的简单随机样本，样本均值 $\bar{x}=9.5$，参数 σ 的置信水平为 0.95 的双侧置信区间的置信上限为 10.8，则 μ 的置信水平为 0.95 的双侧置信区间为______.

（2016 研考）

6. 某工程师为了解一台天平的精度，用该天平对一物体的质量做 n 次测量，该物体的质量 μ 是已知的. 设 n 次测量结果 $X_1,X_2,\cdots,X_n$ 相互独立且均服从正态分布 $N\left(\mu,\sigma^2\right)$. 该工程师记录的是 n 次测量的绝对误差 $Z_i=\left|X_i-\mu\right|\left(i=1,2,\cdots,n\right)$，利用 $Z_1,Z_2,\cdots,Z_n$ 估计 σ.

（1）求 Z_i 的概率密度函数.

（2）利用一阶矩求 σ 的矩估计量.

（3）求 σ 的最大似然估计量.（2017 研考）

7. 设总体 X 的概率密度函数为

$$f\left(x;\sigma\right)=\frac{1}{2\sigma}\mathrm{e}^{-\frac{|x|}{\sigma}}\left(-\infty<x<+\infty\right),$$

其中，$\sigma\in\left(0,+\infty\right)$ 是未知参数，$x_1,x_2,\cdots,x_n$ 为来自总体 X 的简单随机样本. 记 σ 的最大似然估计量为 $\hat{\sigma}$.

（1）求 $\hat{\sigma}$；

（2）求 $E(\hat{\sigma})$ 和 $D(\hat{\sigma})$.

（2018 研考）

8. 设总体 X 的概率密度函数为

$$f\left(x;\sigma^2\right)=\begin{cases}\dfrac{A}{\sigma}\mathrm{e}^{-\frac{(x-\mu)^2}{2\sigma^2}}, & x\geqslant\mu,\\ 0, & x<\mu,\end{cases}$$

其中，μ 是已知参数，$\sigma>0$ 是未知参数，A 是常数．$x_1,x_2,\cdots,x_n$ 为来自总体 X 的简单随机样本.

（1）求 A 的值；（2）求 σ^2 的最大似然估计量.

（2019 研考）

9．设某元件的使用寿命 T 的分布函数为

$$F(t)=\begin{cases}1-\mathrm{e}^{-\left(\frac{t}{\theta}\right)^m}, & t>0,\\ 0, & t\leqslant 0,\end{cases}$$

其中，θ 和 m 为参数且大于零.

（1）求 $P(T>t)$ 与 $P(T>s+t|T>s)$，其中 $s>0$，$t>0$.

（2）任取 n 个这种元件做寿命试验，测得它们的寿命分别为 $t_1,t_2,\cdots,t_n$．若 m 已知，求 θ 的最大似然估计值.

（2020 研考）

10．设 $X_1,X_2,\cdots,X_n$ 是来自数学期望为 θ 的指数分布总体的简单随机样本，$Y_1,Y_2,\cdots,Y_m$ 是来自数学期望为 2θ 的指数分布总体的简单随机样本，且 $X_1,X_2,\cdots,X_n$ 与 $Y_1,Y_2,\cdots,Y_m$ 相互独立．其中，$\theta(\theta>0)$是未知参数，利用样本求 θ 的最大似然估计量 $\hat{\theta}$ 及 $D(\hat{\theta})$.

（2022 研考）

11．设总体 X 服从$[0,\theta]$上的均匀分布，其中 $\theta\in(0,+\infty)$ 为未知参数，$X_1,X_2,\cdots,X_n$ 是来自总体 X 的简单随机样本，记

$$X(n)=\max\{X_1,X_2,\cdots,X_n\}，\ T_c=cX(n).$$

（1）求 c，使得 T_c 是 θ 的无偏估计.

（2）记 $h(c)=E(T_c-\theta)^2$，求 c 使得 $h(c)$最小.　（2024 研考）

数学家故事 7

第 8 章　假设检验

统计推断中的另一个基本问题就是假设检验（hypothesis testing）. 假设检验是统计推断中一类重要的方法，体现了随机抽样中的小概率事件对主观选择的辩证影响，是统计思想的精髓. 本章将讨论各种假设的建立和相应的检验方法.

第 8 章思维导图

8.1　概述

生活中存在这样一些情形：总体的分布函数未知或只知道分布函数的形式却不知道其中的参数. 为了推断总体的某些性质，我们需要提出关于总体的某种假设，然后根据随机抽样结果对所提假设作出接受或拒绝的判断，这就是假设检验问题.

8.1.1　假设检验问题

假设检验基本概念
——假设检验的思想

假设检验基本概念
——应用

先用一个实例来说明假设检验的基本思想.

例 8.1（女士品茶试验）　奶茶是由牛奶和茶按一定比例混合而成的，可以先倒奶再倒茶（记为 MT），也可以先倒茶再倒奶（记为 TM）. 一位品茶女士声称她可以识别奶茶中奶与茶混合的先后次序，周围品茶的人对此表示怀疑. 著名的统计学家费希尔正好在场，他提议可以通过做一项试验来检验如下假设是否可以接受.

假设 H：该女士没有识别奶与茶混合的先后次序的能力.

他准备了 10 杯奶茶（MT 与 TM 都有），让该女士逐一品尝并说出是 MT 还是 TM，结果该女士竟然正确分辨出了 10 杯奶茶中的每一杯. 这时该如何作出判断？

费希尔的想法是这样的：假定假设 H 是正确的，即该女士无此识别能力，她每次品尝时只能猜测，每次猜对的概率都是 $\frac{1}{2}$，10 次全部猜对的概率是 $2^{-10} < 0.001$，这是一个很小的概率. 由实际推断原理，小概率事件在个别试验中几乎是不会发生的. 如今，一个小概率事件在一项试验中竟然发生了，这只能说明原来的假设 H 是不当的，应予以拒绝，即认为该女士确实有识别奶茶是 MT 还是 TM 的能力.

归纳上述利用试验结果对假设作出接受或拒绝的判断过程，其思想如下：

在原假设成立的条件下，根据一次抽样结果进行计算，如果导致小概率事件发生，就拒绝原假设，否则就接受原假设.

当然，实际操作远非这么简单. 上例中，如果该女士识别出了 8 杯或 9 杯奶茶中奶与茶混合的先后次序，对原假设 H 又该作出怎样的判断？作出判断时会发生错误吗？判断错误的概率是多少？这个概率能控制吗？对此，费希尔做了详细的研究，并提出了一些概念，建立了一套行之有效的方法，形成了假设检验理论.

下面再通过一个实例引出假设检验中的一些基本概念.

例 8.2 手撕钢的学名为不锈钢箔材，是不锈钢箔材中的高端产品，其用途非常广泛. 在医疗器械、石油化工、储能电池、太阳能、折叠显示屏等领域中都能看到手撕钢的身影. 目前，我国研发手撕钢的工艺已经达到了国际领先水平，在控制水平、纯净度、产线工艺、产品性能和高等级表面精度等方面实现了技术突破. 太钢集团生产的手撕钢产品厚度（单位：μm）X 服从正态分布，其中均值 $\mu=20$，标准差 $\sigma=0.4$. 为保证产品质量，该厂每天都要对生产情况做例行检查，以判断生产是否正常，即产品的平均厚度是否为 20 微米. 某天，从生产线上随机抽取 16 件产品，测得厚度为：

20.19	19.39	19.41	20.07	19.54	20.17	20.15	19.52
19.29	19.55	19.31	19.50	20.14	19.96	19.33	19.52

问当天的生产是否正常.

长期实践表明标准差比较稳定，于是假设 $X \sim N(\mu, 0.4^2)$，这里 μ 未知. 现在的问题是根据样本来判断 $\mu=20$ 或 $\mu \neq 20$. 对此，提出如下两个对立的假设

$$H_0：\mu=\mu_0=20，\ H_1：\mu \neq \mu_0=20.$$

统计学中，称这两个非空且不相交的参数集合为**统计假设**，简称**假设**.

显然 H_0 和 H_1 中只能有一个成立，我们将 H_0 称为**原假设**或**零假设**（null hypothesis），H_1 称为**备择假设**（指在原假设被拒绝后可供选择的假设）或**对立假设**（alternative hypothesis）. 在假设检验中，通常将不容易轻易被否定的假设作为原假设.

假设提出后，就要判断 H_0 的真伪，即根据随机抽样结果，依据一定的法则，对 H_0 作出接受或拒绝的判断. 这个用来对假设作出判断的法则称作**检验准则**，简称**检验**. 对假设进行检验的过程即**假设检验**.

假设检验基本概念——化为统计问题

假设检验基本概念——如何确定小概率事件

假设检验基本概念——案例分析

8.1.2 假设检验的基本思想和步骤

例 8.2 中要检验的假设涉及总体均值 μ，由于样本均值是总体均值的无偏估计，故首先想到或许可以借助样本均值 $\overline{X}$ 这一统计量来进行判断. 从抽样结果来看，样本均值

$$\bar{x}=\frac{1}{16}\sum_{i=1}^{16} x_i=19.69,$$

与 $\mu_0=20$ 有差异. 对于 $\bar{x}$ 与 μ_0 之间的差异有两种不同的解释：

（1）假设 H_0 是正确的，即 $\mu=\mu_0=20$，只是由于抽样的随机性造成了 $\bar{x}$ 与 μ_0 之间的差异；

（2）假设 H_0 是不正确的，即 $\mu \neq \mu_0=20$，由于系统误差造成了 $\bar{x}$ 与 μ_0 之间的差异.

思考 上述两种解释哪一种更合理？实际应用中应当如何操作？

由于 $\overline{X}$ 是 μ 的无偏估计，$\overline{X}$ 的观测值 $\bar{x}$ 的大小在一定程度上反映了 μ 的大小. 若假设 H_0 为真，则 $\bar{x}$ 与 μ_0 的差 $|\bar{x}-\mu_0|$ 不应太大，若 $|\bar{x}-\mu_0|$ 太大，我们就怀疑假设 H_0 的正确性而选择拒绝 H_0. 当 H_0 为真时，衡量 $|\bar{x}-\mu_0|$ 的大小可以转化为衡量 $\dfrac{|\bar{x}-\mu_0|}{\sigma/\sqrt{n}}$ 的大小. 基于上述分析，我们适当选择一个较小正数 α（α 取为 0.1 或 0.05 等）即**显著性水平**（level of significance），

在假设 H_0 为真时，确定统计量 $\dfrac{|\overline{x}-\mu_0|}{\sigma/\sqrt{n}}$ 的临界值 k，使得事件 $\left\{\dfrac{|\overline{x}-\mu_0|}{\sigma/\sqrt{n}}>k\right\}$ 为小概率事件，即

$$P\left\{\frac{|\overline{x}-\mu_0|}{\sigma/\sqrt{n}}>k\right\}=\alpha .$$

当假设 H_0 为真时，$Z=\dfrac{\overline{X}-\mu_0}{\sigma/\sqrt{n}}\sim N(0,1)$，由标准正态分布分位数的定义得 $k=z_{\frac{\alpha}{2}}$，如图 8-1 所示．由于 α 总是取得很小，根据实际推断原理，我们认为当 H_0 为真时，小概率事件 $\left\{\dfrac{|\overline{x}-\mu_0|}{\sigma/\sqrt{n}}>z_{\frac{\alpha}{2}}\right\}$ 实际上是不可能发生的，若在一次抽样中它发生了，即出现了满足 $|z|=\dfrac{|\overline{x}-\mu_0|}{\sigma/\sqrt{n}}\geqslant z_{\frac{\alpha}{2}}$ 的 $\overline{x}$，则有理由怀疑原假设 H_0 的正确性，从而拒绝 H_0．若抽样得到的观测值 $\overline{x}$ 满足 $|z|=\dfrac{|\overline{x}-\mu_0|}{\sigma/\sqrt{n}}<z_{\frac{\alpha}{2}}$，则没有理由拒绝原假设 H_0，选择接受原假设 H_0.

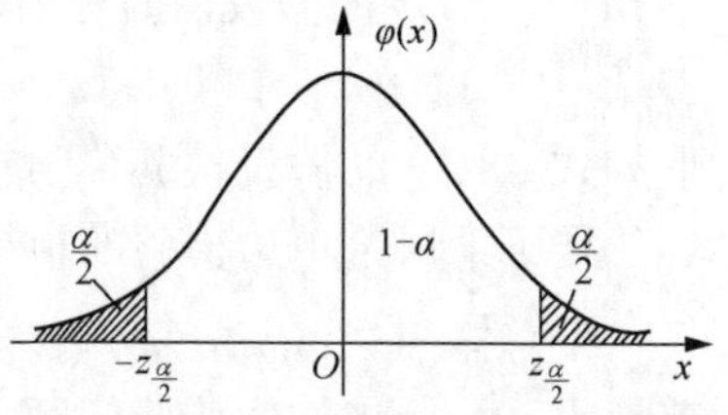

图 8-1　标准正态分布的上 α 分位数

在上述讨论中，统计量 $Z=\dfrac{\overline{X}-\mu_0}{\sigma/\sqrt{n}}$ 称为**检验统计量**.

在例 8.2 中，若取 $\alpha=0.05$，则 $k=z_{\frac{\alpha}{2}}=z_{0.025}=1.96$，又 n=16，σ=0.4，$\overline{x}$=19.68，计算得检验统计量 Z 的观测值为

$$|z_0|=\frac{|19.69-20|}{0.4/\sqrt{16}}=3.1>1.96，$$

于是拒绝原 H_0，即认为当天生产不正常.

前面的检验问题通常叙述为在显著性水平 α 下，检验假设

$$H_0：\mu=\mu_0，\ H_1：\mu\neq\mu_0 .$$

拒绝原假设的区域称为**拒绝域**(rejection region), 记为 W, 拒绝域的边界点称为**临界点**.

例 8.2 中的拒绝域为 $W=\left\{|z|\geqslant z_{\frac{\alpha}{2}}\right\}$，$z=-z_{\frac{\alpha}{2}}$ 和 $z=z_{\frac{\alpha}{2}}$ 是临界点.

说明　例 8.2 中，对于给定的显著性水平 α，检验的拒绝域记为 $W_1=\left\{|z|\geqslant z_{\frac{\alpha}{2}}\right\}$. 同时，由 $z=\dfrac{\overline{x}-\mu_0}{\sigma/\sqrt{n}}$，知 $W_2=\left\{\overline{x}\geqslant\mu_0+z_{\frac{\alpha}{2}}\dfrac{\sigma}{\sqrt{n}}\text{或}\overline{x}\leqslant\mu_0-z_{\frac{\alpha}{2}}\dfrac{\sigma}{\sqrt{n}}\right\}$ 也是检验的拒绝域. 比较 W_1 与 W_2，发现 W_1 更简洁. 故今后主要用检验统计量的形式来表示拒绝域.

在上面的讨论中，备择假设 H_1 为 $\mu\neq\mu_0$，表示 μ 可能大于 μ_0，也可能小于 μ_0，称为**双边备择假设或双侧备择假设**，而称形如

$$H_0：\mu=\mu_0，\ H_1：\mu\neq\mu_0 \tag{8.1}$$

的假设检验为**双边假设检验**或**双侧假设检验**．实际中，有时我们只关心总体均值是否增大或减小．例如，检验某材料经新工艺生产后的强度，这时如果能判断在新工艺下总体均值较以往正常生产得大，则考虑采用新工艺生产．此时，需要检验的假设为

$$H_0:\ \mu \leqslant \mu_0,\ H_1:\ \mu > \mu_0. \tag{8.2}$$

形如式（8.2）的假设检验称为**右边检验**或**右侧检验**．类似地，有时需要检验的假设为

$$H_0:\ \mu \geqslant \mu_0,\ H_1:\ \mu < \mu_0. \tag{8.3}$$

形如式（8.3）的假设检验称为**左边检验**或**左侧检验**．左边检验和右边检验统称为**单边检验**．

接下来讨论单边检验的拒绝域．

设总体 $X \sim N(\mu,\sigma^2)$，μ 未知，σ 已知，$X_1,X_2,\cdots,X_n$ 是来自总体 X 的样本，给定显著性水平 α，求右边检验问题

$$H_0:\ \mu \leqslant \mu_0,\ H_1:\ \mu > \mu_0$$

的拒绝域．

取检验统计量 $Z=\dfrac{\overline{X}-\mu_0}{\sigma/\sqrt{n}}$，当 H_0 为真时，Z 的值不应当太大．而当 H_1 为真时，由于 $\overline{X}$ 是 μ 的无偏估计，当 μ 偏大时，$\overline{X}$ 也偏大，从而 Z 的值也偏大，因此拒绝域的形式为

$$W=\left\{z=\frac{\overline{x}-\mu_0}{\sigma/\sqrt{n}} \geqslant k\right\}\ （k 是待定的正常数）.$$

当 H_0 为真时，$Z=\dfrac{\overline{X}-\mu_0}{\sigma/\sqrt{n}} \sim N(0,1)$，由

$$P\{拒绝H_0 \mid H_0为真\}=P\left\{\frac{\overline{X}-\mu_0}{\sigma/\sqrt{n}} \geqslant k\right\}=\alpha$$

及标准正态分布的分位数定义知 $k=z_\alpha$，故右边检验问题的拒绝域为

$$W=\{z \geqslant z_\alpha\}.$$

类似地，左边检验问题

$$H_0:\ \mu \geqslant \mu_0,\ H_1:\ \mu < \mu_0$$

的拒绝域为

$$W=\{z \leqslant -z_\alpha\}.$$

说明　在实际中，经常遇到如下两个检验问题．

$$H_0:\ \mu=\mu_0,\ H_1:\ \mu > \mu_0. \tag{8.4}$$

$$H_0:\ \mu=\mu_0,\ H_1:\ \mu < \mu_0. \tag{8.5}$$

当方差 σ^2 已知时，仍选取 $Z=\dfrac{\overline{X}-\mu_0}{\sigma/\sqrt{n}}$ 为检验统计量．由于式（8.4）所示检验问题与右边检验问题的备择假设相同，而式（8.4）所示检验问题的原假设是右边检验问题原假设的子集，所以式（8.4）所示检验问题与右边检验问题的拒绝域相同，都是 $W=\{z \geqslant z_\alpha\}$．类似地，式（8.5）所示检验问题与左边检验问题的拒绝域也相同，都是 $W=\{z \leqslant -z_\alpha\}$．这种现象在其他检验中也会出现，结论是相同的．因此，本章不再单独讨论形如式（8.4）和式（8.5）所示的检验问题，如若出现，可以归结为右边检验问题和左边检验问题进行处理．

例 8.3　例 8.2 中太钢集团在某项技术革新后，从生产线上随机抽取 9 件产品，测得产品厚度（单位：μm）为：

19.39　19.33　20.07　19.37　20.15　19.52　20.16　19.68　19.54

问产品厚度均值是否显著降低（α=0.05）.

解　由题意，需要检验

$$H_0:\ \mu=\mu_0=20,\ H_1:\ \mu<\mu_0=20.$$

这是左边检验问题，拒绝域为 $W=\{z\leqslant -z_{0.05}=-1.645\}$．经计算，$\bar{x}=\frac{1}{9}\sum_{i=1}^{9}x_i=19.69$，$z_0=\frac{19.69-20}{0.4/\sqrt{9}}=-2.325\in W$. 检验统计量的观测值落在拒绝域内，故在显著性水平 α=0.05 下，应当拒绝原假设 H_0，接受备择假设 H_1，即认为经过技术革新后，产品厚度显著降低.

综上，假设检验的基本步骤如下：

（1）根据实际问题的需求，提出原假设 H_0 及备择假设 H_1；

（2）选取适当的检验统计量，当 H_0 为真时，检验统计量的分布是已知的；

（3）给定显著性水平 α，确定 H_0 的拒绝域 W；

（4）根据样本观测值计算检验统计量的观测值，若检验统计量的观测值属于 W，则拒绝原假设 H_0，否则接受原假设 H_0.

8.1.3　假设检验中的两类错误

假设检验中的两类错误

在上述讨论过程中，我们根据抽样结果作出接受 H_0 或拒绝 H_0 的判断，而抽样具有随机性，因此在作出判断时可能会犯两类错误．当 H_0 为真时，由于随机性样本观测值落入拒绝域 W 中，按给定的检验法则，我们作出了拒绝 H_0 的错误判断，称这类“弃真”错误为第一类错误．其概率通常记为 α，即

$$P\{拒绝H_0\mid H_0为真\}=\alpha.$$

当 H_0 为假时，由于随机性样本观测值落入拒绝域 W 之外，按给定的检验法则，我们作出了接受 H_0 的错误判断，称这类“取伪”错误为第二类错误，其概率通常记为 β，即

$$P\{接受H_0\mid H_0不真\}=\beta.$$

这里的 α 就是假设检验的显著性水平．假设检验中可能出现的情况如表 8-1 所示.

表 8-1　假设检验中可能出现的情况

原假设 H_0	判断结论		犯错误的概率
真	接受	正确	0
	拒绝	犯第一类错误	α
假	接受	犯第二类错误	β
	拒绝	正确	0

假设检验中，为作出尽可能合理的判断，在确定检验法则时，应当使犯两类错误的概率都尽可能得小．但是，任何一种检验法则都无法避免犯两类错误的可能，并且在样本容量 n 给定时，犯两类错误的概率 α 与 β 中一个的减小往往导致另一个的增大，如若不然，就会导

致样本容量无限增大，这是不切实际的. 通常的做法是控制犯第一类错误的概率不超过事先指定的显著性水平α，同时使犯第二类错误的概率也尽可能得小. 具体实行这个原则时也会遇到许多困难，因而有时把这个原则简化成只要求犯第一类错误的概率不大于α，称这种只控制犯第一类错误的概率，而不考虑犯第二类错误的概率的检验为**显著性检验**.

接下来几节，我们先介绍正态总体参数的几种显著性检验，再介绍总体分布函数的假设检验，最后简要介绍假设检验的p值.

习题 8.1

1. 假设检验中，拒绝域和显著性水平的含义分别是什么？

2. 某品牌节能灯以往的不合格率不高于 4%. 现从一批产品中随机抽取 25 只节能灯，用以检验这批产品的不合格率是否高于 4%，在显著性水平α下，需要提出的假设是（　　）.

A. H_0：$\mu \geqslant \mu_0 = 0.04$，$H_1$：$\mu < \mu_0 = 0.04$

B. H_0：$\mu \geqslant \mu_0 = 0.04$，$H_1$：$\mu > \mu_0 = 0.04$

C. H_0：$\mu > \mu_0 = 0.04$，H_1：$\mu \geqslant \mu_0 = 0.04$

D. H_0：$\mu < \mu_0 = 0.04$，H_1：$\mu \geqslant \mu_0 = 0.04$

3. 某品牌手机广告声称该品牌手机平均待机时间为 30h. 现在随机抽查了 35 部该品牌手机，以检验广告内部是否符合事实. 假设该品牌手机的待机时间$X \sim N(\mu, 1^2)$，试建立该检验的原假设H_0与备择假设H_1，并写出检验统计量.

4. 设α和β分别是犯第一类、第二类错误的概率，并且H_0与H_1分别是原假设与备择假设. 试求下列概率.

（1）$P\{$接受$H_0 | H_0$不真$\}$.　（2）$P\{$拒绝$H_0 | H_0$为真$\}$.

（3）$P\{$拒绝$H_0 | H_0$不真$\}$.　（4）$P\{$接受$H_0 | H_0$为真$\}$.

5. 设总体$X \sim N(\mu, 2^2)$，$x_1, x_2, \cdots, x_{16}$是该总体的一个样本值. 在显著性水平α下，检验假设H_0：$\mu = \mu_0 = 0$，H_1：$\mu \neq \mu_0 = 0$若拒绝域为$|\overline{X}| > 1.29$. 试求该检验的显著性水平α是多少？犯第一类错误的概率是多少？

8.2　正态总体均值的假设检验

本节讨论正态总体均值的假设检验，分为单个正态总体和两个正态总体两种情形.

8.2.1　单个正态总体均值的假设检验

单个正态总体均值的假设检验

单个正态总体均值假设检验例题

1. 方差σ^2已知，关于μ的假设检验[Z检验（Z-test）]

设总体$X \sim N(\mu, \sigma^2)$，方差σ^2已知，8.1 节已讨论过关于μ的假设检验[式（8.1）、式（8.2）、式（8.3）]，

在这些假设检验中都是选取

$$Z=\frac{\overline{X}-\mu_0}{\sigma/\sqrt{n}}$$

作为检验统计量，然后确定拒绝域，进而作出接受或拒绝 H_0 的判断，这种检验法常称为 ***Z* 检验法**（或称 ***U* 检验法**）.

2. 方差 σ^2 未知，关于 μ 的假设检验[*T* 检验（*T*-test)]

设总体 $X\sim N(\mu,\sigma^2)$，方差 σ^2 未知，求检验问题

$$H_0:\ \mu=\mu_0,\ H_1:\ \mu\neq\mu_0.$$

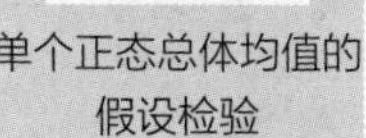

单个正态总体均值的假设检验

单个正态总体均值的假设检验的应用 1

单个正态总体均值的假设检验的应用 2

由于 σ^2 未知，$\dfrac{\overline{X}-\mu_0}{\sigma/\sqrt{n}}$ 便不再是统计量，此时可以用 σ^2 的无偏估计量样本方差 S^2 代替 σ^2，故选取

$$T=\frac{\overline{X}-\mu_0}{S/\sqrt{n}}$$

作为检验统计量. 当 H_0 为真时，$T\sim t(n-1)$. 类似于 8.1 节讨论的，若假设 H_0 为真，则 T 的观测值 $|t_0|=\left|\dfrac{\overline{x}-\mu_0}{s/\sqrt{n}}\right|$ 不应太大，若 $|t_0|$ 太大就拒绝 H_0，故原假设 H_0 的拒绝域为

$$W=\left\{|t|=\left|\frac{\overline{x}-\mu_0}{s/\sqrt{n}}\right|\geqslant k\right\}（k \text{ 为待定的常数}）.$$

对给定的检验显著性水平 α，由

$$P\{\text{拒绝}H_0\mid H_0\text{为真}\}=P\left\{\left|\frac{\overline{x}-\mu_0}{S/\sqrt{n}}\right|\geqslant k\right\}=\alpha,$$

及 t 分布分位数的定义，得 $k=t_{\frac{\alpha}{2}}(n-1)$，如图 8-2 所示.

故原假设 H_0 的拒绝域为

$$W=\left\{|t|\geqslant t_{\frac{\alpha}{2}}(n-1)\right\}.$$

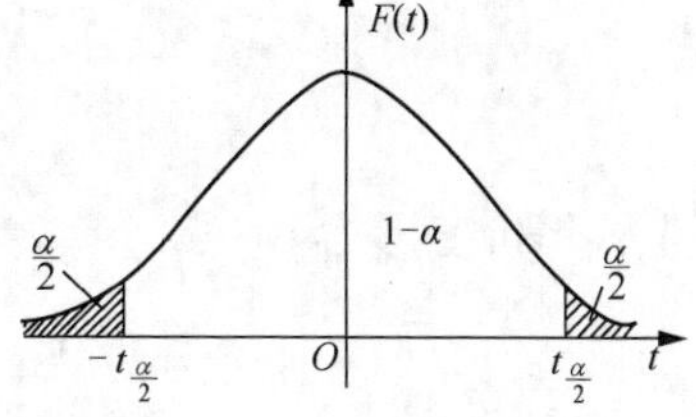

图 8-2　*t* 分布的概率密度函数

若 $|t_0|\geqslant t_{\frac{\alpha}{2}}(n-1)$，则拒绝原假设 H_0，接受 H_1；若 $|t_0|<t_{\frac{\alpha}{2}}(n-1)$，则接受原假设 H_0.

上述利用 T 统计量得出的检验法称为 ***T* 检验法**. 对于正态总体 $N(\mu,\sigma^2)$，当方差 σ^2 未知时，关于 μ 的单边检验的拒绝域如表 8-3 所示.

例 8.4　某电子元件的寿命 X（单位：h）服从正态分布 $N(\mu,\sigma^2)$，其中 μ 和 σ^2 均未知. 现随机抽取 5 件产品，测得寿命如下：

1050　1100　1120　1250　1280

问是否有理由认为该电子元件的平均寿命大于 1100 h（α=0.05）.

解 按题意，需要检验

$$H_0: \ \mu=\mu_0=1100, \ H_1: \ \mu>\mu_0=1100.$$

由于σ^2未知，选取

$$T=\frac{\overline{X}-\mu_0}{S/\sqrt{n}}$$

为检验统计量．由表 8-3 知，原假设H_0的拒绝域是 $W=\{|t|\geqslant t_{0.05}(4)=2.1318\}$．经计算，$\bar{x}=1160$，$s$=99.7497．$T$的观测值为

$$t_0=\frac{\bar{x}-\mu_0}{s/\sqrt{n}}=\frac{1160-1100}{99.7497/\sqrt{5}}=1.3450<t_{0.05}(4)=2.1318.$$

故应接受H_0，即认为元件的平均寿命不大于 1100 h.

8.2.2 假设检验与置信区间的关系

在前述讨论中，细心的读者可能发现，假设检验选取的检验统计量与第 7 章置信区间所用的枢轴量是相同的，这是偶然的还是必然的？假设检验与置信区间作为统计推断的两大主要内容，它们之间存在着非常密切的关系．这里，在正态总体方差未知的情形下，以“μ的显著性水平为α的双边假设检验”和“μ的置信水平为$1-\alpha$的双侧置信区间”为例进行分析．其余情形类似，本书不赘述．

设$X_1,X_2,\cdots,X_n$是来自正态总体$N(\mu,\sigma^2)$的样本，方差σ^2未知，给定显著性水平α，检验

$$H_0: \ \mu=\mu_0, \ H_1: \ \mu\neq\mu_0$$

的拒绝域为

$$W=\left\{|t|=\left|\frac{\bar{x}-\mu_0}{s/\sqrt{n}}\right|\geqslant t_{\frac{\alpha}{2}}(n-1)\right\},$$

接受域为

$$\left\{|t|<t_{\frac{\alpha}{2}}(n-1)\right\},$$

上式等价变形为

$$\bar{x}-\frac{s}{\sqrt{n}}t_{\frac{\alpha}{2}}(n-1)<\mu_0<\bar{x}+\frac{s}{\sqrt{n}}t_{\frac{\alpha}{2}}(n-1),$$

即

$$P\left\{\bar{x}-\frac{s}{\sqrt{n}}t_{\frac{\alpha}{2}}(n-1)<\mu_0<\bar{x}+\frac{s}{\sqrt{n}}t_{\frac{\alpha}{2}}(n-1)\right\}\geqslant 1-\alpha,$$

由μ_0的任意性，上式可写为

$$P\left\{\bar{x}-\frac{s}{\sqrt{n}}t_{\frac{\alpha}{2}}(n-1)<\mu<\bar{x}+\frac{s}{\sqrt{n}}t_{\frac{\alpha}{2}}(n-1)\right\}\geqslant 1-\alpha. \tag{8.6}$$

根据置信区间的定义，

$$\left(\bar{x}-\frac{s}{\sqrt{n}}t_{\frac{\alpha}{2}}(n-1),\bar{x}+\frac{s}{\sqrt{n}}t_{\frac{\alpha}{2}}(n-1)\right) \tag{8.7}$$

就是 μ 的置信水平为 $1-\alpha$ 的双侧置信区间.

反过来，由第 7 章知，当方差 σ^2 未知时，μ 的置信水平为 $1-\alpha$ 的双侧置信区间就是式（8.7）所示区间，从而，对任意的 μ，式（8.6）成立.

考虑显著性水平为 α 的双边假设检验

$$H_0: \ \mu=\mu_0, \ H_1: \ \mu \neq \mu_0 .$$

由式（8.6），有

$$P\left\{\bar{x}-\frac{s}{\sqrt{n}} t_{\frac{\alpha}{2}}(n-1)<\mu_0<\bar{x}+\frac{s}{\sqrt{n}} t_{\frac{\alpha}{2}}(n-1)\right\} \geqslant 1-\alpha ,$$

即

$$P\left\{\left|\frac{\bar{x}-\mu_0}{s / \sqrt{n}}\right| \geqslant t_{\frac{\alpha}{2}}(n-1)\right\} \leqslant \alpha .$$

根据假设检验的拒绝域的定义，检验

$$H_0: \ \mu=\mu_0, \ H_1: \ \mu \neq \mu_0$$

的拒绝域就是

$$W=\left\{|t|=\left|\frac{\bar{x}-\mu_0}{s / \sqrt{n}}\right| \geqslant t_{\frac{\alpha}{2}}(n-1)\right\} .$$

综上，在正态总体方差未知的情形下，“μ 的显著性水平为 α 的双边假设检验”和“μ 的置信水平为 $1-\alpha$ 的双侧置信区间”是一一对应的，置信区间就是对应的接受域.

类似地，μ 的显著性水平为 α 的右边检验

$$H_0: \ \mu=\mu_0, \ H_1: \ \mu>\mu_0$$

的接受域 $\left(\bar{x}-\frac{s}{\sqrt{n}} t_\alpha(n-1),+\infty\right)$ 与 μ 的置信水平为 $1-\alpha$ 的单侧置信区间是一一对应的.

μ 的显著性水平为 α 的左边检验

$$H_0: \ \mu=\mu_0, \ H_1: \ \mu<\mu_0$$

的接受域 $\left(-\infty, \bar{x}+\frac{s}{\sqrt{n}} t_\alpha(n-1)\right)$ 与 μ 的置信水平为 $1-\alpha$ 的单侧置信区间也是一一对应的.

例 8.5 已知某工厂生产的灯泡的使用寿命 X（单位：h）服从正态分布 $N(\mu,100^2)$，其中 μ 的设计值为 1800. 为保证生产质量，该厂每天都要对生产情况做例行检查. 某天从生产的产品中随机抽取 25 只灯泡，测得灯泡平均使用寿命 $\bar{x}=1730$.

（1）问当天生产是否正常（α=0.05）.

（2）求总体均值 μ 的置信水平为 0.95 的置信区间.

解 （1）按题意，需要检验假设

$$H_0: \ \mu=\mu_0=1800, \ H_1: \ \mu \neq \mu_0 .$$

其拒绝域为 $W=\{|z| \geqslant z_{0.025}=1.96\}$. 由于 n=25，σ=100，$\bar{x}=1730$，α=0.05，计算得检验统计量的观测值为 $|z_0|=\frac{|1730-1800|}{100 / \sqrt{25}}=3.5>1.96=z_{\frac{\alpha}{2}}=z_{0.025}$. 故应当拒绝原假设，即认为当天生产不正常.

（2）由题意，$1-\alpha=0.95$，$\alpha=0.05$，$z_{\frac{\alpha}{2}}=z_{0.025}=1.96$，代入得 μ 的置信水平为 0.95 的置信区间为

$$\left(\bar{x}-z_{\frac{\alpha}{2}}\frac{\sigma}{\sqrt{n}},\bar{x}+z_{\frac{\alpha}{2}}\frac{\sigma}{\sqrt{n}}\right)$$
$$=\left(1730-\frac{100}{\sqrt{25}}\times1.96,1730+\frac{100}{\sqrt{25}}\times1.96\right)=(1690.8,1769.2).$$

现在考虑假设检验 H_0：$\mu=\mu_0=1800$，H_1：$\mu\neq\mu_0$. 由于 $\mu_0=1800\notin(1690.8,1769.2)$，故拒绝原假设，这与第一问的结论一致.

8.2.3 两个正态总体均值差的假设检验

设总体 $X\sim N(\mu_1,\sigma_1^2)$，总体 $Y\sim N(\mu_2,\sigma_2^2)$，并且 X，Y 相互独立. $X_1,X_2,\cdots,X_{n_1}$ 是来自总体 X 的样本，$Y_1,Y_2,\cdots,Y_{n_2}$ 是来自总体 Y 的样本，记 $\overline{X}$，$\overline{Y}$ 是两个样本的样本均值，S_1^2，S_2^2 是样本方差.

1. 方差 σ_1^2 与 σ_2^2 已知，关于 $\mu_1-\mu_2$ 的假设检验（Z 检验）

假设检验

$$H_0：\mu_1-\mu_2=0，H_1：\mu_1-\mu_2\neq0.$$

由于 $\overline{X}-\overline{Y}\sim N(\mu_1-\mu_2,\frac{\sigma_1^2}{n_1}+\frac{\sigma_2^2}{n_2})$ 且当 H_0 为真时，

$$Z=\frac{\overline{X}-\overline{Y}}{\sqrt{(\sigma_1^2/n_1)+(\sigma_2^2/n_2)}}\sim N(0,1).$$

两个正态总体均值差的假设检验

两个正态总体均值差的假设检验的例题

故选取 Z 为检验统计量. 类似于单个正态总体的 Z 检验法，由于 $\overline{X}$ 与 $\overline{Y}$ 分别是 μ_1 与 μ_2 的无偏估计，故当假设 H_0 为真时，Z 的观测值 $|z_0|$ 不应当太大，若 $|z_0|$ 太大就拒绝原假设 H_0. 故原假设 H_0 的拒绝域形式为

$$W=\left\{|z|=\left|\frac{\bar{x}-\bar{y}}{\sqrt{(\sigma_1^2/n_1)+(\sigma_2^2/n_2)}}\right|\geqslant k\right\}\ （k\text{ 为待定常数}）.$$

对于给定的显著性水平 α，由

$$P\{\text{拒绝}H_0\mid H_0\text{为真}\}=P\left\{\left|\frac{\bar{x}-\bar{y}}{\sqrt{(\sigma_1^2/n_1)+(\sigma_2^2/n_2)}}\right|\geqslant k\right\}=\alpha$$

及标准正态分布的分位数定义知 $k=z_{\frac{\alpha}{2}}$，故原假设 H_0 的拒绝域为

$$W=\left\{|z|\geqslant z_{\frac{\alpha}{2}}\right\}.$$

计算 Z 的观测值 z_0，若 $|z_0|\geqslant z_{\frac{\alpha}{2}}$，则拒绝原假设 H_0，接受备择假设 H_1；反之，若 $|z_0|<z_{\frac{\alpha}{2}}$，则接受原假设 H_0.

例 8.6　A，B 两台车床加工同一种轴，现在要测量轴的椭圆度（单位：mm）. 设 A 车床加工的轴的椭圆度 $X\sim N(\mu_1,\sigma_1^2)$，$B$ 车床加工的轴的椭圆度 $Y\sim N(\mu_1,\sigma_2^2)$，已知 $\sigma_1^2=0.0006$，$\sigma_2^2=0.0038$. 现从 A，B 两台车床加工的轴中随机测量了 $n_1=200$，$n_2=150$ 根轴的椭圆度，并计算得样本均值分别为 $\overline{x}=0.081$，$\overline{y}=0.060$. 试问这两台车床加工的轴的椭圆度是否有显著性差异（$\alpha=0.05$）.

解　依题意，需要检验假设 H_0：$\mu-\mu_0=0$，H_1：$\mu-\mu_0\neq 0$.

$\alpha=0.05$，该检验问题的拒绝域为 $W=\left\{|z|\geqslant z_{\frac{\alpha}{2}}=z_{0.025}=1.96\right\}$. 检验统计量的观测值为

$$z_0=\frac{\overline{x}-\overline{y}}{\sqrt{(\sigma_1^2/n_1)+(\sigma_2^2/n_2)}}=\frac{0.081-0.060}{\sqrt{(0.0006/200)+(0.0038/150)}}=3.95.$$

由于 $|z_0|=3.95>z_{0.025}=1.96$，故拒绝 H_0，即在显著性水平 $\alpha=0.05$ 下，认为两台车床加工的轴的椭圆度有显著差异.

说明　*用 Z 检验法对两个正态总体的均值差做假设检验时，必须知道总体的方差，但在许多实际问题中，总体方差 σ_1^2 与 σ_2^2 往往是未知的，这时需要采用下面的 T 检验法.*

2. 方差 $\sigma_1^2=\sigma_2^2=\sigma^2$ 未知，关于 $\mu_1-\mu_2$ 的假设检验（T 检验）

检验假设

$$H_0:\ \mu_1-\mu_2=0,\quad H_1:\ \mu_1-\mu_2\neq 0.$$

当假设 H_0 为真时，

$$T=\frac{\left(\overline{X}-\overline{Y}\right)-\left(\mu_1-\mu_2\right)}{S_w\sqrt{(1/n_1)+(1/n_2)}}\sim t(n_1+n_2-2),$$

两个正态总体均值差的假设检验的例题

两个正态总体均值的假设检验的例题

其中 $S_w^2=\dfrac{(n_1-1)S_1^2+(n_2-1)S_2^2}{n_1+n_2-2}$，故选取 T 为检验统计量. 与单个正态总体 T 检验法类似，由于 $\overline{X}$ 与 $\overline{Y}$ 分别是 μ_1 与 μ_2 的无偏估计，故当假设 H_0 为真时，T 的观测值 $|t_0|$ 不应当太大，若 $|t_0|$ 太大就拒绝 H_0. 故原假设 H_0 的拒绝域形式为

$$W=\left\{|t|=\left|\frac{\overline{x}-\overline{y}}{s_w\sqrt{(1/n_1)+(1/n_2)}}\right|\geqslant k\right\}\ (k\text{ 为待定常数}).$$

对给定的显著性水平 α，由

$$P\{\text{拒绝}H_0\mid H_0\text{为真}\}=P\left\{\left|\frac{\overline{x}-\overline{y}}{s_w\sqrt{(1/n_1)+(1/n_2)}}\right|\geqslant k\right\}=\alpha$$

及 t 分布的分位数定义知 $k=t_{\frac{\alpha}{2}}(n_1+n_2-2)$，故原假设 H_0 的拒绝域为

$$W=\left\{|t|\geqslant t_{\frac{\alpha}{2}}\left(n_1+n_2-2\right)\right\}.$$

计算 t 的观测值 t_0，若 $|t_0|\geqslant t_{\frac{\alpha}{2}}\left(n_1+n_2-2\right)$，则拒绝原假设 H_0，接受备择假设 H_1；反之，若 $|t_0|<t_{\frac{\alpha}{2}}\left(n_1+n_2-2\right)$，则接受原假设 H_0.

用类似方法可以讨论两个正态总体均值差的单边检验问题，其拒绝域如表 8-3 所示，此处不赘述.

例 8.7 据推测，人的寿命和身高有一定的关系，高个子人的寿命比矮个子人的寿命要短一些. 表 8-2 列出了某国 11 位自然死亡的人的身高与寿命数据，试问这些数据与上述推测是否相符（α=0.05）？

表 8-2 身高与寿命统计表

	高个子人						矮个子人				
身高/cm	185.5	188	188	188.5	188	189	162.5	167.5	167.6	170	170
寿命/年	78	67	56	63	64	83	85	79	67	90	80

解 假设人的寿命服从正态分布，记高个子人的寿命为 $X\sim N(\mu_1,\sigma_1^2)$，矮个子人的寿命为 $Y\sim N(\mu_1,\sigma_2^2)$，这里假定 $\sigma_1^2=\sigma_2^2=\sigma^2$ 未知. 依题意，需要检验

$$H_0: \ \mu-\mu_0\leqslant 0, \quad H_1: \ \mu-\mu_0>0.$$

由表 8-3 知此检验问题的拒绝域为

$$W=\left\{t\geqslant t_{0.05}(9)=1.8331\right\}.$$

又计算得 $\overline{x}$=68.5，$\overline{y}$=80.2，s_1^2=101.9，s_2^2=73.7，

$$s_w^2\frac{5s_1^2+4s_2^2}{6+5-2}=\frac{509.5+294.8}{9}=89.37.$$

t 的观测值

$$t_0=\frac{68.5-80.2}{\sqrt{89.37}\sqrt{(1/6)+(1/5)}}=-2.044<1.8331.$$

于是接受原假设 H_0. 即认为高个子人的寿命比矮个子人的寿命要短一些.

表 8-3 正态总体均值的假设检验（显著性水平 α）

原假设 H_0	检验统计量	备择假设 H_1	拒绝域
$\mu=\mu_0$； $\mu\leqslant\mu_0$； $\mu\geqslant\mu_0$ （σ^2 已知）	$Z=\dfrac{\overline{X}-\mu_0}{\sigma/\sqrt{n}}$	$\mu\neq\mu_0$； $\mu>\mu_0$； $\mu<\mu_0$	$\left\{\lvert z\rvert\geqslant z_{\frac{\alpha}{2}}\right\}$； $\{z\geqslant z_\alpha\}$； $\{z\leqslant -z_\alpha\}$
$\mu=\mu_0$； $\mu\leqslant\mu_0$； $\mu\geqslant\mu_0$ （σ^2 未知）	$T=\dfrac{\overline{X}-\mu_0}{S/\sqrt{n}}$	$\mu\neq\mu_0$； $\mu>\mu_0$； $\mu<\mu_0$	$\left\{\lvert t\rvert\geqslant t_{\frac{\alpha}{2}}(n-1)\right\}$； $\{t\geqslant t_\alpha(n-1)\}$； $\{t\leqslant -t_\alpha(n-1)\}$
$\mu_1-\mu_2=0$； $\mu_1-\mu_2\leqslant 0$； $\mu_1-\mu_2\geqslant 0$ （σ_1^2,σ_2^2 已知）	$Z=\dfrac{\overline{X}-\overline{Y}}{\sqrt{\dfrac{\sigma_1^2}{n_1}+\dfrac{\sigma_2^2}{n_2}}}$	$\mu_1-\mu_2\neq 0$； $\mu_1-\mu_2>0$； $\mu_1-\mu_2<0$	$\left\{\lvert z\rvert\geqslant z_{\frac{\alpha}{2}}\right\}$； $\{z\geqslant z_\alpha\}$； $\{z\leqslant -z_\alpha\}$

续表

原假设 H_0	检验统计量	备择假设 H_1	拒绝域
$\mu_1-\mu_2=0$； $\mu_1-\mu_2\leqslant 0$； $\mu_1-\mu_2\geqslant 0$ （$\sigma_1^2=\sigma_2^2=\sigma^2$ 未知）	$T=\dfrac{\overline{X}-\overline{Y}}{S_w\sqrt{\dfrac{1}{n_1}+\dfrac{1}{n_2}}}$； $S_w^2=\dfrac{(n_1-1)S_1^2+(n_2-1)S_2^2}{n_1+n_2-2}$	$\mu_1-\mu_2\neq 0$； $\mu_1-\mu_2>0$； $\mu_1-\mu_2<0$	$\left\{\lvert t\rvert\geqslant t_{\frac{\alpha}{2}}(n_1+n_2-2)\right\}$； $\{t\geqslant t_\alpha(n_1+n_2-2)\}$； $\{t\leqslant -t_\alpha(n_1+n_2-2)\}$

注意　上表中 H_0 中的不等号改成等号，所得的拒绝域不变.

习题 8.2

1. 已知某批矿砂中镍含量（%）$X\sim N(\mu,\sigma^2)$，μ 和 σ^2 均未知. 现从一批产品中随机抽取 5 件，测得其镍含量如下：

3.25　　3.27　　3.24　　3.26　　3.24

问是否有理由认为这批矿砂中镍含量的均值为 3.25（α=0.01）.

2. 为调查黑龙江某地区水稻应用测深施肥技术的效果，随机抽查 100 块田地，测得氮肥利用率（%）的样本均值 $\bar{x}$=36. 假设我国常年氮肥利用率服从正态分布 $N(0.33, 0.12^2)$. 试比较黑龙江水稻测深施肥技术氮肥利用率与我国常年氮肥利用率有无显著差异（α=0.05）.

3. 某工厂生产一种零件，标准长度（单位：mm）为 32.5. 为检验产品质量，现随机从该工厂生产的零件中抽取 6 件，测得产品长度如下：

32.56　　29.66　　31.03　　31.87　　30.00　　31.64.

假定产品长度 X 服从正态分布 $N(\mu,\sigma^2)$，其中 σ^2 未知. 问在显著性水平 α=0.01 下这批产品是否合格.

4. 某车间采用甲、乙两条不同的生产线生产同一种产品，设两条生产线生产的产品的次品率（%）都服从正态分布，方差分别为 σ_1^2=0.46、σ_2^2=0.37. 现从甲生产线生产的产品中随机抽取 25 件，测得产品的次品率均值为 3.81，从乙生产线生产的产品中随机抽取 30 件，测得产品的次品率均值为 3.56. 试问在显著性水平 α=0.01 下，甲、乙两条生产线生产产品的次品率有无显著差异.

5. 某地区高考结束后随机抽取 15 名女生、12 名男生的物理试卷，记录其成绩如下：

女生　49　48　47　40　44　55　44　42　46　56　57　39　43　51　53；

男生　46　40　51　47　43　36　43　38　48　54　48　34.

假定女生、男生的物理成绩都服从正态分布且方差相同，问根据上述成绩能否判定该地区女生和男生的物理成绩没有显著差异（α=0.05）.

8.3　正态总体方差的假设检验

本节讨论正态总体方差的假设检验，分为单个总体和两个总体两种情形.

8.3.1 单个正态总体方差的假设检验[χ^2 检验(χ^2-test)]

单个正态总体方差的假设检验

设总体 $X\sim N(\mu,\sigma^2)$，μ 未知，检验假设

$$H_0: \ \sigma^2=\sigma_0^2, \ H_1: \ \sigma^2\neq\sigma_0^2,$$

其中 σ_0^2 为已知常数.

由第 6 章知当 H_0 为真时，

$$\chi^2=\frac{(n-1)S^2}{\sigma_0^2}\sim\chi^2(n-1),$$

故选取 χ^2 为检验统计量. 由于样本方差 S^2 是总体方差 σ^2 的无偏估计，故当 H_0 为真时，$\frac{S^2}{\sigma_0^2}$ 应当在 1 附近摆动，而不应当过分大于 1 或过分小于 1. 从而，对于给定的显著性水平 α，上述检验问题的拒绝域具有以下形式：

$$W=\left\{\frac{(n-1)S^2}{\sigma_0^2}\leqslant k_1\text{或}\frac{(n-1)S^2}{\sigma_0^2}\geqslant k_2\right\},$$

其中 k_1 和 k_2 由下式确定

$$P\{\text{拒绝}H_0 \mid H_0\text{为真}\}=P\left\{\left(\frac{(n-1)S^2}{\sigma_0^2}\leqslant k_1\right)\cup\left(\frac{(n-1)S^2}{\sigma_0^2}\geqslant k_2\right)\right\}=\alpha .$$

尽管 χ^2 分布是偏态分布，但习惯上仍取

$$P\left\{\frac{(n-1)S^2}{\sigma_0^2}\leqslant k_1\right\}=\frac{\alpha}{2}, \ P\left\{\frac{(n-1)S^2}{\sigma_0^2}\geqslant k_2\right\}=\frac{\alpha}{2}.$$

由 χ^2 分布分位数定义知，$k_1=\chi^2_{1-\frac{\alpha}{2}}(n-1)$，$k_2=\chi^2_{\frac{\alpha}{2}}(n-1)$，如图 8-3 所示. 于是原假设 H_0 的拒绝域为

$$W=\left\{\chi^2\leqslant\chi^2_{1-\frac{\alpha}{2}}(n-1)\text{或}\chi^2\geqslant\chi^2_{\frac{\alpha}{2}}(n-1)\right\}.$$

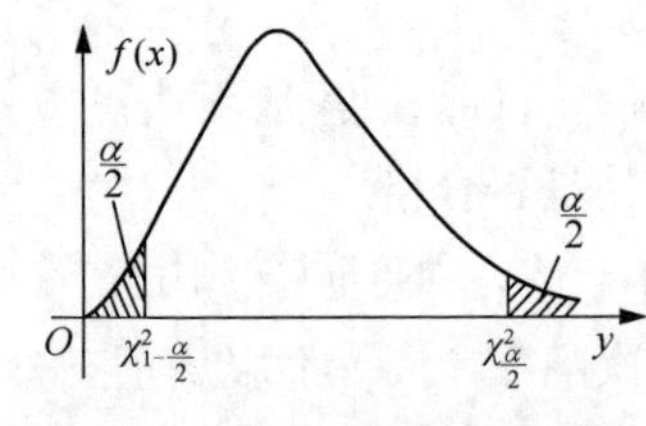

图 8-3 χ^2 分布的上 α 分位数

上述检验法称为 χ^2 **检验法**. 单边检验的讨论类似，拒绝域如表 8-4 所示.

例 8.8 某厂生产的某种型号的电池，其使用寿命（单位：h）长期以来服从方差 $\sigma^2=5000$ 的正态分布. 现有一批该型号的电池，从生产情况来看，使用寿命的波动性有所改变. 现随机抽取 26 块电池，测得其使用寿命的样本方差 $s^2=9200$. 根据这一数据能否推断这批电池的使用寿命的波动性较以往有显著的变化（$\alpha=0.02$）?

单个正态总体方差假设检验例题

解 本题要求在 $\alpha=0.02$ 下检验假设

$$H_0: \ \sigma^2=5000, \ H_1: \ \sigma^2\neq 5000.$$

易知 $n=26$，$\chi^2_{\frac{\alpha}{2}}(n-1)=\chi^2_{0.01}(25)=44.314$，$\chi^2_{1-\frac{\alpha}{2}}(n-1)=\chi^2_{0.99}(25)=11.524$，$\sigma_0^2=5000$.

由表 8-4 知拒绝域为

$$W=\left\{\chi^2\leqslant 11.524\text{或}\chi^2\geqslant 44.314\right\}.$$

由观测值 $s^2=9200$ 得检验统计量的观测值 $\chi_0^2=46>44.314$，所以拒绝 H_0. 即认为这批电池的使用寿命的波动性较以往有显著的变化.

以上讨论的是在正态总体均值未知情况下对总体方差的假设检验，这种情况在实际问题中较为常见. 正态总体均值已知时对方差做假设检验的检验方法类似，只是选用的检验统计量变为

$$\chi^2=\frac{1}{\sigma_0^2}\sum_{i=1}^{n}(X_i-\mu)^2\sim\chi^2(n).$$

其双边检验和单边检验的拒绝域见表 8-4.

8.3.2　两个正态总体方差的假设检验[F 检验（F-test）]

两个正态总体方差的假设检验

设总体 $X\sim N(\mu_1,\sigma_1^2)$，总体 $Y\sim N(\mu_1,\sigma_2^2)$，并且 X，Y 相互独立，$X_1,X_2,\cdots,X_{n_1}$ 是来自总体X的样本，$Y_1,Y_2,\cdots,Y_{n_2}$ 是来自总体Y的样本. 记 $\overline{X}$，$\overline{Y}$ 是两个样本的样本均值，S_1^2，S_2^2 是其样本方差. μ_1 和 μ_2 未知. 现在检验

$$H_0:\ \sigma_1^2=\sigma_2^2,\quad H_1:\ \sigma_1^2\neq\sigma_2^2.$$

由第 6 章知，当原假设 H_0 为真时，

$$F=\frac{S_1^2}{S_2^2}\sim F(n_1-1,\ n_2-1),$$

故选取 F 为检验统计量. 由于样本方差 S^2 是总体方差 σ^2 的无偏估计，在原假设 H_0 为真时，两个样本方差的比值 $\frac{S_1^2}{S_2^2}$ 应该在 1 附近摆动，而不应当过分大于 1 或过分小于 1. 从而，对于给定的显著性水平 α，上述检验问题的拒绝域具有以下形式

$$W=\left\{F=\frac{S_1^2}{S_2^2}\leqslant k_1\text{或}F=\frac{S_1^2}{S_2^2}\geqslant k_2\right\},$$

其中 k_1 和 k_2 由下式确定

$$P\left\{\text{拒绝}H_0\mid H_0\text{为真}\right\}=P\left\{\left(\frac{S_1^2}{S_2^2}\leqslant k_1\right)\cup\left(\frac{S_1^2}{S_2^2}\geqslant k_2\right)\right\}=\alpha.$$

尽管 F 分布是偏态分布，但习惯上仍取

$$P\left\{\frac{S_1^2}{S_2^2}\leqslant k_1\right\}=\frac{\alpha}{2},\quad P\left\{\frac{S_1^2}{S_2^2}\geqslant k_2\right\}=\frac{\alpha}{2},$$

由 F 分布分位数定义知，$k_1=F_{1-\frac{\alpha}{2}}(n_1-1,n_2-1)$，$k_2=F_{\frac{\alpha}{2}}(n_1-1,n_2-1)$，如图 8-4 所示. 于是，原假设 H_0 的拒绝域为

$$W=\left\{F\leqslant F_{1-\frac{\alpha}{2}}(n_1-1,n_2-1)\text{或}F\geqslant F_{\frac{\alpha}{2}}(n_1-1,n_2-1)\right\}.$$

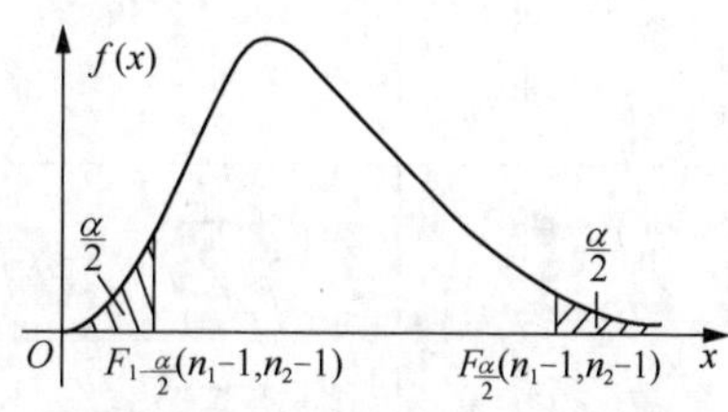

图 8-4　F 分布的上 α 分位数

上述检验法称为 ***F* 检验法**. 单边检验的讨论类似，拒绝域如表 8-4 所示.

例 8.9 某工厂有两台机床加工同种零件，某日分别从两台机床加工的零件中随机抽取 6 个和 9 个测量直径（单位：mm），并计算得 $s_1^2=0.345$，$s_2^2=0.375$. 假设零件直径都服从正态分布，试比较两台机床加工精度有无显著差异（$\alpha=0.01$）？

解 两台机床加工的零件直径分别记为 X 和 Y，由题意 $X\sim N(\mu_1,\sigma_1^2)$，$Y\sim N(\mu_2,\sigma_2^2)$，$\mu_1$，$\mu_2$，$\sigma_1^2$，$\sigma_2^2$ 均未知. 检验假设

$$H_0: \sigma_1^2=\sigma_2^2,\ H_1: \sigma_1^2\neq\sigma_2^2.$$

现在 $n_1=6$，$n_2=9$，$\alpha=0.01$，由表 8-4 知拒绝域为

$$W=\left\{F\leqslant F_{1-\frac{\alpha}{2}}\left(n_1-1,n_2-1\right)=0.0716\text{ 或 }F\geqslant F_{\frac{\alpha}{2}}\left(n_1-1,n_2-1\right)=8.30\right\}.$$

检验统计量 F 的观测值为

$$F_0=\frac{s_1^2}{s_2^2}=\frac{0.345}{0.375}=0.92\in(0.0716,8.30).$$

故应当接受原假设 H_0，即认为两台机床加工精度无显著差异.

以上讨论是在均值 μ_1，μ_2 未知的情况下对两个正态总体方差的假设检验，当 μ_1，μ_2 已知时，检验方法类似，只是选用的检验统计量变为

$$F=\frac{\frac{1}{n_1}\sum_{i=1}^{n_1}(X_i-\mu_1)^2}{\frac{1}{n_2}\sum_{i=1}^{n_2}(Y_i-\mu_2)^2}\sim F(n_1,\ n_2).$$

其双边检验和单边检验的拒绝域见表 8-4.

表 8-4 正态总体方差的假设检验（显著性水平 α）

原假设 H_0	检验统计量	备择假设 H_1	拒绝域
$\sigma^2=\sigma_0^2$； $\sigma^2\leqslant\sigma_0^2$； $\sigma^2\geqslant\sigma_0^2$ （μ 已知）	$\chi^2=\frac{\sum_{i=1}^{n}(X_i-\mu)^2}{\sigma_0^2}$	$\sigma^2\neq\sigma_0^2$； $\sigma^2>\sigma_0^2$； $\sigma^2<\sigma_0^2$	$\left\{\chi^2\geqslant\chi_{\frac{\alpha}{2}}^2(n)\text{或}\chi^2\leqslant\chi_{1-\frac{\alpha}{2}}^2(n)\right\}$； $\left\{\chi^2\geqslant\chi_\alpha^2(n)\right\}$； $\left\{\chi^2\leqslant\chi_{1-\alpha}^2(n)\right\}$
$\sigma^2=\sigma_0^2$； $\sigma^2\leqslant\sigma_0^2$； $\sigma^2\geqslant\sigma_0^2$ （μ 未知）	$\chi^2=\frac{(n-1)S^2}{\sigma_0^2}$	$\sigma^2\neq\sigma_0^2$； $\sigma^2>\sigma_0^2$； $\sigma^2<\sigma_0^2$	$\left\{\chi^2\geqslant\chi_{\frac{\alpha}{2}}^2(n-1)\text{或}\chi^2\leqslant\chi_{1-\frac{\alpha}{2}}^2(n-1)\right\}$； $\left\{\chi^2\geqslant\chi_\alpha^2(n-1)\right\}$； $\left\{\chi^2\leqslant\chi_{1-\alpha}^2(n-1)\right\}$
$\sigma_1^2=\sigma_2^2$； $\sigma_1^2\leqslant\sigma_2^2$； $\sigma_1^2\geqslant\sigma_2$ （μ_1,μ_2 已知）	$F=\frac{\frac{1}{n_1}\sum_{i=1}^{n_1}(X_i-\mu_1)^2}{\frac{1}{n_2}\sum_{i=1}^{n_2}(X_i-\mu_2)^2}$	$\sigma_1^2\neq\sigma_2^2$； $\sigma_1^2>\sigma_2^2$； $\sigma_1^2<\sigma_2^2$	$\left\{F\geqslant F_{\frac{\alpha}{2}}(n_1,n_2)\text{或}F\leqslant F_{1-\frac{\alpha}{2}}(n_1,n_2)\right\}$； $\left\{F\geqslant F_\alpha(n_1,n_2)\right\}$； $\left\{F\leqslant F_{1-\alpha}(n_1,n_2)\right\}$

续表

原假设 H_0	检验统计量	备择假设 H_1	拒绝域
$\sigma_1^2=\sigma_2^2$； $\sigma_1^2\leqslant\sigma_2^2$； $\sigma_1^2\geqslant\sigma_2^2$ （μ_1,μ_2 未知）	$F=\dfrac{S_1^2}{S_2^2}$	$\sigma_1^2\neq\sigma_2^2$； $\sigma_1^2>\sigma_2^2$； $\sigma_1^2<\sigma_2^2$	$\left\{F\geqslant F_{\frac{\alpha}{2}}(n_1-1,n_2-1)\right.$ 或 $\left.F\leqslant F_{1-\frac{\alpha}{2}}(n_1-1,n_2-1)\right\}$； $\{F\geqslant F_{\alpha}(n_1-1,n_2-1)\}$； $\{F\leqslant F_{1-\alpha}(n_1-1,n_2-1)\}$

注意　上表中 H_0 中的不等号改成等号，所得的拒绝域不变.

习题 8.3

1. 某食品加工厂用自动包装机包装食盐，假定包装机包装的食盐质量（单位：g）X 服从正态分布 $N(\mu,\sigma^2)$. 为检验生产情况，现随机从某天生产的食盐中抽取 10 袋，测得质量如下：

495　492　510　506　505　489　502　503　512　497.

（1）若已知 $\mu=500$，试检验食盐质量的方差是否是 25（$\alpha=0.05$）.

（2）若 μ 未知，试检验食盐质量的方差是否是 25（$\alpha=0.05$）.

2. 已知某种导线的电阻（单位：Ω）$X\sim N(\mu,\sigma^2)$，其中 μ 未知，电阻的一个质量指标是标准差不能大于 0.005. 现从一批导线中随机抽取 9 根，测得样本标准差 $s=0.006$. 试问在显著性水平 $\alpha=0.05$ 下，这批导线的波动是否合格.

3. 从甲地到乙地有两条不同的行车路线，行车时间（单位：min）都服从正态分布. 由于工作需要，某司机在两条路线上各行驶了 10 次，路线Ⅰ的标准差为 20，线路Ⅱ的标准差为 15. 试问在显著性水平 $\alpha=0.01$ 下，两条路线上行车时间的方差是否一样.

4. 已知甲、乙两台机床加工同一型号的轴承，轴承的内径（单位：mm）分别服从正态分布 $N(\mu_1,\sigma_1^2)$ 和 $N(\mu_2,\sigma_2^2)$. 现在从由甲、乙两台机床加工的轴承中随机抽取 7 个、9 个，测得内径如下：

甲　20.5　19.8　19.7　20.1　19.0　19.9　20.0;

乙　20.7　19.5　19.6　20.8　20.3　19.8　20.2　20.5　19.9.

试问在显著性水平 $\alpha=0.01$ 下，两台机床生产的轴承的内径方差是否相同.

8.4　卡方拟合优度检验

前面介绍的各种检验法都是在总体分布已知的前提下对分布的参数建立假设并进行检验的，所解决的问题都属于参数假设检验问题. 然而在实际问题中，有时并不能确定总体服从什么类型的分布，这时就需要根据样本对总体的分布形式建立假设并进行检验，这是非参数检验问题，这类问题可以用 χ^2 检验法解决.

χ^2 检验法在总体分布未知时，根据样本值 $x_1,x_2,\cdots,x_n$ 来检验关于总体分布的假设

H_0：总体 X 的分布函数为 $F(x)$，

H_1：总体 X 的分布函数不是 $F(x)$.

这里的备择假设 H_1 可以省略.

当总体 X 为离散型随机变量时，假设 H_0 相当于

H_0：总体 X 的分布律为 $P\{X=x_i\}=p_i\,(i=1,2,\cdots)$.

当总体 X 为连续型随机变量时，假设 H_0 相当于

H_0：总体 X 的概率密度函数为 $f(x)$.

在用 χ^2 检验法检验假设 H_0 时，如果在假设 H_0 下已知总体的分布函数形式，但其中含有未知参数，此时需要先用最大似然估计法估计未知参数，然后再做检验.

χ^2 检验法的基本思想与方法如下.

（1）将随机变量 X 可能取值的全体 Ω 分成 k 个互不相交的子集 $A_1,A_2,\cdots,A_k$（$\bigcup\limits_{i=1}^{k}A_i=\Omega$，$A_iA_j=\varnothing$，$i\neq j$；$i,j=1,2,\cdots,k$），为方便起见，仍用 $A_i\,(i=1,2,\cdots,k)$表示随机变量 X 的取值落在子集 A_i 中的事件. 于是在 H_0 为真时，可以计算出概率 $\hat{p}_i=P(A_i)\,(i=1,2,\cdots,k)$.

（2）寻找用于检验的统计量及相应的分布. 在 n 次试验中，用 $f_i\left(i=1,2,\cdots,k\right)$ 表示随机变量 X 的取值落入 A_i 的次数，事件 A_i 的频率 $\dfrac{f_i}{n}$ 与概率 $\hat{p}_i$ 之间往往会有差异，但由大数定律可知，如果样本容量 n 较大（一般要求 n 至少为 50，最好在 100 以上），在 H_0 为真时，$\left|\dfrac{f_i}{n}-\hat{p}_i\right|$ 的值应该比较小. 基于这种想法，皮尔逊使用

$$\chi^2=\sum_{i=1}^{k}\frac{(f_i-n\hat{p}_i)^2}{n\hat{p}_i} \tag{8.8}$$

作为检验 H_0 的统计量，并证明了如下定理.

定理 8.1　若 n 充分大（$n\geqslant 50$），则当 H_0 为真时（不论 H_0 中 $F(x)$的分布属于什么分布），统计量[见式（8.8）]总是近似地服从自由度为 $k-r-1$ 的 χ^2 分布，其中 r 是被估参数的个数.

证　略.

（3）对于给定的显著性水平 α，查表确定临界值 $\chi^2_\alpha(k-r-1)$，使

$$P\left\{\chi^2>\chi^2_\alpha(k-r-1)\right\}=\alpha\,.$$

从而得到原假设 H_0 的拒绝域为

$$W=\left\{\chi^2>\chi^2_\alpha(k-r-1)\right\}.$$

（4）由样本值 $x_1,x_2,\cdots,x_n$ 计算检验统计量 χ^2 的观测值 χ_0^2，并与 $\chi^2_\alpha(k-r-1)$ 做比较.

（5）作出判断：若 $\chi_0^2>\chi^2_\alpha(k-r-1)$，则拒绝原假设 H_0，即不能认为总体的分布函数为 $F(x)$；否则接受原假设 H_0.

χ^2 检验法是基于定理 8.1 得到的，所以在使用时必须注意 n 不能小于 50，体现在实际应用中，一般要求各类观测数均不小于 5，否则应适当合并 A_i，以满足这一要求.

例 8.10 一本书中任意一页的印刷错误的个数 X 是一个随机变量. 为研究 X 的分布，现随机检查了一本书的 100 页，并记录每页中印刷错误的个数，如表 8-5 所示.

表 8-5 印刷错误统计表

错误个数 i	0	1	2	3	4	5	6	≥7
页数 f_i	36	40	19	2	0	2	1	0
A_i	A_0	A_1	A_2	A_3	A_4	A_5	A_6	A_7

其中，f_i 是观察到有 i 个错误的页数. 问根据以上数据能否认为书中任意一页的印刷错误个数 X 服从泊松分布（$\alpha=0.05$）.

解 按题意需要检验

$$H_0\text{：总体 } X \text{ 服从泊松分布，即}$$

$$P\{X=i\}=\frac{e^{-\lambda}\lambda^i}{i!}\ (i=0,1,2,\cdots).$$

因为总体分布中的参数 λ 未知，所以需要先估计 λ. 由最大似然估计法得

$$\hat{\lambda}=\bar{x}=\frac{0\times36+1\times40+\cdots+6\times1+7\times0}{100}=1.$$

将试验结果的全体分成 8 个两两互不相容的事件 $A_0,A_1,\cdots,A_7$ 在 H_0 为真时，$P\{X=i\}$ 的估计值为

$$\hat{p}=\hat{P}\{X=i\}=\frac{e^{-1}1^i}{i!}=\frac{e^{-1}}{i!}\ (i=0,1,2,\cdots).$$

例如

$$\hat{p}_0=\hat{P}\{X=0\}=e^{-1},\quad \hat{p}_1=\hat{P}\{X=1\}=e^{-1},\quad \hat{p}_2=\hat{P}\{X=2\}=\frac{e^{-1}}{2},$$

$$\vdots$$

$$\hat{p}_7=\hat{P}\{X\geqslant7\}=1-\sum_{i=0}^{6}\hat{p}_i=1-\sum_{i=0}^{6}\frac{e^{-1}}{i!}.$$

需要进行的计算及其结果如表 8-6 所示. 并对其中理论频数 $n\hat{p}_i<5$ 的组适当合并，使新的每一组均满足 $n\hat{p}_i\geqslant5$，合并后 $k=4$，但由于在计算过程中估计了一个未知参数 λ，故

$$\chi^2=\sum_{i=1}^{4}\frac{(f_i-n\hat{p}_i)^2}{n\hat{p}_i}\sim\chi^2(4-1-1).$$

检验统计量的观测值 $\chi_0^2=1.460$（见表 8-6）. 因为 $\chi_\alpha^2(4-1-1)=\chi_{0.05}^2(2)=5.991>\chi_0^2=1.460$，所以在显著性水平为 0.05 下接受原假设 H_0，即认为总体服从泊松分布.

表 8-6 例 8.10 的 χ^2 检验计算表

A_i	f_i	$\hat{p}_i$	$n\hat{p}_i$	$f_i-n\hat{p}_i$	$(f_i-n\hat{p}_i)^2/n\hat{p}_i$
A_0	36	e^{-1}	36.788	−0.788	0.017
A_1	40	e^{-1}	36.788	3.212	0.280

续表

A_i	f_i	$\hat{p}_i$	$n\hat{p}_i$	$f_i - n\hat{p}_i$	$(f_i - n\hat{p}_i)^2 / n\hat{p}_i$
A_2	19	$e^{-1}/2$	18.394	0.606	0.020
A_3 A_4 A_5 A_6 A_7	2 0 2 1 0	$e^{-1}/6$ $e^{-1}/24$ $e^{-1}/120$ $e^{-1}/720$ $1-\sum_{i=1}^{6}\hat{p}_i$	6.131 1.533 0.307 0.051 0.008	−3.03	1.143
Σ		1			1.460

例 8.11 为研究混凝土抗压强度的分布，现随机选取 200 件混凝土制件，测试其抗压强度，如表 8-7 所示. $n=\sum_{i=1}^{6} f_i=200$. 根据测试数据，能否认为混凝土抗压强度 $X\sim N(\mu,\sigma^2)$（$\alpha=0.05$）？

表 8-7 混凝土抗压强度统计表

抗压强度区间/98kPa	频数 f_i	抗压强度区间/98kPa	频数 f_i
190～200	10	220～230	64
200～210	26	230～240	30
210～220	56	240～250	14

解 按题意需要检验假设

$$H_0：抗压强度 X\sim N(\mu,\sigma^2).$$

由于总体正态分布中的参数 μ 和 σ^2 都是未知的，因此需要先求 μ 与 σ^2 的最大似然估计值. 由第 7 章知，μ 与 σ^2 的最大似然估计为

$$\hat{\mu}=\overline{x}\ ,\ \ \hat{\sigma}^2=\frac{1}{n}\sum_{i=1}^{n}(x_i-\overline{x})^2\ .$$

设 x_i^* 为第 i 组的组中值，有

$$\overline{x}=\frac{1}{n}\sum_i x_i^* f_i=\frac{195\times10+205\times26+\cdots+245\times14}{200}=221,$$

$$\hat{\sigma}^2=\frac{1}{n}\sum_i(x_i^*-\overline{x})^2 f_i=\frac{1}{200}\left[(-26)^2\times10+(-16)^2\times26+\cdots+24^2\times14\right]=152.$$

于是原假设 H_0 可改写为 $X\sim N(221,152)$.

落入每个区间的理论概率值为

$$\hat{p}_i=P\{a_{i-1}\leqslant X<a_i\}=\Phi\left(\frac{a_i-\overline{x}}{\hat{\sigma}}\right)-\Phi\left(\frac{a_{i-1}-\overline{x}}{\hat{\sigma}}\right)(i=1,2,\cdots,6),$$

其中 $\Phi(x)$是标准正态分布的分布函数.

需要进行的计算及其结果如表 8-8 所示.

表 8-8　例 8.11 的 χ^2 检验计算表

抗压强度区间 X/98kPa	频数 f_i	$\hat{p}_i$	$n\hat{p}_i$	$(f_i - n\hat{p}_i)^2$	$\frac{(f_i - n\hat{p}_i)^2}{n\hat{p}_i}$
190～200	10	0.045	9	1	0.11
200～210	26	0.142	28.4	5.76	0.20
210～220	56	0.281	56.2	0.04	0.00
220～230	64	0.299	59.8	17.64	0.29
230～240	30	0.171	34.2	17.64	0.52
240～250	14	0.062	12.4	2.56	0.23
Σ	200	1.000	200		1.35

计算检验统计量的观测值为 $\chi_0^2 = 1.35$. 查表，临界值为 $\chi_\alpha^2(k-r-1) = \chi_{0.05}^2(3) = 7.815$，即 $\chi_{0.05}^2(3) = 7.815 > \chi_0^2 = 1.35$. 故在显著性水平 0.05 下，接受原假设 H_0，即认为混凝土制件的抗压强度的分布是正态分布 $N(221,152)$.

习题 8.4

1. 某超市为了给下次进货提供决策，调查顾客对 3 种品牌纯牛奶的喜爱程度. 一个月内随机观察了 150 位购买者，并记录了他们购买的品牌，数据如表 8-9 所示.

表 8-9　3 种品牌的购买人数统计表

品牌	Ⅰ	Ⅱ	Ⅲ
购买人数	61	53	36

问根据上述数据能否判定顾客对 3 种品牌纯牛奶的喜爱程度没有显著差异（$\alpha = 0.05$）.

2. 某实验室每隔一定时间观察一次由某种铀放射的到达某计数器上的 α 粒子数 X，试验记录如表 8-10 所示.

表 8-10　放射粒子数统计表

i	0	1	2	3	4	5	6	7	8	9	10	11	⩾12
f_i	1	5	16	17	26	11	9	9	2	1	2	1	0
A_i	A_0	A_1	A_2	A_3	A_4	A_5	A_6	A_7	A_8	A_9	A_{10}	A_{11}	A_{12}

其中 f_i 是观察到有 i 个 α 粒子的次数. 问在显著性水平 $\alpha = 0.05$ 下，能否认为粒子数 X 服从泊松分布.

3. 我校某次概率论与数理统计课程考试结束后，随机抽取了 150 份试卷，成绩统计如表 8-11 所示.

表 8-11　考试成绩统计表

分数区间	人数	分数区间	人数
[30,50)	11	[70,80)	39
[50,60)	18	[80,90)	33
[60,70)	34	[90,100]	15

问在显著性水平 α=0.05 下，能否认为学生成绩 X 服从正态分布.

8.5　假设检验的 p 值

在前文的讨论中，对于给定的显著性水平，作出的判断是确定的，要么拒绝原假设，要么接受原假设. 然而在实际问题中，有时会出现这样的情形：在一个较大的显著性水平下得出拒绝原假设的结论，而在一个较小的显著性水平下却可能得出接受原假设的结论. 这种情形在理论上很容易解释. 因为显著性水平变小后，拒绝域也随之变小，于是原来落在拒绝域内的观测值就有可能落在拒绝域之外，从而得出接受原假设的结论. 这一情形尽管在理论上易于解释，却会给实际应用带来一些麻烦，我们应该如何应对这种情形？下面通过一个具体的例子来说明.

例 8.12　一支香烟中的尼古丁含量（单位：mg）X 服从正态分布 $N(\mu,1)$，合格标准规定 μ 不能超过 1.5. 为了判断一批香烟中的尼古丁含量是否合格，现随机抽取 20 支香烟，测得尼古丁平均含量 $\overline{x}$ =1.97. 据此能否判断这批香烟中的尼古丁含量合格？

解　按题意，需要检验假设

$$H_0：\mu\leqslant\mu_0=1.5，\ H_1：\mu>\mu_0=1.5.$$

由于 σ=1，选取

$$Z=\frac{\overline{X}-\mu_0}{\sigma/\sqrt{n}}$$

假设检验的 p 值

为检验统计量. 由表 8-3 知，原假设的拒绝域为

$$W=\{z\geqslant z_\alpha\}.$$

经计算，检验统计量的观测值为

$$z_0=\frac{\overline{x}-\mu_0}{\sigma/\sqrt{n}}=\frac{1.97-1.5}{1/\sqrt{20}}\approx 2.10.$$

对于不同的显著性水平，相应的拒绝域和检验结论如表 8-12 所示.

表 8-12　显著性水平、拒绝域和检验结论统计表

显著性水平 α	拒绝域 W	检验结论
0.05	$\{z\geqslant z_{0.05}=1.645\}$	拒绝 H_0
0.025	$\{z\geqslant z_{0.025}=1.96\}$	拒绝 H_0
0.01	$\{z\geqslant z_{0.01}=2.33\}$	接受 H_0
0.005	$\{z\geqslant z_{0.005}=2.58\}$	接受 H_0

思考　由表 8-12 不难看出，随着显著性水平 α 的减小，临界值在增大，而检验统计量的观测值却保持不变，致使检验的结论由拒绝原假设转变为接受原假设. 也就是说，选取

不同的显著性水平可能会得到不一样的检验结论．那么能否找到显著性水平的临界值，即拒绝原假设的最小的显著性水平？

接下来，我们转换思考问题的角度，从另一方面分析．在 $\mu=\mu_0=1.5$ 时，检验统计量 Z 服从标准正态分布，检验统计量的观测值 $z_0\approx 2.10$，据此可以求得一个概率

$$p=P\{Z\geqslant z_0\}=P\{Z\geqslant 2.10\}=1-\Phi(2.10)=0.0179.$$

此即标准正态分布曲线下位于 z_0 右边的尾部面积．若以此为基准对上述检验问题进行判断，可得到如下结论．

（1）若显著性水平 $\alpha\geqslant p=0.0179$，则对应的临界值 $z_\alpha\leqslant z_0=2.10$，这表明观测值落在拒绝域内（见图 8-5），因而拒绝原假设．

（2）若显著性水平 $\alpha<p=0.0179$，则对应的临界值 $z_\alpha>z_0=2.10$，这表明观测值落在拒绝域之外（见图 8-6），因而接受原假设．

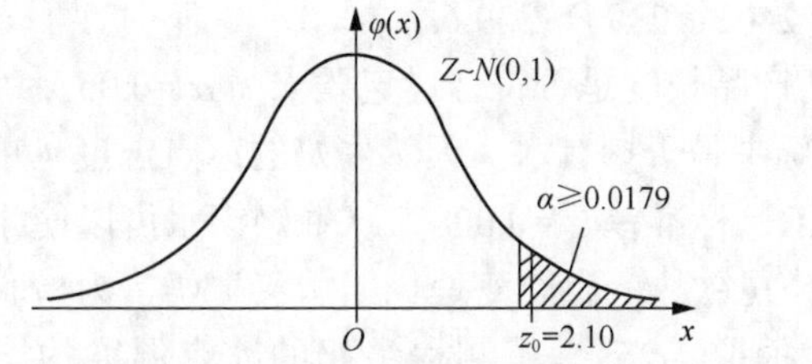

图 8-5　观测值落在拒绝域内

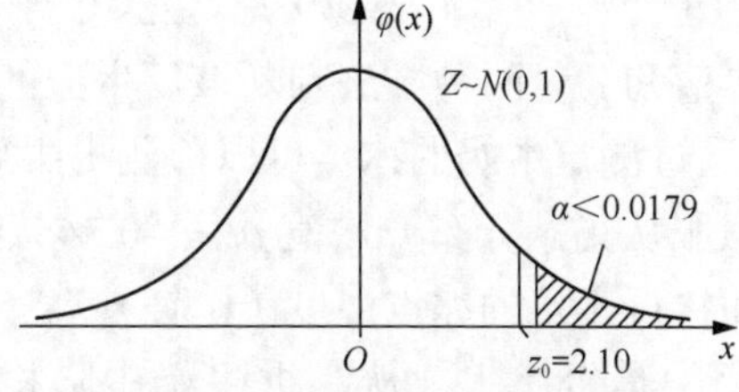

图 8-6　观测值落在拒绝域外

通过以上分析可以看出，0.0179 是根据检验统计量的观测值 $z_0=2.10$ 拒绝原假设的最小的显著性水平，这就是检验的 p 值．

定义 8.1　在一个假设检验问题中，根据检验统计量的观测值拒绝原假设的最小显著性水平称为**检验的 p 值**．

根据 p 值的定义，对于任意给定的显著性水平 α，有下面的结论：

（1）若 $\alpha\geqslant p$ 值，则在显著性水平 α 下拒绝原假设；

（2）若 $\alpha<p$ 值，则在显著性水平 α 下接受原假设．

检验的 p 值在实际应用中非常有用，可以通过检验统计量的观测值及检验统计量在原假设下服从的分布求出，现代计算机统计软件一般也都会给出检验的 p 值．

在例 8.12 中，若取 $\alpha=0.05$，$p=P\{Z\geqslant z_0\}=P\{Z\geqslant 2.10\}=1-\Phi(2.10)=0.0179$．由于 $\alpha>p$ 值，因此拒绝原假设 H_0．这与表 8-9 中的检验结论一致．

例 8.13　某类钢板每块的质量（单位：kg）X 服从正态分布，其中一项质量指标是钢板质量的方差不能超过 0.016．现从某天生产的钢板中随机抽取 25 块，测得样本方差 $s^2=0.025$．问该天生产的钢板质量的方差是否满足要求（$\alpha=0.05$）．

解　本题要求在 $\alpha=0.05$ 下检验假设

$$H_0:\ \sigma^2\leqslant\sigma_0^2=0.016,\quad H_1:\ \sigma^2>\sigma_0^2=0.016.$$

现有 $n=25$，$\chi_\alpha^2(n-1)=\chi_{0.05}^2(24)=36.415$，由表 8-4 知拒绝域为 $W=\{\chi^2\geqslant 36.415\}$．

经计算，检验统计量的观测值为

$$\chi_0^2=\frac{(n-1)s^2}{\sigma_0^2}=\frac{(25-1)\times 0.025}{0.016}=37.5>36.415.$$

故在显著性水平 α=0.05 下拒绝原假设 H_0，即认为该天生产的钢板的质量不满足要求.

下面再通过 p 值检验.

这里，检验统计量的观测值为 χ_0^2=37.5，用任意一款统计软件得

$$p = P\left\{\chi^2 \geqslant 37.5\right\} = 0.039.$$

由于 $\alpha > p$ 值，故拒绝原假设 H_0. 可见，采用这两种检验方法得到的结论是一致的.

习题 8.5

1. 某工厂生产一种产品，其长度（单位：cm）服从正态分布，均值设定为 240. 现从该厂某天生产的产品中随机抽取 5 件产品，测得其长度如下：

239.7　239.2　240　239　239.6.

试用临界值和 p 值两种方法判断该厂生产的产品长度是否符合设定要求（α=0.05）.

2. 通过测定牛奶的冰点可以检测出牛奶中是否掺有水. 天然牛奶的冰点温度（单位：℃）近似服从正态分布，均值 $\mu_0 = -0.545$ ℃，标准差 σ=0.008℃. 牛奶掺水可以使冰点温度升高而接近于水的冰点温度（0 ℃）. 某公司欲从一生产商处长期购买牛奶，为检验生产商在牛奶中是否掺水，从一批牛奶中随机抽取了 5 盒，测得牛奶的冰点温度的均值为 −0.535. 试用 p 值方法判断该生产商是否在牛奶中掺了水（α=0.05）.

8.6 假设检验的 MATLAB 实现

本节旨在帮助读者了解假设检验的 MATLAB 实现，读者可扫码查看本章 MATLAB 程序解析.

第 8 章 MATLAB 程序解析

8.6.1 σ^2 已知，单个正态总体的均值 μ 的假设检验（Z 检验）

函数　ztest

格式　h = ztest(x,m,sigma)　　% x 为正态总体的样本，m 为均值 μ_0，sigma 为标准差%显著性水平为 0.05(默认值)

h = ztest(x,m,sigma,alpha)　　%显著性水平为 alpha

[h,sig,ci,zval] = ztest(x,m,sigma,alpha,tail)　　%sig 为观测值的概率，当 sig 为小概率时则%质疑原假设，ci 为总体均值 μ 的置信水平为 1−alpha 的置信区间，zval 为统计量的值

说明　若 h=0，表示在显著性水平 alpha 下，不能拒绝原假设；

若 h=1，表示在显著性水平 alpha 下，可以拒绝原假设.

已知原假设为 H_0：$\mu = \mu_0 = m$，

若　tail=0，表示备择假设 H_1：$\mu \neq \mu_0 = m$（默认，双边检验）；

tail=1，表示备择假设 H_1：$\mu > \mu_0 = m$（单边检验）；

tail=−1，表示备择假设 H_1：$\mu < \mu_0 = m$（单边检验）.

例 8.14　某车间用一台包装机包装葡萄糖，包装的袋装糖重（单位：kg）是一个随机变量，它服从正态分布．当机器正常工作时，其均值为 0.5，标准差为 0.015．某天开工后检验包装机是否正常，随机地抽取所包装的糖 9 袋，称得净重如下：

0.497　0.506　0.518　0.524　0.498　0.511　0.52　0.515　0.512.

问机器工作是否正常.

8.6.2　σ^2 未知，单个正态总体的均值 μ 的假设检验（T 检验）

函数　ttest

格式　h = ttest(x,m)　　% x 为正态总体的样本，m 为均值 μ_0，显著性水平为 0.05

h = ttest(x,m,alpha)　　% alpha 为给定显著性水平

[h,sig,ci] = ttest(x,m,alpha,tail)　　% sig 为观测值的概率，当 sig 为小概率时则质疑原假设 % ci 为总体均值 μ 的置信水平为 1-alpha 的置信区间

说明　若 h=0，表示在显著性水平 alpha 下，不能拒绝原假设；

若 h=1，表示在显著性水平 alpha 下，可以拒绝原假设.

已知原假设为 $H_0: \mu = \mu_0 = m$，

若 tail=0，表示备择假设 $H_1: \mu \neq \mu_0 = m$（默认，双边检验）；

tail=1，表示备择假设 $H_1: \mu > \mu_0 = m$（单边检验）；

tail=-1，表示备择假设 $H_1: \mu < \mu_0 = m$（单边检验）.

例 8.15　某种电子元件的使用寿命 X（单位：h）服从正态分布，μ，σ^2 均未知．现测得 16 只元件的使用寿命如下

159　280　101　212　224　379　179　264
222　362　168　250　149　260　485　170.

问是否有理由认为元件的平均寿命大于 225 h.

8.6.3　两个正态总体均值差的检验（T 检验）

两个正态总体方差未知但方差相等时，比较两个正态总体样本均值的假设检验.

函数　ttest2

格式　[h,sig,ci]=ttest2(X,Y)　　%X，Y 为两个正态总体的样本，显著性水平为 0.05

[h,sig,ci]=ttest2(X,Y,alpha)　　% alpha 为给定显著性水平

[h,sig,ci]=ttest2(X,Y,alpha,tail)　　%sig 为当原假设为真时得到观测值的概率，当 sig 为小%概率时则质疑原假设，ci 为总体均值 μ 的置信水平为 1-alpha 的置信区间

说明　若 h=0，表示在显著性水平 alpha 下，不能拒绝原假设；

若 h=1，表示在显著性水平 alpha 下，可以拒绝原假设.

已知原假设为 $H_0: \mu_1 = \mu_2$，其中 μ_1 为 X 的数学期望，μ_2 为 Y 的数学期望，

若　tail=0，表示备择假设 $H_1: \mu_1 \neq \mu_2$（默认，双边检验）；

tail=1，表示备择假设 $H_1: \mu_1 > \mu_2$（单边检验）；

tail=-1，表示备择假设 $H_1: \mu_1 < \mu_2$（单边检验）.

例 8.16　在平炉上进行一项试验以确定改变操作方法的建议是否会增加钢的产率，试

验是在同一只平炉上进行的. 每炼一炉钢时除操作方法外，其他条件都尽可能做到相同. 先用标准方法炼一炉，然后用新方法炼一炉，以后交替进行，各炼 10 炉，其产率分别如下：

标准方法　78.1　72.4　76.2　74.3　77.4　78.4　76.0　75.5　76.7　77.3；

新方法　79.1　81.0　77.3　79.1　80.0　79.1　79.1　77.3　80.2　82.1.

设这两个样本相互独立且分别来自正态总体 $N(\mu_1,\sigma^2)$ 和 $N(\mu_2,\sigma^2)$，μ_1，μ_2，σ^2 均未知. 问改变后的操作方法能否提高产率（α =0.05）.

8.6.4 方差的假设检验

函数　vartest

格式　[h,sig,ci]=vartest(X,var0,alpha,tail)　%sig 为当原假设为真时得到观测值的概率，%当 sig 为小概率时则质疑原假设，ci 为总体方差的置信水平为 1-alpha 的置信区间

例 8.17　现从工厂生产的产品中随机抽测 12 个样品，观测每 1000 kg 某种饲料中维生素 C 的含量，得到数据如下：

271 269 272 267 268 273 270 264 273 269 264 267.

在 0.05 的显著性水平下可否认为含量的方差为 4?

8.6.5 双正态总体方差比的 *F* 检验

函数　vartest

格式　[h,p,ci,stast]=vartest2(x,y,alpha,tail)　%比较两个样本 x 和 y 的总体的方差是否相等

例 8.18　甲、乙两台机床加工某种零件，零件的直径服从正态分布，总体的方差反映了%加工精度，为了比较两台机床的加工精度有无差别，现从甲、乙两台机床加工的零件中分别抽取 7 件和 8 件，测得直径如下：

甲机床　16.2　16.8　15.8　15.5　16.7　15.6　15.8；

乙机床　15.9　16.0　16.4　16.1　16.5　15.8　15.7　15.0.

试在显著性水平 $\alpha = 0.05$ 下检验两台机床的加工精度有无差别.

8.6.6 卡方拟合优度检验

函数　chi2gof

格式　[h,p,st] = chi2gof(x,'ctrs',x,'frequency',f,'expected',e) %离散总体时，x 为可能取值，f 为实际频数，e 为理论频数

[h,p,st]=　chi2gof(x,'cdf',@(z)normcdf(z,mean(x),std(x)),'nparams',2,'emin',5)　%连续总体时，x 为样本值，'cdf'为分布名称，'nparams'为总体分布中参数的个数，'emin'为每个区间中样本值的最小个数

例 8.19　在 19 世纪，孟德尔按颜色与形状把豌豆分为 4 类：黄圆、绿圆、黄皱和绿皱. 孟德尔根据遗传学原理判断这 4 类的比例应为 9:3:3:1，为验证上述结论，他选取了 556 颗豌豆，这 4 类的个数分别为 315，108，101，32. 该数据是否与孟德尔提出的比例吻合？

例 8.20　我们来考察卢瑟福实验的数据. 表 8-13 所示为卢瑟福以 7.5s 为时间单位所做的 2608 次观察得到的数据，观察一放射性物质在单位时间内放射出的质点数.

表 8-13　放射性物质单位时间内放射的质点数

质点数	0	1	2	3	4	5	6	7	8	9	10	11	12	13	14
观察数	57	203	383	525	532	408	273	139	45	27	10	4	2	0	0

试检验：7.5 s 放射出的质点数是否服从泊松分布.

例 8.21　某工厂生产一种滚珠，现随机抽取了 50 件产品，测得其直径（单位：mm）如下：

15.0 15.8 15.2 15.1 15.9 14.7 14.8 15.5 15.6 15.3 15.0 15.6 15.7 15.8 14.5 15.1 15.3
14.9 14.9 15.2 15.9 15.0 15.3 15.6 15.1 14.9 14.2 14.6 15.8 15.2 15.2 15.0 14.9 14.8
15.1 15.5 15.5 15.1 15.1 15.0 15.3 14.7 14.5 15.5 15.0 14.7 14.6 14.2 14.2 14.5.

问滚珠的直径是否服从正态分布.

习题 8.6

1. 如果一个矩形的宽度与长度之比为 0.618，那么这样的矩形称为黄金矩形. 下面列出某工艺品生产厂随机抽检的 20 个矩形的宽度与长度比值：

0.693　0.749　0.654　0.670　0.662　0.672　0.615　0.606　0.690　0.628
0.668　0.611　0.606　0.609　0.601　0.553　0.570　0.844　0.576　0.933.

假设这一工厂生产的矩形的宽度与长度的比值总体服从正态分布，利用 MATLAB 检验该工厂生产的矩形是否为黄金矩形（显著性水平为 0.05）.

2. 用包装机包装某种食品，在正常情况下，每袋质量为 1000 g，标准差不能超过 15 g. 假设每袋食品的质量服从正态分布，某天检验机器工作的情况时，从包装好的食品中随机抽取 10 袋，测得其净重如下：

1020　1030　968　994　1014　998　976　982　950　1048.

利用 MATLAB 检验这天机器是否工作正常（显著性水平为 0.05）.

3. 半导体生产中蚀刻是重要工序，而蚀刻率是重要特征且已知其服从正态分布. 现有两种不同的蚀刻方法，为了比较其蚀刻率的大小，特用每种方法在 10 个晶片上进行蚀刻，记录的蚀刻率如下：

方法 1　9.9 9.4 9.3 9.6 10.2 10.6 10.3 10.0 10.3 10.1；

方法 2　10.2 10.6 10.7 10.4 10.5 10.0 10.2 10.4 10.3 10.2.

利用 MATLAB 完成：

（1）在方差相等的假设下检验两种方法的蚀刻率是否相等（显著性水平取 0.05）；

（2）计算（1）的 p 值；

（3）求出平均蚀刻率差的置信水平为 0.95 的置信区间；

（4）检验两个样本的方差是否相等（显著性水平取 0.05）.

小　结

本章讨论了假设检验问题. 有关总体分布的未知参数的论断，或者总体分布未知时对其分布形式的推断等称为统计假设．人们根据样本提供的信息，对所建立的假设作出接受或拒绝的判断，这一判断的过程就是假设检验．

假设检验的基本思想是由实际推断原理．基本步骤如下：

（1）根据实际问题的需求，提出原假设 H_0 及备择假设 H_1；

（2）选取适当的检验统计量，当 H_0 为真时，检验统计量的分布是已知的；

（3）给定显著性水平 α，确定 H_0 的拒绝域 W；

（4）根据样本观测值计算检验统计量的观测值，若检验统计量的观测值属于 W，则拒绝原假设 H_0，否则接受原假设 H_0．

因样本具有随机性，故在作出判断时可能会犯两类错误，一类是"弃真"错误（第一类错误），即当原假设 H_0 为真时却错误地拒绝了 H_0；另一类是"取伪"错误（第二类错误），即当原假设 H_0 为假时却错误地接受了 H_0．当样本容量固定时，减小犯第一类错误的概率必然会增大犯第二类错误的概率，反之，减少犯第二类错误的概率必然会增大犯第一类错误的概率．通常的做法是，只控制犯第一类错误的概率而不管犯第二类错误的概率，即选取很小的正数 $\alpha\ (0<\alpha<1)$，使得

$$P\left\{拒绝H_0 \mid H_0为真\right\} \leqslant \alpha .$$

其中 α 称为显著性水平，这类假设检验称为显著性检验．

进行假设检验时，犯第一类错误的概率是可以人为控制的．显著性水平 α 常取很小的正数，表明当原假设 H_0 为真时拒绝 H_0 的可能性很小，这也意味着相对于备择假设 H_1，原假设 H_0 是受保护的．实际操作中常选取两类错误中后果更严重的错误作为第一类错误．比如，检验某药品是否合格时，常犯的两类错误是：（1）将不合格药品误认为合格药品，会面临损坏病人身体健康或生命安全的风险；（2）将合格药品误认为不合格药品，会面临损失经济利益的风险．显然，第一种风险比第二种风险后果更严重，因此，将"药品不合格"记为原假设 H_0，将"药品合格"记为备择假设 H_1，再确保犯第一类错误"药品不合格时却被误认为合格"的概率 $\leqslant \alpha$．如果犯两类错误的后果无明显差异，经常选取不容易轻易被否定的假设作为原假设．一旦原假设被拒绝，表明有较强的理由接受备择假设．

假设检验拒绝域的形式是根据备择假设确定的．

本章重点介绍了正态总体参数的假设检验，要理解其思想，掌握其方法（Z 检验法、T 检验法、χ^2 检验法、F 检验法），其次简要介绍了总体分布未知时对总体分布函数的假设检验，最后介绍了假设检验的 p 值，即根据样本值拒绝原假设的最小的显著性水平．

重要术语及学习主题

原假设　备择假设　检验统计量　单边检验　双边检验

显著性水平　拒绝域　单个正态总体参数的假设检验

两个正态总体均值差、方差比的假设检验　总体分布函数的假设检验

假设检验的 p 值

第 8 章考研真题

1. 设总体 X 服从正态分布 $N(\mu,\sigma^2)$，$X_1,X_2,\cdots,X_n$ 为来自总体 X 的简单随机样本，据

此样本检验假设 H_0： $\mu=\mu_0$， H_1： $\mu\neq\mu_0$． 则正确的是（　　）

A. 如果在显著性水平 $\alpha=0.05$ 下拒绝 H_0，那么在检验水平 $\alpha=0.01$ 下必拒绝 H_0

B. 如果在显著性水平 $\alpha=0.05$ 下拒绝 H_0，那么在检验水平 $\alpha=0.01$ 下必接受 H_0

C. 如果在显著性水平 $\alpha=0.05$ 下接受 H_0，那么在检验水平 $\alpha=0.01$ 下必拒绝 H_0

D. 如果在显著性水平 $\alpha=0.05$ 下接受 H_0，那么在检验水平 $\alpha=0.01$ 下必接受 H_0

（2018 研考）

2. 设 $X_1,X_2,\cdots,X_{16}$ 为来自总体 $X\sim N(\mu,4)$ 的简单随机样本，考虑假设检验问题 H_0：$\mu\leqslant 10$， H_1： $\mu>10$． $\Phi(x)$ 表示标准正态分布的分布函数，若检验问题的拒绝域是 $W=\left\{\overline{X}\geqslant 11\right\}$，其中 $\overline{X}=\dfrac{1}{16}\sum_{i=1}^{16}X_i$，则 $\mu=11.5$ 时，该检验犯第二类错误的概率是（　　）.

A. $1-\Phi(0.5)$　　B. $1-\Phi(1)$　　C. $1-\Phi(1.5)$　　D. $1-\Phi(2)$

（2021 研考）

数学家故事 8

第 9 章　方差分析

在生产实践和科学试验中，我们经常遇到这样的情形：影响产品产量、质量的因素很多，需要通过观察或试验来判断哪些因素对产品的产量、质量有显著的影响．例如，在化工生产中，影响结果的因素有配方、设备、温度、压力、催化剂、操作人员等，我们需要分析或检验诸多因素中哪些对于产品的产量、质量的影响是显著的，而哪些因素的影响是不显著的，以便更好地指导生产．方差分析（analysis of variance，简称 ANOVA）就是用来解决这类问题的一种有效方法．它是在 20 世纪 20 年代由英国统计学家费希尔首先命名并应用到农业试验上去的．后来这种方法得到了十分广泛的应用，并成功地应用在试验工作的很多方面，是鉴别影响因素的显著性及因素的各种状态效应的一种常用统计方法．

方差分析是数理统计中的重要内容，其本质上是用于两个或两个以上样本均值差别的显著性假设检验．本章将介绍单因素试验的方差分析、双因素试验的方差分析和正交试验设计及其方差分析．

第 9 章思维导图

9.1　单因素试验的方差分析

在试验中，我们将要考察的指标称为试验指标，影响试验指标的条件称为因素．因素可分为两类，一类是人们可以控制的，例如原料成分、反应温度、溶液浓度等；另一类是人们不能控制的，例如测量误差、气象条件等．以下我们所说的因素都是可控因素，因素所处的状态称为该因素的水平．如果在一项试验中只有一个因素在改变，那这样的试验称为单因素试验，如果多于一个因素在改变，就称为多因素试验．

本节通过实例来讨论单因素试验．

9.1.1　数学模型

例 9.1　某实验室对钢锭模进行选材试验．其方法是将试件加热到 700 ℃后，投入 20 ℃的水中急冷，这样反复进行直到试件断裂为止，试验次数越多，则试件质量越好．试验结果如表 9-1 所示．

表 9-1　钢锭模的热疲劳值

试验号	材质分类			
	A_1	A_2	A_3	A_4
1	160	158	146	151
2	161	164	155	152
3	165	164	160	153
4	168	170	162	157
5	170	175	164	160

续表

试验号	材质分类			
	A_1	A_2	A_3	A_4
6	172		166	168
7	180		174	
8			182	

试验的目的是确定 4 种试件的抗热疲劳性能是否有显著差异.

这里，试验的指标是钢锭模的热疲劳值，因素是钢锭模的材质，4 种不同的材质表示钢锭模的 4 个水平，这项试验叫作 4 水平单因素试验.

例 9.2　考察一种人造纤维在不同温度的水中浸泡后的缩水率，在 40 ℃,50 ℃,…,90 ℃的水中分别进行 4 次试验. 得到该种纤维在每次试验中的缩水率（%）如表 9-2 所示. 试问浸泡水的温度对缩水率有无显著的影响.

表 9-2　人造纤维的缩水率

试验号	温度					
	40 ℃	50 ℃	60 ℃	70 ℃	80 ℃	90 ℃
1	4.3	6.1	10.0	6.5	9.3	9.5
2	7.8	7.3	4.8	8.3	8.7	8.8
3	3.2	4.2	5.4	8.6	7.2	11.4
4	6.5	4.1	9.6	8.2	10.1	7.8

这里，试验指标是人造纤维的缩水率，因素是温度，这项试验为 6 水平单因素试验.

一般地，单因素试验的数学模型为：因素 A 有 s 个水平 $A_1, A_2, \cdots, A_s$, 在水平 A_j (j=1,2,⋯,s) 下进行 n_j ($n_j \geqslant 2$)次独立试验，得到表 9-3 所示的结果.

表 9-3　单因素试验的一般结果

试验号	水平			
	A_1	A_2	⋯	A_s
1	x_{11}	x_{12}	⋯	x_{1s}
2	x_{21}	x_{22}	⋯	x_{2s}
⋮	⋮	⋮	⋮	⋮
n_j	$x_{n_1 1}$	$x_{n_2 2}$	⋯	$x_{n_s s}$

假定各水平 A_j (j=1,2,⋯,s)下的样本 $x_{ij} \sim N(\mu_j, \sigma^2)$ (i=1,2,⋯,n_j,j=1,2,⋯,s)，且相互独立.

故 $x_{ij} - \mu_j$ 可看成随机误差，它们是试验中无法控制的各种因素引起的，记 $x_{ij} - \mu_j = \varepsilon_{ij}$,则

$$\begin{cases} x_{ij} = \mu_j + \varepsilon_{ij}, i = 1,2,\cdots,n_j; j = 1,2,\cdots,s, \\ \varepsilon_{ij} \sim N(0,\sigma^2), \\ \text{各}\varepsilon_{ij}\text{相互独立}, \end{cases} \tag{9.1}$$

其中 μ_j 与 σ^2 均为未知参数. 式（9.1）称为单因素试验方差分析的数学模型.

方差分析的任务是对于式(9.1)所示模型, 检验 s 个总体 $N(\mu_1,\sigma^2)$,$N(\mu_2,\sigma^2),\cdots,N(\mu_s,\sigma^2)$ 的均值是否全部相等，即检验假设

$$\begin{cases} H_0: \mu_1 = \mu_2 = \cdots = \mu_s, \\ H_1: \mu_1, \mu_2, \cdots, \mu_s \text{不全相等}. \end{cases} \quad (9.2)$$

为将式（9.2）所示问题写成便于讨论的形式，采用记号

$$\mu = \frac{1}{n}\sum_{j=1}^{s} n_j \mu_j ,$$

其中 $n = \sum_{j=1}^{s} n_j$ ， μ 表示 $\mu_1,\mu_2,\cdots,\mu_s$ 的加权平均，即总平均.

再记

$$\delta_j = \mu_j - \mu , \quad j = 1,2,\cdots,s ,$$

δ_j 表示水平 A_j 下的总体平均值与总平均的差异，习惯上将 δ_j 称为水平 A_j 的效应. 利用这些记号，式（9.1）可改写成：

$$\begin{cases} x_{ij} = \mu + \delta_j + \varepsilon_{ij}, \\ \sum_{j=1}^{s} n_j \delta_j = 0, \\ \varepsilon_{ij} \sim N(0,\sigma^2), \text{各}\varepsilon_{ij}\text{相互独立}; i = 1,2,\cdots,n_j; j = 1,2,\cdots,s. \end{cases} \quad (9.3)$$

x_{ij} 可分解成总平均、水平 A_j 的效应及随机误差 3 个部分之和，
假设式（9.2）等价于

$$\begin{cases} H_0: \delta_1 = \delta_2 = \cdots = \delta_s = 0, \\ H_1: \delta_1, \delta_2, \cdots, \delta_s \text{不全为零}. \end{cases} \quad (9.4)$$

9.1.2 平方和分解

我们寻找适当的统计量，对参数做假设检验. 下面从平方和的分解着手，导出假设检验[见式（9.4）]的检验统计量. 记

$$S_T = \sum_{j=1}^{s}\sum_{i=1}^{n_j} (x_{ij} - \overline{x})^2 , \quad (9.5)$$

这里 $\overline{x} = \frac{1}{n}\sum_{j=1}^{s}\sum_{i=1}^{n_j} x_{ij}$. S_T 能反应全部试验数据之间的差异，又称为总变差.

A_j 下的样本均值

$$\overline{x}_{\cdot j} = \frac{1}{n_j}\sum_{i=1}^{n_j} x_{ij} . \quad (9.6)$$

注意到

$$(x_{ij} - \overline{x})^2 = (x_{ij} - \overline{x}_{\cdot j} + \overline{x}_{\cdot j} - \overline{x})^2 = (x_{ij} - \overline{x}_{\cdot j})^2 + (\overline{x}_{\cdot j} - \overline{x})^2 + 2(x_{ij} - \overline{x}_{\cdot j})(\overline{x}_{\cdot j} - \overline{x}) ,$$

而
$$\sum_{j=1}^{s}\sum_{i=1}^{n_j}(x_{ij}-\overline{x}_{\bullet j})(\overline{x}_{\bullet j}-\overline{x})=\sum_{j=1}^{s}(\overline{x}_{\bullet j}-\overline{x})\left[\sum_{i=1}^{n_j}(x_{ij}-\overline{x}_{\bullet j})\right]$$
$$=\sum_{j=1}^{s}(\overline{x}_{\bullet j}-\overline{x})\left(\sum_{i=1}^{n_j}x_{ij}-n_j\overline{x}_{\bullet j}\right)=0 .$$

记
$$S_E=\sum_{j=1}^{s}\sum_{i=1}^{n_j}(x_{ij}-\overline{x}_{\bullet j})^2 , \tag{9.7}$$

S_E 称为误差平方和.

记
$$S_A=\sum_{j=1}^{s}\sum_{i=1}^{n_j}(\overline{x}_{\bullet j}-\overline{x})^2=\sum_{j=1}^{s}n_j(\overline{x}_{\bullet j}-\overline{x})^2 , \tag{9.8}$$

S_A 称为因素 A 的效应平方和．于是
$$S_T=S_E+S_A . \tag{9.9}$$

利用 ε_{ij} 可更清楚地看到 S_E 和 S_A 的含义，记
$$\overline{\varepsilon}=\frac{1}{n}\sum_{j=1}^{s}\sum_{i=1}^{n_j}\varepsilon_{ij}$$

为随机误差的总平均，
$$\overline{\varepsilon}_{\bullet j}=\frac{1}{n_j}\sum_{i=1}^{n_j}\varepsilon_{ij}\ (j=1,2,\cdots,s).$$

于是
$$S_E=\sum_{j=1}^{s}\sum_{i=1}^{n_j}(x_{ij}-\overline{x}_{\bullet j})^2=\sum_{j=1}^{s}\sum_{i=1}^{n_j}(\varepsilon_{ij}-\overline{\varepsilon}_{\bullet j})^2 , \tag{9.10}$$
$$S_A=\sum_{j=1}^{s}n_j(\overline{x}_{\bullet j}-\overline{x})^2=\sum_{j=1}^{s}n_j(\delta_j+\overline{\varepsilon}_{\bullet j}-\overline{\varepsilon})^2 . \tag{9.11}$$

平方和的分解公式[式（9.9）]说明总平方和可分解成误差平方和与因素 A 的效应平方和．式[式（9.10）]说明 S_E 完全是由随机波动引起的．而式（9.11）说明 S_A 除随机误差外还含有各水平的效应 δ_j，当 δ_j 不全为零时，S_A 主要反映了这些效应的差异．若 H_0 成立，各水平的效应为零，S_A 中也只含随机误差，因而 S_A 与 S_E 相比，相对于某一显著性水平来说不应太大．方差分析的目的是研究 S_A 相对于 S_E 有多大，若 S_A 显著比 S_E 大，则表明各水平对指标的影响有显著差异．故需研究与 S_A/S_E 有关的统计量.

9.1.3　假设检验问题

为了更好地构造检验统计量，先介绍下述定理.

定理 9.1　在单因素方差分析模型[式（9.3）]中

（1）$\dfrac{S_E}{\sigma^2}\sim\chi^2(n-s)$；

（2）当 H_0 成立时，$\dfrac{S_A}{\sigma^2}\sim\chi^2(s-1)$，且 S_E 与 S_A 相互独立.

证明过程略.

由定理 9.1 及 F 分布的定义可得，当 H_0 成立时，

$$F=\frac{S_A/(s-1)}{S_E/(n-s)}\sim F(s-1,n-s). \tag{9.12}$$

当 H_0 成立时，$E\left(\dfrac{S_A}{s-1}\right)=\sigma^2$；当 H_0 不成立时，$E\left(\dfrac{S_A}{s-1}\right)>E\left(\dfrac{S_E}{n-s}\right)$，即 $\dfrac{S_A/(s-1)}{S_E/(n-s)}$ 有大于 1 的趋势. 于是，对于给定的显著性水平 $\alpha(0<\alpha<1)$，由于

$$P\{F\geqslant F_\alpha(s-1,n-s)\}=\alpha, \tag{9.13}$$

故得检验问题[见式（9.4）]的拒绝域为

$$F\geqslant F_\alpha(s-1,n-s). \tag{9.14}$$

由样本值计算 F 的值，若 $F\geqslant F_\alpha$，则拒绝 H_0，即认为水平的改变对指标有显著性的影响；若 $F<F_\alpha$，则接受原假设 H_0，即认为水平的改变对指标无显著影响.

上述分析结果有表 9-4 所示的形式，称为方差分析表.

表 9-4　单因素试验方差分析表

方差来源	平方和	自由度	均方和	F 比
因素 A	S_A	$s-1$	$\overline{S}_A=\dfrac{S_A}{s-1}$	$\overline{S}_A/\overline{S}_E$
误差 E	S_E	$n-s$	$\overline{S}_E=\dfrac{S_E}{n-s}$	
总和 T	S_T	$n-1$		

当 $F\geqslant F_{0.05}(s-1,n-s)$ 时，称影响是显著的，

当 $F\geqslant F_{0.01}(s-1,n-s)$ 时，称影响是高度显著的.

在实际中，我们可以按以下较简便的公式来计算 S_T，S_A 和 S_E. 记

$$T_{\cdot j}=\sum_{i=1}^{n_j}x_{ij}\ (j=1,2,\cdots,s),\qquad T_{\cdot\cdot}=\sum_{j=1}^{s}\sum_{i=1}^{n_j}x_{ij},$$

即有

$$\begin{cases}S_T=\displaystyle\sum_{j=1}^{s}\sum_{i=1}^{n_j}{x_{ij}}^2-n\overline{x}^2=\sum_{j=1}^{s}\sum_{i=1}^{n_j}{x_{ij}}^2-\frac{{T_{\cdot\cdot}}^2}{n},\\ S_A=\displaystyle\sum_{j=1}^{s}n_j{\overline{x}_{\cdot j}}^2-n\overline{x}^2=\sum_{j=1}^{s}\frac{{T_{\cdot j}}^2}{n_j}-\frac{{T_{\cdot\cdot}}^2}{n},\\ S_E=S_T-S_A.\end{cases} \tag{9.15}$$

例 9.3　如前文所述，在例 9.1 中需检验假设

$$H_0:\mu_1=\mu_2=\mu_3=\mu_4,\quad H_1:\mu_1,\mu_2,\mu_3,\mu_4\text{ 不全相等}.$$

给定 $\alpha = 0.05$，完成这一假设检验.

解　s=4，n_1=7，n_2=5，n_3=8，n_4=6，n=26. 将表 9-1 改写，如表 9-5 所示.

表 9-5　例 9.1 的方差分析相关数据

试验号	材质 A				
	A_1	A_2	A_3	A_4	$\sum$
1	160	158	146	151	
2	161	164	155	152	
3	165	164	160	153	
4	168	170	162	157	
5	170	175	164	160	
6	172		166	168	
7	180		174		
8			182		
$T_{\bullet j}$	1176	831	1309	941	4257
$T_{\bullet j}{}^2 / n_j$	197568	138112.2	214185.1	147580.2	697445.5
$\sum_{i=1}^{n_j} x_{ij}{}^2$	197854	138281	215037	147787	698959

$$S_T = \sum_{j=1}^{4}\sum_{i=1}^{n_j} x_{ij}{}^2 - \frac{T_{\bullet\bullet}^2}{n} = 698959 - \frac{(4257)^2}{26} \approx 1957.12\,,$$

$$S_A = \sum_{j=1}^{4} \frac{T_{\bullet j}^2}{n_j} - \frac{T_{\bullet\bullet}^2}{n} = 697445.5 - \frac{(4257)^2}{26} \approx 443.62\,,$$

$$S_E = S_T - S_A = 1957.12 - 443.62 = 1513.50\,.$$

得方差分析表如表 9-6 所示.

表 9-6　例 9.1 的方差分析表

方差来源	平方和	自由度	均方和	F 比
因素 A	443.62	3	147.87	2.15
误差 E	1513.50	22	68.80	
总和 T	1957.12	25		

由于 $F(3,22)$=2.15＜$F_{0.05}(3,22)$=3.05，则接受 H_0，即认为 4 种试件的热疲劳性无显著差异.

例 9.4　如前文所述，在例 9.2 中需检验假设

$$H_0: \mu_1 = \mu_2 = \cdots = \mu_6\,,\quad H_1: \mu_1, \mu_2, \cdots, \mu_6 \text{ 不全相等}.$$

试取 $\alpha = 0.05$ 和 $\alpha = 0.01$，完成这一假设检验.

解　s=6，$n_1 = n_2 = \cdots = n_6$=4，n=24. 将表 9-2 改写，如表 9-7 所示.

表 9-7　例 9.2 的方差分析相关数据

温度 A / 缩水率/% / 试验号	A_1（40℃）	A_2（50℃）	A_3（60℃）	A_4（70℃）	A_5（80℃）	A_6（90℃）	$\sum$
1	4.3	6.1	10.0	6.5	9.3	9.5	
2	7.8	7.3	4.8	8.3	8.7	8.8	
3	3.2	4.2	5.4	8.6	7.2	11.4	
4	6.5	4.1	9.6	8.2	10.1	7.8	
$T_{\bullet j}$	21.8	21.7	29.8	31.6	35.3	37.5	177.7
$T_{\bullet j}^2 / n_j$	118.81	117.72	222.01	249.64	311.52	351.56	1371.26
$\sum_{i=1}^{n_j} x_{ij}^2$	131.82	124.95	244.36	252.34	316.03	358.49	1427.99

$$S_T = \sum_{j=1}^{6}\sum_{i=1}^{n_j} x_{ij}{}^2 - \frac{T_{\bullet\bullet}^2}{n} = 1427.99 - \frac{177.7^2}{24} = 112.27 ,$$

$$S_A = \sum_{j=1}^{6}\frac{T_{\bullet j}^2}{n_j} - \frac{T_{\bullet\bullet}^2}{n} = 1371.26 - \frac{177.7^2}{24} = 55.54 ,$$

$$S_E = S_T - S_A = 112.27 - 55.54 = 56.73 .$$

得方差分析表如表 9-8 所示.

表 9-8　例 9.2 的方差分析表

方差来源	平方和	自由度	均方和	F 比
因素 A	55.54	5	11.11	3.53
误差 E	56.73	18	3.15	
总和 T	112.27	23		

由于 $F < F_{0.01}(5,18)=4.25$，但 $F > F_{0.05}(5,18)=2.77$，故浸泡水的温度对缩水率有显著影响，但不能说有高度显著的影响.

本节的方差分析是在以下两项假设下进行的，一是正态性假设，假定每个总体的数据均服从正态分布；二是等方差性假设，假定各正态总体方差相等. 理论研究表明，当正态性假设不满足时对检验结果的影响较小，但检验结果对等方差性是否满足较为敏感，所以等方差性的检验十分必要.

习题 9.1

1. 灯泡厂用 4 种不同的材料制成灯丝，检验灯线材料这一因素对灯泡使用寿命（单位：h）的影响. 若灯泡的使用寿命服从正态分布，不同材料的灯丝制成的灯泡的使用寿命的方差相同，试根据表 9-9 中记录的试验结果，在显著性水平 0.05 下检验灯泡的使用寿命是否因灯丝材料不同而有显著差异？

表 9-9　不同材料制成的灯泡的使用寿命数据

		试验批号							
		1	**2**	**3**	**4**	**5**	**6**	**7**	**8**
灯丝材料水平	A_1	1600	1610	1650	1680	1700	1720	1800	
	A_2	1580	1640	1640	1700	1750			
	A_3	1460	1550	1600	1620	1640	1660	1740	1820
	A_4	1510	1520	1530	1570	1600	1680		

2. 一个年级有 3 个小班，他们进行了一次数学考试，现从各个班级随机地抽取了一些学生，记录其成绩，如表 9-10 所示.

表 9-10　随机抽取的学生成绩数据

Ⅰ		Ⅱ		Ⅲ	
73	66	88	77	68	41
89	60	78	31	79	59
82	45	48	78	56	68
43	93	91	62	91	53
80	36	51	76	71	79
73	77	85	96	71	15
		74	80	87	
		56			

试在显著性水平 0.05 下检验各班级的平均分数有无显著差异. 设各个总体服从正态分布，且方差相等.

9.2　双因素试验的方差分析

9.1 节介绍了单因素试验的方差分析，但当我们进行某一项试验，影响指标的因素不是一个而是多个时，要分析多个因素中各个因素对试验结果的影响是否显著，就要用到多因素的方差分析. 本节就两个因素的方差分析做简单介绍. 当有两个因素时，除每个因素的影响之外，还有这两个因素搭配起来的影响. 如表 9-11 所示的两组试验结果，都有两个因素 A 和 B，每个因素取两个水平.

表 9-11　（a）试验结果表

B	A	
	A_1	A_2
B_1	30	50
B_2	70	90

表 9-11　（b）试验结果表

B	A	
	A_1	A_2
B_1	30	50
B_2	100	80

表 9-11（a）中，无论 B 处于什么水平（B_1 或 B_2），水平 A_2 下的结果总比水平 A_1 下的高 20；同样地，无论 A 处于什么水平，水平 B_2 下的结果总比水平 B_1 下的高 40. 这说明 A 和 B 单独地各自影响结果，互相之间没有作用.

表 9-11（b）中，当 B 处于水平 B_1 时，水平 A_2 下的结果比水平 A_1 下的高，而且当 B 处于水平 B_2 时，水平 A_1 下的结果比水平 A_2 下的高；类似地，当 A 处于水平 A_1 时，水平 B_2 下的结果比水平 B_1 下的高 70，而 A 处于水平 A_2 时，水平 B_2 下的结果比水平 B_1 下的高 30. 这表明 A 的作用与 B 所取的水平有关，而 B 的作用也与 A 所取的水平有关，即 A 和 B 不仅各自对结果有影响，它们的搭配方式对结果也有影响. 我们把这种由搭配方式带来的影响称作因素 A 和 B 的交互作用，记作 $A\times B$. 在双因素试验的方差分析中，不仅要检验水平 A 和 B 的作用，还要检验它们的交互作用.

9.2.1 双因素等重复试验的方差分析

设有两个因素 A，B 作用于试验的指标，因素 A 有 r 个水平 $A_1, A_2, \cdots, A_r$，因素 B 有 s 个水平 $B_1, B_2, \cdots, B_s$，现对因素 A，B 的水平的每对组合 $(A_i, B_j)(i=1,2,\cdots,r,\ j=1,2,\cdots,s)$ 都做 $t(t\geqslant 2)$ 次试验（称为等重复试验），得到表 9-12 的结果.

表 9-12 双因素等重复试验的一般结果

A	B			
	B_1	B_2	…	B_s
A_1	$x_{111}, x_{112}, \cdots, x_{11t}$	$x_{121}, x_{122}, \cdots, x_{12t}$	…	$x_{1s1}, x_{1s2}, \cdots, x_{1st}$
A_2	$x_{211}, x_{212}, \cdots, x_{21t}$	$x_{221}, x_{222}, \cdots, x_{22t}$	…	$x_{2s1}, x_{2s2}, \cdots, x_{2st}$
⋮	⋮	⋮	⋮	⋮
A_r	$x_{r11}, x_{r12}, \cdots, x_{r1t}$	$x_{r21}, x_{r22}, \cdots, x_{r2t}$	…	$x_{rs1}, x_{rs2}, \cdots, x_{rst}$

设 $x_{ijk} \sim N(\mu_{ij}, \sigma^2)$ $(i=1,2,\cdots,r,\ j=1,2,\cdots,s,\ k=1,2,\cdots,t)$，各 x_{ijk} 独立. 这里 μ_{ij}，σ^2 均为未知参数，也可写为

$$\begin{cases} x_{ijk} = \mu_{ij} + \varepsilon_{ijk}, i=1,2,\cdots,r,\ j=1,2,\cdots,s, \\ \varepsilon_{ijk} \sim N(0,\sigma^2), k=1,2,\cdots,t, \\ \text{各}\,\varepsilon_{ijk}\,\text{相互独立}. \end{cases} \tag{9.16}$$

记

$$\mu=\frac{1}{rs}\sum_{i=1}^{r}\sum_{j=1}^{s}\mu_{ij},$$

$$\mu_{i\cdot}=\frac{1}{s}\sum_{j=1}^{s}\mu_{ij}\ (i=1,2,\cdots,r),$$

$$\mu_{\cdot j}=\frac{1}{r}\sum_{i=1}^{r}\mu_{ij}\ (j=1,2,\cdots,s),$$

$$\alpha_i = \mu_{i\cdot} - \mu\ (i=1,2,\cdots,r),$$

$$\beta_j = \mu_{\cdot j} - \mu\ (j=1,2,\cdots,s),$$

$$\gamma_{ij} = \mu_{ij} - \mu_{i\cdot} - \mu_{\cdot j} + \mu\ (i=1,2,\cdots,r,\ j=1,2,\cdots,s),$$

于是

$$\mu_{ij}=\mu+\alpha_i+\beta_j+\gamma_{ij}, \tag{9.17}$$

称 μ 为总平均，α_i 为水平 A_i 的效应，β_j 为水平 B_j 的效应，γ_{ij} 为水平 A_i 和水平 B_j 的交互作用，这是由 A_i，B_j 搭配起来联合作用而引起的.

易知

$$\sum_{i=1}^{r}\alpha_i=0,\ \sum_{j=1}^{s}\beta_j=0,$$

$$\sum_{i=1}^{r}\gamma_{ij}=0(j=1,2,\cdots,s),$$

$$\sum_{j=1}^{s}\gamma_{ij}=0(i=1,2,\cdots,r),$$

这样式（9.16）可写成

$$\begin{cases} x_{ijk}=\mu+\alpha_i+\beta_j+\gamma_{ij}+\varepsilon_{ijk}, \\ \sum_{i=1}^{r}\alpha_i=0,\sum_{j=1}^{s}\beta_j=0,\sum_{i=1}^{r}\gamma_{ij}=0,\sum_{j=1}^{s}\gamma_{ij}=0, \\ \varepsilon_{ijk}\sim N(0,\sigma^2),i=1,2,\cdots,r,\ j=1,2,\cdots,s,\ k=1,2,\cdots,t, \\ \text{各}\varepsilon_{ijk}\text{相互独立}, \end{cases} \tag{9.18}$$

其中 μ，α_i，β_j，γ_{ij} 以及 σ^2 都为未知参数.

式（9.18）就是我们所要研究的双因素试验方差分析的数学模型．我们要检验因素 A，B 及其交互作用 $A\times B$ 是否显著．要检验以下 3 个假设：

$$\begin{cases} H_{01}:\alpha_1=\alpha_2=\cdots=\alpha_r=0, \\ H_{11}:\alpha_1,\alpha_2,\cdots,\alpha_r\text{不全为零}; \end{cases}$$

$$\begin{cases} H_{02}:\beta_1=\beta_2=\cdots=\beta_s=0, \\ H_{12}:\beta_1,\beta_2,\cdots,\beta_s\text{不全为零}; \end{cases}$$

$$\begin{cases} H_{03}:\gamma_{11}=\gamma_{12}=\cdots=\gamma_{rs}=0, \\ H_{13}:\gamma_{11},\gamma_{12},\cdots,\gamma_{rs}\text{不全为零}. \end{cases}$$

类似于单因素的情况，对这些问题的检验方法也是建立在平方和分解上的．记

$$\bar{x}=\frac{1}{rst}\sum_{i=1}^{r}\sum_{j=1}^{s}\sum_{k=1}^{t}x_{ijk},$$

$$\bar{x}_{ij\cdot}=\frac{1}{t}\sum_{k=1}^{t}x_{ijk}\ (i=1,2,\cdots,r,\ j=1,2,\cdots,s),$$

$$\bar{x}_{i\cdot\cdot}=\frac{1}{st}\sum_{j=1}^{s}\sum_{k=1}^{t}x_{ijk}\ (i=1,2,\cdots,r),$$

$$\bar{x}_{\cdot j\cdot}=\frac{1}{rt}\sum_{i=1}^{r}\sum_{k=1}^{t}x_{ijk}\ (j=1,2,\cdots,s),$$

故总变差为
$$S_T=\sum_{i=1}^{r}\sum_{j=1}^{s}\sum_{k=1}^{t}(x_{ijk}-\overline{x})^2 .$$

不难验证 $\overline{x}$，$\overline{x}_{i\cdot\cdot}$，$\overline{x}_{\cdot j\cdot}$，$\overline{x}_{ij\cdot}$ 分别是 μ，$\mu_{i\cdot}$，$\mu_{\cdot j}$，μ_{ij} 的无偏估计. 由
$$x_{ijk}-\overline{x}=(x_{ijk}-\overline{x}_{ij\cdot})+(\overline{x}_{i\cdot\cdot}-\overline{x})+(\overline{x}_{\cdot j\cdot}-\overline{x})+(\overline{x}_{ij\cdot}-\overline{x}_{i\cdot\cdot}-\overline{x}_{\cdot j\cdot}+\overline{x})\ (1\leqslant i\leqslant r，1\leqslant j\leqslant s，1\leqslant k\leqslant t)$$
得平方和的分解式
$$S_T=S_E+S_A+S_B+S_{A\times B} , \tag{9.19}$$
其中
$$S_E=\sum_{i=1}^{r}\sum_{j=1}^{s}\sum_{k=1}^{t}(x_{ijk}-\overline{x}_{ij\cdot})^2 ,\quad S_A=st\sum_{i=1}^{r}(\overline{x}_{i\cdot\cdot}-\overline{x})^2 ,$$
$$S_B=rt\sum_{j=1}^{s}(\overline{x}_{\cdot j\cdot}-\overline{x})^2 ,\quad S_{A\times B}=t\sum_{i=1}^{r}\sum_{j=1}^{s}(\overline{x}_{ij\cdot}-\overline{x}_{i\cdot\cdot}-\overline{x}_{\cdot j\cdot}+\overline{x})^2 .$$

S_E 称为误差平方和，S_A 与 S_B 分别称为因素 A 与 B 的效应平方和，$S_{A\times B}$ 称为 A，B 交互作用平方和. 可以证明

当 H_{01} 为真时，
$$F_A=\frac{S_A/(r-1)}{S_E/[rs(t-1)]}\sim F(r-1,rs(t-1)) ;$$
当假设 H_{02} 为真时，
$$F_B=\frac{S_B/(s-1)}{S_E/[rs(t-1)]}\sim F(s-1,rs(t-1)) ;$$
当假设 H_{03} 为真时，
$$F_{A\times B}=\frac{S_{A\times B}/(r-1)(s-1)}{S_E/[rs(t-1)]}\sim F\big((r-1)(s-1),rs(t-1)\big).$$
当给定显著性水平 α 后，假设 H_{01}，H_{02}，H_{03} 的拒绝域分别为
$$\begin{cases}F_A\geqslant F_\alpha(r-1,rs(t-1)),\\ F_B\geqslant F_\alpha(s-1,rs(t-1)),\\ F_{A\times B}\geqslant F_\alpha((r-1)(s-1),rs(t-1)),\end{cases} \tag{9.20}$$
经过上面的分析和计算，可得出双因素试验的方差分析表如表 9-13 所示.

表 9-13　双因素试验的方差分析表（等重复）

方差来源	平方和	自由度	均方和	**F** 比
因素 A	S_A	$r-1$	$\overline{S}_A=\frac{S_A}{r-1}$	$F_A=\frac{\overline{S}_A}{\overline{S}_E}$
因素 B	S_B	$s-1$	$\overline{S}_B=\frac{S_B}{s-1}$	$F_B=\frac{\overline{S}_B}{\overline{S}_E}$
交互作用 $A\times B$	$S_{A\times B}$	$(r-1)(s-1)$	$\overline{S}_{A\times B}=\frac{S_{A\times B}}{(r-1)(s-1)}$	$F_{A\times B}=\frac{\overline{S}_{A\times B}}{\overline{S}_E}$
误差 E	S_E	$rs(t-1)$	$\overline{S}_E=\frac{S_E}{rs(t-1)}$	
总和 T	S_T	$rst-1$		

在实际应用中，与单因素方差分析类似可按以下较简便的公式来计算 S_T，S_A，S_B，$S_{A\times B}$，S_E.

记
$$T_{\cdot\cdot\cdot}=\sum_{i=1}^{r}\sum_{j=1}^{s}\sum_{k=1}^{t}x_{ijk},$$

$$T_{ij\cdot}=\sum_{k=1}^{t}x_{ijk}\ (i=1,2,\cdots,r,\ j=1,2,\cdots,s),$$

$$T_{i\cdot\cdot}=\sum_{j=1}^{s}\sum_{k=1}^{t}x_{ijk}\ (i=1,2,\cdots,r),$$

$$T_{\cdot j\cdot}=\sum_{i=1}^{r}\sum_{k=1}^{t}x_{ijk}\ (j=1,2,\cdots,s),$$

即有

$$\begin{cases}S_T=\sum_{i=1}^{r}\sum_{j=1}^{s}\sum_{k=1}^{t}x_{ijk}{}^2-\dfrac{T_{\cdot\cdot\cdot}^2}{rst},\\ S_A=\dfrac{1}{st}\sum_{i=1}^{r}T_{i\cdot\cdot}^2-\dfrac{T_{\cdot\cdot\cdot}^2}{rst},\\ S_B=\dfrac{1}{rt}\sum_{j=1}^{s}T_{\cdot j\cdot}^2-\dfrac{T_{\cdot\cdot\cdot}^2}{rst},\\ S_{A\times B}=\dfrac{1}{t}\sum_{i=1}^{r}\sum_{j=1}^{s}T_{ij\cdot}^2-\dfrac{T_{\cdot\cdot\cdot}^2}{rst}-S_A-S_B,\\ S_E=S_T-S_A-S_B-S_{A\times B}.\end{cases}\tag{9.21}$$

例 9.5　用不同的生产方法（不同的硫化时间和不同的加速剂）制造的硬橡胶的抗牵拉强度（单位：kg·cm^{-2}）的观察数据如表 9-14 所示. 试在显著性水平 0.10 下分析不同的硫化时间（A）、加速剂（B）以及它们的交互作用（$A\times B$）对抗牵拉强度有无显著影响.

表 9-14　不同生产方法制造的硬橡胶的抗牵拉强度

140℃下硫化时间/s	加速剂		
	甲	乙	丙
40	39，36	43，37	37，41
60	41，35	42，39	39，40
80	40，30	43，36	36，38

解　按题意，需检验假设 H_{01}、H_{02}、H_{03}. 其中

$$\begin{cases}H_{01}:\alpha_1=\alpha_2=\cdots=\alpha_r=0,\\ H_{11}:\alpha_1,\alpha_2,\cdots,\alpha_r\text{不全为零}.\end{cases}$$

$$\begin{cases}H_{02}:\beta_1=\beta_2=\cdots=\beta_s=0,\\ H_{12}:\beta_1,\beta_2,\cdots,\beta_s\text{不全为零}.\end{cases}$$

$$\begin{cases}H_{03}:\gamma_{11}=\gamma_{12}=\cdots=\gamma_{rs}=0,\\ H_{13}:\gamma_{11},\gamma_{12},\cdots,\gamma_{rs}\text{不全为零}.\end{cases}$$

$r=s=3$，$t=2$，以及 $T_{\cdots}$、$T_{ij\cdot}$、$T_{i\cdot\cdot}$、$T_{\cdot j\cdot}$ 的计算结果如表 9-15 所示.

表 9-15　例 9.5 的双因素方差分析的相关数据

硫化时间/s \ $T_{ij\cdot}$ \ 加速剂	甲	乙	丙	$T_{i\cdot\cdot}$
40	75	80	78	233
60	76	81	79	236
80	70	79	74	223
$T_{\cdot j\cdot}$	221	240	231	692

$$S_T=\sum_{i=1}^{r}\sum_{j=1}^{s}\sum_{k=1}^{t}x_{ijk}{}^2-\frac{T_{\cdots}^2}{rst}=178.44\,,\quad S_A=\frac{1}{st}\sum_{i=1}^{r}T_{i\cdot\cdot}^2-\frac{T_{\cdots}^2}{rst}=15.44,$$

$$S_B=\frac{1}{rt}\sum_{j=1}^{s}T_{\cdot j\cdot}^2-\frac{T_{\cdots}^2}{rst}=30.11,\ S_{A\times B}=\frac{1}{t}\sum_{i=1}^{r}\sum_{j=1}^{s}T_{ij\cdot}^2-\frac{T_{\cdots}^2}{rst}-S_A-S_B=2.89,$$

$$S_E=S_T-S_A-S_B-S_{A\times B}=130,$$

得方差分析表如表 9-16 所示.

表 9-16　例 9.5 的方差分析表

方差来源	平方和	自由度	均方和	**F** 比
因素 A（硫化时间）	15.44	2	7.72	$F_A=0.53$
因素 B（加速剂）	30.11	2	15.055	$F_B=1.04$
交互作用 $A\times B$	2.89	4	0.7225	$F_{A\times B}=0.05$
误差	130	9	14.44	
总和	178.44	17		

由于 $F_{0.10}(2,9)=3.01>F_A$，$F_{0.10}(2,9)>F_B$，$F_{0.10}(4,9)=2.69>F_{A\times B}$，因而接受假设 H_{01}、H_{02}、H_{03}，即硫化时间、加速剂以及它们的交互作用对硬橡胶的抗牵拉强度的影响不显著.

9.2.2　双因素无重复试验的方差分析

在双因素试验中，如果对每一对水平的组合 (A_i,B_j) 只做一次试验，即不重复试验，所得结果如表 9-17 所示.

表 9-17　双因素无重复试验的一般结果

因素 A	因素 B		
	B_1	B_2	B_s
A_1	x_{11}	x_{12}	x_{1s}
A_2	x_{21}	x_{22}	x_{2s}
$\vdots$	$\vdots$	$\vdots$	$\vdots$
A_r	x_{r1}	x_{r2}	x_{rs}

这时，由于 $\overline{x}_{ij\cdot}=x_{ijk}$，$S_E=0$，$S_E$ 的自由度为 0，故不能利用双因素等重复试验中的公式进行方差分析. 但是，如果我们认为 A，B 两因素无交互作用，或已知其交互作用对试验指标影响很小，则可将 $S_{A\times B}$ 取作 S_E，仍可利用双因素等重复试验的公式对因素 A，B 进行方差分析. 这种情况下的数学模型及统计分析表示如下.

由式（9.18），得

$$\begin{cases} x_{ij}=\mu+\alpha_i+\beta_j+\varepsilon_{ij}, \\ \sum_{i=1}^{r}\alpha_i=0,\sum_{j=1}^{s}\beta_j=0, \\ \varepsilon_{ij}\sim N(0,\sigma^2),\ i=1,2,\cdots,r,\ j=1,2,\cdots,s, \\ \text{各}\varepsilon_{ij}\text{独立}. \end{cases} \tag{9.22}$$

要检验的假设有以下两个

$$\begin{cases} H_{01}:\alpha_1=\alpha_2=\cdots=\alpha_r=0, \\ H_{11}:\alpha_1,\alpha_2,\cdots,\alpha_r\text{不全为零}; \end{cases}$$

$$\begin{cases} H_{02}:\beta_1=\beta_2=\cdots=\beta_s=0, \\ H_{12}:\beta_1,\beta_2,\cdots,\beta_s\text{不全为零}. \end{cases}$$

记
$$\overline{x}=\frac{1}{rs}\sum_{i=1}^{r}\sum_{j=1}^{s}x_{ij}\ ,\quad \overline{x}_{i\cdot}=\frac{1}{s}\sum_{j=1}^{s}x_{ij}\ ,\quad \overline{x}_{\cdot j}=\frac{1}{r}\sum_{i=1}^{r}x_{ij}\ ,$$

平方和分解公式为

$$S_T=S_A+S_B+S_E\ , \tag{9.23}$$

其中
$$S_T=\sum_{i=1}^{r}\sum_{j=1}^{s}(x_{ij}-\overline{x})^2,\quad S_A=s\sum_{i=1}^{r}(\overline{x}_{i\cdot}-\overline{x})^2\ ,$$

$$S_B=r\sum_{j=1}^{s}(\overline{x}_{\cdot j}-\overline{x})^2\ ,\quad S_E=\sum_{i=1}^{r}\sum_{j=1}^{s}(x_{ij}-\overline{x}_{i\cdot}-\overline{x}_{\cdot j}+\overline{x})^2\ ,$$

分别称 S_T 为总平方和、S_A 为因素 A 的效应平方和、S_B 为因素 B 的效应平方和、S_E 为误差平方和.

取显著性水平为 α，当 H_{01} 为真时，

$$F_A=\frac{(s-1)S_A}{S_E}\sim F(r-1,(r-1)(s-1))\ ,$$

H_{01} 的拒绝域为

$$F_A\geqslant F_\alpha(r-1,(r-1)(s-1))\ , \tag{9.24}$$

当 H_{02} 为真时，

$$F_B=\frac{(r-1)S_B}{S_E}\sim F(s-1,(r-1)(s-1))\ ,$$

H_{02} 的拒绝域为

$$F_B\geqslant F_\alpha(s-1,(r-1)(s-1))\ , \tag{9.25}$$

得方差分析表如表 9-18 所示.

表 9-18　双因素试验的方差分析表（无重复）

方差来源	平方和	自由度	均方和	F 比
因素 A	S_A	$r-1$	$\bar{S}_A=\dfrac{S_A}{r-1}$	$F_A=\dfrac{\bar{S}_A}{\bar{S}_E}$
因素 B	S_B	$s-1$	$\bar{S}_B=\dfrac{S_B}{s-1}$	$F_B=\dfrac{\bar{S}_B}{\bar{S}_E}$
误差 E	S_E	$(r-1)(s-1)$	$\bar{S}_E=\dfrac{S_E}{(r-1)(s-1)}$	
总和 T	S_T	$rs-1$		

例 9.6　测试某种钢在不同含铜量和各种温度下的冲击值（单位：kg・m・cm^{-1}），表 9-19 所示为试验的数据（冲击值），问试验温度、含铜量对钢的冲击值的影响是否显著（α=0.01）.

表 9-19　不同的温度、含铜量对钢的冲击值(kg・m・cm^{-1})

试验温度/℃	铜含量/%		
	0.2	0.4	0.8
20	10.6	11.6	14.5
0	7.0	11.1	13.3
−20	4.2	6.8	11.5
−40	4.2	6.3	8.7

解　由已知得 r=4，s=3，需检验假设 H_{01}，H_{02}，经计算得方差分析表如表 9-20 所示.

表 9-20　例 9.6 的方差分析表

方差来源	平方和	自由度	均方和	F 比
温度作用 A	64.58	3	21.53	23.79
铜含量作用 B	60.74	2	30.37	33.56
试验误差 E	5.43	6	0.905	
总和 T	130.75	11		

由于 $F_{001}(3,6)=9.78<F_A$，拒绝 H_{01}.

$F_{001}(2,6)=10.92<F_B$，拒绝 H_{02}.

检验结果表明，试验温度、含铜量对钢冲击值的影响都是显著的.

习题 9.2

1. 表 9-21 所示为 3 位操作工分别在不同机器上操作 3 天的日产量.

表 9-21　不同操作工操作不同机器的日产量

机器	操作工		
	甲	乙	丙
A_1	15　15　17	19　19　16	16　18　21
A_2	17　17　17	15　15　15	19　22　22
A_3	15　17　16	18　17　16	18　18　18
A_4	18　20　22	15　16　17	17　17　17

取显著性水平 $\alpha=0.05$，试分析操作工之间、机器之间以及两者交互作用有无显著差异？

2. 为了解 3 种不同配比的饲料对仔猪生长影响的差异，从 3 种不同品种的猪各选 3 头进行试验，分别测得其 3 个月间体重增加量如表 9-22 所示，取显著性水平 $\alpha=0.05$，试分析不同饲料与不同品种对猪的生长有无显著影响？假定其体重增长量服从正态分布，且各种配比的方差相等.

表 9-22　不同饲料对不同品种猪体重的影响

体重增长量		因素 B（品种）		
		B_1	B_2	B_3
因素 A（饲料）	A_1	51	56	45
	A_2	53	57	49
	A_3	52	58	47

9.3　正交试验设计及其方差分析

在工农业生产和科学实验中，为改革旧工艺、寻求最优生产条件等，经常要做许多试验，而影响这些试验结果的因素很多，我们把含有两个以上因素的试验称为多因素试验. 前两节讨论的单因素试验和双因素试验均属于全面试验（即每一个因素的各种水平的相互搭配都要进行试验），多因素试验由于要考虑的因素较多，当每个因素的水平数较大时，若进行全面试验，则试验次数将会更多. 因此，对于多因素试验，存在如何安排好试验的问题. 正交试验设计是研究和处理多因素试验的一种科学方法，它利用一套现存规格化的表——正交表来安排试验，通过少量的试验，获得满意的试验结果.

9.3.1　正交试验设计的基本方法

正交试验设计包含两个内容：（1）怎样安排试验方案；（2）如何分析试验结果.

下面先介绍正交表.

正交表是预先编制好的一种表格. 表 9-23 所示即为正交表 $L_4(2^3)$，其中字母 L 表示正交，它的 3 个数字有 3 种不同的含义.

表 9-23　正交表 $L_4(2^3)$

试验号	列号		
	1	2	3
1	1	1	1
2	1	2	2
3	2	1	2
4	2	2	1

（1）$L_4(2^3)$表的结构：有 4 行、3 列，表中出现 2 个反映水平的数码 1、2.

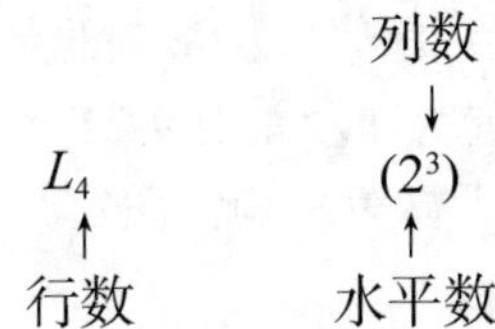

（2）$L_4(2^3)$表的用法：做 4 次试验，最多可安排 2 水平的因素 3 个.

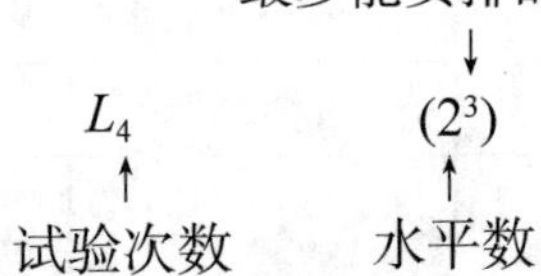

（3）$L_4(2^3)$表的效率：3 个 2 水平的因素. 它的全面试验数为 $2^3=8$ 次，使用正交表只需从 8 次试验中选出 4 次来做试验，效率是高的.

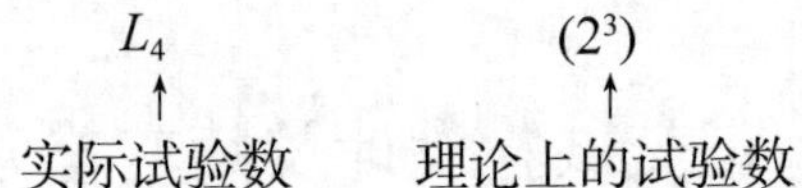

正交表的特点如下.

（1）表中任意一列，不同数字出现的次数相同. 如正交表 $L_4(2^3)$中，数字 1、2 在每列中均出现 2 次.

（2）表中任意两列，其横向形成的有序数对出现的次数相同. 如正交表 $L_4(2^3)$中任意两列，数字 1、2 间的搭配是均衡的.

凡满足上述两条性质的表都称为正交表（orthogonal table）.

常用的正交表有 $L_9(3^4)$、$L_8(2^7)$、$L_{16}(4^5)$等. 用正交表来安排试验的方法，就叫正交试验设计. 一般正交表 $L_p(n^m)$中，$p=m(n-1)+1$. 下面通过实例来说明如何用正交表来安排试验.

例 9.7　提高某化工产品转化率的试验.

某种化工产品的转化率可能与反应温度 A、反应时间 B、某两种原料之配比 C 和真空度 D 有关. 为了寻找最优的生产条件，考虑对 A，B，C，D 这 4 个因素进行试验. 根据以往的经验，确定各个因素的 3 个不同水平，如表 9-24 所示.

表 9-24　例 9.7 的试验数据

因素	水平		
	1	2	3
A：反应温度/℃	60	70	80
B：反应时间/h	2.5	3.0	3.5
C：原料配比	1.1 : 1	1.15 : 1	1.2 : 1
D：真空度/mmHg	500	550	600

分析各因素对产品的转化率是否产生显著影响，并指出最优生产条件.

解　本题是 4 因素 3 水平，选用正交表 $L_9(3^4)$，如表 9-25 所示.

表 9-25　例 9.7 的正交表

试验号	水平			
	A	B	C	D
1	1	1	1	1
2	1	2	2	2
3	1	3	3	3
4	2	1	2	3
5	2	2	3	1
6	2	3	1	2
7	3	1	3	2
8	3	2	1	3
9	3	3	2	1

把表头上各因素相应的水平任意给一个水平编号．本例的水平编号就采用表 9-23 的形式；将各因素的诸水平所表示的实际状态或条件代入正交表中，得到 9 个试验方案，如表 9-26 所示.

表 9-26　例 9.7 的试验方案

试验号	水平			
	A	B	C	D
1	1(60)	1(2.5)	1(1.1 : 1)	1(500)
2	1	2(3.0)	2(1.15 : 1)	2(550)
3	1	3(3.5)	3(1.2 : 1)	3(600)
4	2(70)	1	2	3
5	2	2	3	1
6	2	3	1	2
7	3(80)	1	3	2
8	3	2	1	3
9	3	3	2	1

从表 9-26 看出，1 号试验的试验条件如下：

反应温度为 60 ℃，反应时间为 2. 5 h，原料配比为 1.1 : 1，真空度为 500 mmHg，记作

$A_1B_1C_1D_1$. 依此类推，第 9 号试验的试验条件是 $A_3B_3C_2D_1$.

由此可见，因素和水平可以任意排，但一经排定，试验条件也就完全确定. 按正交试验方案安排试验，试验的结果依次记于试验方案右侧，如表 9-27.

表 9-27　例 9.7 的试验方案和结果

试验号	水平				试验结果/%
	A	*B*	*C*	*D*	
1	1(60)	1(2.5)	1(1.1 : 1)	1(500)	38
2	1	2(3.0)	2(1.15 : 1)	2(550)	37
3	1	3(3.5)	3(1.2 : 1)	3(600)	76
4	2(70)	1	2	3	51
5	2	2	3	1	50
6	2	3	1	2	82
7	3(80)	1	3	2	44
8	3	2	1	3	55
9	3	3	2	1	86

9.3.2　试验结果的直观分析

正交试验设计的直观分析就是要通过计算，将各因素、水平对试验结果指标的影响大小，通过极差分析进行综合比较，以确定最优化试验方案的方法，有时也称为极差分析法.

例 9.7 中试验结果转化率列在表 9-27 中，在 9 次试验中，第 9 次试验的指标 86 最高，其生产条件是 $A_3B_3C_2D_1$. 由于全面搭配试验有 81 种，现只做了 9 次，而 9 次试验中最好的结果是否一定是全面搭配试验中最好的结果？这还需进一步分析.

（1）极差计算

在表 9-27 中，将与第 1 列中水平“1”对应的第 1、2、3 号试验的结果相加，记作 T_{11}，求得 $T_{11}=151$. 同样，将与第 1 列中水平“2”对应的第 4、5、6 号试验的结果相加，记作 T_{21}，求得 $T_{21}=183$.

一般地，定义 T_{ij} 为表 9-27 中，与第 j 列水平 i 对应的各次试验结果之和（i=1,2,3; j=1,2,3,4）. 记 T 为 9 次试验结果的总和，R_j 为第 j 列的 3 个 T_{ij} 中最大值与最小值之差，称为极差.

显然 $T=\sum_{i=1}^{3}T_{ij}\ (j=1,2,3,4)$.

此处 T_{11} 大致反映了 A_1 对试验结果的影响，

T_{21} 大致反映了 A_2 对试验结果的影响，

T_{31} 大致反映了 A_3 对试验结果的影响，

T_{12}，T_{22} 和 T_{32} 分别反映了 B_1，B_2 和 B_3 对试验结果的影响，

T_{13}，T_{23} 和 T_{33} 分别反映了 C_1，C_2 和 C_3 对试验结果的影响，

T_{14}，T_{24} 和 T_{34} 分别反映了 D_1，D_2 和 D_3 对试验结果的影响.

R_j 反映了第 j 列因素的水平改变对试验结果的影响大小，R_j 越大反映第 j 列因素水平对试验结果的影响越大. 上述的极差计算结果如表 9-28 所示.

表 9-28　例 9.7 的极差计算结果

T_{1j}	151	133	175	174	T=519
T_{2j}	183	142	174	163	
T_{3j}	185	244	170	182	
R_j	34	111	5	19	

（2）极差分析（analysis of range）

由极差大小顺序排出因素的主次顺序：

主→次

B；A、D；C

这里，R_j 值相近的两个因素间用"、"号隔开，而 R_j 值相差较大的两个因素间用"；"号隔开. 由此看出，特别要求在生产过程中控制好因素 B，即反应时间. 其次是要考虑因素 A 和 D，即要控制好反应温度和真空度. 至于原料配比就相对不那么重要.

选择较好的因素水平搭配与所要求的指标有关. 若要求指标越大越好，则应选取指标大的水平. 反之，若希望指标越小越好，则应选取指标小的水平. 例 9.7 中，希望转化率越高越好，所以应在第 1 列选最大的 T_{31}=185；即取水平 A_3，同理可选 $B_3C_1D_3$. 故例 9.7 中较好的因素水平搭配是 $A_3B_3C_1D_3$.

例 9.8　某试验被考察的因素有 5 个：A、B、C、D，E. 每个因素有 2 个水平. 选用正交表 $L_8(2^7)$，现分别把 A、B、C、D、E 安排在表 $L_8(2^7)$ 的第 1、2、4、5、7 列上，空出第 3、6 列，仿例 9.7 的做法，按方案试验，记下试验结果，进行极差计算，得表 9-29 所示的结果.

表 9-29　例 9.8 的试验方案和结果

试验号	水平							试验结果
	A	***B***		***C***	***D***		***E***	
1	1	1	1	1	1	1	1	14
2	1	1	1	2	2	2	2	13
3	1	2	2	1	1	2	2	17
4	1	2	2	2	2	1	1	17
5	2	1	2	1	2	1	2	8
6	2	1	2	2	1	2	1	10
7	2	2	1	1	2	2	1	11
8	2	2	1	2	1	1	2	15
T_{1j}	61	45	53	50	56	54	52	T=105
T_{2j}	44	60	52	55	49	51	53	
R_j	17	15	1	5	7	3	1	

试验目的是找出试验结果最小的工艺条件及因素影响的主次顺序. 按表 9-29 所示的极差 R_j 的大小顺序排出因素的主次顺序为

$$\text{主} \to \text{次}$$

$$A、B；D；C、E$$

最优工艺条件为 $A_2B_1C_1D_2E_1$.

表 9-29 中因没有安排因素而空出了第 3 列和第 6 列. 从理论上说，这 2 列的极差 R_j 应为 0，但因存在随机误差，这两个空列的极差值实际上是相当小的.

9.3.3 方差分析

正交试验设计的极差分析简单易行、计算量小、也较直观，但极差分析精度较差，判断因素的作用时缺乏一个定量的标准. 这些问题要用方差分析解决.

设有一试验，使用正交表 $L_p(n^m)$，试验的 p 个结果为 $y_1, y_2, \cdots, y_p$，记

$$T = \sum_{i=1}^{p} y_i，\quad \overline{y} = \frac{1}{p}\sum_{i=1}^{p} y_i = \frac{T}{p}，\quad S_T = \sum_{i=1}^{p}(y_i - \overline{y})^2，$$

其中 S_T 为试验的 p 个结果的总变差；

$$S_j = r\sum_{i=1}^{n}\left(\frac{T_{ij}}{r} - \frac{T}{p}\right)^2 = \frac{1}{r}\sum_{i=1}^{n} T_{ij}{}^2 - \frac{T^2}{p}，$$

为第 j 列上安排的因素的变差平方和，其中 $r = \frac{p}{n}$. 可证明

$$S_T = \sum_{j=1}^{m} S_i，$$

即总变差为各列变差平方和之和，且 S_T 的自由度为 $p-1$，S_j 的自由度为 $n-1$. 当正交表的所有列没被排满因素时，即有空列时，所有空列的 S_j 之和就是误差的变差平方和 S_e，这时 S_e 的自由度 f_e 也为这些空列自由度之和. 当正交表的所有列都排有因素时，即无空列时，取 S_j 中的最小值作为误差的变差平方和 S_e.

从以上分析知，在使用正交表 $L_p(n^m)$ 的正交试验方差分析中，对正交表所安排的因素选用的统计量为

$$F = \frac{S_j/n-1}{S_e/f_e}.$$

当因素作用不显著时，

$$F \sim F(n-1, f_e),$$

其中第 j 列安排的是被检因素.

在实际应用时，先求出各列的 $S_j/(n-1)$ 及 S_e/f_e，若某个 $S_j/(n-1)$ 比 S_e/f_e 还小时，则第 j 列就可当作误差列，将 S_j 并入 S_e 中去，这样使误差 S_e 的自由度增大，在作 F 检验时会更灵敏，将所有可当作误差列的 S_j 全并入 S_e 后得新的误差变差平方和，记为 f_e^{Δ}，其相应的自由度为 f_e^{Δ}，这时选用统计量

$$F=\frac{S_j/n-1}{S_e^{\Delta}/f_e^{\Delta}}\sim F(n-1,f_e^{\Delta}).$$

例 9.9　对例 9.8 的表 9-29 作方差分析.

解　由表 9-29 最后一行的极差值 R_j，利用公式 $S_j=\frac{1}{r}\sum_{i=1}^{n}T_{ij}{}^2-\frac{T^2}{p}$ 得表 9-30 所示的变差平方和与总变差.

表 9-30　例 9.8 的变差平方和与总变差

	A 1	B 2	 3	C 4	D 5	 6	E 7	
R_j	17	15	1	5	7	3	1	
S_j	36.125	28.125	0.125	3.125	6.125	1.125	0.125	S_T=74.875

表 9-29 中第 3 列和第 6 列为空列，因此 $S_e=S_3+S_6=1.250$，其中 $f_e=1+1=2$，所以 $S_e/f_e=0.625$，而第 7 列的 $S_7=0.125$，$S_7/f_7=0.125\div 1=0.125$ 比 S_e/f_e 小，故将 S_T 并入误差.

$S_e^{\Delta}=S_e+S_7=1.375$，$f_e^{\Delta}=3$．整理成方差分析表如表 9-31 所示.

表 9-31　例 9.8 的方差分析表

方差来源	S_j	f_j	$\frac{S_j}{f_j}$	$F=\frac{S_j/f_j}{S_e^{\Delta}/f_e^{\Delta}}$	显著性
A	36.125	1	36.125	78.818	高度显著
B	28.125	1	28.125	61.364	高度显著
C	3.125	1	3.125	6.818	不显著
D	6.125	1	6.125	13.364	显著
E^{Δ}	0.125	1	0.125		不显著
e	1.250	2	0.625		
e^{Δ}	1.375	3	0.458		

由于 $F_{0.05}(1,3)$=10.13，$F_{0.01}(1,3)$=34.12，故因素 A，B 作用高度显著，因素 C 作用不显著，因素 D 作用显著，这与前面极差分析的结果是一致的. F 检验法要求选取 S_e，且希望 f_e 要大，故在安排试验时，适当留出些空列会有好处. 前文的方差分析中，讨论因素 A 和 B 的交互作用 $A\times B$. 这类交互作用在正交试验设计中同样有表现，即一个因素 A 的水平对试验结果指标的影响同另一个因素 B 的水平选取有关. 当试验考虑交互作用时，也可用前面讲的基本方法来处理，后续就不再介绍了.

习题 9.3

1. 研究氯乙醇胶在各种硫化系统下的性能（油体膨胀绝对值越小越好）需要考察补强剂（A）、防老剂（B）、硫化系统（C）3 个因素（各取 3 个水平），根据专业理论经验，交互作用全忽略，选用 $L_9(3^4)$ 表作 9 次试验. 试验方案及试验结果如表 9-32 所示.

表 9-32　氯乙醇胶性能试验方案及结果

试验号	列号				试验结果
	1	2	3	4	
1	1	1	1	1	7.25
2	1	2	2	2	5.48
3	1	3	3	3	5.35
4	2	1	2	3	5.40
5	2	2	3	1	4.42
6	2	3	1	2	5.90
7	3	1	3	2	4.68
8	3	2	1	3	5.90
9	3	3	2	1	5.63

（1）试做最优生产条件的直观分析，并排出 3 个因素的主次关系.

（2）给定 α =0.05，做方差分析与（1）进行比较.

2. 某农科站进行早稻品种试验（产量越高越好），需考察品种（A），施氮肥量（B），氮、磷、钾肥比例（C），插植规格（D）这 4 个因素，根据专业理论和经验，交互作用全忽略，早稻品种试验方案及结果如表 9-33 所示.

表 9-33　早稻品种试验方案及结果

试验号	因素				试验指标 产量
	A 品种	***B*** 施氮肥量	***C*** 氮、磷、钾肥比例	***D*** 插植规格	
1	1(科 6 号)	1(20)	1(2∶2∶1)	1(5×6)	19.0
2	1	2(25)	2(3∶2∶3)	2(6×6)	20.0
3	2(科 5 号)	1	1	2	21.9
4	2	2	2	1	22.3
5	1(科 7 号)	1	2	1	21.0
6	1	2	1	2	21.0
7	2(珍珠矮)	1	2	2	18.0
8	2	2	1	1	18.2

（1）试做出最优生产条件的直观分析，并排出 4 个因素的主次关系.

（2）给定 α =0.05，做方差分析，与（1）进行比较.

9.4　方差分析的 MATLAB 实现

本节旨在帮助读者了解方差分析的 MATLAB 实现，读者可扫码查看本章 MATLAB 程序解析.

第 9 章 MATLAB 程序解析

9.4.1　单因素方差分析

单因素方差分析是比较两组或多组数据的均值，它返回的是原假设——均值相等的概率

函数　anova1

格式　p = anova1(X)　　%X 的各列为彼此独立的样本观测值，其元素

个数相同，p 为各%列均值相等的概率值，若 p 值接近于 0，则质疑原假设，说明至少有一列均值与其余列%均值有明显不同

p = anova1(X,group)　　%X 和 group 为向量且 group 要与 X 对应

p = anova1(X,group,'displayopt')　% displayopt=on/off 表示显示或隐藏方差分析表图和箱形图

[p,table] = anova1(⋯)　　% table 为方差分析表

[p,table,stats] = anova1(⋯)　　% stats 为分析结果的构造

说明　anova1 函数产生两个图：标准的方差分析表图和箱型图.

方差分析表中有 6 列. 第 1 列（source）显示 X 中数据可变性的来源. 第 2 列（SS）显示用于每一列的平方和. 第 3 列（df）显示与每一种可变性来源有关的自由度. 第 4 列（MS）显示 SS/df 的比值. 第 5 列（F）显示 F 统计量数值，它是 MS 的比率. 第 6 列显示从 F 累积分布中得到的概率，当 F 增大时，p 值减小.

例 9.10　设有 3 台机器，用来生产规格相同的铝合金薄板. 取样测量薄板的厚度，精确至厘米. 得结果如下：

机器 1　0.236　0.238　0.248　0.245　0.243；

机器 2　0.257　0.253　0.255　0.254　0.261；

机器 3　0.258　0.264　0.259　0.267　0.262.

用 MATLAB 检验各台机器所生产的薄板的厚度有无显著的差异.

例 9.11　建筑横梁强度的研究：3000 lb 力量作用在 1 in 的横梁上来测量横梁的挠度. 钢筋横梁的测试强度结果为 82　86　79　83　84　85　86　87. 其余两种更贵的合金横梁强度测试结果如下：

合金 1　74　82　78　75　76　77；合金 2　79　79　77　78　82　79.

用 MATLAB 检验这些合金强度有无明显差异.

9.4.2　双因素方差分析

函数　anova2

格式　p = anova2(X,reps)

p = anova2(X,reps,'displayopt')

[p,table] = anova2(⋯)

[p,table,stats] = anova2(⋯)

说明　执行平衡的双因素试验的方差分析来比较 X 中两个或多个列（行）的均值，不同列的数据表示因素 A 的差异，不同行的数据表示另一个因素 B 的差异，如果行列对有多于一个观察点，则变量 reps 指出每一个单元观察点的数目，每一个单元包含 reps 行，如

$$\begin{array}{c} \begin{array}{cc} A=1 & A=2 \end{array} \\ \begin{bmatrix} x_{111} & x_{112} \\ x_{121} & x_{122} \\ x_{211} & x_{212} \\ x_{221} & x_{222} \\ x_{311} & x_{312} \\ x_{321} & x_{322} \end{bmatrix} \begin{array}{l} \big\}B=1 \\ \\ \big\}B=2 \\ \\ \big\}B=3 \\ \end{array} \end{array}$$

reps=2.

其余参数与单因素方差分析参数相似.

例 9.12 一火箭使用了 4 种燃料、3 种推进器做射程（单位：km）试验，每种燃料与每种推进器的组合各发射火箭 2 次，得到结果如表 9-34 所示.

表 9-34 例 9.12 的试验结果

燃料 A	推进器 B		
	B_1	B_2	B_3
A_1	58.2,52.6	56.2,41.2	65.3,60.8
A_2	49.1,42.8	54.1,50.5	51.6,48.4
A_3	60.1,58.3	70.9,73.2	39.2,40.7
A_4	75.8,71.5	58.2,51.0	48.7,41.4

用 MATLAB 考察推进器和燃料这两个因素对射程是否有显著的影响.

习题 9.4

1. 某防治站对 4 个林场的松毛虫密度（单位：头/标准地）进行调查，每个林场抽查 5 块地，检查结果如下：

林场 1 192 189 176 185 190;

林场 2 190 201 187 196 200;

林场 3 188 179 191 183 194;

林场 4 187 180 188 175 182.

利用 MATLAB 判断 4 个林场的松毛虫密度有无显著差异（显著性水平为 0.05）.

2. 表 9-35 记录了 3 位操作工分别在 4 台不同的机器上操作 4 天的日产量（单位：件），利用 MATLAB 在显著性水平为 0.05 下检验：

（1）操作工之间有无显著性差异；

（2）机器之间有无显著性差异；

（3）机器与操作工的交互作用是否显著.

表 9-35 习题 9.4.2 的试验结果

机器	操作工											
	甲				乙				丙			
A_1	15	16	15	17	17	19	16	17	16	18	20	21
A_2	17	17	16	17	15	15	16	15	19	22	22	22
A_3	15	17	16	18	18	17	17	16	18	18	18	18
A_4	18	20	22	21	15	16	17	17	17	17	17	17

小　结

本章介绍了数理统计的基本方法之一——方差分析.

在生产实践中，试验结果往往要受到一个或多个因素的影响. 方差分析就是通过对试验数据进行分析，检验方差相同的多个正态总体的均值是否相等，用以判断各因素对试验结果的影响是否显著. 方差分析按影响试验结果的因素个数分为单因素方差分析、双因素方差分析和多因素方差分析.

1. 单因素方差分析的情况. 试验数据总是参差不齐，我们用总变差平方和 $S_T = \sum_{j=1}^{s}\sum_{i=1}^{n_j}(x_{ij} - \overline{x})^2$ 来度量数据间的离散程度. 将 S_T 分解为试验随机误差的平方和 (S_E) 与因素 A 的变差平方和 (S_A). 若 S_A 比 S_E 大得多，则有理由认为因素的各个水平对试验结果有显著差异，从而拒绝因素各水平对应的正态总体的均值相等这一原假设. 这就是单因素方差分析法的基本思想.

2. 双因素方差分析的基本思想类似于单因素方差分析. 但在双因素试验的方差分析中，我们不仅要检验因素 A 和因素 B 各自的作用，还要检验它们之间的交互作用.

3. 正交试验设计及其方差分析. 根据因素的个数及各个因素的水平个数，选取适当的正交表并按表进行试验. 我们通过对少数的试验数据进行分析，推断出各因素对试验结果影响的大小. 对正交试验结果的分析，通常采用两种方法，一种是直观分析法（极差分析法），它通过对各因素极差 R_j 的排序来确定各因素对试验结果影响的大小；另一种是方差分析法，它的基本思想类似于双因素方差分析.

重要术语及学习主题

单因素试验方差分析的数学模型　　　$S_T = S_E + S_A$

单因素方差分析表　　双因素方差分析表　　正交试验表　　极差分析表

数学家故事 9

第 10 章　回归分析

回归分析方法是数理统计中的常用方法之一，是处理多个变量之间相关关系的一种数学方法.

第 10 章思维导图

10.1　回归分析概述

在客观世界中变量之间的关系有两类，一类是确定性关系，例如欧姆定律中电压 U 与电阻 R、电流 I 之间的关系为 $U=IR$，如果已知这 3 个变量中的任意 2 个，则第 3 个就可精确地求出. 另一类是非确定性关系即所谓相关关系. 例如，正常人的血压与年龄有一定的关系，一般来讲，年龄大的人血压相对高一些，但是年龄大小与血压高低之间的关系不能用一个确定的函数关系表示出来. 又如施肥量与农作物产量之间的关系，树的高度与径粗之间的关系也是这样. 另一方面，即便是具有确定性关系的变量，由于试验误差的影响，其表现形式也具有某种程度的不确定性.

具有相关关系的变量之间虽然具有某种不确定性，但通过对它们的不断观察，可以探索出它们之间的统计规律，回归分析就是研究这种统计规律的一种数学方法. 它主要解决以下几个方面的问题.

（1）从一组观察数据出发，确定这些变量之间的回归方程.

（2）对回归方程进行假设检验.

（3）利用回归方程进行预测和控制.

回归方程最简单的也是最完善的一种情况，就是线性回归方程. 对于许多实际问题，当自变量局限于一定范围时，可以满意地取这种模型作为真实模型的近似，其误差从实际应用的观点看无关紧要. 因此，本章重点讨论有关线性回归的问题. 现在有许多数学软件如 MATLAB、SAS 等都有非常有效的线性回归方面的计算程序，使用者只要把数据按程序要求输入计算机，就可很快得到需要的各种计算结果和相应的图形，用起来十分方便.

我们先考虑两个变量的情形. 设随机变量 y 与 x 之间存在着某种相关关系. 这里 x 是可以控制或可精确观察的变量，如在施肥量与产量的关系中，施肥量是能控制的，可以随意指定几个值 $x_1,x_2,\cdots,x_n$，故可将它看成普通变量，称为自变量，而产量 y 是随机变量，无法预先作出产量是多少的准确判断，称其为因变量. 本章只讨论这种情况.

虽然 x 可以在一定程度上决定 y，但由 x 的值不能准确地确定 y 的值. 为了研究它们的关系，我们对 (x,y) 进行一系列观测，得到一个容量为 n 的样本（x 取一组不完全相同的值）: $(x_1,y_1),(x_2,y_2),\cdots,(x_n,y_n)$，其中 y_i 是 $x=x_i$ 处对随机变量 y 观察的结果. 每对 (x_i,y_i) 在直角坐标系中对应一个点，把它们都标在平面直角坐标系中，所得到的图称为散点图，如图 10-1 所示.

由图 10-1（a）可看出散点大致围绕一条直线散布，而图 10-1（b）中的散点大致围绕一条抛物线散布，这就是变量间统计规律性的一种表现.

如果散点像图 10-1（a）中那样呈直线散布，则表明 y 与 x 之间有线性相关关系，我们可建立数学模型

$$y = a + bx + \varepsilon \tag{10.1}$$

来描述它们之间的关系．因为 x 不能严格地确定 y，故带有一个误差项 ε，假设 $\varepsilon \sim N(0,\sigma^2)$，相当于对 y 做如下正态假设：对于 x 的每一个值有 $y \sim N(ax+b,\sigma^2)$，其中未知数 a，b，σ^2 不依赖于 x．式（10.1）称为一元线性回归模型（univariable linear regression model）．

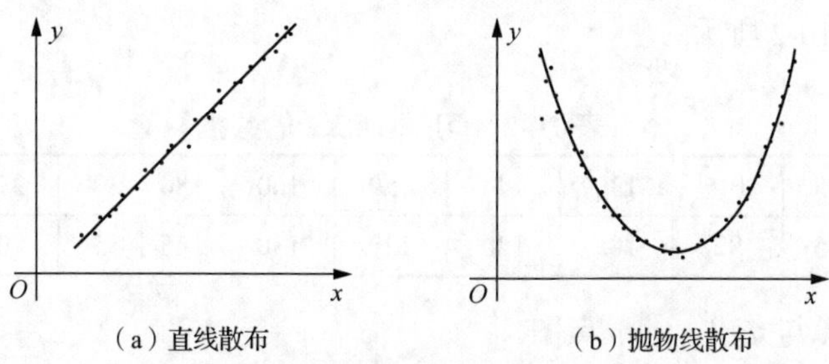

（a）直线散布　　（b）抛物线散布

图 10-1　散点图

在式（10.1）中，a，b，σ^2 是待估计参数．估计它们的最基本方法是最小二乘法，这将在 10.2 节讨论．记 $\hat{a}$，$\hat{b}$ 是用最小二乘法获得的估计，则对于给定的 x，方程

$$\hat{y} = \hat{a} + \hat{b}x \tag{10.2}$$

称为 y 关于 x 的线性回归方程或回归方程，其图形称为回归直线．式（10.2）是否真正描述了变量 y 与 x 客观存在的关系，还需要进一步验证．

在实际问题中，随机变量 y 有时与多个普通变量 $x_1,x_2,\cdots,x_p(p>1)$ 有关，可类似地建立数学模型

$$y = b_0 + b_1x_1 + \cdots + b_px_p + \varepsilon，\ \varepsilon \sim N(0,\sigma^2)， \tag{10.3}$$

其中 $b_0,b_1,\cdots,b_p$ 和 σ^2 都是与 $x_1,x_2,\cdots,x_p$ 无关的未知参数．式（10.3）称为多元线性回归模型，和上述一个自变量的情形一样，进行 n 次独立观测，得样本

$$(x_{11},x_{12},\cdots,x_{1p},y_1),\cdots,(x_{n1},x_{n2},\cdots,x_{np},y_n).$$

有了这些数据之后，我们可用最小二乘法获得未知参数的最小二乘估计，记为 $\hat{b}_0,\hat{b}_1,\cdots,\hat{b}_p$，并得多元线性回归方程

$$\hat{y} = \hat{b}_0 + \hat{b}_1x_1 + \cdots + \hat{b}_px_p. \tag{10.4}$$

同理，式（10.4）是否真正描述了变量 y 与 $x_1,x_2,\cdots,x_p$ 客观存在的关系，也还需要进一步验证．

习题 10.1

1．某医院用光电比色计检验尿汞时，得到尿汞含量（单位：mg/L）与消光系数读数的结果如表 10-1 所示．

表 10-1　习题 10.1.1 的数据

尿汞含量 x/(mg/L)	2	4	6	8	10
消光系数 y	64	138	205	285	360

（1）画出尿汞含量 x 与消光系数 y 的散点图.

（2）估计尿汞含量 x 与消光系数 y 的函数关系.

2. 随机抽取 12 个城市居民家庭关于收入（单位：千元）与支出（单位：千元）的样本，数据记录如表 10-2 所示.

表 10-2　习题 10.2.2 的数据

收入 x	82	93	105	130	144	150	160	180	200	270	300	400
支出 y	75	85	92	105	120	120	130	145	156	200	200	240

（1）画出收入 x 与支出 y 的散点图.

（2）估计收入 x 与支出 y 的函数关系.

10.2　参数估计

10.2.1　一元线性回归

最小二乘法是估计未知参数的一种重要方法，现用它来求一元线性回归模型[见式（10.1）]中参数 a 和 b 的估计.

最小二乘法的基本思想是：对一组观测值 $(x_1,y_1),(x_2,y_2),\cdots,(x_n,y_n)$，使误差 $\varepsilon_i = y_i-(a+bx_i)$ 的平方和

$$Q(a,b)=\sum_{i=1}^{n}\varepsilon_i^{\ 2}=\sum_{i=1}^{n}\left[y_i-\left(a+bx_i\right)\right]^2 \tag{10.5}$$

达到最小的 $\hat{a}$ 和 $\hat{b}$ 作为 a 和 b 的估计，称其为最小二乘估计（least squares estimation）. 直观地说，平面上直线很多，选取哪一条最佳呢？很自然的一个想法是，当点 $(x_i,y_i)(i=1,2,\cdots,n)$ 与某条直线的变差平方和比它们与任何其他直线的变差平方和都要小时，这条直线便能最佳地反映这些点的分布状况，并且可以证明，在某些假设下，其是所有线性无偏估计中最好的选择.

根据微分学的极值原理，可将 $Q(a,b)$ 分别对 a 和 b 求偏导数，并令它们等于零，得到方程组

$$\begin{cases}\dfrac{\partial Q}{\partial a}=-2\sum\limits_{i=1}^{n}\left(y_i-a-bx_i\right)=0,\\ \dfrac{\partial Q}{\partial b}=-2\sum\limits_{i=1}^{n}\left(y_i-a-bx_i\right)x_i=0,\end{cases} \tag{10.6}$$

即

$$\begin{cases} na+\left(\sum_{i=1}^{n}x_i\right)b=\sum_{i=1}^{n}y_i, \\ \left(\sum_{i=1}^{n}x_i\right)a+\left(\sum_{i=1}^{n}x_i^2\right)b=\sum_{i=1}^{n}x_iy_i, \end{cases} \tag{10.7}$$

式（10.7）称为正规方程组.

由于 x_i 不全相同，正规方程组的参数行列式

$$\begin{vmatrix} n & \sum_{i=1}^{n}x_i \\ \sum_{i=1}^{n}x_i & \sum_{i=1}^{n}x_i^2 \end{vmatrix}=n\sum_{i=1}^{n}x_i^2-\left(\sum_{i=1}^{n}x_i\right)^2=n\sum_{i=1}^{n}(x_i-\overline{x})^2\neq 0 .$$

故式（10.7）有唯一解

$$\begin{cases} \hat{b}=\dfrac{\sum_{i=1}^{n}(x_i-\overline{x})(y_i-\overline{y})}{\sum_{i=1}^{n}(x_i-\overline{x})^2}, \\ \hat{a}=\overline{y}-\hat{b}\overline{x}. \end{cases} \tag{10.8}$$

于是，所求的线性回归方程为

$$\hat{y}=\hat{a}+\hat{b}x. \tag{10.9}$$

若将 $\hat{a}=\overline{y}-\hat{b}\overline{x}$ 代入上式，则线性回归方程亦可表示为

$$\hat{y}=\overline{y}+\hat{b}(x-\overline{x}). \tag{10.10}$$

式（10.10）表明，对于样本观测值 $(x_1,y_1),(x_2,y_2),\cdots,(x_n,y_n)$，回归直线通过散点图的几何中心 $(\overline{x},\overline{y})$. 回归直线是一条过点 $(\overline{x},\overline{y})$，且斜率为 $\hat{b}$ 的直线.

上述确定回归直线所依据的原则是使所有观测数据的变差平方和达到最小. 按照这个原理确定回归直线的方法称为最小二乘法. “二乘”是指 Q 是二乘方（平方）的和. 如果 y 是正态变量，也可用最大似然估计法得出相同的结果.

为了计算方便，引入下述记号：

$$\begin{cases} S_{xx}=\sum_{i=1}^{n}(x_i-\overline{x})^2=\sum_{i=1}^{n}x_i^2-\dfrac{1}{n}\left(\sum_{i=1}^{n}x_i\right)^2, \\ S_{yy}=\sum_{i=1}^{n}(y_i-\overline{y})^2=\sum_{i=1}^{n}y_i^2-\dfrac{1}{n}\left(\sum_{i=1}^{n}y_i\right)^2, \\ S_{xy}=\sum_{i=1}^{n}(x_i-\overline{x})(y_i-\overline{y})=\sum_{i=1}^{n}x_iy_i-\dfrac{1}{n}\left(\sum_{i=1}^{n}x_i\right)\left(\sum_{i=1}^{n}y_i\right). \end{cases} \tag{10.11}$$

这样，a 和 b 的估计可写成：

$$\begin{cases}\hat{b}=\dfrac{S_{xy}}{S_{xx}},\\ \hat{a}=\dfrac{1}{n}\sum_{i=1}^{n}y_i-\left(\dfrac{1}{n}\sum_{i=1}^{n}x_i\right)\hat{b}.\end{cases} \tag{10.12}$$

例 10.1 某企业生产一种毛毯，1～10 月份的产量 x 与生产费用支出 y 的统计资料如表 10-3 所示. 求 y 关于 x 的线性回归方程.

表 10-3 例 10.1 的统计数据

月份	1	2	3	4	5	6	7	8	9	10
***x*/千条**	12.0	8.0	11.5	13.0	15.0	14.0	8.5	10.5	11.5	13.3
***y*/万元**	11.6	8.5	11.4	12.2	13.0	13.2	8.9	10.5	11.3	12.0

解 为求线性回归方程，其有关计算结果如表 10-4 所示

表 10-4

月份	产量 *x*/千条	费用支出 *y*/万元	x^2	xy	y^2
1	12.0	11.6	114	139.2	134.56
2	8.0	8.5	64	68	72.25
3	11.5	11.4	132.25	131.1	129.96
4	13.0	12.2	169	158.6	148.84
5	15.0	13.0	225	195	169
6	14.0	13.2	196	184.8	174.24
7	8.5	8.9	72.25	75.65	79.21
8	10.5	10.5	110.25	110.25	110.25
9	11.5	11.3	132.25	129.95	127.69
10	13.3	12.0	176.89	159.6	144
合计	117.3	112.6	1421.89	1352.15	1290

$$S_{xx}=1421.89-\frac{1}{10}(117.3)^2=45.961,\quad S_{xy}=1352.15-\frac{1}{10}\times117.3\times112.6=31.352,$$

$$\hat{b}=\frac{S_{xy}}{S_{xx}}=0.6821,\quad \hat{a}=\frac{112.6}{10}-0.6821\times\frac{117.3}{10}=3.2585,$$

故回归方程为 $\hat{y}=3.2585+0.6821x$.

10.2.2 多元线性回归

多元线性回归（multiple linear regression）分析原理与一元线性回归分析的相同，但在计算上要复杂些.

若 $(x_{11},x_{12},\cdots,x_{1p},y_1),\cdots,(x_{n1},x_{n2},\cdots,x_{np},y_n)$ 为一样本，根据最小二乘法原理，多元线性回归中未知参数 $b_0,b_1,\cdots b_p$ 应满足

$$Q=\sum_{i=1}^{n}(y_i-b_0-b_1x_{i1}-\cdots-b_px_{ip})^2$$

达到最小.

对 Q 分别关于 $b_0,b_1,\cdots,b_p$ 求偏导数，并令它们等于零，得

$$\begin{cases}\dfrac{\partial Q}{\partial b_0}=-2\sum\limits_{i=1}^{n}(y_i-b_0-b_1x_{i1}-\cdots-b_px_{ip})=0,\\ \dfrac{\partial Q}{\partial b_j}=-2\sum\limits_{i=1}^{n}(y_i-b_0-b_1x_{i1}-\cdots-b_px_{ip})x_{ij}=0, j=1,2,\cdots,p.\end{cases}$$

即

$$\begin{cases}b_0n+b_1\sum\limits_{i=1}^{n}x_{i1}+b_2\sum\limits_{i=1}^{n}x_{i2}+\cdots+b_p\sum\limits_{i=1}^{n}x_{ip}=\sum\limits_{i=1}^{n}y_i,\\ b_0\sum\limits_{i=1}^{n}x_{i1}+b_1\sum\limits_{i=1}^{n}x_{i1}^{\ 2}+b_2\sum\limits_{i=1}^{n}x_{i1}x_{i2}+\cdots+b_p\sum\limits_{i=1}^{n}x_{i1}x_{ip}=\sum\limits_{i=1}^{n}x_{i1}y_i,\\ \cdots\\ b_0\sum\limits_{i=1}^{n}x_{ip}+b_1\sum\limits_{i=1}^{n}x_{i1}x_{ip}+b_2\sum\limits_{i=1}^{n}x_{i2}x_{ip}+\cdots+b_p\sum\limits_{i=1}^{n}x_{ip}^{\ 2}=\sum\limits_{i=1}^{n}x_{ip}y_i,\end{cases}\tag{10.13}$$

式（10.13）称为正规方程组，引入矩阵

$$\boldsymbol{X}=\begin{pmatrix}1 & x_{11} & x_{12} & \cdots & x_{1p}\\ 1 & x_{21} & x_{22} & \cdots & x_{2p}\\ \vdots & \vdots & \vdots & & \vdots\\ 1 & x_{n1} & x_{n2} & \cdots & x_{np}\end{pmatrix},\qquad \boldsymbol{Y}=\begin{pmatrix}y_1\\ y_2\\ \vdots\\ y_n\end{pmatrix},\qquad \boldsymbol{B}=\begin{pmatrix}b_0\\ b_1\\ \vdots\\ b_p\end{pmatrix},$$

于是式（10.13）可写成

$$\boldsymbol{X'XB}=\boldsymbol{X'Y}.\tag{10.14}$$

式（10.14）为正规方程组的矩阵形式. 若$(\boldsymbol{X'X})^{-1}$存在，则

$$\hat{\boldsymbol{B}}=\begin{pmatrix}\hat{b}_0\\ \hat{b}_1\\ \vdots\\ \hat{b}_p\end{pmatrix}=(\boldsymbol{X'X})^{-1}\boldsymbol{X'Y}\cdot\tag{10.15}$$

方程 $\hat{y}=\hat{b}_0+\hat{b}_1x_1+\cdots+\hat{b}_px_p$ 为 p 元线性回归方程.

例 10.2　如表 10-5 所示，某一种特定的合金铸品，x 和 z 表示合金中含 A 及 B 这 2 种元素的百分数，现对 x 及 z 各选 4 种，共有 4×4=16 种不同组合，y 表示各种不同成分的铸品数，根据表中资料求二元线性回归方程.

表 10-5　例 10.2 的统计数据

***A* 含量 *x*/%**	5	5	5	5	10	10	10	10	15	15	15	15	20	20	20	20
***B* 含量 *z*/%**	1	2	3	4	1	2	3	4	1	2	3	4	1	2	3	4
铸品数 *y*/件	28	30	48	74	29	50	57	42	20	24	31	47	9	18	22	31

解　由式（10.13），及表中数据，得正规方程组

$$\begin{cases}16b_0+200b_1+40b_2=560,\\ 200b_0+3000b_1+500b_2=6110,\\ 40b_0+500b_1+120b_2=1580.\end{cases}$$

解之得：$b_0=34.75$，$b_1=-1.78$，$b_2=9$.

于是所求回归方程为：

$$y=34.75-1.78x+9z.$$

习题 10.2

1. 在硝酸钠（$NaNO_3$）的溶解度试验中，测得在不同温度（单位：℃）x 下，溶解于 100g 水中的硝酸钠克数 y 的数据如表 10-6 所示，试求 y 关于 x 的线性回归方程.

表 10-6　习题 10.2.1 的试验数据

x_i/℃	0	4	10	15	21	29	36	51	68
y_i	66.7	71.0	76.3	80.6	85.7	92.9	99.4	113.6	125.1

2. 一种合金在某种添加剂的不同浓度（单位：百分比）之下，各做 3 次试验，得抗压强度（单位：kg/cm^2）数据如表 10-7 所示.

表 10-7　习题 10.2.2 的试验数据

浓度 x	10.0	15.0	20.0	25.0	30.0
抗压强度 y	25.2 27.3 28.7	29.8 31.1 27.8	31.2 32.6 29.7	31.7 30.1 32.3	29.4 30.8 32.8

以模型 $y=b_0+b_1x+b_2x^2+\varepsilon$，$\varepsilon\sim N(0,\sigma^2)$，拟合数据，其中 b_0，b_1，b_2，σ^2 与 x 无关，求回归方程 $\hat{y}=\hat{b}_0+\hat{b}_1x+\hat{b}_2x^2$.

3. 设 y 为树干的体积，x_1 为离地面一定高度的树干直径，x_2 为树干高度，一共测量了 31 棵树，得到数据如表 10-8 所示，写出 y 对 x_1，x_2 的二元线性回归方程，以便能用简单分法从 x_1 和 x_2 估计一棵树的体积，进而估计一片森林的木材储量.

表 10-8　习题 10.2.3 的试验数据

x_1（直径/cm）	x_2（高度/×10cm）	y（体积/×3000cm^3）	x_1（直径/cm）	x_2（高度/×10cm）	y（体积/×3000cm^3）
8.3	70	10.3	12.9	85	33.8
8.6	65	10.3	13.3	86	27.4
8.8	63	10.2	13.7	71	25.7
10.5	72	10.4	13.8	64	24.9
10.7	81	16.8	14.0	78	34.5
10.8	83	18.8	14.2	80	31.7
11.0	66	19.7	15.5	74	36.3
11.0	75	15.6	16.0	72	38.3
11.1	80	18.2	16.3	77	42.6
11.2	75	22.6	17.3	81	55.4
11.3	79	19.9	17.5	82	55.7
11.4	76	24.2	17.9	80	58.3
11.4	76	21.0	18.0	80	51.5
11.7	69	21.4	18.0	80	51.0
12.0	75	21.3	20.6	87	77.0
12.9	74	19.1			

4. 一家从事市场研究的公司，希望能预测每日出版的报纸周末在各种不同居民区内的发行量，两个独立变量，即总零售额和人口密度被选作自变量. 由 n=25 个居民区组成的随机样本所给出的结果如表 10-9 所示，求日报周末发行量 y 关于总零售额 x_1 和人口密度 x_2 的线性回归方程.

表 10-9 习题 10.2.4 的试验数据

居民区	日报周末发行量 y_i /10^4 份	总零售额 x_{i1} /10^5 元	人口密度 x_{i2} /0.001m^2
1	3.0	21.7	47.8
2	3.3	24.1	51.3
3	4.7	37.4	76.8
4	3.9	29.4	66.2
5	3.2	22.6	51.9
6	4.1	32.0	65.3
7	3.6	26.4	57.4
8	4.3	31.6	66.8
9	4.7	35.5	76.4
10	3.5	25.1	53.0
11	4.0	30.8	66.9
12	3.5	25.8	55.9
13	4.0	30.3	66.5
14	3.0	22.2	45.3
15	4.5	35.7	73.6
16	4.1	30.9	65.1
17	4.8	35.5	75.2
18	3.4	24.2	54.6
19	4.3	33.4	68.7
20	4.0	30.0	64.8
21	4.6	35.1	74.7
22	3.9	29.4	62.7
23	4.3	32.5	67.6
24	3.1	24.0	51.3
25	4.4	33.9	70.8

10.3 回归模型参数的假设检验

从上节求回归直线的过程看，用最小二乘法求回归直线并不需要 y 与 x 一定具有线性相关关系，对任何一组试验数据 $(x_i, y_i)(i=1,2,\cdots,n)$ 都可用最小二乘法形式求出一条 y 关于 x 的回归直线. 若 y 与 x 间不存在某种线性相关关系，那么这种直线是没有意义的，这就需要对 y 与 x 的线性回归方程进行假设检验，即检验 x 的变化对 y 的变化影响是否显著. 这个问题可利用线性相关的显著性检验来解决.

因为当且仅当 $b\neq 0$ 时，变量 y 与 x 之间存在线性相关关系，所以我们需要假设检验

$$H_0:b=0,\quad H_1:b\neq 0. \tag{10.16}$$

若拒绝 H_0，则认为 y 与 x 之间存在线性关系，所求得的线性回归方程有意义；若接受 H_0，则认为 y 与 x 的关系不能用一元线性回归模型来表示，所求得的线性回归方程无意义.

对于上述假设检验，下面介绍 3 种常用的检验法.

10.3.1 方差分析法（*F* 检验法）

当 x 取值 $x_1,x_2,\cdots,x_n$ 时，得 y 的一组观测值 $y_1,y_2,\cdots,y_n$，则

$$Q_{总}=S_{yy}=\sum_{i=1}^{n}(y_i-\overline{y})^2$$

称为 $y_1,y_2,\cdots,y_n$ 的总变差平方和，它的大小反映了观测值 $y_1,y_2,\cdots,y_n$ 的分散程度. 对 $Q_{总}$ 进行分解，有

$$\begin{aligned}Q_{总}&=\sum_{i=1}^{n}(y_i-\overline{y})^2=\sum_{i=1}^{n}\left[(y_i-\hat{y}_i)+(\hat{y}_i-\overline{y})\right]^2\\&=\sum_{i=1}^{n}(y_i-\hat{y}_i)^2+\sum_{i=1}^{n}(\hat{y}_i-\overline{y})^2+2\sum_{i=1}^{n}(y_i-\hat{y}_i)(\hat{y}_i-\overline{y})\\&=Q_{剩}+Q_{回},\end{aligned} \tag{10.17}$$

这里

$$Q_{剩}=\sum_{i=1}^{n}(y_i-\hat{y}_i)^2,$$

$$Q_{回}=\sum_{i=1}^{n}(\hat{y}_i-\overline{y})^2=\sum_{i=1}^{n}\left[(\hat{a}+\hat{b}x_i)-(\hat{a}+\hat{b}\overline{x})\right]^2=\hat{b}^2\sum_{i=1}^{n}(x_i-\overline{x})^2.$$

$$\begin{aligned}\sum_{i=1}^{n}(y_i-\hat{y}_i)(\hat{y}_i-\overline{y})&=\sum_{i=1}^{n}[y_i-\overline{y}-\hat{b}(x_i-\overline{x})][\overline{y}+\hat{b}(x_i-\overline{x})-\overline{y}]\\&=\hat{b}\sum_{i=1}^{n}(y_i-\overline{y})(x_i-\overline{x})-\hat{b}^2\sum_{i=1}^{n}(x_i-\overline{x})^2\\&=\frac{S_{xy}^2}{S_{xx}}-\frac{S_{xy}^2}{S_{xx}}=0.\end{aligned}$$

$Q_{剩}$ 称为剩余平方和，它反映了观测值 y_i 偏离回归直线的程度，这种偏离是由试验误差及其他未加控制的因素引起的. 可证明 $\hat{\sigma}^2=\dfrac{Q_{剩}}{n-2}$ 是 σ^2 的无偏估计.

$Q_{回}$ 为回归平方和，它反映了回归值 $\hat{y}_i\ (i=1,2,\cdots,n)$ 的分散程度，它的分散性是因 x 的变化引起的，并通过 x 对 y 的线性影响反映出来. 因此 $\hat{y}_1,\hat{y}_2,\cdots,\hat{y}_n$ 的分散性来源于 $x_1,x_2,\cdots,x_n$ 的分散性.

通过对 $Q_{剩}$、$Q_{回}$ 的分析，$y_1,y_2,\cdots,y_n$ 的分散程度 $Q_{总}$ 的两种影响可以从数量上区分开来. $Q_{剩}$ 较小时，偏离回归直线的程度小. $Q_{回}$ 较大时，分散程度大. 因而 $Q_{回}$ 与 $Q_{剩}$ 的比值

反映了这种线性相关关系与随机因素对 y 的影响的大小．比值越大，线性相关性越强．

可证明统计量

$$F=\frac{Q_{回}}{1}\Big/\frac{Q_{剩}}{n-2}\overset{H_0真}{\sim}F(1,n-2). \tag{10.18}$$

给定显著性水平 α，若 $F \geqslant F_{\alpha}$，则拒绝假设 H_0，即认为在显著性水平 α 下，y 对 x 的线性相关关系是显著的．反之，则认为 y 对 x 没有线性相关关系，即所求线性回归方程无实际意义．检验时，可使用方差分析表，如表 10-10 所示．

表 10-10　检验线性关系的方差分析表

方差来源	平方和	自由度	均方	**F 比**
回归 剩余	$Q_{回}$ $Q_{剩}$	1 $n-2$	$Q_{回}/1$ $Q_{剩}/(n-2)$	$F=\dfrac{Q_{回}}{Q_{剩}/(n-2)}$
总计	$Q_{总}$	$n-1$		

其中，

$$\begin{cases} Q_{回}=\sum_{i=1}^{n}(\hat{y}_i-\overline{y})^2=\hat{b}^2S_{xx}=S_{xy}^2\big/S_{xx}, \\ Q_{剩}=Q_{总}-Q_{回}=S_{yy}-S_{xy}^2\big/S_{xx}. \end{cases} \tag{10.19}$$

例 10.3　在显著性水平 $\alpha=0.05$ 下，检验例 10. 1 中的回归效果是否显著？

解　由例 10.1 知，　　$n=10$，$S_{xx}=45.961$，　　$S_{xy}=31.352$，

$$S_{yy}=22.124，\ Q_{回}=S_{xy}^2\big/S_{xx}\approx 21.3866,$$

$$Q_{剩}=Q_{总}-Q_{回}=22.124-21.3866=0.7374,$$

$$F=Q_{回}\Big/\frac{Q_{剩}}{n-2}\approx 232.0102 > F_{0.05}(1,8)=5.32.$$

故拒绝 H_0，即两个变量的线性相关关系是显著的．

10.3.2　相关系数法（*T* 检验法）

为了判断线性回归直线是否显著，还可用 x 与 y 之间的相关系数来检验．相关系数的定义是：

$$r=\frac{S_{xy}}{\sqrt{S_{xx}\cdot S_{yy}}}. \tag{10.20}$$

由于

$$Q_{回}/Q_{总}=\frac{S_{xy}^2}{S_{xx}S_{yy}}=r^2(|r|\leqslant 1),\ \hat{b}=\frac{S_{xy}}{S_{xx}},$$

则

$$r=\frac{\hat{b}S_{xx}}{\sqrt{S_{xx}S_{yy}}}.$$

显然 r 和 $\hat{b}$ 的正负是一致的，它的值反映了 x 和 y 的内在联系.

提出假设检验 $$H_0: r=0,\ H_1: r\neq 0. \tag{10.21}$$

可以证明，当 H_0 为真时，

$$t=\frac{r}{\sqrt{1-r^2}}\sqrt{n-2}\sim t(n-2), \tag{10.22}$$

故 H_0 的拒绝域为

$$|t|\geqslant t_{\frac{\alpha}{2}}(n-2). \tag{10.23}$$

由上例的数据可算出

$$r=\frac{S_{xy}}{\sqrt{S_{xx}S_{yy}}}=0.9832,\quad t=\frac{r}{\sqrt{1-r^2}}\sqrt{n-2}=15.2319>t_{0.025}(8)=2.3060.$$

故拒绝 H_0，即两个变量的线性相关性显著.

在一元线性回归检验中，由于 $t^2=F$，故相关系数检验与 F 检验等价，所以在实际中只需做其中一种检验即可.

与一元线性回归显著性检验原理相同，为考察多元线性回归这一假定是否符合实际观察结果，还需进行以下假设检验

$$H_0:\ b_1=b_2=\cdots=b_p=0,\ H_1: b_i\text{不全为零}.$$

可以证明统计量

$$F=\frac{U}{p}\bigg/\frac{Q}{n-p-1}\overset{H_0\text{为真}}{\sim}F(p,n-p-1).$$

其中 $U=\boldsymbol{Y'X}(\boldsymbol{X'X})^{-1}\boldsymbol{X'Y}-n\hat{y}^2$，$Q=\boldsymbol{Y'Y}-\boldsymbol{Y'X}(\boldsymbol{X'X})^{-1}\boldsymbol{X'Y}$. 给定显著性水平 α，若 $F\geqslant F_\alpha$，则拒绝 H_0，即认为回归效果是显著的.

习题 10.3

1. 测量了 9 对父子的身高，所得数据如表 10-11 所示（单位：in）.

表 10-11　习题 10.3.1 的统计数据

父亲身高 x	60	62	64	66	67	68	70	72	74
儿子身高 y	63.6	65.2	66	66.9	67.1	67.4	68.3	70.1	70

求：

（1）儿子身高 y 关于父亲身高 x 的线性回归方程；

（2）取 $\alpha=0.05$，检验儿子的身高 y 与父亲身高 x 之间的线性相关关系是否显著.

2. 随机抽取了 10 个家庭调查他们的家庭月收入 x（单位：百元）和月支出 y（单位：百元），记录数据如表 10-12 所示.

表 10-12　习题 10.3.2 的统计数据

x	20	15	20	25	16	20	18	19	22	16
y	18	14	17	20	14	19	17	18	20	13

求：

（1）在直角坐标系下作 x 与 y 的散点图，判断 y 与 x 是否存在线性关系；

（2）求 y 与 x 的一元线性回归方程；

（3）对所得的回归方程做显著性检验（$\alpha=0.025$）.

10.4　预测与控制

10.4.1　预测

由于 x 与 y 并非确定性关系，因此对于任意给定的 $x=x_0$，无法精确知道相应的 y_0 值，但既然可由回归方程计算出一个回归值 $\hat{y}_0=\hat{a}+\hat{b}x_0$，也可以以一定的置信水平预测对应 y_0 的观测值的取值范围，也即对 y_0 做区间估计，即对于给定的置信水平 $1-\alpha$，求出 y_0 的置信区间即预测区间（prediction interval），这就是所谓的预测问题.

对于给定的置信水平 $1-\alpha$，可证明 y_0 的 $1-\alpha$ 预测区间为

$$\left(\hat{y}_0 \pm t_{\frac{\alpha}{2}}(n-2)\hat{\sigma}\sqrt{1+\frac{1}{n}+\frac{(x_0-\overline{x})^2}{S_{xx}}}\right). \tag{10.24}$$

给定样本观测值，曲线方程如下：

$$\begin{cases} y_1(x)=\hat{y}(x)+t_{\frac{\alpha}{2}}(n-2)\hat{\sigma}\sqrt{1+\dfrac{1}{n}+\dfrac{(x_0-\overline{x})^2}{S_{xx}}}, \\ y_2(x)=\hat{y}(x)-t_{\frac{\alpha}{2}}(n-2)\hat{\sigma}\sqrt{1+\dfrac{1}{n}+\dfrac{(x_0-\overline{x})^2}{S_{xx}}}. \end{cases} \tag{10.25}$$

这两条曲线形成了包含回归直线 $\hat{y}=\hat{a}+\hat{b}x$ 的带形区域，如图 10-2 所示，这一带形区域在 $x=\overline{x}$ 处最窄，说明越靠近 $\overline{x}$，预测就越精确. 而当 x_0 远离时，置信区域逐渐加宽，此时精度逐渐下降.

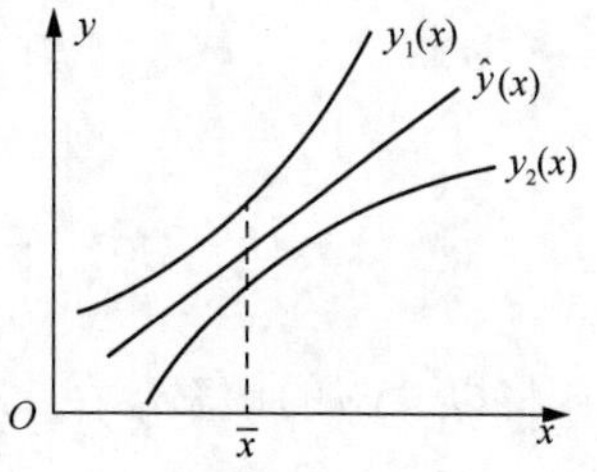

图 10-2　$1-\alpha$ 置信水平下的带形区域

在实际的回归问题中，若样本容量 n 很大，在 $\overline{x}$ 附近的 x 可得到较短的预测区间，又可简化计算

$$\sqrt{1+\frac{1}{n}+\frac{(x_0-\overline{x})^2}{S_{xx}}}\approx 1,$$

由于 $t_{\frac{\alpha}{2}}(n-2)\approx z_{\frac{\alpha}{2}}$，故 y_0 的置信水平为 $1-\alpha$ 的预测区间近似地等于

$$\left(\hat{y}-\hat{\sigma}z_{\frac{\alpha}{2}}, \hat{y}+\hat{\sigma}z_{\frac{\alpha}{2}}\right). \tag{10.26}$$

特别地，取$1-\alpha=0.95$，y_0的置信水平为 0.95 的预测区间为

$$\left(\hat{y}_0-1.96\hat{\sigma},\hat{y}_0+1.96\hat{\sigma}\right);$$

取$1-\alpha=0.997$，y_0的置信水平为 0.997 的预测区间为

$$\left(\hat{y}_0-2.97\hat{\sigma},\hat{y}_0+2.97\hat{\sigma}\right).$$

可以预料，在全部可能出现的y值中，大约有 99.7%的观测点落在直线$L_1:y=\hat{a}-2.97\hat{\sigma}+\hat{b}x$与直线$L_2:y=\hat{a}+2.97\hat{\sigma}+\hat{b}x$所夹的带形区域内，如图 10-3 所示.

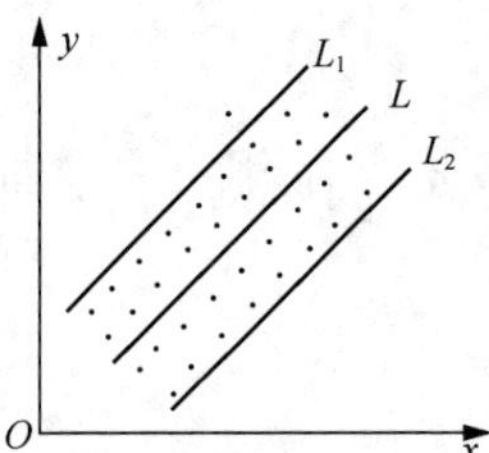

图 10-3　$1-\alpha=0.997$ 时的带形区域

可见，预测区间的意义与置信区间的意义相似，只是后者是对未知参数而言的，前者是对随机变量而言的.

例 10.4　给定$\alpha=0.05$，$x_0=13.5$，问例 10. 1 中生产费用将会在什么范围.

解　当$x_0=13.5$，y_0的预测值为：

$$\hat{y}_0=3.2585+0.6821\times 13.5=12.4669.$$

y_0将以 95%的概率落在(12.4669 ± 0.7567)区间，即预测生产费用在(11.7102,13.2236)万元. 给定$\alpha=0.05$，$t_{0.025}(8)=2.306$，且

$$\hat{\sigma}=\sqrt{\frac{\sum_{i=1}^{n}(y_i-\hat{y}_i)^2}{n-2}}=\sqrt{\frac{0.7374}{8}}\approx 0.3036,$$

$$\sqrt{1+\frac{1}{n}+\frac{(x_0-\overline{x})^2}{S_{xx}}}=\sqrt{1+\frac{1}{10}+\frac{(13.5-11.73)^2}{45.961}}\approx 1.0808,$$

故

$$t_{\frac{\alpha}{2}}(n-2)\hat{\sigma}\sqrt{1+\frac{1}{n}+\frac{(x_0-\overline{x})^2}{S_{xx}}}=2.306\times 0.3036\times 1.0808\approx 0.7567.$$

即y_0将以 95%的概率落在12.4674 ± 0.7567区间，即预报生产费用在(11.7107,13.2241)之间.

10.4.2　控制

控制实际上是预测的反问题，即要求观测值y在一定范围（$y_1<y<y_2$）内取值，应考虑把自变量x控制在什么范围，即对于给定的置信水平$1-\alpha$，求出相应的x_1和x_2，使$x_1<x<x_2$时，x所对应的观测值y落在(y_1,y_2)之内的概率不小于$1-\alpha$.

当 n 很大时，从方程

$$\begin{cases} y_1 = \hat{y} - \hat{\sigma} z_{\frac{\alpha}{2}} = \hat{a} + \hat{b}x - \hat{\sigma} z_{\frac{\alpha}{2}}, \\ y_2 = \hat{y} + \hat{\sigma} z_{\frac{\alpha}{2}} = \hat{a} + \hat{b}x + \hat{\sigma} z_{\frac{\alpha}{2}} \end{cases} \tag{10.27}$$

分别解出 x 来作为控制 x 的上、下限

$$\begin{cases} x_1 = (y_1 - \hat{a} + \hat{\sigma} z_{\frac{\alpha}{2}}) \Big/ \hat{b}, \\ x_2 = (y_2 - \hat{a} - \hat{\sigma} z_{\frac{\alpha}{2}}) \Big/ \hat{b}. \end{cases} \tag{10.28}$$

当 $\hat{b} > 0$ 时，控制区间为(x_1, x_2)，如图 10-4（a）所示；当 $\hat{b} < 0$ 时，控制区间为(x_2, x_1)，如图 10-4（b）所示.

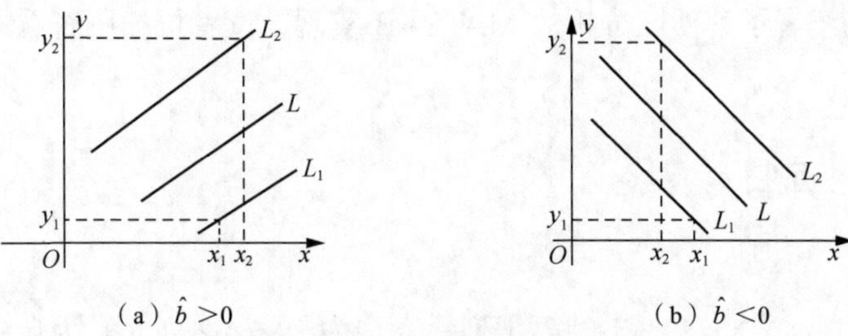

图 10-4　控制问题的带形区域

注意，为了实现控制，我们必须使(y_1, y_2)的长度不小于 $2\sigma z_{\frac{\alpha}{2}}$，即

$$y_2 - y_1 > 2\sigma z_{\frac{\alpha}{2}}.$$

习题 10.4

1. 某医院用光电比色计检验尿汞时，得到尿汞含量 x（单位：mg/L）与消光系数 y 读数的结果如表 10-13 所示.

表 10-13　习题 10.4.1 的试验数据

尿汞含量 x	2	4	6	8	10
消光系数 y	64	138	205	285	360

求：

（1）消光系数 y 关于尿汞含量 x 的线性回归方程；

（2）取 α =0.05，检验消光系数 y 与尿汞含量 x 之间的线性相关关系是否显著；

（3）若尿汞含量为 11 mg/L 时，求消光系数的置信水平为 95%的预测区间.

2. 随机抽取 12 个城市居民家庭关于收入（单位：千元）与支出（单位：千元）的样本，数据记录如表 10-14 所示.

表 10-14　习题 10.4.2 的数据

收入 x	82	93	105	130	144	150	160	180	200	270	300	400
支出 y	75	85	92	105	120	120	130	145	156	200	200	240

求：

（1）支出 y 关于收入 x 的线性回归方程；

（2）取 $\alpha=0.05$，检验支出 y 与收入 x 之间的线性相关关系是否显著；

（3）若收入为 420 时，求支出 y 的置信水平为 95%的预测区间.

10.5　回归分析的 MATLAB 实现

本节旨在帮助读者了解回归分析的 MATLAB 实现，读者可扫码查看本章 MATLAB 程序解析.

第 10 章 MATLAB 程序解析

10.5.1　一元线性回归

函数　regress

格式　b = regress(Y,X)　　%X 的第 1 列元素全为 1，第 2 列元素为自变量 x 的 n 个观测值；Y 为因变量的 n 个观测值；b 为回归系数 b_0，b_1 的最小二乘估计值

[b,bint,r,rint,stats] = regress(Y,X,alpha)　　%bint 为回归系数的区间估计，r 为残差，rint 为残差的置信区间，stats 为检验回归模型的 3 个检验统计量：R^2、F 值和 p 值. R^2 越接近于 1，回归方程越显著. F 值越大，回归方程越显著. 若 p＜alpha，回归方程显著，alpha 为显著性水平，默认取 0.05.

例 10.5　某企业生产一种合金，由专业知识知道，合金钢的强度 y（单位：MPa）与合金钢中碳的含量 x 有关，表 10-15 记录了含碳量 x 与合金钢强度 y 的统计资料.

求：

（1）y 关于 x 的线性回归方程；

（2）检验回归方程的显著性.

表 10-15　例 10.5 的统计数据

含碳量 x	0.10	0.11	0.12	0.13	0.14	0.15	0.16	0.17	0.18	0.20	0.21	0.23
合金刚强度 y	42.0	43.0	45.0	45.0	45.0	47.5	49.0	53.0	50.0	55.0	55.0	60.0

例 10.6　Logistic 增长曲线模型是经济学中的一个常用模型，可以用来拟合销售量的增长趋势. 设该模型曲线为 $y_t = 3000/(1+a\mathrm{e}^{-kt})$，表 10-16 中给出的是某地区高压锅的销售量（单位：万台），请用线性化模型给出参数 a 和 k 的估计值.

表 10-16　例 10.6 的统计数据

年份	t	y	年份	t	y	年份	t	y
1981	0	43.65	1985	4	496.58	1989	8	1560.00
1982	1	109.86	1986	5	707.65	1990	9	1824.29
1983	2	187.21	1987	6	960.25	1991	10	2199.00
1984	3	312.67	1988	7	1238.75	1992	11	2438.89

10.5.2　多元线性回归

函数　regress

格式　b = regress(Y,X)　%X 的第 1 列元素全为 1，第 i+1 列元素为自变量 x_i 的 n 个观测值；Y 为因变量的 n 个观测值；b 为回归系数 $b_0,b_1,\cdots,b_k$ 的最小二乘估计值

[b,bint,r,rint,stats] = regress(Y,X,alpha)　%各记号与一元回归类似

例 10.7　在有氧锻炼中人的耗氧能力 y（单位：mL·(min·kg)）是衡量身体状况的重要指标，它可能与以下因素有关：年龄 x_1（单位：岁），体重 x_2（单位：kg），1500 米跑用的时间 x_3（单位：min），静止时的心率 x_4（单位：次/min），跑步后心率 x_5（单位：次/min）. 对 24 名 40 岁至 57 岁的志愿者进行测试，结果如表 10-17 所示. 试建立耗氧能力 y 与诸因素之间的回归模型.

表 10-17　例 10.7 的数据

序号	y	x_1	x_2	x_3	x_4	x_5
1	44.6	44	89.5	6.82	62	178
2	45.3	40	75.1	6.04	62	185
3	54.3	44	85.8	5.19	45	156
4	59.6	42	68.2	4.90	40	166
5	49.9	38	89.0	5.53	55	178
6	44.8	47	77.5	6.98	58	176
7	45.7	40	76.0	7.17	70	176
8	49.1	43	81.2	6.51	64	162
9	39.4	44	81.4	7.85	63	174
10	60.1	38	81.9	5.18	48	170
11	50.5	44	73.0	6.08	45	168
12	37.4	45	87.7	8.42	56	186
13	44.8	45	66.5	6.67	51	176
14	47.2	47	79.2	6.36	47	162

续表

序号	y	x_1	x_2	x_3	x_4	x_5
15	51.9	54	83.1	6.20	50	166
16	49.2	49	81.4	5.37	44	180
17	40.9	51	69.6	6.57	57	168
18	46.7	51	77.9	6.00	48	162
19	46.8	48	91.6	6.15	48	162
20	50.4	47	73.4	6.05	67	168
21	39.4	57	73.4	7.58	58	174
22	46.1	54	79.4	6.70	62	156
23	45.4	52	76.3	5.78	48	164
24	54.7	50	70.9	5.35	48	146

习题 10.5

1. 表 10-18 记录了男子身高 x（单位：cm）与体重 y（单位：kg）的一组数据，利用 MATLAB 完成下列任务：

（1）画出该组数据的散点图；

（2）建立 y 关于 x 的线性回归方程；

（3）检验回归方程的显著性；

（4）预测男性身高为 153cm 时的体重.

表 10-18　习题 10.5.1 的数据

身高	147	150	152	155	157	160	163	165	168	170	173	175	178	180	183
体重	52	53	54	55	57	58	59	61	63	64	66	68	69	72	74

2. 表 10-19 数据是某建筑材料公司某年 20 个地区的销售量（单位：千方），推销开支、实际账目数、同类商品竞争数和地区销售潜力分别是影响建筑材料销售量的因素. 利用 MATLAB 建立线性回归方程.

表 10-19　习题 10.5.2 的数据

推销开支 X_1	5.5 2.5 8.0 3.0 3.0 2.9 8.0 9.0 4.0 6.5 5.5 5.0 6.0 5.0 3.5 8.0 6.0 4.0 7.5 7.0
实际账目数 X_2	31 55 67 50 38 71 30 56 42 73 60 44 50 39 55 70 40 50 62 59
同类商品竞争数 X_3	10 8 12 7 8 12 12 5 8 5 11 12 6 10 10 6 11 11 9 9

续表

地区销售潜力 X_4	8 6 9 16 15 17 8 10 4 16 7 12 6 4 4 14 6 8 13 11
销售量 Y	79.3 200.1 163.2 200.1 146.0 177.7 30.9 291.9 160.0 339.4 159.6 86.3 237.5 107.2 155.0 201.4 100.2 135.8 223.3 195.0

小　结

本章介绍了在实际中应用得非常广泛的数理统计方法——回归分析，并对线性回归做了参数估计、相关性检验、预测与控制及非线性回归的线性化处理.

1. 一元线性回归模型 $y = a + bx + \varepsilon$ 的参数的最小二乘估计为

$$\hat{b} = \frac{S_{xy}}{S_{xx}}，\ \hat{a} = \overline{y} - \overline{x}\hat{b}.$$

其中 $\overline{x} = \frac{1}{n}\sum_{i=1}^{n} x_i$，$\overline{y} = \frac{1}{n}\sum_{i=1}^{n} y_i$，$S_{xx} = \sum_{i=1}^{n} y_i^2 - n\overline{x}^2$，$S_{xy} = \sum_{i=1}^{n} x_i y_i - n\overline{x}\overline{y}$，$S_{yy} = \sum_{i=1}^{n} y_i^{\ 2} - n\overline{y}^2$.

2. 变量 y 与 x 的线性相关性假设检验有如下分析方法.

（1）方差分析法（F 检验法）

$$H_0: b=0，\ H_1: b \neq 0.$$

$$F = Q_{回} \Big/ \frac{Q_{剩}}{n-2} \overset{H_0为真}{\sim} F(1, n-2),$$

其中

$$Q_{回} = S_{xy}^2 \big/ S_{xx},\ Q_{剩} = Q_{总} - Q_{回} = S_{yy} - S_{xy}^2 \big/ S_{xx}.$$

给定显著性水平 α，若 $F \geqslant F_{\alpha}$，则拒绝 H_0，即认为 y 对 x 具有显著线性相关关系.

（2）相关系数法（T 检验法）

$$H_0: r=0，\ H_r: r \neq 0.$$

其中

$$r = \frac{S_{xy}}{\sqrt{S_{xx} S_{yy}}},\ t = \frac{r}{\sqrt{1-r^2}}\sqrt{n-2} \overset{H_0为真}{\sim} t(n-2).$$

若 $t \geqslant t_{\frac{\alpha}{2}}(n-2)$ 则拒绝 H_0. 即认为两个变量的线性相关性显著.

3. 给定 $x = x_0$ 时，y 的置信水平为 $1-\alpha$ 的预测区间为

$$\left(\hat{a} + \hat{b}x_0 \pm t_{\frac{\alpha}{2}}(n-2)\hat{\sigma}\sqrt{1 + \frac{1}{n} + \frac{(x_0 - \overline{x})^2}{S_{xx}}}\right).$$

重要术语及学习主题

线性回归　最小二乘估计　预测与控制

数学家故事 10

附表 1-泊松分布

附表 2-正态分布

附表 3- χ^2 分布

附表 4-t分布

附表 5-F分布

附表 6-其他常用数值表